BENGZHA GONGCHENG
LIUCHENG GUANLI YU SHIWU

泵闸工程
流程管理与实务

主　编　方正杰

·南京·

内容提要

本书全面阐述了泵闸工程流程管理的理念、流程设计与优化的方法和工具，并在总结上海市市管泵闸工程运行维护实践经验的基础上，依据水利部《水利工程标准化管理评价办法》要求，对照上海市市管泵闸工程标准化管理评价标准，对泵闸工程状况管理流程、安全管理流程、运行管护流程、管理保障流程以及信息化建设流程等进行设计和优化，内容丰富、实效、适用，可操作性强。

本书作为泵闸工程标准化管理指导性用书之一，既可供泵闸工程运行维护及管理人员使用，也可供其他从事水利工程标准化建设和流程管理的企事业人员参考阅读。

图书在版编目(CIP)数据

泵闸工程流程管理与实务 / 方正杰主编. -- 南京 : 河海大学出版社，2023.2

ISBN 978-7-5630-7924-7

Ⅰ. ①泵… Ⅱ. ①方… Ⅲ. ①泵站—水利工程管理②水闸—水利工程管理 Ⅳ. ①TV6

中国国家版本馆 CIP 数据核字(2023)第 024950 号

书　　名 泵闸工程流程管理与实务
书　　号 ISBN 978-7-5630-7924-7
责任编辑 龚　俊
特约编辑 梁顺弟　许金凤
特约校对 丁寿萍　卞月眉
封面设计 徐娟娟
出版发行 河海大学出版社
地　　址 南京市西康路 1 号(邮编:210098)
电　　话 (025)83737852(总编室)　(025)83722833(营销部)
经　　销 江苏省新华发行集团有限公司
排　　版 南京布克文化发展有限公司
印　　刷 南京迅驰彩色印刷有限公司
开　　本 787 毫米×1092 毫米　1/16
印　　张 23.25
字　　数 564 千字
版　　次 2023 年 2 月第 1 版
印　　次 2023 年 2 月第 1 次印刷
定　　价 168.00 元

序

著名管理学家迈克尔·哈默说过:“对于21世纪的企业来说,流程将非常关键。优秀的流程将使成功的企业与其他竞争者区分开来。”一个企业想不断发展,有一个比资金、技术乃至人才更重要的东西,那就是流程。流程和标准就是竞争力。一个企业,如果缺乏明确的规章、流程,工作就很容易产生混乱,造成有令不行、有章不循的局面,使整个组织缺乏协调精神、团队意识,导致工作效率低下。反之,流程管理的推行,会给企业可持续发展带来现实和深远的意义。

上海迅翔水利工程有限公司(简称迅翔公司)隶属上海城投公路投资(集团)有限公司。迅翔公司秉持上海城投(集团)有限公司“让城市生活更美好”的企业愿景,传承“创新、专业、诚信、负责”的企业精神,立足社会公共服务,努力将其打造成为卓越的水利、水运工程运行维护企业。2018年以来,迅翔公司按照水利部水利工程标准化建设和上海市泵闸工程精细化管理要求,将流程管理理论和企业管理有机结合,与泵闸工程现场运维有机结合,在完善管理架构、梳理管理事项、落实管理职责、修订管理制度、明确管理标准的基础上,强化调度运行、检查观测、维修养护、管理保障以及信息化建设等方面的流程管理。通过几年来的宣传发动、精心组织、以点带面、持续改进,迅翔公司确保了市管泵闸工程安全运行和管理水平的提升,促进了泵闸工程管理模式由粗放到精细、由经验到标准、由定性到动态的转变,其泵闸工程现场标准化管理带来的成效赢得了水利部、上海市诸多水利专家的赞誉。

不少企业的流程管理只是纸上谈兵,未见实效;或者要求各部门将自己的业务流程图画出来,形成一套大而全的流程图文档,然后将其束之高阁;或者兴师动众地聘请咨询公司来优化流程,制定一套庞大的流程设计方案,最后因无法落实而弃之不理;或者有流程文件,但难以执行,使流程管理形同虚设。《泵闸工程流程管理与实务》这本书的最大特点是注重实效,编者对标先进企业的流程管理,坚持以标杆引路,以试点探索和经验总结指导实践,形成泵闸工程流程管理设计和优化的方法和工具,一步步引导泵闸运维企业推进流程管理工作。该书的出版发行将会对水利企业如何开展流程管理起到指导和启迪作用。

近年来，水利部十分重视水利工程标准化管理。2022 年 3 月，水利部又印发了《关于推进水利工程标准化管理的指导意见》。《泵闸工程流程管理与实务》依据水利部《水利工程标准化管理评价办法》要求，对照上海市市管泵闸工程标准化管理评价标准，逐项逐条提出了流程设计和优化的技术路径，并对泵闸工程“智慧运维”平台建设流程和监测预警管理流程进行了探索。该书具有针对性、适用性，方便读者“拿来即用”，也将会为泵闸工程管理单位和运行维护企业编制和应用标准化工作手册带来帮助。

很乐意向读者推荐这本书。

上海城投(集团)有限公司副总裁

胡欣

2022 年 11 月

前言

流程是指通过两个或两个以上的岗位管理活动而实现某一特定业务目的的过程。流程管理以持续提高组织绩效为目的，以规范化、结构化的方式构造卓越的业务流程，它包含了技术和工具的运用。对于水利工程来说，任何一个管理单位和运行维护企业的运营和管理都离不开流程。科学适宜的流程管理能够将管理者从繁琐的事务中解放出来，也有助于单位的员工在具体的执行过程中更加明确、清楚地知道自己什么时候应该做什么事，应该先干什么，后干什么，做事情要达到怎样的标准，等等。合理高效的流程能够消除部门壁垒，消除职务空白地带，解决执行不力的顽疾，这无疑是提高运行维护管理效能的关键，也是水利工程标准化建设的主要内容之一。

上海迅翔水利工程有限公司（简称迅翔公司）隶属上海城投公路投资（集团）有限公司。迅翔公司秉持上海城投（集团）有限公司“让城市生活更美好”的企业愿景，传承“创新、专业、诚信、负责”的企业精神，立足社会公共服务，努力将其打造成为卓越的水利、水运工程运行维护企业。迅翔公司目前主要为上海市堤防泵闸建设运行中心、上海市港航事业发展中心、上海市宝山区堤防水闸管理所、上海市闵行区防汛管理服务中心等单位提供全生命周期的水利、水运工程运营管理和工程建设管理服务，其中承担了上海市的市、区属淀东水利枢纽、蕰藻浜东闸、大治河西闸、苏州河河口水闸、大治河西枢纽二线船闸和西弥浦泵闸等 18 座大中型水闸（船闸）、水利泵站和市属泵闸工程集控中心的运行养护工作。2018 年以来，公司在严格遵守泵闸工程运行维护相关规范的基础上，针对所管泵闸工程特点，结合公司多年来的运行维护经验，精心设计泵闸工程运行维护现场标准化业务流程，并立标试点、推广应用、不断优化、持续改进，确保了上海市市管泵闸工程的安全运行和管理水平的提升，促进了泵闸工程管理模式由粗放到精细、由经验到标准、由定性到动态的转变，其泵闸工程运行维护现场精细化和标准化管理带来的成效赢得了水利部、上海市诸多水利专家的赞誉。

2022 年 3 月，水利部印发了《关于推进水利工程标准化管理的指导意见》，明确要求加快推行水利工程标准化建设。推进泵闸工程标准化管理，就是要针对泵闸工程特点，厘清管理事项，确定管理标准，规范管理程序，科学定岗定员，建立激励机制，严格考核评价。

本书正是基于此目的，采用简约文字与清晰图表相结合、管理理论与运营实践相结合的方式，全面阐述泵闸工程流程管理的理念、流程设计与优化的方法和工具，并在总结迅翔公司流程管理实践经验的基础上，依据水利部《水利工程标准化管理评价办法》要求，参照上海市市管泵闸工程标准化管理评价标准，对泵闸工程状况管理流程、安全管理流程、运行管护流程、管理保障流程以及信息化建设流程等进行设计和优化，力求解放管理者思想，让业务流程应用在水利工程标准化管理中更高效，执行更有力。

本书由方正杰主编。参加本书编写的还有董慧勤、谢昊、刘星、沈强、付瑞婷、戴猛、张镡月、徐晶、田菁、王亮、张岚、徐林赟、何韵、杨琦、赵俊、姜震宇、姜翔宇、张洁、张艳、吴中华、邹生权、张华、刘竹娟、孙玥、刘晓光、栾杰、葛思凡等。本书编写过程中，许多单位和同行提供了技术资料，行业专家沙治银、兰士刚、胡险峰、华明、田爱平、杜晓舜、姜海西、李志、王葆青等提出了指导意见，在此对他们表示感谢！

水利工程流程管理是一门实践性很强的科学，随着水利工程标准化管理工作的推进，管理单位和运行维护企业应用的发展，以及与“智慧运维”平台等管理工具的融合而不断面临新的课题。限于编者的水平，本书可能存在不妥之处，诚望读者和专家批评指正。我们也希望和广大水管单位、运行维护企业的管理和运行维护人员紧密沟通交流，以便使水利工程流程管理渐臻成熟。

编者

2022 年 10 月

目录

第1章

流程及流程管理解析

2022年4月，水利部以办运管〔2022〕129号文，发出了《水利部办公厅关于切实做好水利工程标准化管理有关工作的通知》，进一步明确要求加快推行水利工程标准化管理。泵闸工程标准化管理就是要针对泵闸工程特点，厘清管理事项，确定管理标准，规范管理程序，科学定岗定员，建立激励机制，严格考核评价。而加强泵闸工程流程管理，规范泵闸工程运行维护程序，正是推行水利工程标准化管理的具体行动。

为了在泵闸工程管理中按照水利部要求，全面推行标准化管理，从传统的职能管理向流程管理转变，作为泵闸工程管理的从业人员，首先要了解流程及流程管理的基本知识，掌握流程图的绘制方法，正确认识流程管理的目的和作用，坚持制度管理和流程管理的有机结合，在水利工程管理单位和运行维护企业逐步建立起流程管理体系。

1.1 流程概念

1.1.1 术语和定义

1. 流程

流程是一组将输入转化为输出的相互关联或相互作用的活动。流程是围绕一个指定的目标而设计的一整套生动、形象的操作步骤与执行标准，是对经验的总结和提炼。

2. 流程管理

流程管理是一种系统化方法，它按照“流”的连续性、通畅性对各个活动进行“识别、测量、分析、改进、控制、创新”的有机组合管理，端到端拉通（集成）；同时，流程管理是以持续提高组织绩效为目的，以规范化、结构化的方式构造卓越的业务流程，它包含了技术和工具的运用。

3. 流程内容

流程内容是通过流程环节、流程参与岗位、相关记录（流程中输入或输出文档）、工作要求和准则（各个环节对应岗位工作内容描述）等方面对流程工作进行刻画。

4. 流程节点

在流程图中，每一事项都对应着某一环节，这一环节称为流程的“节点”，这些节点对企业某一流程的执行乃至企业的整体运营效率起着至关重要的作用。或者说，流程节点是指在整个流程中，若干个不同环节之间，或者是某一环节与另一个环节开始或结束的转接点(类别点或时间点)。

5. 关键节点

关键节点是指流程中的决策点，也是流程中各种信息的汇集点，标志着流程的进度，其工作质量的优劣对整个流程执行的效果影响很大。

6. 流程图

流程图是流经一个系统的信息流、观点流或部件流的图形代表。在企业中，流程图主要用来说明某一过程。这种过程既可以是生产作业中的工艺流程，也可以是完成一项任务必需的管理过程。

7. 流程优化

流程优化就是对现有业务流程的梳理、完善和改进的过程。流程优化是流程分析的深入和延伸，流程分析和流程优化是流程设计的基础，更是流程设计过程中的重要环节。

8. 相关制度

相关制度统指流程运行过程中所涉及的相关法律法规、规范性文件、企业规章制度等。

9. 流程表单

流程表单记录了流程运行过程中，最初的输入信息、中间阶段的过程信息、最终的输出信息，包括规范标准、记录、表格和各类数据。

10. 档案归档

档案归档是指建档单位在其职能活动中形成的，办理完毕且应作为文书档案保存的文件材料，包括纸质和电子文件材料。

11. 水闸

水闸是指修建在河道和渠道上利用闸门控制流量和调节水位的低水头水工建筑物。主要组成部分为闸墩、闸门、底板、岸墙(或边墩)、翼墙、闸门启闭设备和消能设施等。

12. 水利泵站

泵站是能提供一定压力和流量的液压动力和气压动力的装置和工程。水利泵站是指修建在河道上，用于防洪除涝、保障水环境的泵站。本书中将水利泵站简称为泵站。

13. 泵闸

水利泵站和水闸结合的工程可称为泵闸，有时也将水利泵站和水闸工程简称为泵闸。本书中所称“泵闸”，有时指水闸和水利泵站结合的工程，但在更多的情况下，是泛指水利泵站和水闸工程。

1.1.2 流程管理思想的演进发展历程

目前，人们普遍认为流程管理思想来源于20世纪90年代由哈默和钱皮等人提出的业务流程再造(BPR)理论。但实际上，流程管理并非新概念。早在管理学理论产生和发展之时，就已埋下了流程管理思想的种子。从广义的角度而言，有了组织就有了活动，就有了活动的安排设计，也就有了业务流程及对业务流程的管理。哈默等人也认为业务流程再造所包含的概念和观点并非全新，它是在前人的研究基础上，随着管理学思想的诞生而产生发展的。到目前为止，流程管理的思想经历了 3 个基本的发展阶段。

(1) 流程管理的萌芽发展时期。科学管理时期泰勒的作业程序化、甘特的图表进度控制方法、福特的流水线生产模式等是其最初的体现。

(2) 流程管理的产生发展阶段。以 20 世纪 60 年代产生的质量管理运动和业务过程的自动化设计为代表，主张对组织的运营过程(流程)进行精确控制，提升管理效率。

(3) 流程管理的全面发展阶段。以 20 世纪 90 年代哈默等人提出的业务流程再造为典型代表，主张对流程进行彻底再设计，全面提升组织运行绩效。在此情况下，流程主导下的管理思想开始走向前台。

1.1.3 流程基本要素

一个完整的流程必须包含 6 个基本要素，并把这些基本要素串联起来。6 个基本要素包括流程的输入、流程中的若干活动、流程活动的相互作用(例如串行、并行、流水，活动先后顺序)、输出结果、顾客(对象)、最终流程创造的价值。

1. 流程输入

流程输入是指流程运作初期所涉及的基本要素。这些要素是流程运作过程中不可或缺的组成部分。一般而言，在流程运作过程中它们被有效地消耗、利用、转化，并最终对流程产出产生影响。常见的流程输入有：资料、物料、客户订单、顾客需求、资源、设备、说明、标准、计划、信息、资金等。

2. 流程活动

活动，是组成流程的最基本要素。

在一个流程中，会包含一组或多项活动，这是满足客户需求所必须进行的相关活动，这些活动对于流程输出来讲，是核心的、关键的、不可缺失的、有增值效果的。

3. 活动的相互作用

流程中的活动可能由不同的职能部门(或岗位)实现，活动之间的逻辑关系有串行、并行、流水、交叉、反馈等多种关系。活动输入和输出上下衔接，这些相互作用构成了流程的结构。

在一个完整的流程中，包含着多项活动。一般而言，“活动过程”有着严格的先后顺序和逻辑关系。上一个活动的产出就是下一个活动的输入，这些活动对应着不同的职能部门(或岗位)。因此在进行流程优化时，必须明确相关部门(或岗位)在这些流程活动中所要扮演的角色和承担的责任。

同时，根据流程的划分层次不同，活动过程也呈现出层级化的趋势。往往高一级流程中的某一个活动过程，可以细化成为一个完整的低一级流程。当然，在流程设计时，我们应根据流程的具体设计要求和目的，进行适当的过程设计，避免陷入不必要的细化讨论或者过于空泛的宏观设计。

从流程优化的思路来讲，“活动过程”才能为企业创造价值，因此必须尽量减少一切不必要的非增值环节，提高流程的质量和效率，使流程路径最短、效率最高。

4. 输出结果

输出结果是指流程的最终产出结果。它可分为硬件和软件两部分。硬件主要指生产制造过程中所产生的各种产品，软件就是相关的信息或者服务。流程的输出是否合格，最终需要由客户进行判断，看产出是否与客户需求相吻合。

5. 流程客户

流程客户是流程输出结果的最终消费者。对于企业业务流程来说，客户既可以是外部市场客户，也可以是内部组织客户。内部客户是指企业内接受活动或流程结果的下一道工序的进行者，外部客户是指产品在市场流通之后消费它的普通消费者。

在设计流程时，首先应明确流程的客户是谁，仔细把握客户的最终需求，这样设计出的流程才有意义。

6. 流程创造的价值

流程的输出要承载流程的价值，这个价值需要由客户进行判断，看产出与客户需求是否相吻合。价值有流程价值和活动价值之分，是指活动、流程实现的增长。流程是否增值是判断活动、流程是否有必要存在或优化的重要依据，无增值或低增值的活动和流程是优化的重点对象。

另外，在流程进行中，其流程执行者是指具体的流程活动过程的实施者。在一个流程中，可能只有一个执行者，也可能包括多个执行者。流程执行者的识别，与各部门在流程中所扮演的角色和流程本身的层级划分有着重要关系。

跨部门的公司一级流程，它的执行者可能涉及公司许多相关部门，如果我们将流程中的某个环节细化成下一级流程，它可能就是某个部门的内部运作流程，它的执行者可能仅仅涉及部门内部的相关岗位。因此，对流程执行者的识别也与流程本身的层级划分有着直接关系。

在分析、设计端到端流程的时候，需要从后往前看，要先从创造的价值出发，向前反推。只有这样，才能找出流程中的主要问题。

人们的一贯思维往往是线性的，也就是说，先看自己有什么资源，需要做哪些活动，产出什么样的结果，给客户提供什么样的服务。但如果一开始就从资源入手，那么就相当于为自己设下了一个限制范围，只能在这个框架内思考，导致主要关注点放在了对流程活动过程的设计和优化上，也就是"怎样把事情做好"。

从后往前看的优点在于，从一开始就思考"怎样把事情做对"。端到端流程设计的意义也就在于此。把事情做好，是业务人员分内的事。把事情做对，是领导者的事。端到端流程一般要贯穿企业整体价值链，是企业作为一个整体的输入和输出，因此关注的必然是企业的整体目标。而企业最重要的目标就是为客户创造价值。所以，端到端流程要以创造价值为目标。

从为客户创造价值这个最终目标出发，反推流程涉及的活动、资源等问题，以输出倒逼输入，才能跳出旧有的思维定式，做出突破性的改变。

流程的目的是增值，也就是说流程的每一个循环都有必要比前一个循环更好。这种增值不单是赚到更多的钱，还可能是效率的提升、成本的降低、质量的提高、员工和顾客满意度的提高等。

要把"流程"作为管理对象，就要利用一条"流转的线"，把流程的 6 个基本要素很好地串联起来，然后通过这条线，也就是这条流程周而复始地高效循环，使企业价值不断得到提升。

1.1.4 流程特征

通过分析流程的基本要素，我们可以发现流程具有以下特征：

(1) 目标性。流程有明确的输出目标或任务。这个目的可以是一次满意的客户服务，也可以是一次及时的产品送达等。

(2) 内在性。内在性包含于任何事物或行为。所有事物与行为，我们可以用这样的句式来描述，“输入的是什么资源，输出了什么结果，中间的一系列活动是怎样的，流程为谁创造了怎样的价值”。

(3) 整体性。整体性至少由两个活动组成。流程顾名思义，有一个“流转”的意思隐含在里面。至少有两个活动，才能建立结构或者关系，从而进行流转。

(4) 动态性。动态性是指从一个活动到另一个活动。流程不是一个静态的概念，它按照一定的时序关系徐徐展开。

(5) 层次性。组成流程的活动本身也可以是一个流程。流程是一个嵌套的概念，流程中的若干活动也可以看作是“子流程”，可以继续分解为若干活动。

(6) 结构性。流程的结构可以有多种表现形式，如串联、并联、反馈等。这些表现形式的不同，往往给流程的输出效果带来很大的影响。

(7) 时限性。每个流程蕴含着时间的约束，即每一项活动在何时开始，花费多少时间，在何时结束等。

(8) 系统性。系统性表示作为流程的组成环节，部门不能只对局部的利益负责，不是为上级工作，而是为顾客提供价值。

对争当一流、追求卓越的运行维护企业来说，一个好的流程除了具有以上特征以外，还应具备以下特征：

(1) 利益相关性。企业应着眼于将目标与执行者的切身利益最大限度地结合在一起，谋求流程化与人性、流程化与活力的平衡。当员工认识到流程是在保护自己的利益时，就会积极地维护流程，愿意为流程做出贡献。

(2) 权威性。好流程应体现至高无上的权威性。任何组织、任何个人都必须服从流程。要坚持流程面前人人平等。好流程就是高压线，它的威慑力，使生产经营活动有条不紊地进行，使复杂的管理工作有法可依，有章可循，使企业员工步调一致。

(3) 有序性。好流程会明确每个活动的执行者，界定这些执行者之间的关系，有利于厘清各个岗位、部门的权责，高效协同岗位、部门之间的合作，避免出现无人对整个流程负责和部门之间的扯皮现象。

(4) 可操作性。好流程定位准确，与企业自身的情况和员工现有的接受能力即素质水平相匹配，使大多数员工不至于因达不到要求而失去信心，也不至于因标准过低而产生懈怠心理。

(5) 简明性。好流程表述简明扼要，使执行者一看便知道如何执行，员工一看便明白如何遵守。因此，流程在设计时要防止内容过于复杂，避免意思表达含糊。

(6) 严密性。好流程应当在出台前充分考虑在实施过程中可能遇到的各种情况与因素，尽量做到措辞严密，无懈可击。

(7) 预防性。企业建立流程的目的不仅是"纠错",更是为了"预防";吸取其他企业曾经受到的教训,预防可能发生的错误和可能造成的损失。

(8) 超前性。好流程不应拘泥于现状,而应适度超前,向行业先进企业、标杆企业看齐,既满足企业未来发展战略需求,又充分兼顾企业的现实状况。

1.1.5 泵闸工程流程分类

企业流程可以按其等级层次、实现功能、适用范围、规模、价值等特性进行分类。流程的适用范围是指流程所穿越的组织单位的数量;流程的规模是指流程所包含的业务内容的复杂程度;流程的价值是指流程产生有利于企业战略和经营目标的增加价值,或者是直接使企业目标得以实现等。

1. 按流程功能分类

泵闸工程运行维护流程按功能分类,可分为管理流程和工作流程。

(1) 管理流程。管理流程是支持企业战略和生产经营顺利实施的流程,是把一系列的活动与满足客户需求、实现企业目标、提升企业价值联系起来,强调流程中的每一环节都是直接或间接地服务于企业营运过程中的一个活动,其目标直指客户需求、企业目标和企业价值。管理流程主要解决"做什么"这样的方向性问题。企业通过管理活动对各个运行维护项目的开展进行监督、控制、协调、服务,间接地为单位创造价值。

以泵闸工程运行维护为例,管理流程可分为:组织管理流程、运行管理流程、安全管理流程、质量管理流程、经济管理流程等。

(2) 工作流程。工作流程是企业实现其日常功能的流程,是将工作分配给不同岗位的人员或部门,按照执行的先后顺序以及明确其工作内容、方式、标准、责任,进行的不同岗位人员或部门之间的交接活动。工作流程主要解决"如何完成工作"这个问题。

在工作流程中,主要通过流程下一步执行主体向上一步执行主体提出要求和工作指令,上下执行主体都能理解这一要求和指令的含义。因此,流程活动的承担者之间能够实现一种平等、互助、尊重、关怀的关系。

根据某一类事项,其工作流程可分为若干项作业流程。例如,泵闸工程运行维护中的物料工作事项,可分为物料采购计划编制流程、物料采购流程、物料验收流程、物料入库流程、物料保管流程、物料发放流程、物料盘点流程、物料报废处置流程等工作流程。

2. 按流程所涉及的范围和规模分类

根据流程所涉及的范围和规模,泵闸工程运行维护流程可划分为主流程、子流程及操作流程3个层次。但并不是所有流程都可划分为3个层次,根据流程的复杂程度及流程的作用,有些流程可能只有1个或2个层次。

(1) 主流程。主流程是企业在泵闸工程运行维护整个项目管理中完整功能实现的活动描述,涉及不止一个职能部门(项目部)。每一个流程又由一些子流程或操作流程组成。

(2) 子流程。子流程是企业在泵闸工程运行维护某环节功能实现的活动描述,通常涉及部门(项目部)内多岗位之间的工作关系。一个子流程又由一些操作流程组成。

(3) 操作流程。操作流程是企业在泵闸工程运行维护主流程或子流程中某项工作的具体操作描述,通常涉及一个部门(项目部)内特定的岗位,是流程最基本的单位。

3. 按组织结构的等级层次自上至下分类

泵闸工程运行维护流程按组织结构的等级层次自上至下分类，一般划分为公司级流程、部门级流程、班组级流程，详见第 3 章第 3.3 节。

1.1.6 业务流程与管理制度的关系

要运用流程管理的方法去改善企业管理，首先要弄清业务流程和管理制度的关系。应该说，二者之间既有区别，又有联系，是对立统一的关系。

1. 管理制度特征

(1) 管理制度，是企业管理中各种管理条例、章程、制度、标准、办法、守则等规范性文件的总称。它是用文字形式规定管理活动的内容、程序和方法，是企业全体员工在生产经营活动中共同遵守的规定，也是企业经营管理的基础，对保证企业生产经营活动、提高企业管理水平有着重要的作用。

(2) 管理制度是企业安全生产的基本保证。对泵闸工程运行维护来说，安全是运行维护企业最基本的需求。而保障企业安全生产最基本、最直接、最行之有效的方式，就是建立能够反映企业从事泵闸工程运行维护特点的管理制度。从企业开展的泵闸业务活动到项目部员工行为，从业务活动内容到员工行为方式，都进行科学、合理、有效的规范，保证企业从事的泵闸工程运行维护业务安全、有序进行。

(3) 管理制度是企业生产经营管理规范化的基本依据。规范化运作要求企业经营管理有章可循、有制可依，使组织和员工的行为均得到规范和制约。对泵闸工程运行维护来说，就需要通过管理制度来确定企业的每个层次、每个环节的活动内容和活动方式，使每个员工、每项活动都有所遵循，目标和行动一致，形成一个完整统一的泵闸工程运行维护制度体系。

(4) 管理制度是提高企业运行效率的基本保障。随着企业的不断壮大和持续发展，企业执行效率直接影响着企业管理运行效率，企业管理运行是否顺畅高效又制约着企业执行的效率。泵闸运行维护企业对本企业管理制度的制定，要能够客观准确反映企业运行维护管理需要，最大程度上符合企业发展目标，整体提高企业的经营管理效率。

(5) 管理制度是企业实现组织机构正常运行的重要保证。泵闸运行维护企业在明确管理职能、确定组织机构和岗位设置以后，企业每个部门、每个岗位如何科学合理地进行管理活动，有效实现管理目标，还需要科学合理的管理制度作为依据。贯彻执行管理制度，就为实现企业组织机构整体正常运行创造了条件。

(6) 管理制度是企业降低成本、提高质量、促进经济效益增长的基本手段。实现降低成本、提高质量、效益增长目标的重要手段，首先就是要强化基础工作，制定出符合企业管理预期的各项管理制度标准。而在作业无定额、工作无标准、管理无依据的情况下，是不可能提高质量、降低成本的，也就不会获得良好的经济效益。

2. 业务流程特征

业务流程又称业务管理流程，是指通过两个或两个以上的岗位管理活动而实现某一特定业务目的的过程。它用流程图的形式规定了实现业务目的所必需的管理活动的内容、程序和方式，是企业全体员工在生产经营活动中共同遵守的程序，是企业的内部办事指南，对规范企业运行，提高企业运行效率、管理水平和风险防范能力有着重要的作用。

(1) 业务流程是规范、指引企业各项业务活动，保证企业经营管理过程公开透明的基本前提。企业的生产经营活动由众多类别的业务活动所组成。业务活动的启动、执行以及业务目的的最终实现都需要由相应的程序和规则进行规范和引导。而业务流程的梳理和制定，为企业正常开展业务活动提供了程序上的指引、规则上的保障，清晰完备的业务流程也保证了企业经营管理过程的公开和透明。

(2) 业务流程是实现岗位有效对接，降低管理决策不确定性，提高企业运行效率的基本方式。企业经营管理是以管理制度为依据，通过业务流程来实现的。业务流程都是以业务岗位为流程接口，通过完成对应岗位工作，以保障业务活动的继续执行，从而达到实现业务目的的效果。业务流程明确了岗位对接的过程，减少了因岗位错位而造成的业务中断或业务重置，提高了业务活动的效率。同时，明确的业务规则、固化的业务流程减少了管理决策的不确定因素，也使员工在从事具体业务时能够对业务活动结果有一个基本预期，根据预期选择业务方式，合理安排工作计划，有利于提高业务执行效率。

(3) 业务流程是实现企业风险监控，提升风险管理能力的重要手段。从风险管理角度而言，管理风险来自不规范的业务活动。业务流程的制定，一方面规范了企业业务活动的内容、方式和程序；另一方面明确了企业经营管理过程中每一项业务活动的关键控制点，确保企业内部控制与风险管理工作能够有的放矢。如在泵站机组运行操作流程中，运行人员对机组进行开机前的检查调试并做记录，成了开机运行这项业务活动的关键控制点，它能有效控制因机组状况不良而可能产生的事故风险。

(4) 业务流程是实现企业管理信息系统化的重要基础。为实现泵闸工程运行维护智慧管理，管理单位和运行维护企业都采用了较为先进的管理信息系统。这些信息系统能够有效运行的基础就是信息资源和业务流程。信息系统可以将流程固化于管理软件之中，操作便捷可靠，能有效地提高业务执行效率，降低风险；同时，能够对业务管理活动中所涉及的数据进行量化统计、比对分析，实现信息共享，提高管理决策效率。如迅翔公司现在使用的钉钉管理系统、泵闸工程“智慧运维”系统就是对业务流程信息系统化的运用。

3. 处理好业务流程与管理制度之间的关系

业务流程与管理制度的不同点是：

(1) 管理思想不同。不同的企业适用于不同的管理模式，是采用“制度导向”的管理还是“流程导向”的管理，取决于管理者所基于的不同假设。“制度导向”是采取“以堵治水”的办法；“流程导向”更多的是“以导治水”，特点是以完成工作步骤、顺序作为核心，结合组织结构、人员素质及其他资源，站在企业的角度来设定流程。流程导向是企业管理的一种有效载体。它提倡以“对自己职责的本分”“对上、下游的积极信任”的态度来有效运作流程。

(2) 局部观念与全局观念不同。从“流程”的定义中可以了解到，“流程导向”是为实现某项功能的一个系统，系统可大可小，整个企业可作为一个系统，根据不同的分类原则，企业内部又可以分为若干个独立系统，各系统之间都会通过各流程系统之间的接口建立起紧密联系，最终组成一个涵盖全局的网络系统。而“制度导向”更多的是针对局部出现执行力问题而采取的奖惩措施，包括对执行人主观态度以及客观过失造成企业损失的处理。

(3) 思维定式不同。很多管理人员感叹流程执行难，关于这个问题的解决，不同的管理文化导向表现出不同的管理模式。“制度导向”管理模式的企业，管理者考虑的是“是不是处罚得太轻了”。而“流程导向”管理模式的企业，管理者把更多的精力花在“如何使流程更优化”上，通过流程的优化来改善员工的行动效果。

尽管制度与流程具有理念和思路上的差异，但从某种意义上说，二者又是同一个事物的两个侧面，相互之间具有密切的联系。

(1) 流程是制度的灵魂。如果制度不能反映流程，就像失去了灵魂，它的执行一定会出现问题。所以制度无法执行时，往往是它所包含的流程有问题。企业管理中常常会遇到“法不责众”的情况，如果频繁出现这种情况，就说明一个制度或规定是不合理的，而不合理的地方往往是它相关的流程与实际情况不符。

(2) 制度是流程得以执行的保证。制度因流程而存在，通过制度的执行推动流程的执行。流程是建立在对功能团队信任的基础上而设计的，对于因个体原因而影响流程功能实现的现象，只有通过制度进行约束，才能得以制止，进而建立流程的威信。

(3) 制度的激励作用可以促使流程改善，激励因素往往会促使员工更多地主动关注流程，从而使流程得到优化。

上海迅翔水利工程有限公司(以下简称迅翔公司)在处理业务流程和管理制度关系时，通过一些具体方法的落实，尝试把流程管理的思想用于公司制度的建设。比如，把泵闸工程运行维护中的管理制度分为企业管理工作手册、程序文件、作业指导书、绩效考核和奖惩办法等，可以看出管理者的这样一个思想，就是认为不同层次的管理制度具有不同的流程特性，要把流程管理的方法应用到公司管理制度中。相对于管理制度，管理办法、实施细则更强调步骤、流转、方法等流程特性。从这些制度的分类方法中，可以看到迅翔公司意图将流程管理方法融入制度管理的强烈期望。与此同时，流程管理与制度管理融合，不仅需要用流程管理的方法和工具去理顺企业的业务流程，更重要的是要在企业中形成“持续改进”的流程管理文化。

综上所述，制度建设和流程管理应成为企业标准化管理的基础工作。管理制度、业务流程有机融合，共同构建企业坚实的基础管理架构。当然，再健全的管理制度，再完备的流程，没有责任心去推动落实也难以实现其真正价值。因此，一方面要重视制度建设和流程管理过程的全员参与，使员工真正熟悉制度、掌握流程，切实感受到制度和流程在具体管理中的积极作用；另一方面要建立以执行评价和效果评价为主要手段的考核评价机制，确保企业标准化管理的基础工作取得实效。

1.1.7 流程管理体系

1. 主要内容

泵闸工程运行维护流程管理体系是企业为制定、实施、实现、评审和保持流程管理方针所需的组织结构、职责和权限、程序、过程、资源。其主要内容包括流程设计梳理、流程实施执行、流程运营监控、流程优化与再造。泵闸工程运行维护流程管理体系内容如表1.1所示。

表1.1　泵闸工程运行维护流程管理体系内容简表

过　程	过　程　内　容	要　点	目　标
从业务到模型	泵闸工程运行维护流程设计梳理	厘清	明确什么是正确的做事方式
从模型到执行	泵闸工程运行维护流程的实施执行	使用	坚持按正确方式做事
从执行到监控	泵闸工程运行维护流程的运营监控	管理	通过监管确保按正确方式做事
从监控到优化	泵闸工程运行维护流程的优化与再造	优化	做到按正确方式做事效果显著

2. 建设目标

明确企业流程管理体系建设目标，是确保流程管理卓有成效进行的前提。任何一个组织，都要服从企业的发展战略，发展战略就是企业流程管理体系建设的总体目标。有了战略目标，才能相对应地确定职能关系、流程关系。

泵闸运行维护企业应以习近平新时代中国特色社会主义思想和治水方针为指导，以国家法律法规和上级规范性文件为管理依据，以实现“安全泵闸、精细泵闸、智慧泵闸、文明泵闸”为目标，以实行项目化管理、优化资源配置、落实支撑保障为管理机制，以制度化、规范化、标准化、精细化、信息化和文明化为管理方法，明确工作任务、落实工作措施、突出工作重点、攻克工作难点、加强工作协调、抓好考核自检，整体推进运行维护能力提升和工程及管理效益发挥。泵闸运行维护企业流程管理体系建设的目标，应是在以上整体战略目标下，以卓越的业务流程管理，持续地提高业务绩效，实现流程管理系统化。

3. 流程管理体系建设应遵循的原则

(1) 系统化管理原则。流程管理体系不是孤立的，应考虑战略实施和组织管控的要求；流程管理体系建设应有系统化的思维，应是一个从点到面的过程。

(2) 目标导向性原则。流程管理体系建设应从工作目标而非工作过程出发，关注工作目标，定义岗位职责、相互关系和工作的协作关系。

(3) 职责完整性原则。流程管理体系设计时，应尽可能使同一个人完成一项完整的工作，减少交接和重复工作，增强员工的工作积极性和成就感。

(4) 精练高效原则。流程管理体系设计时尽可能剔除对客户不增值的活动，加快反应速度；在工作中尽量减少交接次数和不占用非工作时间。

(5) 持续改进原则。流程管理体系建设中，应加强检查、考核、评估，不断优化，提高流程的执行力、实用性，发挥流程管理创造的工作效率和企业整体效益。

1.2　流程图

流程图是以简单的图标符号来表达问题解决步骤的示意图，是了解流程内外部活动和相互关系的工具。在实际工作中，我们常常需要向别人介绍某项业务的操作流程。若是稍微复杂一些的业务流程，仅用文字是很难表达清楚的。这时就应充分利用可视化技术，将那些复杂的业务流程用图形化的方式表达出来，这样不仅使设计制作人员表达容易，而且让别人容易理解。

流程图的绘制是流程设计制作人员将流程设计或流程再造的成果予以书面化呈现的过程。只有使用标准的流程图符号，并遵守流程图绘制的相关规定，才能绘制出正确的流程图。

1.2.1 流程图的图标

流程图的图标有很多，常用的图标见表 1.2。

表 1.2 流程图常用图标

符　号	名　称	含　义
	端点、中断	表示标准流程的开始与结束，每一流程图只有 1 个起点
	处　理	表示具体作业任务或工作事项
	判　断	表示决策、判断、审批
	文　档	表示工作过程中涉及的文档信息
	多文档	表示工作过程中涉及的多文档信息
	流　向	表示执行的方向与顺序。流向应对准符号的中心，同时还要尽量避免流向的交叉，在 2 个符号之间不得使用双向箭头
	数　据	表示数据的输入或输出
	其他流程	表示与本流程关联的其他流程
否	否　定	判断框表示否定意义
是	肯　定	判断框表示肯定意义

1.2.2 流程图的样式

泵闸工程常用的流程图有多种样式。在制作流程图前，制作者可根据业务的工作内容、重点、要点采取不同的表现方式。例如，工作顺序的要求可直接体现在流程图中；而对于工作结果的格式要求，则可灵活运用，可用格式模板要求体现；时间、程度、方法、指标等要求，则可在合适步骤侧的描述中体现，也可以通过另外的表式做出说明。不同的表现方式可以使流程图更加直观明确、通俗易懂。这里主要介绍两种样式。

1. 步骤式流程图

步骤式流程图又称为直观式流程图，是以上下步骤（或左右步骤）来表示工作的先后顺序的一种形式。此种流程图比较直观，一般适合于企业主流程图或简单的操作流程图的绘制。如图 1.1 所示。

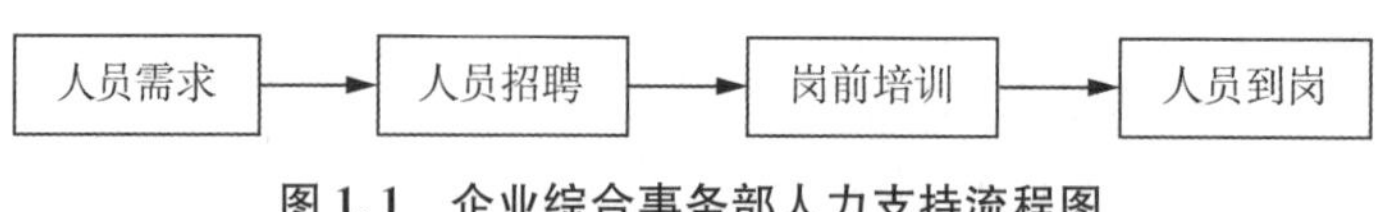

图 1.1　企业综合事务部人力支持流程图

2. 矩阵式流程图

矩阵式流程图又称为跨部门流程图，是通过图形化的语言描述组织中各职能部门（或岗位）之间的业务流程图，是描述业务活动与业务能力间交互关系的图表模型。矩阵式流程图可以很好地表示出跨部门、跨岗位之间的业务流程，能够体现出具体活动的流向，清晰地展现完成所做事情的先后顺序。同时，矩阵式流程图能够很好地结合部门或者岗位，将每个流程与其负责人联系起来，是"流程＝程序＋岗位"的最佳表现方式。

矩阵式流程图分为纵向、横向两个方向，纵向表示工作的先后顺序，横向表示工作的部位或职位。这样通过纵向、横向两个方向的坐标，既解决了先做什么、后做什么的问题，又解决了甲项工作由谁负责、乙项工作由谁负责的问题。一般适合于企业子流程图绘制。

矩阵式流程图中应使用标准流程图的符号，绘图实例见图 1.2。

1.2.3　流程图的绘制工具

常用的流程图绘制工具主要有 Word、Visio，二者在绘制流程图时都有着自身的特色，流程图设计制作人员可根据本单位流程实际要求、自己的使用习惯等选择使用。

1.2.4　流程图使用约定

（1）流程图中所用的符号应该均匀分布，连线保持合理的长度，尽量少使用长线。

（2）使用各种符号时，应注意符号的外形和各符号大小的统一，避免使符号变形或各符号大小比例不一。

（3）符号内的说明文字应尽可能简明。通常按从左向右和从上向下方式书写，与流向无关。

（4）流线的标准流向是从左到右和从上到下，沿标准流向的流线可不用箭头指示流向，但沿非标准流向的流线应用箭头指示流向。

（5）尽量避免流线的交叉，即使出现流线的交叉，交叉的流线之间也没有任何逻辑关系，对流向不产生任何影响。

（6）2 条或多条进入线可以汇集成 1 条输出线，此时各连接点应互相错开，以提高清

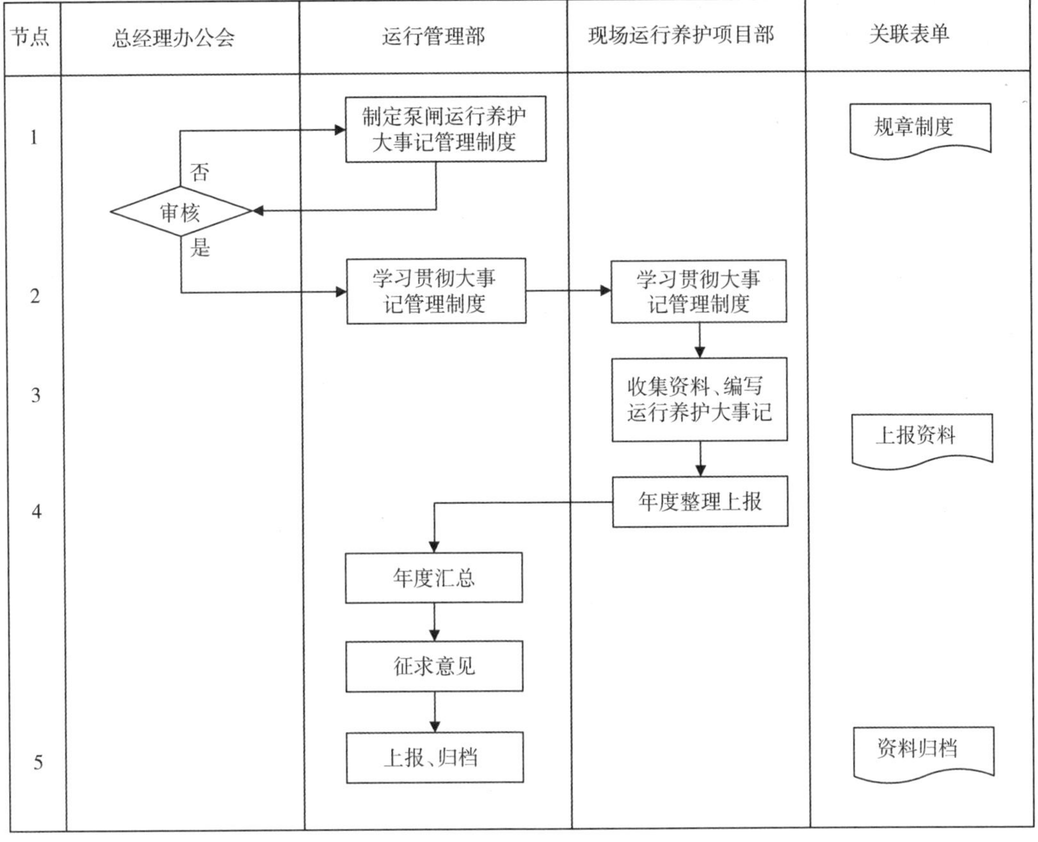

图 1.2 迅翔公司泵闸工程运行养护工作大事记管理流程图

晰度,并用箭头表示流向。

(7) 矩阵式流程图纵向为工作的先后顺序;横向为工作的部位、部门(单位)或岗位,以虚线或细实线分开。

(8) 一个大的流程可以由多个小的流程组成。

(9) 流程结束前应有输出。

1.2.5 用 Microsoft Office Visio 制作流程图的步骤

1. 创建图表

(1) 打开模板。使用模板开始创建 Microsoft Office Visio 图表。模板是一种文件,用于打开包含创建图表所需的形状的一个或多个模具。模板还包含适用于该绘图类型的样式、设置和工具。

①在“文件”菜单上,指向“新建”,然后单击“选择绘图类型”。

②在“选择绘图类型”窗口的“类别”下,单击“流程图”。

③在“模板”下,单击“基本流程图”。

(2) 添加形状。

①通过将“形状”窗口中模具上的形状拖到绘图页上,可以将形状添加到图表中。

②将流程图形状拖到绘图页上时，可以使用动态网格(将形状拖到绘图页上时显示的虚线)快速将形状与绘图页上的其他形状对齐。也可以使用绘图页上的网格来对齐形状。

(3) 删除形状。删除形状很容易，只需单击“形状”，然后按“DELETE”键。

2. 移动形状和调整形状的大小

(1) 放大和缩小绘图页。

①要放大图表中的形状，按下“CTRL”+“SHIFT”键的同时拖动形状周围的选择矩形。指针将变为一个放大工具，表示可以放大形状。

②要缩小图表以查看整个图表外观，可将绘图页在窗口中居中，然后按“CTRL”+“W”组合键；还可以使用工具栏上的“显示比例”框与“扫视和缩放”窗口来缩放绘图页。

(2) 移动一个形状。此时只需单击任意形状选择它，然后将它拖到新的位置。单击形状时将显示选择手柄。还可以单击某个形状，然后按键盘上的“箭头”键来移动该形状。

(3) 移动多个形状。要一次移动多个形状，必须选择所有想要移动的形状。

①使用“指针”工具拖动鼠标。也可以在按下“SHIFT”键的同时单击各个形状。

②将“指针”工具放置在任何选定形状的中心。指针下将显示一个四向箭头，表示可以移动这些形状。

(4) 调整形状的大小。可以通过拖动形状的角、边或底部选择手柄来调整形状的大小。

3. 添加文本

(1) 向形状添加文本。

①双击某个形状然后键入文本，Microsoft Office Visio 会放大以便可以看到所键入的文本。

②删除文本：双击形状，然后在文本显示后，按“DELETE”键。

(2) 添加独立文本。

①向绘图页添加与任何形状无关的文本，例如标题或列表。这种类型的文本称为独立文本或文本块。使用“文本”工具只单击并进行键入。

②删除文本：单击“文本”然后按“DELETE”键。

(3) 移动独立文本。可以像移动任何形状那样来移动独立文本：只需拖动即可进行移动。实际上，独立文本就像一个没有边框或颜色的形状。

4. 连接形状

各种图表(如流程图、组织结构图、框图或网络图)都有一个共同点：连接。

在 Microsoft Office Visio 中，通过将一维形状(称为连接线)附加或粘附到二维形状来创建连接。

移动形状时，连接线会保持粘附状态。例如，移动与另一个形状相连的流程图形状时，连接线会调整位置以保持其端点与 2 个形状都粘附。

(1) 使用“连接线”工具连接形状时：

①使用“连接线”工具时，连接线会在移动其中一个相连形状时自动重排或弯曲。“连

接线”工具会使用一个红色框来显示连接点，表示可以在该点进行连接。

②从第一个形状上的连接点处开始，将“连接线”工具拖到第二个形状顶部的连接点上，连接线的端点会变成红色，这是一个重要的视觉提示。如果连接线的某个端点仍为绿色，请使用“指针”工具将该端点连接到形状。如果想要形状保持相连，2 个端点都必须为红色。

(2) 使用模具中的连接线连接形状时，可拖动“直线—曲线连接线”，并调整其位置。

(3) 向连接线添加文本时，可将文本与连接线一起使用来描述形状之间的关系。向连接线添加文本的方法与向任何形状添加文本的方法相同，只需单击“连接线”并键入“文本”。

5. 设置一维形状格式

(1) 把握线条颜色、图案和透明度。

(2) 把握线条粗细。

(3) 把握线端类型(箭头)。

(4) 把握线端大小。

(5) 把握线端形状(线端是方形还是圆形)。

6. 保存和打印图表

7. 将流程图添加到 Word 文档

在 Word 文档中修改流程图。

1.3 泵闸工程流程管理的重要性

1.3.1 加强泵闸工程流程管理，有利于资源充分利用

目前，一些泵闸运行维护企业在内部管理上还不适应当代形势发展要求，只有通过建立和执行科学的流程，才能够进一步理顺泵闸运行维护企业内部各职能部门、各岗位之间的关系，从而将职能重复的部门或岗位予以撤销，并使价值一致的资源得到集中利用。这样，在泵闸工程运行维护项目实施过程中，既不浪费资源，又能缩短决策、执行的时间。

1.3.2 加强泵闸工程流程管理，有利于理清运营脉络

泵闸运行维护企业的高层领导本应将精力集中于了解企业经营现状、明确发展方向、制定泵闸工程运行维护的各项重大决策等方面。在泵闸工程运行维护业务方面，有了标准化的流程以后，企业的高层管理人员就可以非常清晰地梳理企业流程清单，厘清企业现状和未来发展流程。

例如，通过图 1.3 所示的泵闸工程运行维护项目管理总流程图，泵闸运行维护企业总经理就可以对现场项目部的权限、职责及工作范围和内容十分清楚，同时对现场项目管理涉及的企业职能部门的工作事项充分了解，这样在考察和监督工作的时候自然会得心应手，也十分有利于与各方的沟通。

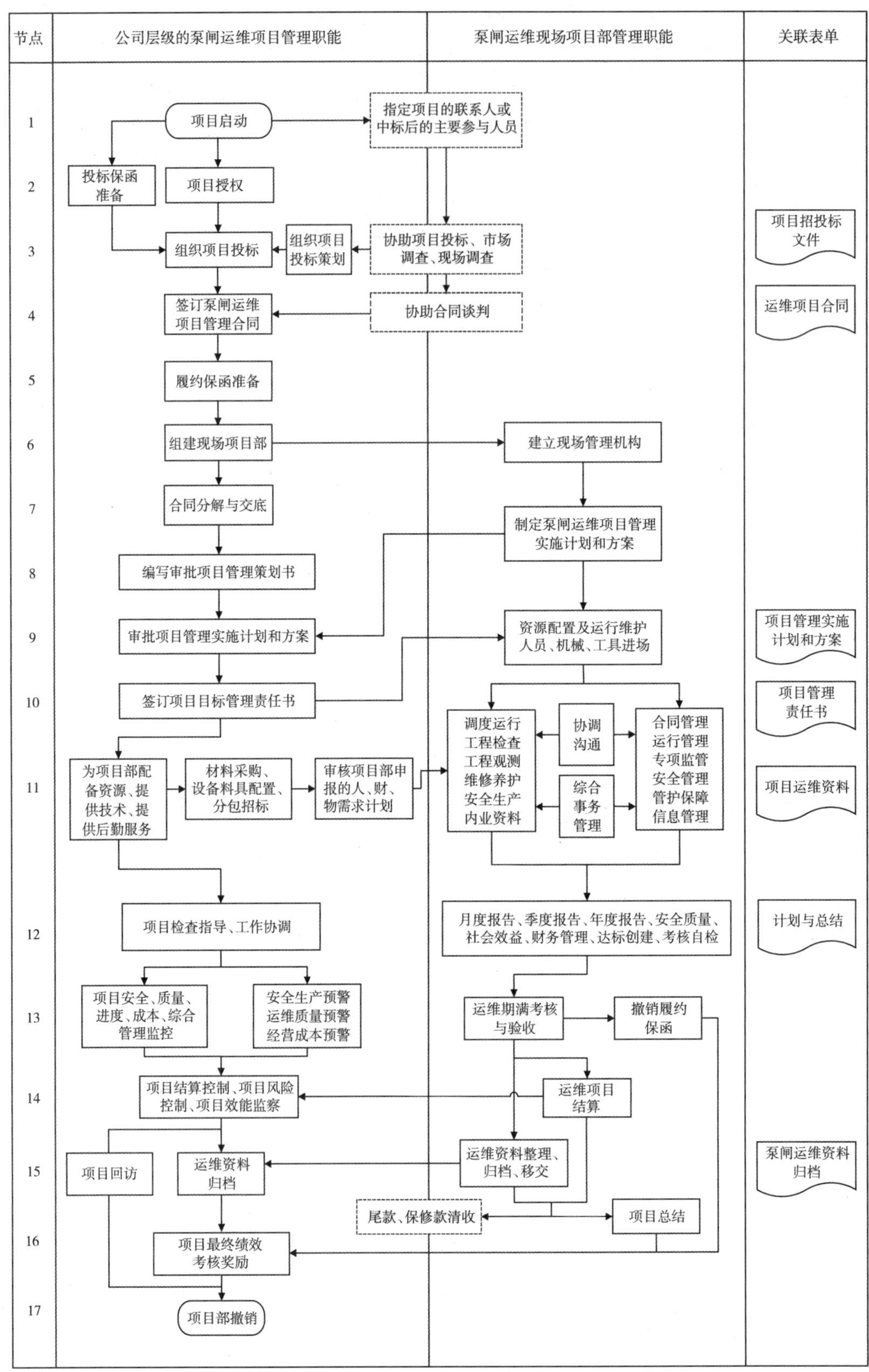

图 1.3　泵闸工程运行维护项目管理总流程图

1.3.3 加强泵闸工程流程管理，有利于提高工作效率

通过加强流程管理，优化了业务流程，企业中层管理者的权益得到保障，他们对自身的责任、工作范围及目的也会理解得更加深入。在这种前提下，可极大提高工作效率。例如，在泵闸工程运行维护物资采购管理总流程图（参见图 4.18）中，物资主管部门和公司分管领导在采购计划的制订、询价议价、选择供应商、签订采购合同、跟催监督交货、组织验收、办理结算以及绩效评价等方面对上级应履行何种职责，对下级（使用部门和项目部）行使何种权力，一目了然。

1.3.4 加强泵闸工程流程管理，有利于工作有章可循

通过流程设计和应用，泵闸运行维护企业可以把不必要的工作环节从日常运行维护工作中剔除出去，选择最便捷的工作方式进行各类现场作业；通过建立标准的工作程序，可以让基层泵闸运行养护项目部和维修服务项目部员工规范作业，减少不必要的动作或工序，从而提高工作效率。例如，对泵站工程控制运用来说，当泵站开停机流程制定后，运行人员严格执行操作流程，确保按时顺利开机；在运行现场中，运行人员按巡查流程进行巡查，及时发现问题；一旦泵站机组发生运行异常，运行人员执行运行突发故障应急处置流程，从而避免事故的发生。

1.3.5 加强泵闸工程流程管理，有利于降低运营成本

加强流程管理，可以让企业规范流程，更加有效地管理流程，减少流程中不必要的人力物力消耗，缩短流程周期，从而降低企业运营成本。泵闸运行维护企业常常会遭遇人才短缺的瓶颈，导致很多工作不能正常开展。实施流程管理后，把企业的主要工作都流程化，即用流程图将工作描述出来，并将主要流程在泵闸工程运行维护现场明示，让相关岗位的员工看到简单高效的做事方法，那么有能力的员工就可以一人多岗。由于某项工作的工作程序和方法、标准、责任人等都在流程图中标示出来了，因此，只要泵闸各个项目部的员工按照同样的方式进行，不仅能保证现场运行养护工期，还能保证运行养护质量。

1.3.6 加强泵闸工程流程管理，有利于控制风险

加强流程管理，可以规范泵闸运行维护企业的日常工作事务，让流程规范化、系统化，让员工有据可依。同时，相关流程管理可以推送给负责人，可以加强泵闸现场项目部内部团队和泵闸运行维护企业部门之间的协作性，避免流程的每个节点出现互相推诿等现象，降低风险。

例如，迅翔公司制定了危险化学品管理流程（图 1.4），运行养护项目部和维修服务项目部分别按管理流程制订危险化学品使用管理工作计划（含需求计划），报职能部门审批后，采购部门按照采购计划和公司物资采购制度和流程，选择有经营资质的商家进行购买，严格把控危险化学品数量、质量。仓库保管员按相应的流程和制度及时将危险化学品清点入库，更新管理台账，项目部按相应的制度和流程领用，相关各方按流程加强日常危

险化学品管理、报废处理。仓库管理员按危险化学品特性采取相应措施分类存储。存放易燃易爆品仓库的电器照明应采用防爆装置，杜绝一切火种，并配备足量的灭火器材。每月组织人员对危险品进行检查，重点检查其安全性，检查是否有破损、泄漏、过期、失效等特殊情况。项目部严格执行危险化学品出入库发放制度，根据使用需求填写领用单，领用适量危险化学品。在使用过程中，严格控制所用易燃、易爆物品，使用剩余部分立即返还仓库。同时，仓库管理员通过定期检查、安全检查等检查危险化学品是否失效。对检查发现的失效过期危险化学品，仓库管理员会同相关人员对其进行及时、正确的处理。由于严格执行危险化学品管理流程，从而使危险化学品的使用风险得到有效控制。

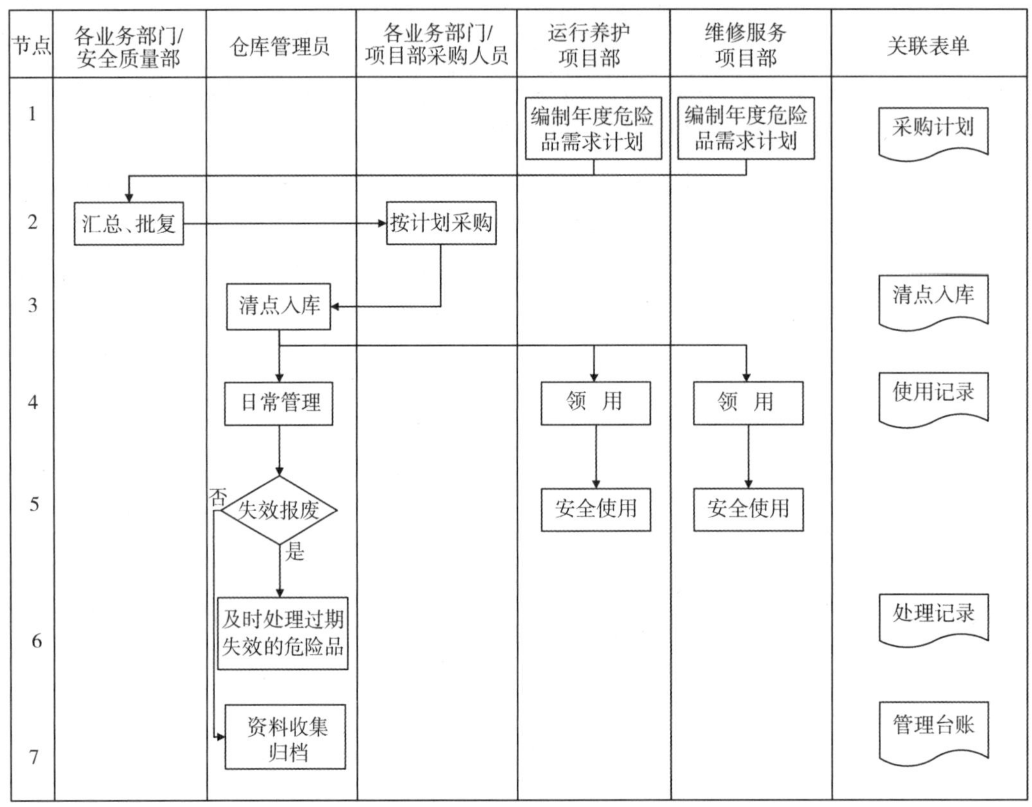

图 1.4 迅翔公司泵闸工程危险化学品管理流程图

1.3.7 加强泵闸工程流程管理，有利于加快推进水利工程标准化管理

流程管理既是企业内部标准化体系建设的重要内容，也是水利工程管理单位抓好安全生产、提升运行能力和效率的重要举措。为了全面提升水利工程管理水平，构建职能清晰、权责明确、科学规范、安全高效的管理体系，水利部多次提出加快水利工程标准化管理的意见。泵闸运行维护企业在泵闸工程运行维护过程中，要进一步明晰管理事项，建立健全各项规章制度和操作规程，规范工作程序，统一运行维护标准，规范员工行为，并结合信息平台，优化作业环境，加强预测预警，消除安全隐患。因此，泵闸流程体系的建设和完善，必将有力地推进水利工程标准化管理。

总之，管理成熟度高的单位，必然是流程化完善的单位。泵闸工程流程化管理，是保证单位工作效率和泵闸运营效益提高的关键。泵闸工程管理者只有将流程中的各个节点把握好，才可以让员工的工作效率迅速提高。同时，泵闸工程流程化的管理最终也会与水利工程管理单位和运行维护企业文化融为一体，让管理单位和运行维护企业文化形成独特优势，从而使水利工程管理单位、运行维护企业得到更长远的发展，所管水利工程发挥更大的效益。

第2章

泵闸工程管理模式、事项划定及与流程的关系

泵闸工程标准化管理的一项基础工作，就是划定管理事项。流程管理的前提，也是明确工作任务，落实责任人。要掌握流程管理的理念，进行流程设计、优化，增强业务流程的可操作性，提高流程管理的执行力，必须在构建泵闸工程运行维护先进管理模式及优化运行维护企业管理架构的基础上，合理划定管理事项，理顺管理事项与流程设计的关系。

本章以迅翔公司为例，阐述泵闸工程运行维护管理事项的划定方法，同时对迅翔公司如何加强泵闸工程运行维护流程文件的日常管理做简要介绍。

2.1 泵闸工程运行维护管理模式及运行维护企业管理架构

2.1.1 泵闸工程运行维护管理模式

泵闸工程运行维护管理模式一般有自营模式、委托管理模式、联合管理模式等。上海水利泵站、水闸工程运行维护按照水利工程管理体制改革的要求，普遍实行专业化、社会化管理。

上海市管泵站和水闸工程运行维护采取市场化招投标委托管理模式，上海市堤防泵闸建设运行中心按照泵闸管理权限，通过招投标确定迅翔公司为运行维护单位，上海市堤防泵闸建设运行中心下属的泵闸（堤防）管理所（以下简称管理单位）负责指导协调监督。

2.1.2 泵闸运行维护企业管理架构

下面以迅翔公司为例，介绍泵闸运行维护企业管理架构。

根据国家和上海市有关泵闸运行的技术标准、操作规程、泵闸控制运用方案、管理单位与迅翔公司签订的委托管理合同、泵闸委托管理合同考核办法及其考核标准，迅翔公司负责上海市市管泵闸等工程的控制运用和维修维护工作。迅翔公司在泵闸工程现场设置运行养护项目管理部，在后方设置泵闸工程维修服务项目部，公司各职能部门负责泵闸工程运行维护技术和后勤支撑保障。

迅翔公司内设综合事务部、市场经营部、安全质量部、技术管理部、运行管理部、建设

项目管理部和资金财务部等职能部门。公司各职能部门履行通用职责和专业职责，其通用职责见表2.1。

表2.1　迅翔公司职能部门通用职责

序号	项　目	通　用　职　责
1	工作目标	1. 根据公司年度工作目标的总体要求，编制本部门工作目标； 2. 按年度工作目标进行分解，拟定月度工作目标，并组织实施；检查和总结其执行情况，为各级考核提供依据； 3. 贯彻执行党和国家方针政策和法规、上级文件精神； 4. 领导成员分工明确，团结协作，工作积极主动，有创造性
2	计划总结	1. 每月月底前对月度工作进行小结，并编制和报送本部门月度工作计划； 2. 及时上报各类信息，编写工作大事记
3	信息管理	1. 按照公司信息管理规定，做好本部门信息收集、分析、传递工作； 2. 及时处理与本部门相关的内外部来电、来函
4	制度和作风建设	1. 起草本部门、本专业系统职责范围内的管理标准、技术标准、规章制度等，并组织实施； 2. 检查制度执行情况； 3. 领导班子作风正派，廉洁自律，密切联系员工
5	学习培训工作	1. 提交本部门学习培训计划并组织实施； 2. 检查督促学习培训工作； 3. 组织员工学习业务技能
6	绩效考核	1. 组织并督促本部门员工完成职责范围内工作； 2. 坚持公平公正公开原则考核员工业绩； 3. 建立台账和记录员工业绩考核情况
7	文明办公	1. 抓好办公场所环境卫生； 2. 加强公共用水用电管理； 3. 档案资料设备齐全，资料完整，有兼职管理人员，执行档案管理制度； 4. 执行公司其他文明办公规定
8	劳动纪律和道德规范	1. 遵守公司考勤制度，督促员工自觉打卡签到； 2. 员工有事请假，不擅自串岗； 3. 员工自觉遵守公民基本道德规范
9	协调职能	1. 做好与其他部门的协调，本部门内部员工团结协作； 2. 完成领导交办的其他工作

迅翔公司各职能部门的专业职责：

(1) 综合事务部。综合事务部主要履行公司行政工作、党群工作、人力资源管理、固定资产管理、后勤管理等专业职责。

(2) 资金财务部。资金财务部主要履行公司的资金财务管理、预算管理等专业职责。

(3) 市场经营部。市场经营部主要履行企业发展、市场拓展、招投标管理、合约管理、企业资质申报及维护等专业职责。

(4) 运行管理部。运行管理部主要履行公司的防汛防台、泵闸及河道工程运行养护管理等专业职责。

(5) 技术管理部(安全质量部)。技术管理部(安全质量部)主要履行公司技术管理、安全管理、质量管理等专业职责。

(6) 建设项目管理部。建设项目管理部主要履行公司承接的水利专项维修工程的项目管理、监理和施工管理等专业职责。

(7) 公司实行泵闸工程运行养护、泵闸工程年度维修项目负责制。泵闸运行养护项目部和维修服务项目部为公司承接的泵闸工程运行维护项目的现场派驻机构,具体负责泵闸工程运行养护、年度维修和应急抢险等工作。有关养护技术、后勤保障、财务管理、工作协调由公司职能部门负责。

2.2 泵闸工程运行维护管理事项划定

2.2.1 管理事项划定一般要求

迅翔公司泵闸工程运行维护管理事项划定的一般要求是:

(1) 公司各职能部门以及各泵闸运行养护项目部、维修服务项目部应根据工程类型和特点,按照上海市泵闸工程管理精细化和标准化相关规定,制订泵闸工程运行养护年度工作计划,分解年度管理事项,编制年度管理事项清单。

(2) 泵闸工程管理事项清单应包含泵闸各项常规性工作及重点专项工作,分类全面、清晰。主要包括工程状况、工程调度、控制运用、巡视检查、工程监(观)测、维修养护、安全生产、管理保障、信息化建设等。

(3) 泵闸工程管理事项清单应详细说明每个管理事项的名称,具体内容,实施的时间或频率,工作要求及形成的成果、责任人等。

(4) 泵闸工程管理事项可按周、月、年等时间段进行细分,各时间段的工作任务应明确,内容应具体详细,针对性强。

(5) 每个管理事项需明确责任对象,逐条逐项落实到岗位。

(6) 岗位设置应符合相关要求,人员数量及技术素质满足工程管理要求。

(7) 泵闸运行养护项目部和维修服务项目部应建立管理事项落实情况台账资料,定期进行检查和考核。

(8) 泵闸工程管理事项清单由各部门(项目部)起草,经职能部门和公司领导逐级审核后,报公司总经理办公会审定。

(9) 当管理要求及工程状况发生变化时,管理事项清单应及时进行修订完善。

2.2.2 管理事项清单分类

泵闸工程运行维护管理事项可参照《水利工程标准化管理评价办法》(水运管〔2022〕130 号),将管理事项分为工程状况、安全管理、运行管护、管理保障、信息化建设 5 类。也可以根据管理单位对运行维护公司的合同考核要求,将管理事项分为组织管理、运行管理、检查评级观测试验、维修养护、安全管理、环境管理、经济管理7类。

2.2.3 管理事项排查方法

管理事项排查可采用树状分类法，即在对管理事项排查过程中，先确定大的分类标准，将某些方面相似的工作任务或事项归为同一类，然后对同类工作任务或事项再分类。

2.2.4 泵闸工程运行维护管理事项清单

以迅翔公司负责运行维护的淀东泵闸为例，其泵闸工程运行养护项目部维修养护管理事项清单见表2.2。

表2.2 淀东泵闸运行养护项目部维修养护管理事项清单

序号	分类	管理事项	实施时间或频次	工作要求及成果	责任人
1	维修养护项目管理	学习维修养护作业指导书	全　年	组织编制、修订、学习泵闸工程维修养护作业指导书，掌握要领	
2		年度养护计划制订	年　初	编制和上报年度养护计划	
3		外委维修单位选定	必要时	会同公司职能部门对需要外委维修项目，按采购必选相关规定，择优选定外委单位	
			必要时	会同公司运行管理部进行外委维修合同签订、整理及归档。外委维修合同签订、整理及归档按公司相关规定进行	
4		执行工作票制度	作业时	对高压电气设备作业、电焊作业等，制定并执行维修养护工作票制度	
5		编制工程维修项目实施计划	维修经费下达后10日内	编制工程维修项目实施计划，经审批后方可进入项目实施阶段	
6		编报开工报告	签订施工合同后7日内	提交开工报告审批表	
7		抓好维修养护项目实施	实施过程中	对项目实施的安全、质量、进度、经费及文明施工进行管理	
8		维修养护资料管理	检修时	检修检测记录及报告，明确检修结论	
			保养时	保养设备记录及报告	
			适　时	抓好维修养护项目验收	
			年　前	进行维修养护资料整理	
9		维修养护信息上报	每月28日前	工程养护项目进展和经费完成情况上报管理单位和公司职能部门	

续表

序号	分类	管理事项	实施时间或频次	工作要求及成果	责任人
10	工程养护	水工建筑物及房屋设施养护	按定额规定执行，一般每季度1次	1. 混凝土及土工、石工建筑物养护； 2. 防渗、排水设施及永久缝养护(其中排水沟和窨井疏通、排水管和电缆沟清淤每年2次)； 3. 堤岸及引河工程养护； 4. 泵房、启闭机房及管理用房养护	
11		闸门液压式启闭机养护	每季度1次	闸门、拍门养护、调试；梁格排水孔畅通(每月1次)	
			每周1次	液压式启闭机油泵保养	
			每季度1次	液压式启闭机油位、油质保养、设备调试	
			汛前、汛后	液压式启闭机仪表、活塞杆保养	
12		主机组养护	每季度1次	主电动机日常养护	
				主水泵日常养护	
				齿轮箱日常养护	
13		变压器日常养护	汛前、汛后各1次；必要时	按作业指导书要求，做好主变压器、站用变压器的日常养护工作	
14		机电设备养护	根据相关规定和现场需要进行，一般每季度1次	高低压开关柜日常养护；其设备调试每年2次	
				真空断路器、高压电容器、互感器日常养护、调试	
				直流系统及蓄电池日常养护、设备调试	
				照明系统日常养护每年2次	
				清污设备(含拦污栅)日常养护	
				供、排水系统日常养护	
				油系统日常养护	
				行车及电动葫芦养护	
				阀门、管道日常养护	
				通风系统日常养护	
15		其他设施设备养护	每季度1次	泵闸附属设施养护	
			每年2次	备用(移动)电源养护	
			每季度1次	工程监测设施养护	
			每月1次	标志标牌清洗	
			每季度1次	管理区道路养护	
			每季度1次	防汛物资养护	
16		填写日常养护记录表并归档	全年	按泵闸工程技术管理实施细则执行，认真填写日常养护记录表并及时归档	
17		冰冻期运用	每年11月前	按泵闸工程技术管理实施细则执行	

续表

序号	分类	管理事项	实施时间或频次	工作要求及成果	责任人
18	工程维修	水工建筑物及房屋维修	按定额要求执行	混凝土、土工、石工建筑物等维修	
				防渗、排水设施及永久缝维修	
				堤岸及引河工程维修	
				泵房、启闭机房维修	
19		闸门、拍门、启闭机维修	每年1次	闸门维修	
			每年1次	拍门转动销检查或更换	
			每3年1次	拍门密封圈检查或更换	
			每年1次	液压式启闭机维修	
			适时,15年左右	钢闸门防腐蚀维修	
			适　时	检修闸门维修	
			冰冻期	闸门冰冻期维护	
20		主机组维修	每年1次	主电动机维修	
			每年1次	主水泵维修	
			每年1次	齿轮箱维修	
			每3～5年1次(运行2 500～15 000 h)	主水泵及传动装置大修	
			每3～8年1次(运行3 000～20 000 h)	主电动机大修	
21		变压器维修	每年1次	主变压器、站用变压器小修	
			投入运行5年首次大修,其后每10年1次	主变压器、站用变压器大修	
22		机电设备维修	每1～3年1次	真空断路器维修	
			一般每年1次	电缆、母线维修	
			每2～3年1次	互感器维修	
			每年1次	技术供排水系统、油系统维修	
			蓄电池充放电每1～3月1次	直流系统及蓄电池维修	
			每2年1次	直流设备及整流装置维修	
			每年1次	高低压开关柜维修	
			每年1次	防雷设施及接地装置维修	
			每年1次	照明系统维修	

续表

序号	分类	管理事项	实施时间或频次	工作要求及成果	责任人
22	工程维修	机电设备维修	每 4 000～5 000 h 1 次	供排水泵、油泵大修	
			每年 1 次	清污设备(含拦污栅)维修	
			每 2 年 1 次	行车维修、电动葫芦专业维修	
			每年 1 次	机电设备仪表检测及维修	
			与主机组小修、大修同时进行	软启动装置小修、大修	
			维修养护周期见作业指导书	其他电气设备、辅助设备、金属结构大修、小修和养护的周期及内容详见“泵闸机电设备维修养护作业指导书”	
23		其他设施设备维护	每年 1 次	引航道及设施维修	
			按定额要求执行	防汛道路和对外交通道路维修	
			每年 1 次，需要时	雨水情测报、安全监测、视频监视、警报设施、通信条件、电力供应、管理用房等办公、生产、生活及辅助设施维护	
			每年 1 次	标志标牌维修	
			室内每 3 年 1 次，室外每 2 年 1 次	室内外油漆	
24	除险加固和专项维修	配合前期报批立项等工作	必要时	配合管理单位根据工程检测或鉴定，对工程进行专项维修立项，做好前期工作	
		配合项目实施	必要时	配合项目实施中的安全管理、质量管理、进度管理、经费管理、环境管理等	
		配合项目验收	必要时	配合项目验收	
		配合做好专项工程安全度汛	必要时	配合做好专项工程安全度汛工作	
25	信息化管理与维护	配合泵闸工程“智慧运维”管理平台建设	必要时	配合泵闸工程“智慧运维”管理平台建设，实现工程在线监管和自动化控制；工程信息及时动态更新，与上级相关平台实现信息融合共享、上下贯通	
26		信息化系统维护	每日巡检、实时监控、每季度 1 次例行保养(调试)、每年 1 次维修、配合专项检测	维护频次、项目、要求详见“泵闸信息化系统维护作业指导书”，项目包括： 1. 计算机监控信息处理、系统维护与调试； 2. 视频监视信息管理、系统维护与调试； 3. 网络通信系统维护； 4. 配合档案、物资、安防等信息管理系统维护	
27		泵闸工程“智慧运维”管理平台运行维护	正常工作日	工程设备登记、设备状况、安全鉴定、标识标志、工程大事记、工程检查、雨水情、工程监测、工程观测、电力设备试验、工程评级、维修养护、调度运行管理、视频监控、安全生产、水行政管理、应急管理等信息及时上传更新；加强日常维护，动态管理，监测监控数据异常时，能自动识别险情，及时预报预警；网络平台安全管理制度体系健全；网络安全防护措施完善	

2.2.5 泵闸工程运行维护管理事项落实

1. 管理事项分解落实

迅翔公司职能部门和项目部应对照管理事项清单，将各项工作任务分解落实到具体的工作岗位、具体的工作人员，实行目标管理、闭环管理。所有管理工作都应做到“有计划、有布置、有落实、有检查、有反馈、有改进”的闭合环式管理。其工作布置程序如下：

(1) 遵循逐级安排的原则，编制部门(项目部)—人员—岗位—事项对应图表，将各工作事项分类、梳理，并落实到相应人员。

(2) 一般工作电话通知，重要工作填写任务单。

(3) 任务下达应具体、可度量、可达成、注重效果、有时间要求。

(4) 工作安排简明扼要，工作内容和要求应详尽，完成时间应明确。

(5) 按照工作的重要性和紧迫性，可根据“ABC 分类法”分为 3 级，关键工作(权重高)，一般工作(权重一般)，次要工作(权重低)。也可以根据“四象限分类法”分为 4 级(一般、重要不紧急、重要紧急、非常重要紧急)。优先安排非常重要、紧急的工作。

2. 任务执行

泵闸运行维护企业职能部门和项目部应树立强烈的责任心，抓好工作执行情况的跟进、协调、指导和反馈等基础工作，形成高效的组织执行力。应将工作落实到人，并对责任人进行指导，督促其按要求完成任务。责任人应不折不扣地高质高效完成任务。

工作执行中各方应及时沟通，有困难及时汇报，确保按要求完成；若困难无法解决的，应及时做好分析，并提请部门解决。

职能部门和项目部对工作执行情况进行监督检查，并在每周工作例会上通报重点工作执行情况。

3. 台账记录

泵闸运行维护企业职能部门和项目部应建立工作任务落实情况台账资料，客观反映工作任务的责任对象、工作内容、完成时间、实际成效等，也为管理单位和上级对部门(项目部)及岗位人员的考核提供基础支撑。例如：

(1) 员工培训事项的落实，应有计划、培训(内容、签到)、考核(试卷、成绩统计表)、台账资料。

(2) 工程安全管理事项的落实，应有安全工作计划、安全培训、安全检查、安全隐患整改过程、安全总结材料等。

(3) 工程检查维护事项的落实，应有检查(检验)记录、维修建议、维修措施、调试、验收全过程资料等。

资料整编中，应做到检查、养护资料分开整编；检查资料中，应做到日常巡视、经常检查、定期检查、特别(专项)检查、安全检查资料分开整编。

4. 工作闭环

工作闭环程序按照由下至上、自前至后的方式，逐级闭环，做到“四闭合”。

(1) 泵闸工程检查资料与维修养护资料应闭合。

(2) 泵闸工程养护维修项目方案、组织、检查、整改、验收应闭合。

(3) 上期管理单位或上级检查考核中要求整改的项目，在下期信息上报中，应反馈整改落实情况，实行资料闭合。

(4) 项目部年度、季度、月度各项工作计划和年度、季度、月度工作总结应闭合。

各级管理人员应根据掌握的信息、对工作的不同要求，逐级审核，表明态度。

职能部门和项目部应根据工作的开展情况，阶段性地进行小结，工作定义为 3 个状态，即完结、继续开展、等待时机完成。

工作完结应立即提出申请，进入闭环程序，逐级同意后可结题。工作需等待时机完成的，应注明目前结题欠缺的条件。工作继续开展的，应提供详细的工作计划，确定工作完成时间。

5. 抓好考核工作

泵闸工程运行维护的所有考核工作以各类考核办法和考核标准为依据，结合工作实际情况，做好管理单位和上级考核中的自检自评工作。同时，在职能部门和项目部内部，对班组和员工加强绩效考核。

(1) 工作未及时安排的，工作安排不清楚的，时间要求不明确的，绩效考核应相应扣分。

(2) 重点工作未在周例会上汇报的，工作未按时完成的，未能完成的，绩效考核应相应扣分。

(3) 工作完成质量差的，绩效考核应相应扣分。

(4) 职能部门和项目部年度(季度)考核评分标准以及工作人员年度考核标准可根据管理事项分解表编制和调整。

2.3 管理事项与流程设计的关系

2.3.1 流程关键节点确定原则

如第 1 章第 1.1 节“流程概念”中所述，流程图中的每一事项都对应着某一环节。这一环节称为流程的“节点”，这些节点对企业某一流程的执行乃至企业的整体运营效率起着至关重要的作用。也可以说，流程节点是指在整个流程中若干个不同环节之间，或者是某一环节与另一个环节开始或结束的转接点(类别点或时间点)。

流程关键节点，是指流程中的重要环节，其工作质量的好坏对整个流程的输出成果影响很大。为了最大程度地提升企业推行流程管理的经济效益，企业在开展流程设计、优化和管理工作时，需要以“关键节点”作为突破口。在选择和确定“关键节点”时，应遵循以下原则：

(1) 将绩效低下的流程作为选取对象。凡是目前存在工作效率和效益低的问题之处，都是业务关键重点选取对象。

(2) 地位的重要性。单纯的绩效低下还不够，这个节点在企业整个流程管理体系中的地位也很重要。即在有关问题进行改善或流程优化、再造后，其将对整个企业的效率、效益产生重要的影响。

(3) 落实的可行性。这个节点改造后的事项是否容易落实，流程优化、再造后能否很快见到实效。

2.3.2 节点描述

流程节点在整个流程中起着承上启下的作用，这一节点如果处理不好，则有可能造成环节与环节的脱钩，从而影响到整个流程的质量。

节点之间的逻辑关系，或者说各个事项(活动)之间的逻辑关系不同，导致流程输出的结果也就不同，因此，事项(活动)之间的逻辑关系也就成了决定流程的关键因素。其逻辑关系包括串联、并联、流水、交叉等，如表 2.3 所示(用 A、B、C、D 分别表示不同的节点)。

表 2.3 流程节点间的逻辑关系示意图

序号	逻辑关系	示意图(单代号法)
1	串联关系：A 完成后进行 B，B 完成后进行 C	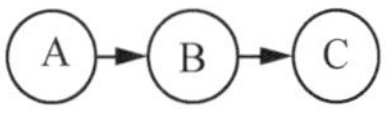 A→B→C
2	从串联到并联：A 完成后同时进行 B、C	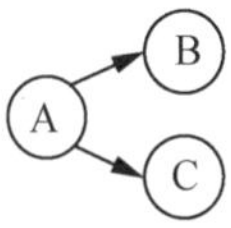 A→B；A→C
3	从并联到串联：A、B 都完成后进行 C	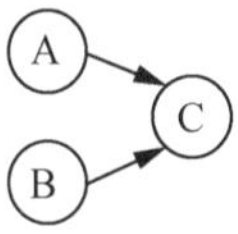 A→C；B→C
4	交叉关系：A、B 都完成后，同时进行 C、D	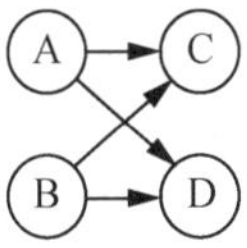 A→C；A→D；B→C；B→D
5	特殊串联关系：A 完成后进行 C，A、C 都完成后进行 D(受时序影响，B 必须延迟到 C 完成后才能开始进行)	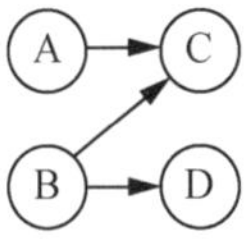 A→C；B→C；B→D
6	从串联到并联到串联：A 完成后进行 B、C，B、C 完成后进行 D	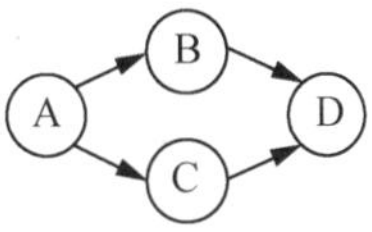 A→B；A→C；B→D；C→D

节点说明文件应详细描述各流程节点的操作说明、执行周期、使用单位、责任部门(岗位)等流程执行要素。其中操作说明是对流程节点工作标准的描述，执行周期是该节点在执行中工作时间的设置，使用单位与责任部门(岗位)则是在进行该节点中的执行主体及主要负责的部门或个人。

节点描述时，应注意节点活动描述的细度，尽量按业务作业特点来划分。要明确主要执行主体在流程中的作用，对主要执行主体的流程节点进行详细描述。

2.3.3 处理好泵闸工程运行维护管理事项与流程设计的关系

(1) 厘清泵闸工程运行维护管理事项是流程设计的基础工作。一个管理事项(或一项工作任务)可以是一个节点,也可以设计为一个流程或多个流程,也可以设计为一个主流程和多个子流程。在设计流程前,设计人员应对泵闸工程运行维护的管理事项(或工作任务)进行认真分析,理解其要点,并针对不同要求进行取舍。流程的“节点”并不是越多越好,要做到有所放弃、有所侧重才能高效执行。这就需要设计者在保证完成目标的前提下,认识到哪些是必要的环节,哪些是非必要的环节,根据实际情况,将必要的环节找出来。

(2) 明确泵闸工程运行维护中各业务流程的主业务。用大的、粗略的关键节点,讲清楚某个业务流程范围,这就是顶层业务流程图。顶层业务流程图是业务整体性、全局性的概括表达。这里的全局并不是指企业整体的业务全局,而是指所界定好的泵闸业务范围。

(3) 梳理泵闸工程运行维护中各业务流程的支业务。梳理业务流程需要先从顶层的业务流程分解开始,要由大到小,由粗到细,在主体业务的范围之内找到每个支业务的关键节点,并弄清楚它在下一层分解中应该被包含在哪个关键节点中。

(4) 抓住泵闸工程运行维护业务的关键问题。在设计业务流程之前,应分析并明确以下问题:

①整个流程的起点是什么,整个流程的终结点是什么,可以从管理事项清单中分析并确定;

②在整个流程中,涉及的角色都有谁,从管理事项清单中,可分析判断涉及的角色,并细化;

③在整个流程中,都需要做什么事情,从管理事项中可以找到,或按树状图法或鱼骨图法对管理事项再细化;

④这些任务是可选的还是必选的,要注意简化或去除不必要的任务(环节);

⑤整个流程需要在什么时间、什么地点完成,分别产生什么文档,其中完成的时间和频次应根据相关规程要求和管理事项清单确定,产生的文档应符合泵闸管理资料模板和资料验收要求。

泵闸工程运行维护流程设计人员对照管理事项清单,分析以上问题,一方面可以帮助自己收集到更多的制作材料,另一方面可以帮助自己理清工作思路,抓住工作重点。

2.4 泵闸工程运行维护流程文件的日常管理

2.4.1 泵闸运行维护企业流程运行基本程序

泵闸运行维护企业流程运行基本程序如图 2.1 所示。

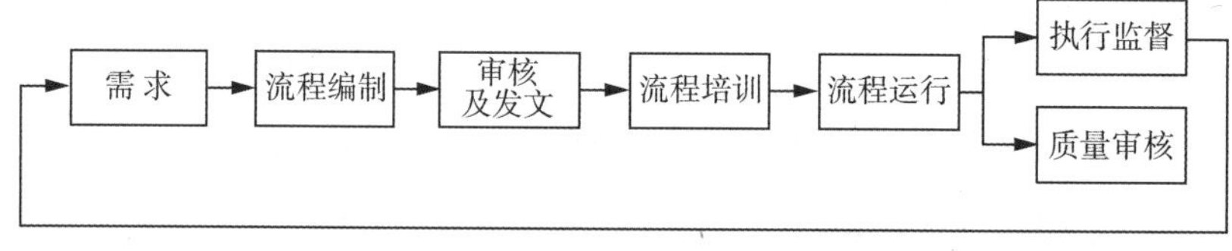

图 2.1 泵闸运行维护企业流程运行基本程序

2.4.2 泵闸运行维护企业流程发布运营

1. 企业流程发布程序

泵闸运行维护企业流程发布是指流程制作完成，经审核通过后，下发到各部门（项目部），让每个成员都了解管理流程，以高效地完成管理目标。泵闸运行维护企业流程发布程序如图 2.2 所示。

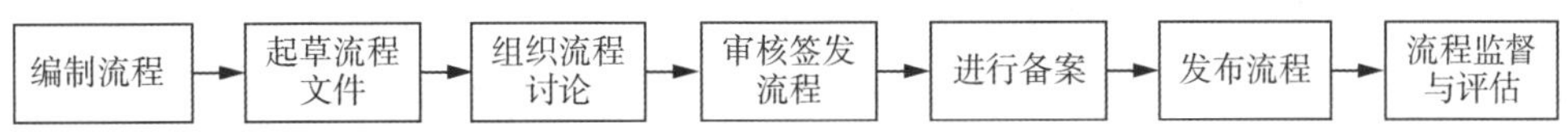

图 2.2 泵闸运行维护企业流程发布程序

2. 流程问题反映程序

已经发布的流程不一定很完美，在执行过程中可能会出现一些问题，各部门（项目部）应及时将流程问题反映给上级，以便及时进行处理。泵闸运行维护企业流程问题反映程序如图 2.3 所示。

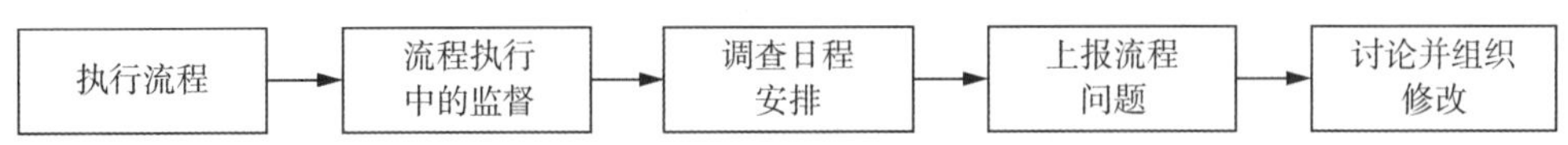

图 2.3 泵闸运行维护企业流程问题反映程序

3. 流程修改程序

泵闸运行维护企业各部门（项目部）在执行流程中若出现问题，应立即上报，以便流程设计人员调查流程出现问题的原因，并根据实际情况对流程进行修改，提高工作效率。泵闸运行维护企业流程修改程序如图 2.4 所示。

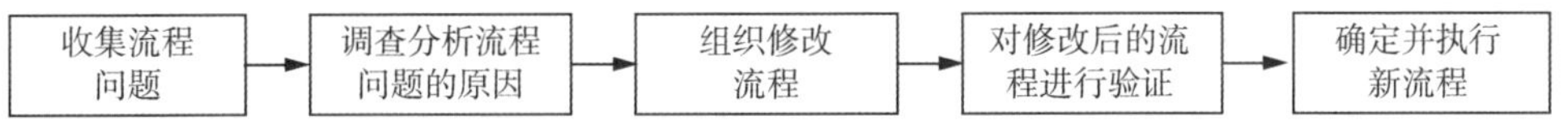

图 2.4 泵闸运行维护企业流程修改程序

4. 流程运行检查程序

流程运行检查程序是站在泵闸运行维护企业全局的高度，对流程的整个运行管理的检查，同时还包括流程运行过程中的计划、组织、实施和控制。泵闸运行维护企业流程运行检查程序如图 2.5 所示。

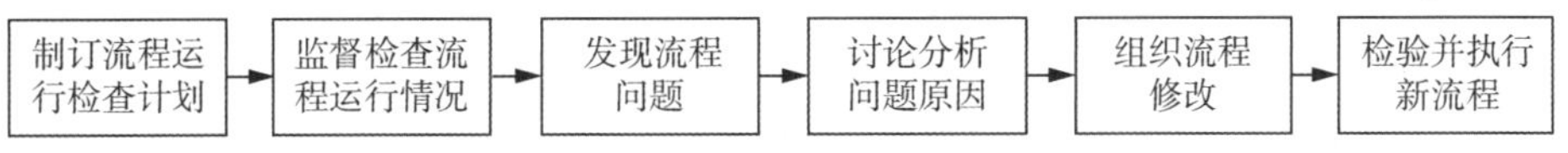

图 2.5 泵闸运行维护企业流程运行检查程序

2.4.3 泵闸运行维护企业流程修订

1. 流程修订原则

泵闸工程运行维护流程并非一成不变，当运行维护企业内外部环境发生变化，或是流程中的某些节点不适应企业的实际情况时，或经评估后认为流程不适应企业发展时，就应对流程进行修订。流程修订原则如下：

(1) 修订内容应符合国家或行业法律法规、规范性文件规定；

(2) 应服从或服务于企业的内部控制要求和泵闸工程运行维护整体发展战略；

(3) 应发挥各管理部门的主动性和流程执行部门的能动性；

(4) 应强化各项工作的管理责任要求；

(5) 应强调各职能部门的管理服务；

(6) 不断规范流程文件(包括相应表单)的格式，为下次流程修改和统筹工作划定标准。

2. 流程修订时间

泵闸运行维护企业在经营发展的各个阶段及具体过程中，流程及其所包含的规范、标准、程序文件等应随着企业的发展而适时进行调整，并根据实际变化情况，及时修改原有流程中与企业发展不相适应的节点、阶段，以期满足承揽的泵闸工程日常运行维护项目和可持续发展需要。正常情况下，泵闸运行维护企业应每 2～3 年对各流程修订 1 次。当出现表 2.4 所示情况时，应对流程及时修订。

表 2.4 流程修订时间及相关说明

序号	修订时间	说明
1	法律法规修订或新规范性文件发布	国家、地方修订法律法规或行业发布新的规范性文件，导致运行维护企业某些流程节点或阶段有缺陷、多余时，应对流程进行修订
2	企业外部条件变化	企业外部条件变化，包括泵闸工程管理单位变更、运行维护合同较大变更、地方业务主管部门有新的管理监督要求，严重影响企业的管理活动时，应根据情况变化及时修订相关流程
3	企业内部重大调整	企业内部进行部门调整、较大人员和岗位变动、生产经营方针发生变化、上级主管部门提出新的目标管理要求、新技术应用、设备更新改造、“智慧运维”管理平台应用条件变化等，导致原有流程难以满足客观需要时，应对流程进行修订
4	流程存在执行问题	流程执行中发现流程有明显缺陷，无法及时、有效地解决工作面临的问题时，经主管部门认可后应对流程进行修订

3. 流程修订调研

流程修订调研是通过对现有流程进行调查、分析，确定流程存在的问题，制定流程修订方案，实施流程修订。流程修订调研程序如下：

(1) 明确调研目的；

(2) 制订调研计划；

(3) 准备调研工具；

(4) 实施调研工作；

(5) 分析调研数据；

(6) 确认流程问题；

(7) 组织流程修订。

4. 流程修订步骤

流程修订是在原有流程的基础上，对其内容进行增加、删减、合并等处理，以及对流程的体系结构进行再设计的过程。流程修订的步骤见表 2.5。

表 2.5　流程修订的步骤

序号	步　骤	说　明
1	评　估	流程管理部门对原有流程的执行情况、企业内外部环境变化等进行评估、诊断，确定流程修改的必要性和可行性
2	申　请	确认具备流程修订的条件后，流程管理部门应提出申请，说明流程修订的必要性和应修订条款等内容，报公司分管领导审批，必要时，经总经理办公会审定
3	实施修订	流程修订申请通过后，流程修订人员应收集、整理意见，确定需要增删、修改的内容，编制流程修订草案
4	征求意见	流程修订草案应提交相关会议讨论，并在企业内部试行后定稿，交公司总经理(或总经理办公会)审批
5	发布执行	经总经理(或总经理办公会)审批通过的修订文本进行公示并正式执行

2.4.4　泵闸运行维护企业流程管理分工

1. 流程角色及职责

(1) 流程管理者。流程管理者是指企业流程的管理者与协调者。以迅翔公司为例，综合事务部和技术管理部是公司泵闸业务流程的管理者与协调者；其他各职能部门为泵闸工程运行维护相应业务的流程管理者。

综合事务部职责：负责制定公司制度和流程管理规划，牵头组织公司层级流程管理的实施，做好相关督查和协调工作。

技术管理部职责：具体负责制定公司泵闸流程规划和公司泵闸工程流程管理体系结构，按公司发展要求推动流程的执行，并指导各部门(项目部)的流程编制工作；根据流程编制的实际需要，确定主流程的所有者、适用范围，并协调流程间的边界；流程运行过程中对流程运行质量进行审核，并根据结果要求指导流程所有者进行流程优化。

(2) 流程所有者。流程所有者是指审批其所管理的流程并保证其实施质量的负责者。公司核心流程的主流程所有者为总经理或总经理办公会，核心流程子流程所有者为相应的公司分管领导，公司支持流程的所有者为相应部门负责人，各级操作流程所有者为承担者所在项目部经理。

流程所有者职责：指定所负责流程的承担者及所负责流程的下级流程的所有者；组织流程承担者编写流程并负责对流程进行审批；监督所负责流程的运行效果，考核流程承担者是否严格按照流程规范进行工作，保证流程输出结果；提出流程执行反馈意见和优化意见至流程管理者。

(3) 流程承担者。流程承担者是指相应流程功能的具体执行人。流程承担者应严格按流程开展业务活动，并对执行结果负责。公司主流程承担者为涉及的公司分管领导，子流程承担者为涉及部门(项目部)的负责人,操作流程承担者为涉及岗位的责任人。

流程承担者职责:参与流程设计、编制工作,并严格执行流程;对执行效果负责,并提出流程执行的反馈意见至流程所有者;是流程执行的质量负责人。

(4) 流程协作者。流程协作者是指流程范围外部门或岗位(设计单位、监理单位、供货商、分包单位、专业检测单位、行业主管部门等),不受相应流程所有者直接管理,协助流程承担者实现流程功能。

流程协作者职责是为流程编制提供协助,流程执行中是对应协助部门的环节质量负责人。

2. 流程管理分工

(1) 流程需求。迅翔公司各部门、各项目部应围绕客户满意原则与公司发展规划要求,根据日常流程执行工作的监督及审核结果,不断发现流程编制与优化的需求与机会,提出流程编制及优化的建议。

(2) 流程编制。综合事务部根据公司的业务模式及发展规划,优化公司整体流程管理体系结构;技术管理部具体负责制定公司泵闸流程规划和公司泵闸工程流程管理体系结构,指导各部门(项目部)的流程编制工作;各部门(项目部)在公司整体流程管理体系结构要求下,运用科学设计流程的方法,依据客户满意原则及闭环原则,根据实际业务的特点,按公司流程统一格式编制和优化相关主流程、子流程和操作流程。

(3) 审批及发文。根据流程的不同层次,按以下权限对流程进行审核、审批并发文。

迅翔公司的各项主流程应由公司总经理牵头,综合事务部、技术管理部主导,各部门、各项目部配合,在上级主管部门指导下共同完成,经公司总经理办公会审查批准后生效。泵闸工程运行维护子流程及操作流程则由编制部门(项目部)分管领导审批后发文。综合事务部确定泵闸工程流程管理文件或手册的发放范围;需向外单位提供本流程文件时,应由综合事务部报经公司分管领导批准同意。

(4) 流程培训。流程审核通过后,由各运行维护流程主管部门对流程各承担者进行培训,保证流程各主体都能理解流程执行应达到的效果、流程运行的规范步骤和流程考核的指标,以确保流程运行后能达到流程要求的效果。

(5) 流程运行。流程各主体应按流程规定开展工作,努力获得预期的效果。各部门(项目部)应认真组织学习,并在各项业务活动中严格执行各项流程文件的相关要求,并根据所在部门和项目部实际,完善各项作业流程和具体措施。各部门(项目部)对管理流程执行的有效性负责,对执行失效造成的重大损失承担责任。

(6) 执行监督。业务流程主管部门对所负责流程操作的规范性及运行的有效性进行监督,考核流程承担者是否严格按照流程规范开展工作,以及是否达到流程中规定的指标要求,并根据监督结果不断改进流程。

(7) 增补与更新。各类流程生效后,综合事务部和技术管理部应根据相关规范性文件要求、内外部环境变化、组织结构变更、日常管理和现场操作应增补的管理和作业流程、流程管理中出现的新问题、各部门(项目部)反馈的意见及建议等组织增补或修订,由公司相关领导和相关部门讨论后,按公司标准化管理程序批准发布和执行。

2.4.5 提高泵闸工程运行维护流程的执行力

(1) 科学合理编制流程。泵闸运行维护企业要想体现出流程的价值,首先必须制定合理、正确的泵闸工程运行维护业务流程。如果流程不合理,企业就很容易出现管理混乱、效益低下的状况。因为企业的流程就像跑道,是方向和指引,一旦员工在这条偏离了企业核心目标的跑道上跑,那就是偏离了方向,员工跑得越快,偏离企业的核心目标就越远。因此,泵闸运行维护企业首先要保证所有泵闸工程运行维护流程的科学合理。要通过流程的建立健全,保证日常各项业务工作之间的衔接和补位,避免出现工作漏洞。

(2) 规范业务操作。在流程图及其说明文件中,应明确每个管理和运行养护岗位的具体工作程序以及责任,明确执行一项工作的具体步骤以及每一项具体任务的负责人,从而实现人与事的完美结合。

(3) 加强业务培训。泵闸工程运行维护流程发布后,对关键的流程执行人员应进行培训,以确保人员对流程的理解和认同;必要时委托熟悉流程的人员对流程执行人员进行指导。

(4) 无条件执行流程。无条件意味着任何人在任何时候都要按流程行事,不能搞特殊。无条件执行不是部分照办,而是步步照办;不是时不时照办,而是时时处处照办。因此,要强化责任和纪律意识。谁违反纪律,就是藐视流程,藐视规则,谁就要受到处罚。

(5) 领导者要以身作则。在企业管理中,拒绝执行流程的,常常不是基层员工,而是中高层管理者。管理者如果由于关注成果和业绩而违反流程,导致"上梁不正下梁歪",最后往往会使流程变成一纸空文。因此,管理者应该忠于流程,明确表明支持态度,严格要求自己,以身作则走流程。

(6) 加强流程实施跟踪监控。流程的实施过程需要进行监控。在制定流程后,应制订相应的监督核查计划,明确谁对这个流程负责,谁来监督这个流程,监督检查的频次、方法及标准是什么。特别是在流程刚开始实施时,对于发现的执行偏差要及时纠正。建立奖惩措施也是保障流程得以正确执行的重要手段。

(7) 建立执行文化。要提高流程的执行力,还需要从文化角度入手,创造氛围,建立强有力的执行文化。在泵闸运行维护企业内部,要努力营造"以结果为导向"的工作氛围,打造"执行至上"的团队精神,强化管理者和员工的执行意识,使他们在执行中表现得更加积极。要以一种真诚的、尊重的心态去适应流程、接受流程。当泵闸工程管理者和员工将流程执行变成一种习惯的时候,执行流程给泵闸运行维护企业以及所管泵闸工程产生的效益和影响将是巨大的。

第3章

泵闸工程流程设计

泵闸运行维护企业在开展流程设计工作时，经常会碰到一些基层员工抱怨，如“日常业务都是按照惯例走的，大家心知肚明，为什么还要整什么流程文件？”“设计出流程文件就能解决业务面临的问题吗？”“设计这些流程文件太耗时间了，我们平时工作很忙，没时间搞。”“这些流程符号根本看不懂。”……对初次设计流程文件的泵闸管理人员来说，这的确是一项比较具有挑战性的工作，部分员工存在偏见和抱怨也在所难免。

泵闸工程管理人员不会设计流程，其问题并不在管理人员，而在于我们没有搞清楚设计流程的意义是什么，以及怎样的设计结果才算一份好的流程文件。泵闸工程管理人员不明白背后的意义，自然也就缺乏配合设计与执行的动力与热情。那我们设计流程能为公司创造什么价值呢？

(1) 承接战略落地。将企业泵闸工程运行维护战略规划按照目标树层层分解为具体可执行的流程任务或活动，使基层员工有章可依，执行有保障。

(2) 固化经验。将公司优秀的泵闸工程运行维护管理成果和个人经验固化，内化为一种普适性的做事方式和逻辑，全面提升经营业绩。

(3) 业务流程显性化。为流程优化提供基础，将复杂的业务用直观流程的形式抽象出来，便于在后续开展流程优化时了解业务现状，迅速找出问题。

(4) 整体审视业务全貌。尽管流程设计不一定马上可以解决当下业务出现的问题，但从整体上拉通了跨部门业务的运作逻辑，解决了部分工作中的推诿扯皮现象。

为了使泵闸工程管理人员学会流程设计，并为流程优化和执行打好基础，本章在阐述流程设计原则、步骤等的基础上，通过泵闸工程运行维护中的一些实例，介绍主流程及其子流程设计的基本要领。

3.1 流程设计原则

3.1.1 目标明确，客户导向

1. 设计目标明确

流程设计人员应通过流程设计，达到以下基本要求：

(1) 所有流程一目了然，工作人员能掌握全局。

(2) 更换人手时，按图索骥，容易上手。

(3) 所有流程在发现疏忽之处时，均可适时地进行调整、更正。

为了满足以上基本要求，设计人员必须弄清楚，设计这个流程的目标是什么，设计步骤是什么，只有对流程的目标和内容明确、清晰，才能让执行者明确该做什么，如何去做，在什么时间完成什么任务。

2. 以客户为导向

这里的客户包括内部和外部客户，设计流程的时候要关注客户是谁，流程能否给客户带来增值，以及如何实现企业效益的最大化。无论制作何种业务流程，都必须以企业利益的实现为准则，并以最终结果为衡量标准。

3.1.2 顺序合理，同步流动

1. 明确业务流程范围

在设计制作流程图之前，需要先确定几个大的关键节点，讲清楚这项业务流程范围的来龙去脉，这也是最基本的、最顶层的业务流程图。

2. 合理安排工作顺序

对流程中的各项活动的作业方式、作业顺序进行合理安排，包括采用串行、并行、流水作业等方式。

3. 开展流程诊断

开展流程诊断是确定工作顺序是否合理的重要方法。所谓流程诊断，是指流程设计人员通过对管理流程或工作流程各环节的运行现状及其发展的趋势进行分析评估，发现存在的问题，提出合理化建议或改进方案的活动。流程诊断的目的是发现流程执行过程中的各种问题，改进流程，提高管理效率，促进工作目标的实现。

4. 坚持同步流动

流程是管理要素按照既定的程序化方式流动的过程，因此，流程设计应确保工作任务、职责、绩效目标、时间、资源和信息等要素的同步流动。

3.1.3 内容全面，从端到端

1. 内容全面

内容是指事物内在因素的总和。在实际运行过程中，流程不是单一的流程，而应该是整套的流程管理体系。

内容全面，就要做到环环相扣，有枝有叶。业务流程就像一棵大树，不但要有一个主干，也要有诸多枝叶，而且主干与枝叶之间、枝叶与枝叶之间是相依相存的。设计流程时，应按照精准定位、精细梳理、完善组织架构、合理设置部门岗位的要求行事。

2. 坚持端到端原则

"端到端流程"指的是以客户及企业利益相关者为输入点或输出点而形成的一系列连贯、有序的活动组合。流程的设计要打破部门界限，构建端到端的流程，并且在整个价值链上进行平衡，从系统的角度提高流程的效率和效果，而不是割裂开来，各自为政。

坚持端到端原则，需要泵闸运行维护企业根据泵闸工程运行维护实际情况，明确需要

管理的端到端事务。具体可以采用提问式的思考方式,比如一项泵站调度运行指令执行流程的建立,就要思考如下问题:

(1) 从事的运行人员配置到位了吗? 如果运行时间较长,交接班如何进行? 各岗位之间需要联动管理吗?

(2) 运行前的各项准备工作如何? 包括运行操作技术、备品备件、汛前保养、定期试运行、必要的检测试验进行了吗?

(3) 是否需要与上级部门、泵闸工程管理单位请示、汇报以及反馈信息?

(4) 与相关供应商、协助单位沟通了吗?

(5) 当泵闸工程运行中出现突发事件,该怎样启动应急预案?

(6) 当该项调度运行指令执行后,泵闸工程管理单位会做何评价?

坚持端到端的原则,还需要将流程设计作为一个互动的过程,人员的互动、部门间的互动最终形成了企业的流程设计,全员的参与使流程设计更具合理性、科学性。

3.1.4 方法恰当,标准正确

1. 方法恰当

方法是指为获得某种东西或为达到某种目的而采取的手段与行为方式。方法恰当的前提是把握战略支持原则。流程是企业实现战略目标的载体,因此,流程的设计应能够对公司的战略起到支持作用。

方法恰当的重点是坚持按制度、规范、规程等各类标准进行流程设计。

2. 标准正确

标准是指衡量事物的准则。制定流程必须符合国家的法律法规及行业相关规定;符合管理单位和本公司以及主管部门所颁发的管理标准、规章制度等文件。泵闸工程运行维护中应执行的标准包括以下内容:

(1) 法律法规。泵闸工程运行维护涉及的法律法规很多,例如:

《中华人民共和国水法》;

《中华人民共和国防洪法》;

《中华人民共和国防汛条例》(国务院令第86号,2022年修订);

《上海市防汛条例》(2011年11月25日上海市第十五届人民代表大会常务委员会第三十七次会议修正)。

(2) 技术和管理标准。包括国家标准、行业标准、地方标准,例如:

《泵站技术管理规程》(GB/T 30948—2021);

《工程测量标准》(GB 50026—2020);

《国家电气设备安全技术规范》(GB 19517—2009);

《企业安全生产标准化基本规范》(GB/T 33000—2016);

《生产经营单位生产安全事故应急预案编制导则》(GB/T 29639—2020);

《水闸技术管理规程》(SL 75—2014);

《泵站现场测试与安全检测规程》(SL 548—2012);

《泵站安全鉴定规程》(SL 316—2015);

《水利信息系统运行维护规范》(SL 715—2015)；

《水闸安全评价导则》(SL 214—2015)；

《电力设备预防性试验规程》(DL/T 596—2021)；

《电力安全工器具预防性试验规程》(DL/T 1476—2015)；

《泵站设备安装及验收规范》(SL 317—2015)；

《水利工程施工质量检验与评定标准》(DG/TJ 08—90—2021)；

《上海市水闸维修养护技术规程》(SSH/Z 10013—2017)；

《上海市水利泵站维修养护技术规程》(SSH/Z 10012—2017)。

(3) 其他规范性文件。包括行业主管部门、地方业务主管部门、管理单位及其上级主管部门、运行维护企业上级主管部门发布的规范性文件，例如：

《关于贯彻实施政府会计准则制度的通知》(财会〔2018〕21 号)；

《大中型灌排泵站标准化规范化管理指导意见(试行)》(办农水〔2019〕125 号)；

《水利工程标准化管理评价办法》(水运管〔2022〕130 号)；

《水利工程运行管理监督检查办法(试行)》(水监督〔2020〕124 号)；

《水利水电工程施工危险源辨识与风险评价导则(试行)》(办监督函〔2018〕1693 号)；

《水利水电工程(水库、水闸)运行危险源辨识与风险评价导则(试行)》(办监督函〔2019〕1486 号)；

《水利水电工程(水电站、泵站)运行危险源辨识与风险评价导则(试行)》(办监督函〔2020〕1114 号)；

《通航建筑物运行管理办法》(中华人民共和国交通运输部令 2019 年第 6 号)；

《水利档案工作规定》(水办〔2020〕195 号)；

《上海市水利工程标准化管理评价细则》(沪水务〔2022〕450 号)；

《上海市水闸安全鉴定工作管理办法》(沪水务〔2011〕912 号)；

《上海市水利控制片水资源调度方案》(沪水务〔2020〕74 号)。

(4) 泵闸运行维护企业的规范性文件。泵闸运行维护企业应制定一系列规范性文件，对流程进行指导和制约，其他流程一旦与它冲突都应该宣布无效。泵闸运行维护企业规范性文件包括泵闸规章制度、生产安全事故应急预案、各类运行维护作业指导书等。

泵闸有关运行维护作业指导书可参见河海大学出版社出版的《上海泵闸运行维护标准化作业指导书》一书。

(5) 其他参考文件。包括设计、建设、监理单位发布的文件；主要厂家的产品说明书；新技术、新设备、新材料应用指导文件；经上级主管部门审批后的所管工程的技术管理细则。

3.2 流程收集

3.2.1 内部流程收集

1. 流程目录

泵闸运行维护企业内部流程是指企业各部门(项目部)内部各项工作的流程，其流程目录如表 3.1 所示。

表 3.1　泵闸运行维护企业部门(项目部)内部流程目录(摘要)

主要部门	主要流程	主要部门	主要流程
综合事务部	宣传信息管理流程	运行管理部	防汛值班流程
市场经营部	市场调研工作流程	技术管理部	工程观测资料整编分析流程
资金财务部	记账凭证会计核算流程	安全质量部	安全会议管理流程
运行养护项目部	闸门启闭流程	维修服务项目部	施工方案编制流程

2. 泵闸运行维护企业内部流程收集步骤

(1) 明确流程级别。明确流程属于公司级、部门级还是班组级。

(2) 确定流程负责部门(项目部)。如由运行管理部、安全质量部、技术管理部、市场经营部、综合事务部等部门负责,或者由运行养护项目部、维修服务项目部直接负责。

(3) 确定流程类型。是属于管理流程还是工作流程。

(4) 统计收集流程。收集所有部门(项目部)及班组的流程。

(5) 编制流程目录。通过整理、分析,编制流程目录。

3.2.2　跨部门流程收集

1. 跨部门流程目录清单

当某一项工作不能由一个部门完成时,需要多个部门合作才能达成,就会出现跨部门业务流程。泵闸运行维护企业跨部门业务流程目录如表 3.2 所示。

表 3.2　泵闸运行维护企业跨部门业务流程目录(摘要)

管理事项	管理流程	牵头部门	主要配合部门		
			部门一	部门二	部门三
计划管理	泵闸工程运行维护发展规划编制流程	市场经营部	综合事务部	运行管理部	资金财务部
计划管理	年度泵闸工程运行维护综合计划编制流程	综合事务部	市场经营部	运行管理部	安全质量部
组织管理	组织结构设计工作流程	综合事务部	市场经营部	运行管理部	安全质量部
项目管理	泵闸工程运行维护项目管理总流程	运行管理部	综合事务部	安全质量部	技术管理部
技术管理	技术文件制定及分级审批流程	技术管理部	安全质量部	运行管理部	综合事务部
质量管理	泵闸工程运行维护质量管理总流程	安全质量部	技术管理部	运行管理部	综合事务部
安全管理	生产安全突发事件应急处置流程	安全质量部	技术管理部	运行管理部	综合事务部

续表

管理事项	管 理 流 程	牵头部门	主 要 配 合 部 门		
			部门一	部门二	部门三
财务审计	泵闸工程运行养护合同审计自检流程	资金财务部	运行管理部	市场经营部	技术管理部

2. 泵闸运行维护企业跨部门业务流程收集步骤

(1) 组织收集所有跨部门业务流程。

(2) 明确流程类型。

(3) 明确该业务是否由多个部门完成。

(4) 统计所有跨部门管理流程或工作流程。

(5) 编制流程目录。

3.2.3 外部流程收集

当某一项工作在本企业内部不能完成,尚需其他单位协作或审查时,就会出现外部流程。对于泵闸工程项目来说,完成某一项工作,有时需要管理单位审批、监理单位审核、协作单位协同配合,往往会出现许多的外部流程。泵闸运行维护企业外部流程目录参见表 3.3。

表 3.3 泵闸运行维护企业外部流程目录(摘要)

流 程 名 称	牵头部门	审核部门	审查部门	协作部门
防汛应急响应流程	安全质量部	管理单位	管理单位上级主管部门	地方相关部门
泵闸专项工程建设接管业务流程	市场经营部	管理单位	建设单位	施工单位
泵闸调度指令执行及反馈流程	运行管理部	管理单位	管理单位上级主管部门	地方相关部门
泵闸工程维修项目验收流程	技术管理部	监理单位	管理单位	设计单位

3.3 流程级别

在企业的各种流程中,每个高一级的流程都由低一级的流程构成。每个流程可以细分为每一项作业,每一项作业再往下细分,又可以细分为相互联系的任务。流程通过层级划分,可以使其复杂程度降低,使流程管理趋于清晰化、精细化。

流程分级没有具体的规定,可根据企业具体业务流程的实际情况而定,对泵闸运行维护企业来说,一般划分为公司级流程、部门级流程、班组级流程。

3.3.1 公司级流程

公司级流程是指企业的主导业务流程及相关决策流程。公司级流程影响范围比较广,一旦出现偏差或执行不到位,就会影响全局。公司级流程数量不多,但都非常重要。

公司级流程目录参见表 3.4。

表 3.4 泵闸运行维护企业的公司级流程目录(摘要)

流程类别	流程编号	流 程 名 称
内部控制管理	NK-01	公司内部控制总流程
人力资源管理	RL-02	公司员工薪酬方案审批流程
安全管理	AQ-04	泵闸工程生产安全突发事件应急处置流程

3.3.2 部门级流程

部门级流程是指涉及各个部门,并需要各部门共同协作完成的业务流程。部门级流程主要用于指引部门间的信息传递、物流流转、工作交接以及本部门内部的具体执行步骤。部门级流程目录参见表 3.5。

表 3.5 泵闸运行维护企业的部门级流程目录(摘要)

流程使用部门	流程编号	流程名称
技术管理部	DA-02-03	技术档案归档管理流程
运行管理部	YX-03-07	工程定期试运行管理流程
安全质量部	AZ-05-11	定期安全检查流程

3.3.3 班组级流程

班组级流程是指企业开展各类管理和操作活动的业务流程。班组级流程用于指导各个岗位的具体管理和操作业务,因而数量较多。班组级流程目录参见表 3.6。

表 3.6 泵闸运行维护企业的班组级流程目录(摘要)

流程使用部门(项目部)	流程编号	流程名称
泵闸运行养护项目部保洁组	YH-05-19	泵闸工程上、下游保洁流程
泵闸运行养护项目部绿化组	YH-07-12	泵闸管理区绿化病虫害防治流程
泵闸运行养护项目部观测组	JC-04-09	泵闸工程上、下游河道断面测量流程
泵闸运行养护项目部运行组	YX-07-03	节制闸运行巡视流程
泵闸运行养护项目部养护组	YH-06-16	标志标牌维护作业流程

3.4 流程设计要点

3.4.1 流程浮现

流程浮现是指流程设计制作人员将现有的隐形流程从头脑里浮现到纸上,用文字表达出来。通过建立文字传达机制，帮助自己把一个问题想得更清楚；通过写的过程使人更加理智，督促自己把写下来的任务完成，以便传播更加广泛，共享更加容易，保存更加长久。随着时间的推移，让经验加以积累和固化。

3.4.2 流程梳理

流程设计制作人员进行流程梳理时，应围绕管理制度、流程输入、流程过程和流程输出等方面来进行。流程梳理可分为以下 5 个步骤：

（1）明确流程所对应的相关管理制度。

（2）定义客户需求端，包括定义客户场景、识别客户流程、明确客户需求文档、明确价值目标文档。

（3）确定流程的输入。

（4）确定流程的输出。

（5）确定流程的处理过程，梳理业务活动逻辑关系及其相关事项。包括：

①确定路线图、作业标准文档、过程标准、结果标准；

②定义各活动节点匹配资源（人员、时间、地点、物资、资金）；

③定义各活动节点业务规则；

④定义各活动节点产生的信息凭证（表单）。

3.4.3 流程设计分析

1. 分析流程节点，查找和规避设计隐患

流程节点在整个流程中起着承上启下的作用，这一关键点如果处理不好，则有可能造成环节与环节的脱钩，从而影响整个流程的质量。设计人员在制作流程图时，有时会在流程节点上出现以下一些问题：

（1）缺乏计划性。在流程的起点容易出现这种问题，一些需要根据计划进行的工作在实际执行中却没有制订计划。例如，对泵闸工程运行人员培训流程中，没有按培训计划进行，流程执行的效果就很差。

（2）缺乏操作规范。例如，泵站主机组操作流程中，未明确操作票执行的工作步骤，或者操作票流于形式，未严格按泵站相关规程要求编制操作票，操作时就会带来安全隐患。

（3）未能尽到职责。例如，在泵闸工程维修项目实施流程节点中，相关部门（或岗位）的检查监督职责不明确，容易出现由于维修质量问题而造成返工的可能。

（4）缺乏验收标准。例如，在泵闸工程维修项目验收流程节点中，未明确执行相关的质量验收评定标准，同样会有出现维修质量问题的可能。

（5）缺乏资源。例如，实施泵闸某项养护作业流程时，如果养护作业必需的人员、材料、作业工具等资源不具备，而按此流程作业，必然会影响养护进度和质量。

（6）缺乏时间性。在流程中规定了节点工作内容，但对于一些时效性强的工作却没有时间限制。

（7）缺乏足够的权限。赋予某一岗位的权限不足以完成相应的工作。

（8）工作要求超出人员的能力。

上述流程节点中问题的解决，需要结合流程运行的实际情况，深入分析流程工序及相互关系，分析流程执行者的权力和义务，分析流程运行中的进度、质量和成本等，查找并规避相关隐患。

2. 加强效能控制，科学把控流程节点

（1）识别流程关键节点。任何流程都由若干个节点构成，节点有关键与非关键之分。关键节点是流程中的决策点，也是流程中各种信息的汇集点，标志着流程的进度和质量，在很大程度上决定着流程执行的效果。非关键节点则不能对工作走向起到重要影响。在流程设计中，应合理设置流程节点，并在设置的所有节点中分辨出关键节点，还要对关键节点进行相关分析。控制关键节点是流程管理的重中之重。

识别关键节点的原则是看这个因素是否对整个流程的运作产生深远的影响，是否对工期、成本、安全、质量起到真正的控制作用。

在业务流程中，关键节点的作用有：

①关键节点是跨部门共识点，可对各部门阶段性的责任做正式的强化声明，根据关键节点，可以清晰地找到对应的责任人。

②关键节点能实质性推进流程进度：如果没有关键节点机制，大家心里就没有明确的进度意识，行动缺乏依据，没有迫切感，各方都想等等看，松散、缓慢、混乱的情况就会出现。

③关键节点给了“迭代式进展”一个缓冲空间：所谓迭代，就是以重复反馈过程的活动，逐步逼近目标，而不是企图一步到位；在关键节点和关键节点之间，就是一个可迭代的缓冲区间，在这个区间内各部门可以反复互动，逐步完善信息和“输出物”，直到关键节点来临；在关键节点，各方的输出与意见具有严肃的、正式的责任，这样，在关键节点机制下，灵活性和严肃性得到了很好结合。

④关键节点是多支线任务里程碑点或结束期限的汇聚点，也是下一阶段任务的开启点。

⑤关键节点为领导者介入和监控具体流程提供了便利、可行的时间窗：尽管领导者都事务繁忙，但对重要事项都需要关注；如果抓不住要点，就会事倍功半，起不到很好的监督和协调作用；关键节点的设置给出了领导者明确的介入指引，可以帮助领导者用最小的投入在最大程度上掌握、监控项目进程。

通过对流程关键节点的识别，可以提高流程执行者的工作清晰度和工作效率。识别出流程的关键节点以后，应有的放矢地去改造这个流程，实现这个关键节点的标准化、规范化操作。从流程监控角度来看，重点监督对象应放在关键节点上；从流程效果评估角度来看，也应聚焦在关键节点上进行检视。

（2）合理设计流程关键节点。流程管理的重点之一就在于合理设计和优化流程关键节点。关键节点只有放在对执行流程有很大作用的位置上，它的作用才能最大化发挥。

迅翔公司所管泵闸工程运行维护采取项目制管理。为了能明确划分关键节点，以及在执行中对关键节点进行有效把控，公司根据泵闸工程运行维护实际情况，按照项目的生命周期，将启动、执行、监控、收尾作为 4 个基本的关键节点划分方式，如图 3.1 所示。

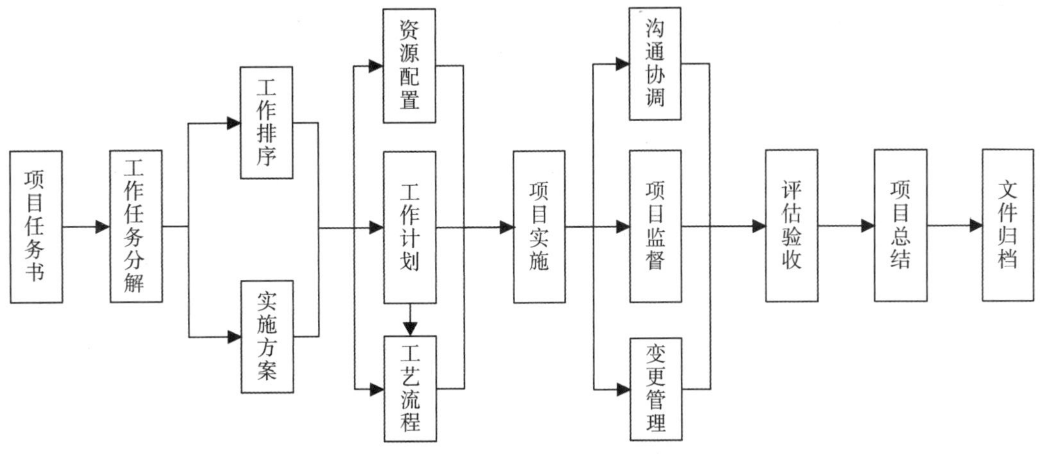

图 3.1 泵闸工程运行维护项目关键节点的设置基础

规范完整的关键节点是流程快速、准确执行的重要途径。流程关键节点制定和实施步骤见表 3.7。

表 3.7 流程关键节点制定和实施步骤

序号	步 骤	核 心	具 体 内 容
1	分析流程步骤	思考流程执行过程，使关键节点划分的可靠性增强	找出完成该流程所需的所有环节
			将想到的、分析出的环节全部写出，理清简单思路
			整理各环节，删减重复，合并相似
			分析完成这些环节后，按执行的先后顺序将各环节排列好
2	确定关键步骤	从分析出的所有流程步骤中提出关键环节	将对流程的周期、质量、进度、可靠性、安全性有直接影响的环节作为关键环节
			将对下个阶段的工作执行、工期起始、资源调配有重大影响的环节作为关键环节
			将某个环节资源薄弱、业务不熟练，可能带来麻烦的环节作为关键环节
3	分析执行时间	明确每个步骤和环节的起始时间和持续时间，确定各阶段任务及总目标能够按计划完成	完成流程的总时长确定后，应继续分配各阶段的时间
			依据重要程度、资源匹配度等因素确定最佳时间
4	绘制执行计划	根据前面几个步骤确定流程的关键环节和时间后，选取符合流程特征的模板，绘制执行计划	确定好每个关键节点和时间后，绘制具体执行计划的线路
			将相应的关键步骤和时间在模板上标出

(3) 避免多余的环节。详见第 4 章第 4.4 节“ECRS 技术的应用”。

(4) 逐层分级处理。流程分级方法见本章第 3.3 节。

①厘清流程主线和副线。根据需要，有的流程图只列出主业务线，有的流程图在主业务线上列出重要的分支业务线。流程必须至少有一个主干作为支撑，主干是业务执行的主要过程。流程的主线上会附带若干副线（少数主线没有副线）。

②要考虑优先级。主线流程是按照任务顺序排列的，但遭遇紧急或突发状况时，则按照任务的关键、紧急优先级方式临时排列。流程设计时，对突发状况可能难以预见，但可以预留相关接口；若有突发状况出现，应立即落入接口展开执行。具体方法如下：

a. 确定工作的紧急程度：比如流程执行过程中，C 任务因为突发状况导致紧急程度前移，但在流程图中 C 的位置排在 A 和 B 之后，A 任务可以拖后解决，B 任务则也需要尽快完成，此时可以先从 A 任务中调派人力到 C 任务，加强 C 任务的执行力量，但不能影响 B 任务；A 任务可根据实际情况，或者有人留守继续执行，或者先行停滞，无论怎样都要在 C 任务解决后，再调派人手解决 A 任务。

b. 确定工作的先后顺序：此时不涉及任务的紧急程度，只是正常完成任务的流程顺序，需要从任务的整体性考量，有条不紊地逐次完成。

c. 确定执行岗位的相关责任：先搞清岗位执行的等级，是授权岗位、主持岗位、支持岗位，还是协助岗位，每种岗位所肩负的工作任务性质不同，所承担的责任也不同；还需要确定各岗位等级之间的相互联系，以保证执行的顺利进行。

③对具体事项逐层分级处理。通过对具体事项逐层分级处理，使流程得到优化，工作取得实效。例如：对泵闸工程技术文件审批，按公司分级审批流程进行；对泵闸工程运行维护安全风险控制流程，实行“红、橙、黄、蓝”4 色分类，分级控制。

（5）变直线序列为并行序列。如第 2 章第 2.3.2 节所述，节点之间的逻辑关系，或者说各个事项（活动）之间的逻辑关系，包括串联、并联、流水、交叉、判断等。在条件允许的情况下（同属于一个主流程，又没有相互牵制的任务），采用并行序列（并联）比采用直线序列（串联）流程的执行效率要高。

如何进一步通过逻辑关系，对流程节点科学把控，本章将通过流程设计案例进行阐述。

3.4.4 制定流程文件

1. 流程文件要素

完整的流程文件，一般包括以下要素：

（1）流程名称及编号。

（2）目的。制定与执行流程计划起到的作用和达到的目的。

（3）适用范围。流程所适用的业务类型或范围。

（4）流程主体。流程中涉及的相关角色，具体包括流程主管部门、流程承担者及流程执行者。

（5）流程边界。流程信息和活动的起止点是不同流程之间的接口，保证流程的顺畅衔接。

①信息输入：流程与上道流程的接口，表现形式为表单；

②信息输出：流程与下道流程的接口，表现形式为表单；

③活动起点：主体流程活动的起始点；

④活动终点：主体流程活动的终止点。

(6) 流程图及流程步骤：

①流程图：使用规范绘图符号及要求，通过图形模式描述流程过程；

②流程步骤：以文字方式详细描述流程步骤，注意各步骤必须有明确的活动主体。

(7) 流程节点说明文件。详细列示各个步骤的细节要求、出现的文本、相应的政策规定和管理规定。

(8) 标准说明文件。

(9) 流程表单。流程中相关的表单及表单填写规范(可选，如无可忽略)。

(10) 生效时间。流程正式运行、生效的日期。

2. 流程文件简化版

泵闸工程运行维护流程可以将流程文件简化为 3 项内容：标准流程图、流程说明书、流程中所使用的表单。

其中，流程说明书包括下列内容：

(1) 主要涉及部门(或岗位)。逐一列示流程中涉及的各部门(或岗位)。

(2) 主要控制点。定义流程中的关键环节、关键工作、关键要求，提醒执行人员注意，以保证流程目标的实现。

(3) 对流程图中各个环节的操作说明。注意流程图中要对各个步骤进行编号，以便在流程说明中对号入座，逐个解说。

对流程中出现的每一个主要文件(包括各类表格、规划或计划、总结、研究报告或调查报告、总结或检查报告、方案等)，均应清晰界定其名称、编制部门与人员、主要内容、提交部门与人员、提交频率或时限等内容。

(4) 注意事项。明确该流程的特殊要求、规范和例外情况，以及某些环节操作分支的细节。总之，在其他内容中不方便或不适合定义的问题，可以考虑放到这一部分阐述。

3. 公司级流程的研讨和评审

泵闸工程运行维护企业的公司级流程是决定企业未来发展的重点和核心，是搭建从战略到执行的路径指引。只有公司级流程的设计做到正确，其他各级流程的设计才能有序进行。

公司级流程文件建议稿设计出来后，应召开公司级流程架构研讨会，通过公司内部研讨，对其建议稿进行深度修正。必要时，对经修正的初稿进行规范性评审。评审时，应把握 3 项要点：

(1) 流程框架的完整性。确保每个流程框架在其所在的流程架构内有代表性名称，并没有结构缺失。

(2) 流程框架的逻辑性。要有清晰的逻辑主线，便于执行者理解和实施。

(3) 流程框架的高低性。坚持高层次流程(公司级、部门级)共享，低阶流程(班组级、操作级)求异。

3.4.5 流程优化

流程优化的一般要求是：

(1) 自觉开展流程管理，把常规的、重复的、固定的职能固化，实现个人能力向组织能力的转变，使部门职责更加清晰、明确，员工工作积极性和执行力不断提升；通过消除重复劳动，消除等待时间，消除过量产出，消除不必要的审批和协调，消除缺陷、返工和故障，为公司的发展提高强有力的支持；通过流程管理，加强内部控制，规范公司的日常工作事务，让流程规范化、系统化，让员工有据可依，让团队有效协作，避免流程的每个节点出现互相推诿等现象，降低风险。

(2) 简化流程，减少不必要的环节。

(3) 将按命令做事转化为按流程做事。

(4) 将流程执行人认定为直接责任人，减少领导干预。

(5) 不定期对业务流程进行梳理。通过对现状问题的总结，对流程进行结构化、层次化梳理，找出需要优化的节点，再制定新的企业流程。

(6) 利用信息化系统实现流程管理。

泵闸工程运行维护流程优化的详细内容参见第 4 章。

3.4.6 流程再造

流程再造是指“系统性对业务流程进行重新思考和彻底变革，达到重要的现代绩效业绩，如成本、质量、服务、速度等的根本性进步”，或者说，是“对复杂的科技、人文和组织制定新的工作战略、实际流程设计活动和变革管理”。业务流程再造的步骤是：

1. 重新理解

找出所有核心的关键流程，分析这些流程的关键步骤和产出结果。

2. 重新策划

标杆瞄准，并广泛发动流程重组团队集思广益，广罗各类奇思妙想，特别应注意收集顾客和合作伙伴的建议以及由此引发的思考，不要批评或过早评价任何看似荒诞不经的想法，不要过快地放弃提出的某种思路，对于那些潜力很大的建议可以先进行深入研究，对其他的意见留待备用。

3. 重新设计

对上述步骤选取出来的流程思路进行探讨。流程、组织、人员、技术等都要经过多次审视。始终坚持“全新设计”的立场，突破现有人力资源能力、组织架构，进行新的工作方式的考虑，以及对管理信息系统升级和标杆瞄准进行考虑，以确保不会回到传统的做事方式。

4. 重新检验

新流程设计出来后，应通过模拟运行对设计进行检验，以确定其效果、效率和灵活性指标。只要流程能够处理好大多数事件，即说明流程可以投入使用，不能处理的事件可以作为特例单独处理。

3.5 泵闸工程流程设计实例

3.5.1 迅翔公司防汛管理主流程设计

迅翔公司防汛管理主流程设计要点如下：

(1) 制定有针对性的流程文件模板。流程设计前，首先应根据迅翔公司负责防汛管理的特点以及制定流程文件的目的，选择适宜的流程文件模板、流程图形式、对应的编制工具。泵闸防汛管理主流程应简洁易懂，所以选择步骤式流程图的画法。

(2) 通过目标分解法，将防汛目标逐级分解，梳理防汛管理事项(参见第6章表6.3)，并得出流程设计的关键点。具体做法是，首先明确流程规划的目标(防汛工作目标)，然后将整个防汛管理工作分成汛前管理工作、汛期管理工作、汛后管理工作3个阶段，最后进行总结，便于决策者判断和确认公司防汛管理工作实施的要点，进而为流程规划设计提供方向和依据。如图3.2所示。

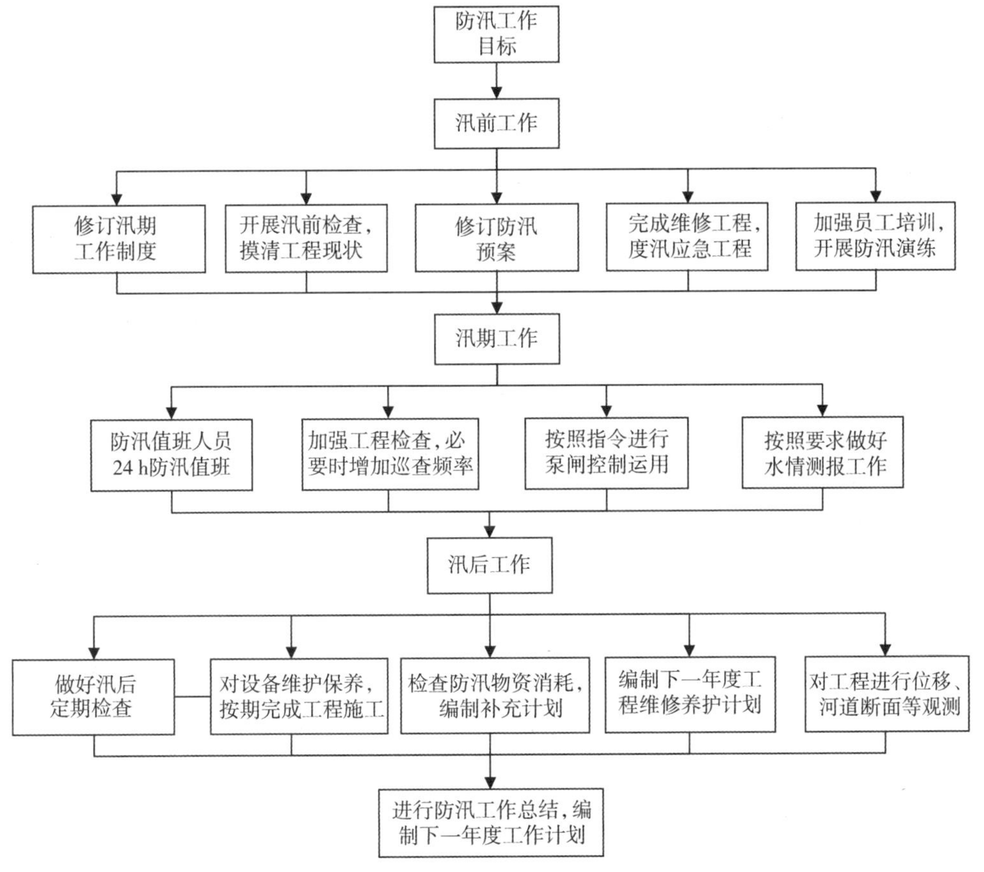

图3.2 迅翔公司防汛管理主流程图

(3) 确定纵向设计内容。即通过逻辑分析法，明确业务背景前提，基于业务分解，得出纵向的流程设计内容。

具体方法是，首先将防汛业务内容基于由总到分的逻辑思路展开设计，梳理业务概要，总结业务类型，框定业务范围，并确立业务流程框架，然后绘制总体流程图，并编写流程说明的建议稿。

（4）设计主流程的初稿，并对子流程提出设想。可以通过组织内部研讨会进行讨论和深度修正。

（5）必要时，进行主流程的规范性评审，从流程管理的角度评审流程框架的质量。

（6）对防汛管理主流程进行分解，拟定子流程方案，并绘制子流程图和流程说明表，形成防汛工作子流程文件。部分防汛管理子流程详见本书第6章第6.5节。

防汛期间进行泵闸工程运行操作时，则需对运行操作进行分解，结合现有操作规程和标准，编制运行操作子流程等相关文件。运行操作子流程包括泵闸引水流程、泵闸排涝流程、闸门启闭机操作流程、泵站开机操作流程、运行值班和交接班管理流程、工程定期试运行管理流程、泵站机械设备操作流程、泵闸电气设备操作流程等，详见本书第7章第7.6节。

（7）通过“逻辑分析法”进行流程优化。

（8）流程实施前应评估。

（9）持续监督流程执行情况。

3.5.2 迅翔公司泵闸工程维修项目技术管理流程设计

迅翔公司泵闸工程维修项目技术管理流程设计要点如下：

（1）梳理泵闸工程维修项目技术管理业务内容。本流程的主要业务内容涉及的部门包括设计单位、管理单位、监理单位（必要时）、公司维修服务项目部以及技术管理部等职能部门。业务内容的梳理由技术管理部牵头，统一组织相关业务部门和维修服务项目部经理参加，共同编写，公司分管技术领导确认。

（2）确定泵闸工程维修项目技术管理业务重点。进一步梳理各个技术业务内容，明确业务控制关键点，并以此为基础进行流程设计。

（3）建立技术管理制度文件清单。要明确公司需要编写泵闸工程维修项目技术管理制度文件的数量，要编写相应的管理表单的数量。

泵闸工程维修项目技术管理流程涉及的技术管理制度文件及其分级审批流程，详见本书第8章第8.2节。

（4）绘制流程图。对于跨部门流程图，可以用Microsoft Office Visio流程软件绘制。流程图中应明确各个关键节点、涉及的部门（岗位）、工作阶段等内容，如图3.3所示。

在流程图绘制过程中，重点是对关键节点的科学把控。本流程有图纸会审、技术交底、施工组织设计和作业指导书编审、工程定位交接、工程物料准备、工程施工技术管理、隐蔽工程验收、分项工程验收、工程验收、交付使用10个流程节点，每个节点都有相应的节点动作。相关节点控制实际上就是维修项目中技术管理的过程控制。要讲清楚责任人在这个节点需要完成的流程规定任务、工作事项移交、为了完成节点任务而进行的操作等。

（5）编写泵闸工程维修项目技术管理流程说明，参见表3.8。

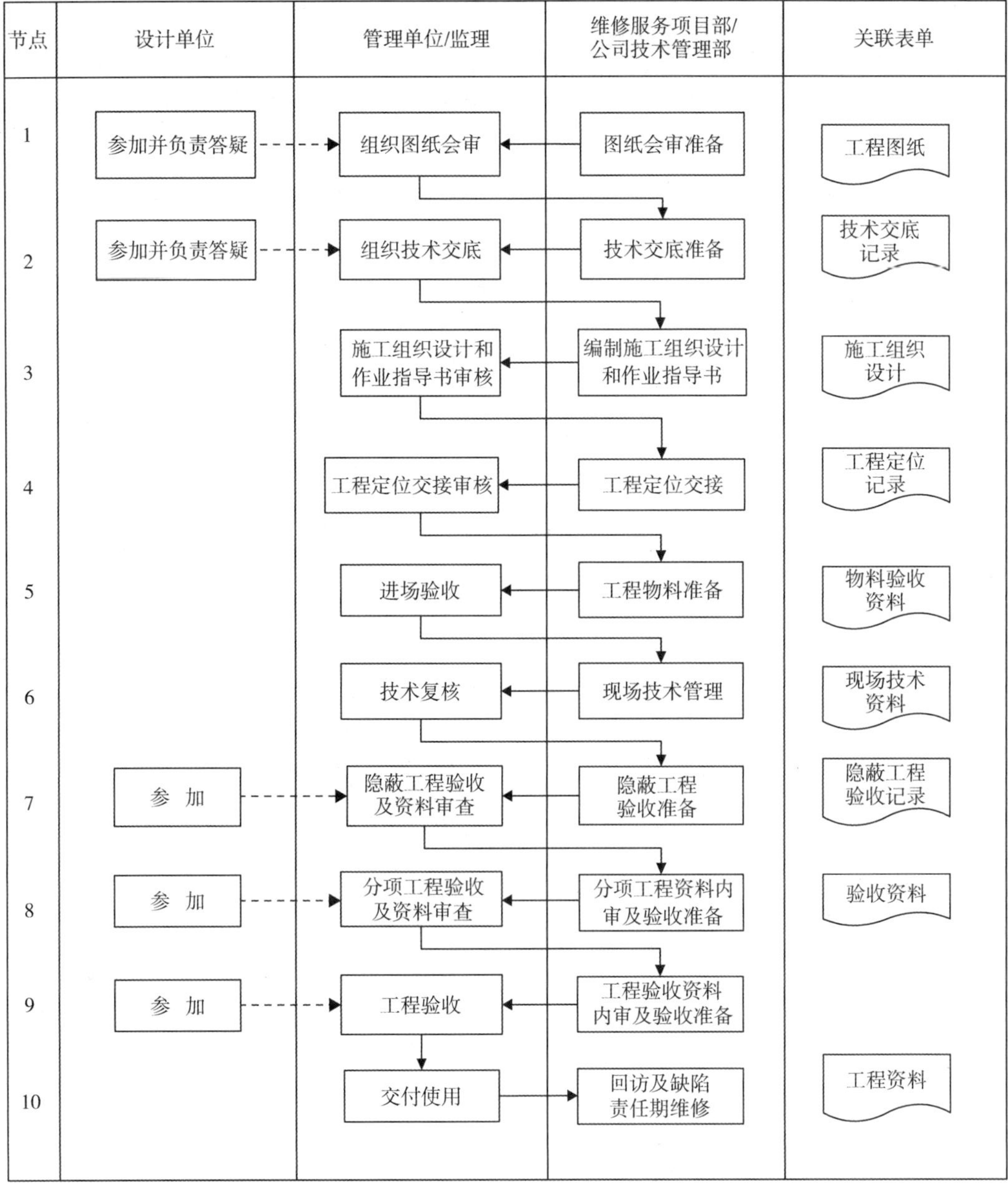

图 3.3 迅翔公司泵闸工程维修项目技术管理流程图

表 3.8 迅翔公司泵闸工程维修项目技术管理流程说明

序号	流程节点	责任人	工作要求
1	图纸会审	管理单位/监理/维修服务项目部/设计单位	管理单位/监理主持图纸会审，设计单位参加并负责答疑，维修服务项目部技术人员参加，并事先组织识图，将图纸中的疑问汇总。 1. 图纸收发：由维修服务项目部资料员负责收发，并做好登记记录。 2. 合同交底：公司业务部门结合“合同条款、投标过程中存在的风险、维修养护阶段应注意的事项”等对维修服务项目部进行交底，形成书面记录。

续表

序号	流程节点	责任人	工作要求
1	图纸会审	管理单位/监理/维修服务项目部/设计单位	3. 内部会审：根据合同交底，由维修服务项目部技术负责人组织项目相关技术管理人员和作业人员熟悉施工图纸，进行内部会审并形成记录。 4. 设计交底：设计交底由管理单位组织，设计、监理、维修养护等单位参加。 (1) 图纸会审主要内容：是否违背法律法规、行业规程及合约等要求；是否违反工程建设标准强制性条文规定；是否与常用施工工艺和技术特长相符合，可在会审中提出合理化建议；设计内容和工程量是否超出合同范围，必要时应在图纸会审中做相应变更引导；施工图纸设计深度能否满足施工要求，施工工艺与设计要求是否矛盾；材料、工艺、构造做法是否先进可行，专业之间是否冲突；施工图之间、总分图之间、总分图尺寸之间有无矛盾；维修服务项目部应结合工程特点，提出合理、有效的技术措施。 (2) 图纸会审记录：维修服务项目部根据设计交底、图纸会审意见及结论于图纸会审后形成正式图纸会审记录，由管理单位、设计单位、监理单位（如有）、施工维修单位等签字、盖章后按图纸设计改进后的意见执行。正式图纸会审记录形成后，需报公司业务部门备案。 5. 设计变更：设计变更包括设计变更通知书、设计变更图纸，由设计部门出具，管理单位、施工维修养护单位审核后实施。 6. 技术洽商：当项目实施过程中存在图纸矛盾、勘探资料与现场实情不符、不能（便）施工、按图施工质量安全风险较大、有合理的技术优化措施等情况时，由维修服务项目部技术负责人提出技术洽商，经监理单位（如有）、设计单位、管理单位审核批准后实施。 7. 设计变更交底：工程洽商记录、设计变更通知书或设计变更图纸应由维修服务项目部技术人员统一验收认可，及时分发；维修服务项目部技术负责人对管理人员、技术人员和专业队伍进行设计变更、洽商记录交底时，应重点明确可能产生的影响、专业之间的衔接和配合等，形成文字记录；图纸持有人对变更洽商部位应进行标注，明确日期、编号、主要内容等
2	技术交底	维修服务项目部	做好技术交底准备工作
		管理单位/监理	管理单位/监理主持技术交底，设计单位参加并负责答疑，维修服务项目部技术人员参加；按相关技术交底流程进行
3	施工组织设计和作业指导书编审	维修服务项目部/公司技术管理部	1. 维修服务项目部技术负责人组织编制施工组织设计（施工维修方案），报管理单位/监理审核。具体编制按施工组织设计（施工维修方案）编审流程执行； 2. 施工组织设计（施工维修方案）经过项目部内部自审后报公司审核。具体审核按施工组织设计（施工维修方案）编审流程执行
		管理单位/监理	审定施工组织设计（施工维修方案）
		维修服务项目部资料员	将审定后的施工组织设计（施工维修方案）发放到施工项目内部相关技术组、管理组、施工作业组，并报公司技术管理部存档，做好登记工作

续表

序号	流程节点	责任人	工作要求
3	施工组织设计和作业指导书编审	维修服务项目部技术负责人	1. 施工组织设计(施工维修方案)经审批后,维修服务项目部技术负责人牵头向管理人员和作业人员进行交底。 2. 当遇到下列情况时,需对施工组织设计进行修改,由施工项目技术负责人重新组织编制,并经原审批部门批准后实施: (1) 发生重大设计变更,必须对施工工艺或流程进行更改时; (2) 过程能力不能满足目标要求或对管理单位承诺时; (3) 过程能力严重影响工程成本时; (4) 施工过程中出现不可预见因素时; (5) 管理单位需求发生重大变化,且原施工组织设计相关措施不能适应时
		维修服务项目部/公司技术管理部	对技术性较强、危险性较大等项目,应编制和执行相关施工维修作业指导书和应急预案,并按相应的流程报批
4	工程定位交接	维修服务项目部	进行工程定位交接
		管理单位/监理	进行工程定位审核
5	工程物料准备	维修服务项目部	按相关质量、进度要求,做好工程物料准备工作
		管理单位/监理	进场按质量检测验收相关要求,进行工程物料验收
6	工程施工技术管理	维修服务项目部	1. 按施工组织设计要求,开展工程维修施工,加强技术管理。 2. 抓好施工维修养护中的检测与计量,具体执行工程质量检验流程。 3. 抓好技术标准管理:技术标准包括国家标准、行业标准、地方标准、企业标准、各类图集等。维修服务项目部技术人员应及时获取相关最新版本的国家、地方、行业、企业标准和其他要求。技术负责人应有针对性地组织相关管理人员和作业人员学习施工技术标准、规范,并做记录。 4. 抓好施工维修技术资料管理:技术、施工、质量、安全等岗位人员对各自负责管理范围的资料生成、格式、有效性负责并负责报审工作,办理完毕及时移交维修服务项目部资料员;维修服务项目部资料员负责项目工程资料的审查、收集、编目、归类工作;技术资料收集、整理应与施工进度同步;维修服务项目部技术负责人应组织资料员、质量员、施工员、安全员等人员定期交叉检查内业资料收集、整理、整改情况。 5. 争创样板工程和开展科技创新:积极推广应用新技术、新工艺、新材料、新设备设施,并根据工程特点开展技术攻关和创新
		管理单位/监理	按规定进行现场技术复核
7	隐蔽工程验收	管理单位/监理	组织隐蔽工程验收,设计单位派员参加
		维修服务项目部	做好隐蔽工程验收准备工作,按隐蔽工程验收流程执行
8	分项工程验收	管理单位/监理	组织分项工程验收,设计单位派员参加
		维修服务项目部	做好分项工程验收准备工作,对技术资料应进行内审,严格执行分项工程验收流程

续表

序号	流程节点	责任人	工作要求
9	工程验收	管理单位/监理	组织工程验收，邀请相关单位(部门)人员参加
		维修服务项目部	做好工程(完工或竣工)验收准备工作，并提交验收资料，严格执行工程验收相关流程
		设计等单位(部门)	参加工程(完工或竣工)验收，并根据各自职责要求，提出验收意见
10	交付使用	管理单位/监理	工程验收合格后办理交付使用手续
		维修服务项目部	做好回访和工程缺陷责任期维修工作

(6) 编写相关技术管理制度文件。泵闸工程维修项目技术管理流程的设计与一系列技术管理制度文件的建立是分不开的。当泵闸工程维修技术主要工作流程建立后，流程设计虽然较为合理，但如果缺少流程管理的组织保障和规范制度文件，流程监控、考核和推进能力不足，部门和岗位责任缺位，内耗严重，流程执行效率依旧十分低下。因此，流程设计和优化后，还应及时制定相关制度和文件。

泵闸工程维修项目技术管理流程中，涉及的制度文件较多。例如在"图纸会审"这个关键节点中，涉及的制度包括图纸收发制度、合同交底制度、图纸内部会审制度、设计交底制度、设计变更制度、技术洽商制度、设计变更交底制度等。

(7) 组织规范性评审。泵闸工程维修项目技术管理流程属于公司级流程，应进行规范性评审，评审内容包括流程框架的完整性、逻辑性、关联性等方面并进行修正，确保流程文件质量。

(8) 编写管理表单。表单是落实业务流程的核心，表单的编写要体现业务控制点和审批权限流程。

3.5.3 迅翔公司的公司层级泵闸工程运行维护内部控制总流程设计

迅翔公司的公司层级泵闸工程运行维护内部控制总流程设计要点如下：

(1) 梳理业务内容。对本公司泵闸工程运行养护内容进行梳理，明确管理事项，然后公司职能部门和运行养护项目部、维修服务项目部经理参加编写和讨论管理事项清单。泵闸工程运行养护管理事项清单应经公司总经理办公会审定。

管理事项编写要求参见第 2 章第 2.2 节。

(2) 确定业务重点。公司职能部门会同各项目部进一步梳理各项业务内容，确定业务要点，以便编制内部控制总流程时确定流程关键节点。流程关键节点包括：完善内部组织架构；设置内部监督机构和外部监督机构；完善部门职责，明确牵头部门；合理设置岗位，推行岗位多能化，执行岗位"不兼容"相关规定；完善并执行公司内部控制制度；完善决策、执行、监督分离机制；完善议事决策机制和权力指引；完善部门沟通协调机制；加强泵闸工程运行维护关键岗位人员管理；加强风险评估；接受上级监督检查 11 项。

(3) 建立公司层级泵闸工程运行维护内部控制制度和流程清单。建立内部控制制度和流程清单前，公司职能部门应组织讨论，泵闸工程运行维护内部控制需要建立健全何种制度、何种子流程、何种管理表单，怎样对这些制度、流程、表单进行分解编制、审批和日常管理。编制的清单应经公司总经理办公会审定。

（4）绘制公司层级泵闸工程运行维护内部控制总流程图。总流程图涉及公司领导层、公司上级主管部门、公司各职能部门、各项目部；同时，为了简洁明了，总流程图采用矩阵式流程图，Microsoft Office Visio 流程软件绘制，并配以流程说明表，见图 3.4、表 3.9。

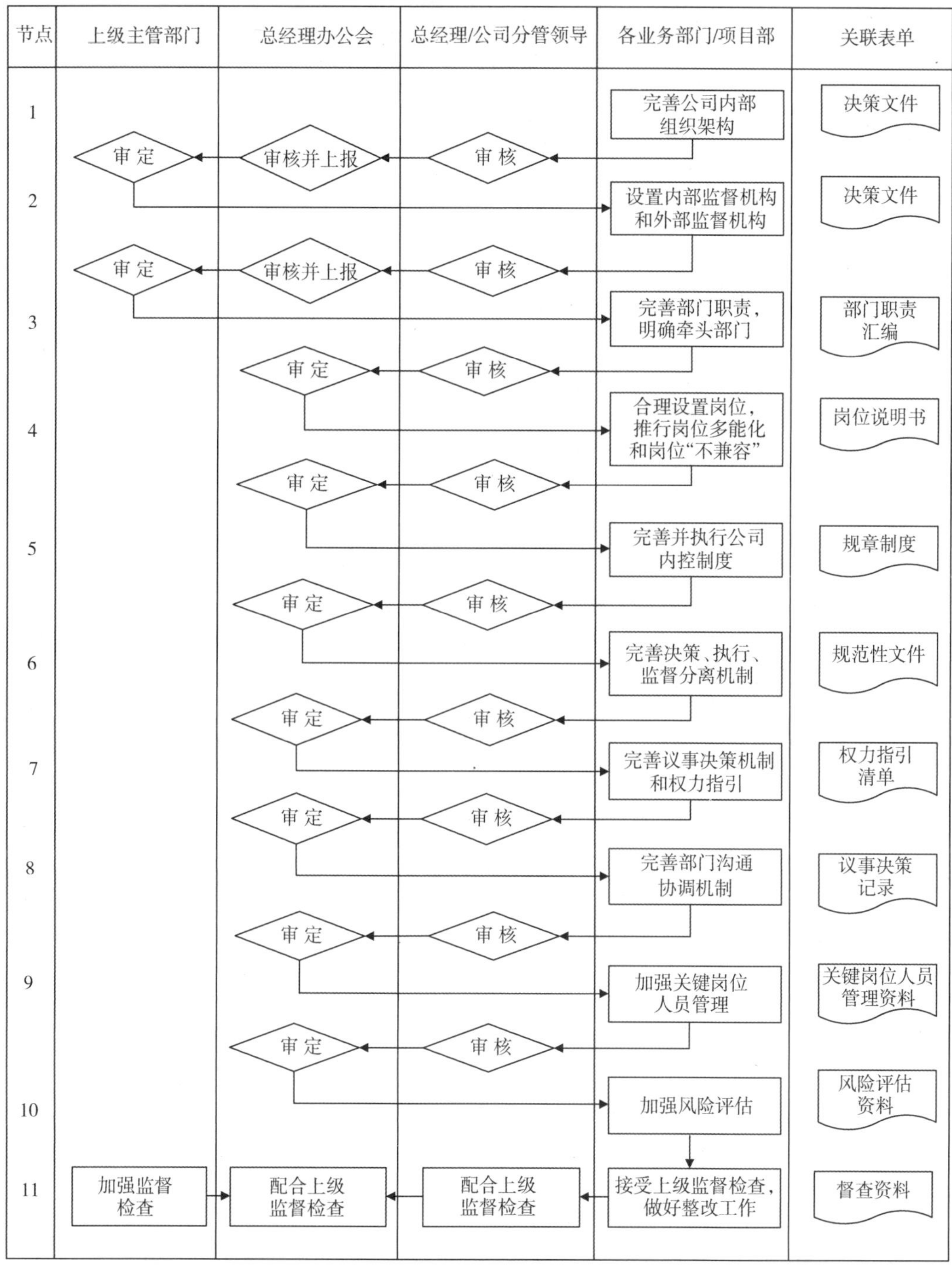

图 3.4　迅翔公司的公司层级泵闸工程运行维护内部控制总流程图

表 3.9　迅翔公司的公司层级泵闸工程运行维护内部控制总流程说明

序号	流程节点	责任人	工作要求
1	完善内部组织架构	综合事务部	按公司组织结构设计工作流程进行，提出完善内部组织架构方案。其方案应当根据公司职能目标，结合公司各项具体工作的内容、性质及其之间的关系在横向上设置机构部门，在纵向方面划分管理层次，确定各部门之间的分工协作关系，构建完整合理的组织架构
		公司分管领导/总经理	按公司组织结构设计工作流程进行，审核完善内部组织架构方案
		总经理办公会	按公司组织结构设计工作流程进行，审查完善内部组织架构方案并上报
		上级主管部门	审定公司内部组织架构方案
2	设置内部监督机构和外部监督机构	综合事务部	1. 提出内部监督机构方案：内部监督机构是一个非常设机构，是对内部控制有效性评价的机构，评价成员由各部门负责人和业务骨干组成，评价成员对本部门的内部控制自我评价工作实行回避制度，内部监督的主要形式是各部门之间进行相互循环的监督与评价。 2. 提出外部监督机构方案：外部监督主要包括——自觉接受上级纪检监察部门的监督，接受上级和管理单位审计和监督，聘请法律顾问参与对特殊或重要经济活动的监督
		公司分管领导/总经理	审核内部监督机构和外部监督机构方案
		总经理办公会	审查内部监督机构和外部监督机构方案并上报
		上级主管部门	审定内部监督机构和外部监督机构方案
3	完善部门职责，明确牵头部门	市场经营部/资金财务部/综合事务部/其他业务部门	公司内部控制覆盖公司的各个业务领域，涉及公司的各个部门，根据公司实际，明确各项业务内部控制的牵头部门，由其全面负责项目业务内部控制工作，其他部门配合开展项目业务内部控制工作
		公司分管领导/总经理	明确相关内部控制工作的牵头和配合部门
		总经理办公会	审定相关内部控制工作的牵头和配合部门
4	合理设置岗位，推行岗位多能化和岗位“不兼容”	综合事务部	1. 按公司人员编制及岗位设置管理流程、公司增加编制申请流程要求，合理设置岗位，明确岗位职责，编制岗位说明书。 2. 推行岗位多能化，研究推行岗位多能化的基本原则、适应范围、工作机制、重点项目、方法手段、绩效评价和风险评估。 3. 坚持不相容岗位相互分离：对内部控制关键岗位进行合理设置，明确划分职责权限，实施相应的分离措施，形成相互制约、相互监督的工作机制；提出岗位“不兼容”改进方案
		公司分管领导/总经理	审核岗位设置方案、工作职责汇编、岗位多能化方案、岗位“不兼容”规定
		总经理办公会	审定岗位设置方案、工作职责汇编、岗位多能化方案、岗位“不兼容”规定
		上级主管部门	负责审查公司人员编制
		业务部门/各项目部	1. 会同综合事务部完善人员编制调整方案，编写或修订岗位说明书。 2. 严格执行经总经理办公会审定后的岗位说明书，积极推行岗位多能化，执行公司相关岗位“不兼容”规定

续表

序号	流程节点	责任人	工作要求
5	完善并执行公司内部控制制度	业务部门/各项目部	1. 负责建立健全公司内部控制制度和流程，使公司经济活动在制度和流程的框架内进行。内部控制制度和流程应贯穿公司经济活动的决策、执行和监督全过程，实现对经济活动的全面控制。 2. 认真执行公司内部控制制度和流程。 3. 执行情况应接受监督评价，配合相关部门和上级对公司进行各项经济活动的审计、监督，做好自查自检工作，对内部控制的有效性做出评价，及时发现问题并提出改进建议。 4. 定期向总经理办公会提交内部控制制度和流程执行情况报告
		公司分管领导/总经理	审核公司内部控制制度和流程，定期检查其执行情况
		总经理办公会	审定公司内部控制制度和流程，审阅业务部门提交的执行情况报告
6	完善决策、执行、监督分离机制	业务部门/各项目部	制订相关完善公司内部决策、执行、监督分离机制方案，形成部门间的制衡机制，处理好组织架构中决策权、执行权和监督权的分配，形成三权分立、相互制衡的机制。在横向关系方面，完成某个环节的工作应由来自彼此独立的两个部门或人员协调动作、相互监督、相互制约；在纵向关系方面，完成某项工作应经过互不隶属的两个或两个以上的岗位和环节，以使下级受上级监督，上级受下级牵制
		公司分管领导/总经理	讨论、审核相关完善公司内部决策、执行、监督分离机制方案
		公司总经理办公会	审定相关完善公司内部决策、执行、监督分离机制方案
7	完善议事决策机制和权力指引	业务部门/各项目部	提出议事决策机制和权力指引方案。公司议事决策由总经理办公会组织开展，可邀请相关人员参加，并建立健全集体研究、专家论证和技术咨询相结合的议事决策机制。包括： 1. 议事决策的权责划分：根据上级要求，健全“副职分管、正职监管、集体领导、民主决策”的权力运行机制。 2. 完善议事决策的事项范围和审批权限，完善“三重一大”事项议事制度，明确公司议事决策的事项范围；按照经济活动类别对经济活动决策事项进行分类，针对不同类别的决策事项明确具体的决策方式。 3. 议事过程力求科学决策，其应建立在调研、论证、咨询、调整、协调、决定的基础上，严格遵守公司议事决策的工作程序，遵循议事决策原则，确保公司议事决策过程符合国家政策法规。 4. 完善议事决策的问责机制，详尽记录整个议事过程的参与人员与相关意见；重要事项要向每位成员核实记录并签字；在决策后应实行对效率和效果的跟踪。 5. 迅翔公司管理层内部权力指引参见表3.10
		公司分管领导/总经理	审核公司完善议事决策机制方案和权力指引方案
		总经理办公会	审定公司完善议事决策机制方案和权力指引方案

续表

序号	流程节点	责任人	工作要求
8	完善部门沟通协调机制	综合事务部	提出完善部门沟通机制方案，包括： 1. 各部门积极配合内部控制职能建设工作，开展风险评估，接受检查监督，认真落实公司的内部控制制度，对发现的问题进行整改并主动上报。 2. 各部门之间应做到信息流畅、沟通顺利，部门负责人应履行职责，定期向上级汇报本部门内部控制建设情况，保证内部控制建设工作开展的效率和效果
		公司分管领导/总经理	1. 审核部门沟通机制方案。 2. 强化公司决策层在内部控制体系建设中的主要责任人意识，建立完善的内部控制体系。 3. 做好部门之间相关协调工作
9	加强关键岗位人员管理	综合事务部	1. 确定内部控制关键岗位，包括预算业务管理、收支业务管理、采购业务管理、资产管理、工程项目管理、合同管理、内部监督等经济活动的关键岗位。 2. 明确内部控制关键岗位职责，把握以下要点： (1) 实行职责与权限相统一：科学设置内部控制关键岗位，通过制定组织架构图、岗位职责和权限指引等内部管理制度或相关文件，使相关人员了解和掌握业务流程、岗位责任和权责分配情况，正确履行职责。 (2) 实行才能与岗位相统一：综合考虑经济活动的规模、复杂程度和管理模式等因素，确保人员具有与其工作岗位相适应的资质和能力；按照岗位任职条件把好人员入口关，将职业道德和专业胜任能力作为选拔任用的重要标准，确保选拔任用的人员具备与其工作岗位相适应的资格和能力，包括知识、技能、专业背景和从业资格等；应遵循“公开、平等、竞争、择优”的原则，确保选择出符合任职条件的关键人员；同时，为内部控制关键岗位配备能力和资质合格的人员；切实加强工作人员业务培训和职业道德教育，不断提升其知识技能和综合素质。 (3) 实行考核与奖惩相统一：坚持绩效考核与岗位职责相结合，加强对员工的管理与监督、激励与约束。 (4) 建立轮岗制度：关键岗位定期轮岗，必要时通过提拔、交流和竞聘等方式，使关键岗位员工原则上任期不超过规定年限；对可能不具备轮岗条件的岗位，采取专项审计、部门互审等替代控制措施，确保关键岗位得到有效监控
		公司分管领导/总经理	审核关键岗位人员管理方案
		总经理办公会	审定关键岗位人员管理方案

续表

序号	流程节点	责任人	工作要求
10	加强风险评估	综合事务部/业务部门/各项目部	1. 提出风险控制方案。 2. 按职能划分，实现公司不相容岗位相互分离、内部授权审批控制、预算控制、财产保护控制、会计控制、单据控制、归口管理、信息内部公开等风险控制： (1) 不相容岗位相互分离。 (2) 内部授权审批控制：明确各岗位办理业务和事项的权限范围、审批程序和相关责任，建立重大事项集体决策和会签制度；相关工作人员在授权范围内行使职权、办理业务。 (3) 预算控制：明确各责任部门在预算管理中的职责权限，强化对经济活动的预算约束，使预算管理贯穿于公司经济活动的全过程。 (4) 财产保护控制：建立资产日常管理制度和定期清查机制，采取资产记录、实物保管、定期盘点、账实核对等措施，确保财产安全；严格限制未经授权的人员接触和处置财产。 (5) 会计控制：严格执行《关于贯彻实施政府会计准则制度的通知》(财会〔2018〕21号)，建立健全公司财务管理制度，提高会计人员业务水平，强化会计人员岗位责任制，规范会计基础工作，加强会计档案管理，明确会计凭证、会计账簿和财务会计报告处理程序。 (6) 单据控制：根据国家有关规定和公司的经济活动业务流程，在内部管理制度中明确界定各项经济活动所涉及的表单和票据，要求相关工作人员按照规定填制、审核、归档、保管单据。 (7) 归口管理：根据公司实际情况，按照权责对等的原则，采取成立联合工作小组并确定牵头部门或牵头人员等方式，对有关经济活动实行统一管理。 (8) 信息内部公开：建立健全经济活动相关信息内部公开制度，根据国家有关规定和公司的实际情况，确定信息内部公开的内容、范围、方式和程序。 3. 风险评估每年进行1次：对某些高风险经济活动业务开展不定期评估，评估人员在梳理各类经济活动的业务流程、明确业务环节的基础上，系统分析经济活动风险，明确风险点，并落实控制方法和应对措施。 4. 评估完成后应形成书面评估报告，及时提交总经理办公会审定
		公司分管领导/总经理	审核风险控制方案
		总经理办公会	1. 研究决定成立风险评估领导小组，由公司总经理担任组长，其他领导担任副组长，职能部门负责风险评估的计划、组织和安排具体工作；成员为各部门负责人及财务人员。 2. 审定公司风险控制方案和风险评估报告
11	接受上级监督检查	业务部门/各项目部	配合主管部门组织的财务内审、工程项目审计等工作；做好自查自纠工作；对上级指出的问题认真处理
		公司分管领导/总经理	应掌握公司资金收支和其他各项经济活动情况，定期向上级主管部门书面汇报资金使用及其他各项经济活动情况
		总经理办公会	审查上级检查监督自查自纠报告；对上级检查监督意见组织落实
		上级主管部门	加强对公司的内部控制检查和监督

绘制流程图时，每个节点中的相关责任人、流转方向应表达清楚，各节点之间应无缝连接。从业务部门的起草和完善组织架构方案、部门职责方案、岗位设置方案、内部控制制度初稿、管理机制完善方案，到人员管理、项目实施、风险评估、监督检查等环节，都要做到有公司部门方案、有公司分管领导审核、有公司领导层审定，真正使每个节点都得到层层把控。

(5) 流程图初稿绘制后，应在公司内部召开研讨会，征求相关部门意见，并进行深度修正。

(6) 编写制度文件、子流程、相关实施细则及管理表单。

①根据公司层级内部控制总流程图及说明表，建立健全相应的制度文件，并按程序报批。

②根据公司层级内部控制总流程图及说明表，对照关键节点编写相应的子流程。子流程包括组织架构设置流程、部门职责制定流程、岗位管理流程、考核管理流程、财务管理流程、招投标管理流程、合同管理流程、物资管理流程、内部审计流程、成本控制流程、重大事项决策流程、风险管理流程、协调管理流程等，部分子流程参见第 8 章。

③编写公司内部权力指引文件，并经公司总经理办公会讨论后报上级主管部门审批，公司管理层内部权力指引参见表 3.10。

④编写配套的管理表单，管理表单应体现内部控制业务控制点和审批权限流程要求。

(7) 组织公司层级内部控制总流程规范性评审，经专家评审并修改完善后批复发文，组织实施。

(8) 实施评估及持续监督。定期对流程实施情况进行评估，并按相关规定要求进行监督检查，持续改进。

表 3.10　公司管理层内部权力指引参考表

序号	分类	项　目	管理层内部权力指引													
			上级或管理单位	总经理办公会	党支部会议	总经理	党支部书记	公司分管领导	财务总监	综合事务部经理	市场经营部经理	资金财务部经理	安全质量部经理	运行管理部经理	技术管理部经理	项目部经理
1	预算业务	编制、调整	√	√	√	√	√	√	√		√	√				
		执　行				√	√	√	√	√	√	√	√	√	√	√
		决　算		√	√	√	√	√	√		√	√				
2	收支业务	支　出		√	√	√	√	√	√		√	√				
		成本分析		√	√	√	√	√	√		√	√				
		报告审计	√	√	√	√	√	√	√		√	√				
3	投标业务	一般项目						√			√			√	√	√
		重要项目				√		√			√		√	√	√	√

续表

序号	分类	项 目	管理层内部权力指引													
			上级或管理单位	总经理办公会	党支部会议	总经理	党支部书记	公司分管领导	财务总监	综合事务部经理	市场经营部经理	资金财务部经理	安全质量部经理	运行管理部经理	技术管理部经理	项目部经理
4	采购招标	水下探摸				√		√			√			√	√	√
		检测试验				√		√			√			√	√	√
		其 他				√		√			√			√	√	√
5	造价管理	预(结)算编制				√		√			√	√		√	√	√
		预(结)算审核				√		√			√	√		√	√	√
6	资质证件	资质管理				√		√		√	√		√	√		√
		证件管理				√		√		√	√		√	√		√
7	资产管理	登记、保管				√		√		√	√	√		√		√
		新增资产	√	√		√		√	√	√	√	√		√		√
		报废处理	√	√		√		√	√	√	√	√		√		√
8	合同管理	合同签署				√		√	√	√	√	√		√		√
		合同变更				√		√	√	√	√	√		√		√
9	机构及其职务	机构设置	√	√	√	√	√	√		√						
		人员编制	√	√	√	√	√	√		√						
		岗位调整		√	√	√	√	√		√						
		职务晋升	√	√	√	√	√	√		√						
		职务续聘		√	√	√	√	√		√						
10	荣誉授予	集体荣誉		√	√	√	√	√		√	√	√	√	√	√	√
		个人荣誉		√	√	√	√	√		√	√	√	√	√	√	√
11	薪酬发放	基本薪酬				√	√	√	√	√	√	√		√		√
		绩效奖励	√	√	√	√	√	√	√	√	√	√		√		√
		福利发放		√	√	√	√	√	√	√	√	√		√		√
12	经济责任制	方案制定		√	√	√	√	√	√	√	√	√		√		√
		业务分配				√	√	√		√	√	√		√		√
		年度兑现	√	√	√	√	√	√	√	√	√	√		√		√

续表

序号	分类	项　目	管理层内部权力指引													
			上级或管理单位	总经理办公会	党支部会议	总经理	党支部书记	公司分管领导	财务总监	综合事务部经理	市场经营部经理	资金财务部经理	安全质量部经理	运行管理部经理	技术管理部经理	项目部经理
13	考勤管理	请假审批				√		√		√	√	√		√		√
		考勤结果认定				√		√		√	√	√		√		√
		加班认定				√		√		√	√	√		√		√
14	处罚	事故处理		√	√	√	√	√		√	√	√	√	√	√	√
		纪律处分	√	√	√	√	√	√		√	√	√	√	√	√	√

注：1. 图中“√”表示审核或审定。
2. 分类项中“技术管理”内容参见迅翔公司泵闸工程技术文件制定和分级审批清单（表 8.4）。

3.5.4 迅翔公司泵闸工程运行维护质量管理流程设计

1. 迅翔公司泵闸工程运行维护质量管理总流程设计

（1）制定有针对性的流程文件模板。流程设计前，首先根据公司的业务特点以及制定本流程文件的目的，选择适宜的流程文件模板。本流程选用直观式流程图模式。

（2）确定横向设计内容。通过目标分析法，将公司质量管理目标逐级分解，得出流程设计的工作节点。具体做法是，首先，明确本流程设计的运行养护质量目标，该目标可以由运行养护项目部、维修服务项目部和安全质量部根据合同要求、公司质量控制目标，结合所管工程实际情况进行量化，确保泵闸工程运行维护质量应达到《泵站技术管理规程》（GB/T 30948—2021）、《水闸技术管理规程》（SL 75—2014）以及行业质量评定标准等规定的要求。该目标应经公司总经理办公会审定。然后，将运行维护质量目标分解到领导层、管理层。最后，目标落实到实施层，便于决策者判断和确认企业质量管理水平的高度，以便为流程设计提供方向和依据。

（3）确定纵向设计内容。首先，将公司的质量管理内容按照由总到分的逻辑思路展开，梳理质量管理概要，其质量管理内容涉及思想保证、组织保证、技术保证、施工保证、经济保证 5 个方面。然后，分别总结以上 5 个方面的质量管理要点，找出流程关键节点，并确立质量管理的流程框架。最后，绘制泵闸工程运行维护质量管理总流程图，如图 3.5 所示。

（4）通过逻辑分析法，进行流程设计、优化。本流程设计中，对各个流程“活动”进行了合理排列。在实行直线序列的同时，对同一时间完成的“活动”，实行并行序列，将互相不干扰的“活动”从直线流程中分离出来，单独工作或者形成单独工作流程，待到几项“活动”都执行完毕，最终回流到总流程继续执行。在图 3.5 中，类似“岗前技术培训、熟悉图纸掌握规范、技术交底、测量复核、应用新技术”的各项“活动”之间，并行排列，不耽误时间，不影响流程完成进度。由此可见，在条件允许的情况下，采用并行序列比采用直线序列流程的执行效率要高。

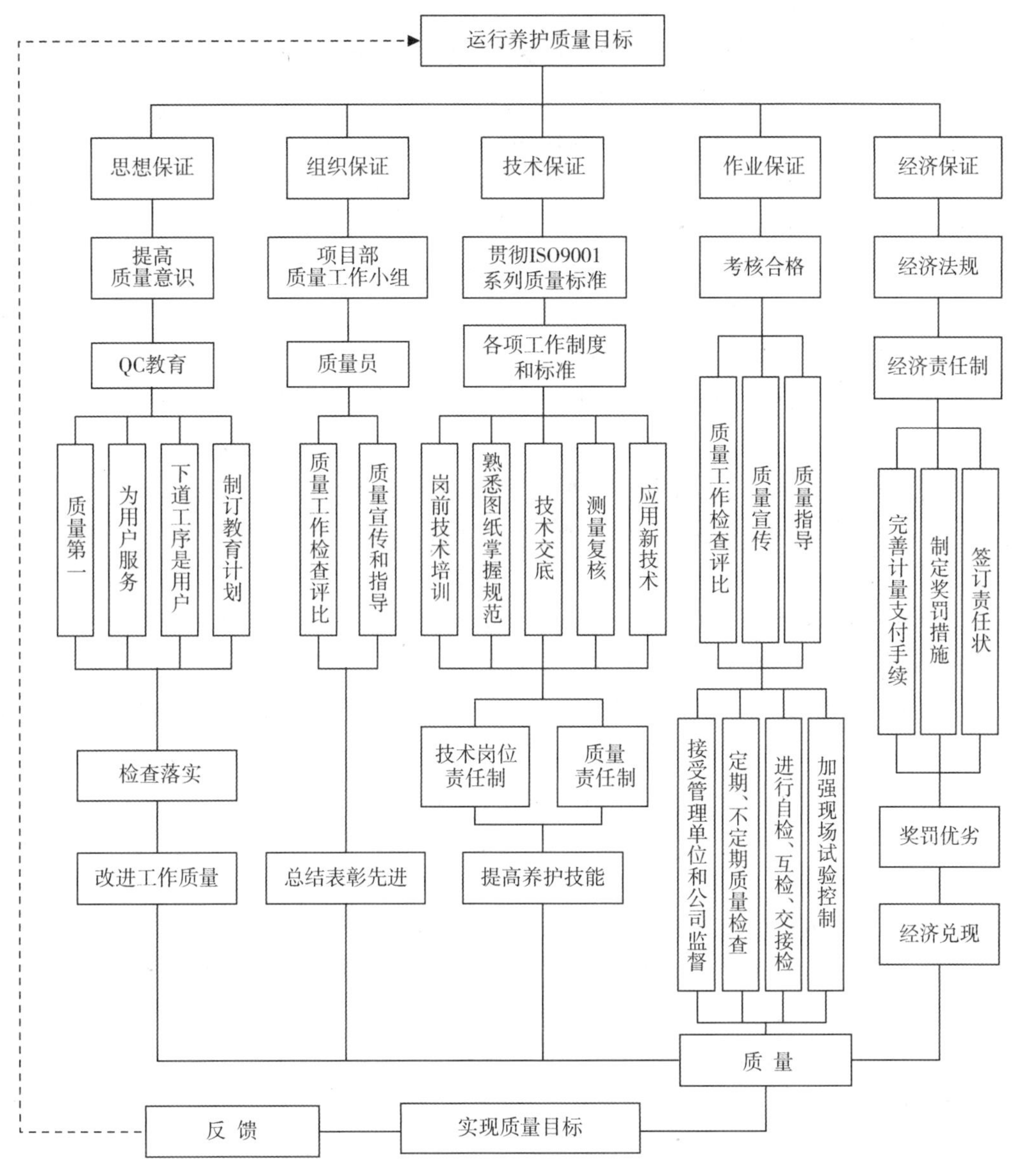

图 3.5 迅翔公司泵闸工程运行维护质量管理总流程图

(5) 实施前评估。流程设计后,可通过仿真评估法、会议模拟法等方法对流程的运作进行评估。迅翔公司对本流程进行评估,并配套建立和完善了相关制度和子流程,从而为领导者和公司职能部门提供了明确的、有说服力的决策依据。

(6) 编写制度文件、子流程、相关实施细则及管理表单。

①根据泵闸工程运行维护质量管理总流程图,建立健全相应的制度文件,并按程序报批。

②根据泵闸工程运行维护质量管理总流程图,对照关键节点,编写相应的子流程。子流程包括设备安装工程质量控制流程,施工维修养护质量检测试验流程,工程材料、构配

件和设备质量控制流程，隐蔽工程验收流程，检验批质量验收流程，分项工程质量验收流程，单位工程验收资料管理流程等。

(7) 持续监督。流程设计并实施后，还要注意流程的持续更新和优化，这是一项长期、持续的工作。为保证此项工作规范有序执行，应通过明确的管理程序进行流程管理工作的约束和指导。迅翔公司安全质量部作为泵闸工程运行维护质量管理的职能部门，每月定期深入泵闸现场项目部检查指导，同时引进“飞检”机制，开展安全质量监督，重点开展了以下督查工作，收到了明显成效。

①督促项目部对关键工序和特殊工序编制详细的作业指导书，制定养护工艺的实施细则。作业指导书编制前，根据设计文件以及控制运行、检查观测、维修养护等特点，确定关键工序和特殊工序的项目。

②督促项目部落实作业指导书在控制运行、检查观测、维修养护现场的贯彻执行，在关键工序和特殊工序施工前，要求项目部技术负责人负责组织对现场养护作业人员进行技术交底或培训，技术交底或培训应有相关记录，并存档备查。

③在运行养护过程中，明确项目部质量员检查落实作业指导书执行情况，如发现违规操作的，及时予以制止，对不听劝阻的，及时向上级汇报。

④涉及对维修养护质量有重大影响的关键环节时，项目部派出技术人员对养护作业全过程进行指导和监督，公司安全质量部进行抽查，确保工序关键环节始终处于受控状态。

⑤工序检查严格执行“自检、互检、交接检”制度，以工序质量保养护项目质量。

⑥要求班组作业人员对运行、养护、维修工序各环节进行自觉检查，边作业边检查，班组长负责对完工后的工序进行初次检查并做出检查记录。

⑦工序自检合格后，明确按照泵闸工程运行维护相关验收规范和公司制定的泵闸工程运行维护质量验收流程进行质量检查验收，填写检查记录。

⑧在对运行、养护、维修质量和进度高标准、严要求的同时，做好运行、养护、维修相关资料的整理和归档工作。归档资料经公司运行管理部、技术质量部门审查后，在合同规定期限内，由项目部向管理单位进行签字移交。

2. 运行维护质量管理子流程(一)——工程材料、构配件和设备质量控制流程

迅翔公司泵闸工程材料、构配件和设备质量控制流程图见图 3.6。

本流程设计时，注重通过删除、合并、重排等方式，力求使流程简洁、实用。

第一步，精简多余。将不需要的部门、岗位及作业环节删除。涉及的部门(单位)仅保留维修服务项目部、管理单位(或监理单位)。有关采购、运输等环节通过其他子流程表述。

第二步，合并同类项。将工程的材料、构配件、设备的报验统一管理，这些任务相同或相似的环节并轨，交由项目部一位执行者全权负责，可借助信息技术整合复杂环节。

第三步，合理排序。即合理安排审核证明材料、到厂家考察、检查材料使用中的检验、进行验证复试等流程环节，保证各环节衔接畅通。

3. 运行维护质量管理子流程(二)——泵闸隐蔽工程验收流程

迅翔公司泵闸隐蔽工程验收流程图见图 3.7。本流程设计时，力求简化、高效，既符合规定程序，又保证工作质量。流程中涉及的岗位主要是施工作业班组、质检员、监理。

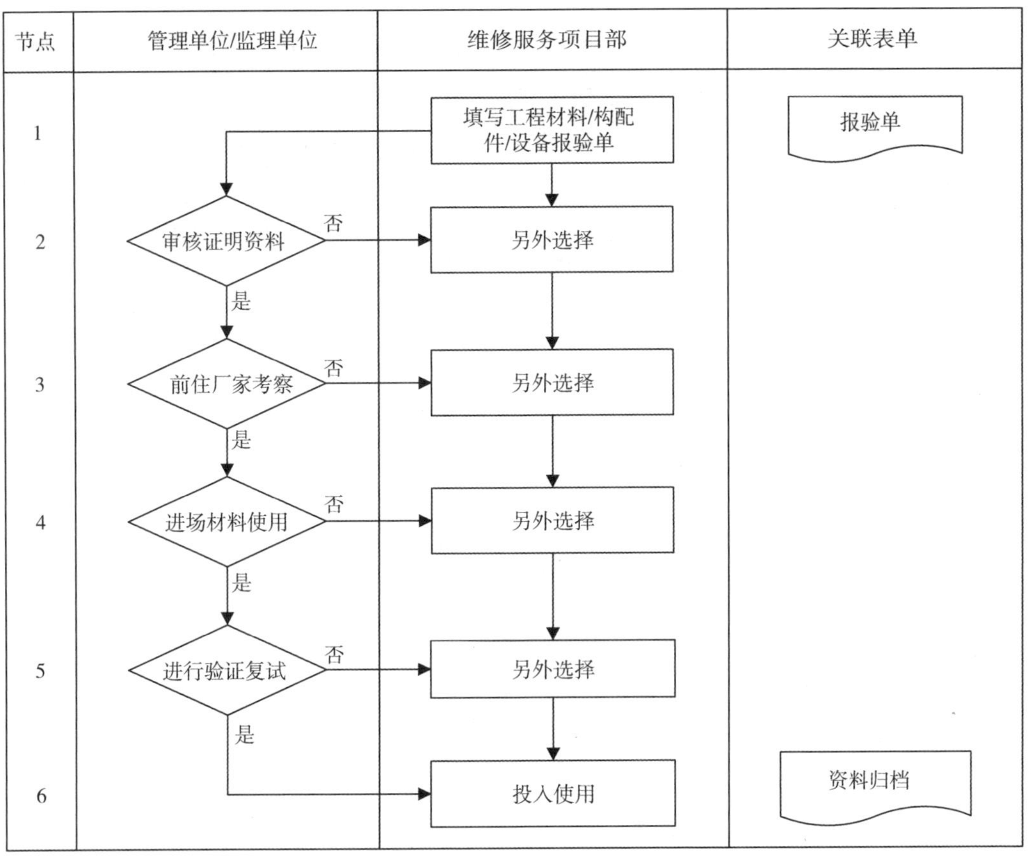

图 3.6　迅翔公司泵闸工程材料、构配件和设备质量控制流程图

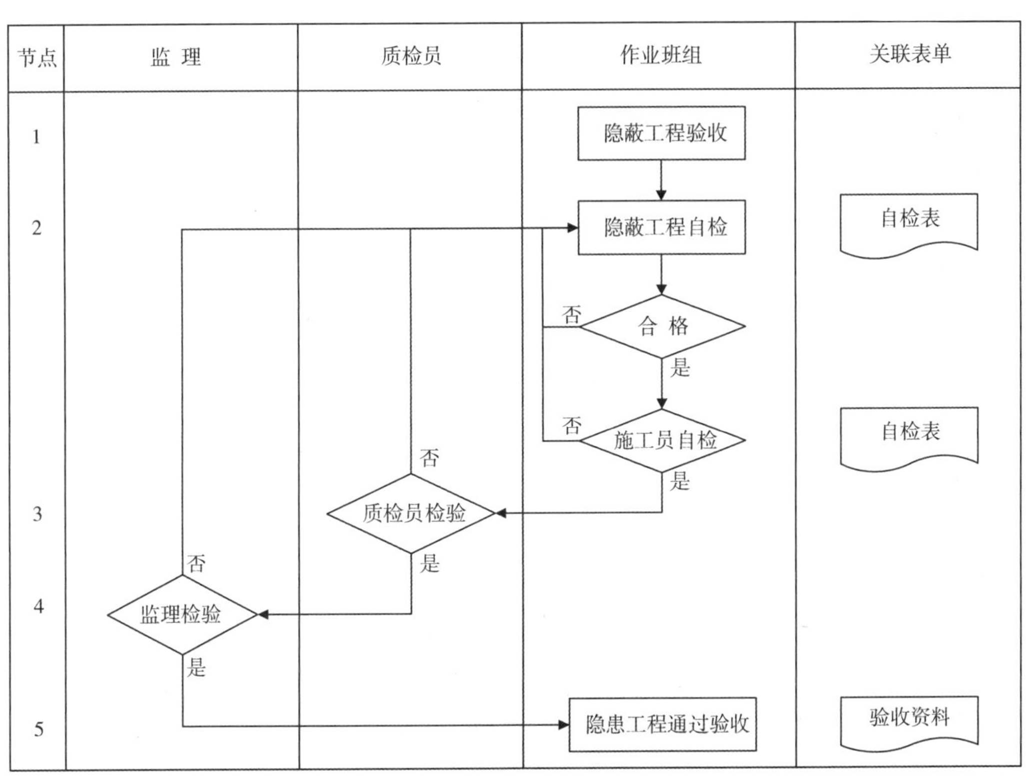

图 3.7　迅翔公司泵闸隐蔽工程验收流程图

具体作业环节在设计时，力求符合逻辑顺序，先由班组自检、互检，接着由施工员自检，然后，由质检员检验，最后经监理检验合格后，进行隐蔽工程验收（视情邀请管理单位、设计单位派员参加）。在确定流程节点时，应减少等待或混乱的状态，保证各环节不必被等待而即可直接进入下一环节。

由此可见，流程在设计时必须遵守删除、合并、重排以及简化的原则，删除流程中不必要或者可有可无的步骤；尽可能减少流程的步骤，将可以一次执行的步骤进行合并，使流程执行过程简单明了。

4. 运行维护质量管理子流程（三）——泵闸单位工程验收资料管理流程

迅翔公司泵闸单位工程验收资料管理流程图见图3.8，迅翔公司泵闸单位工程验收资料管理流程说明见表3.11。

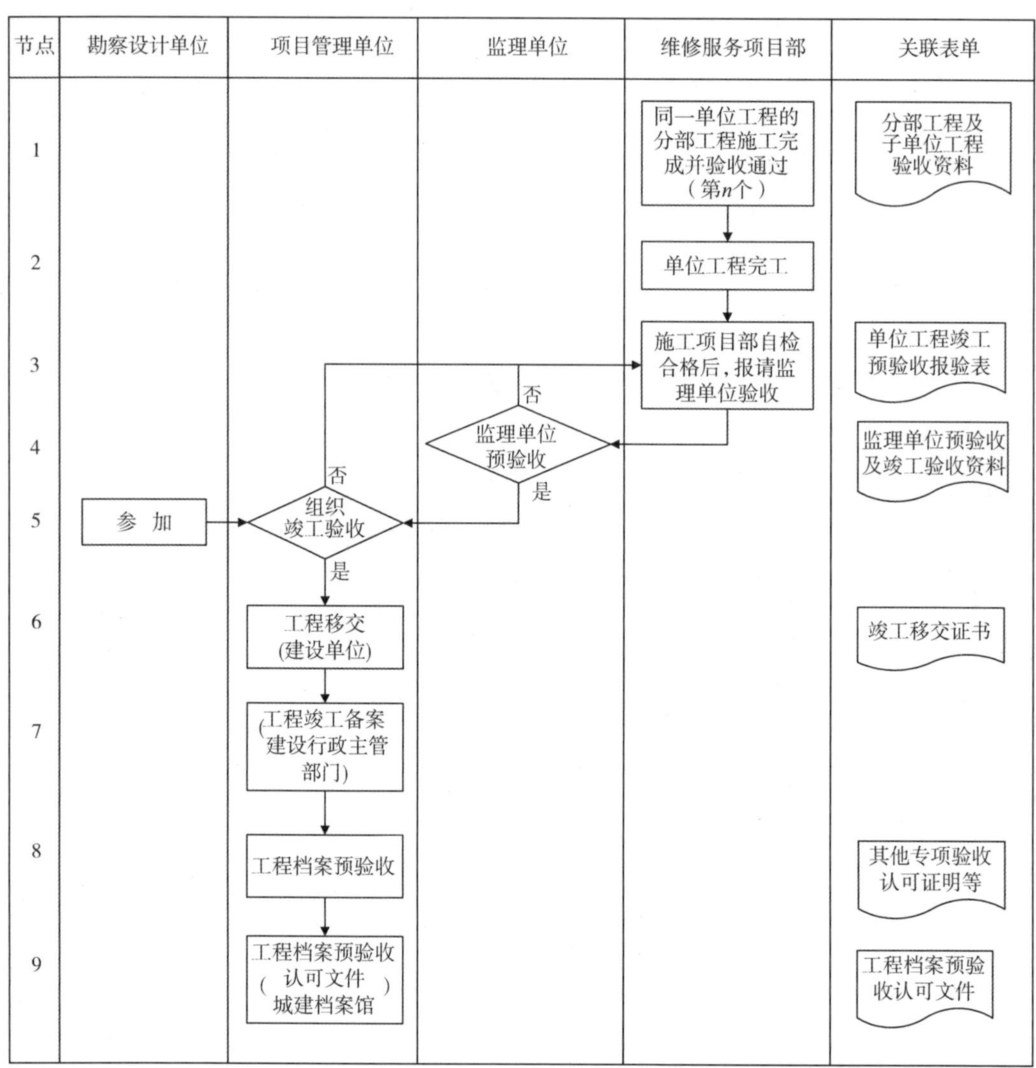

图3.8 迅翔公司泵闸单位工程验收资料管理流程图

表 3.11　迅翔公司泵闸单位工程验收资料管理流程说明

序号	流程节点	责任人	工作要求
1	分部工程施工及验收	维修服务项目部	负责同一单位工程的分部工程施工，完成并验收通过(第 n 个)
		监理单位	负责分部工程验收
2	单位工程完工	维修服务项目部	单位工程完工
3	单位工程完工验收	维修服务项目部	自检合格后，报请监理单位验收。形成如下文件： 1. 单位工程质量控制资料核查记录； 2. 单位工程安全和功能检验资料核查及主要功能抽查记录； 3. 单位工程观感质量检查记录
4	监理单位预验收	监理单位	监理单位进行预验收，形成“单位工程竣工预验收报验表”
5	竣工验收	项目管理单位	管理单位组织设计、勘察、监理、施工等单位竣工验收，形成以下文件： 1. 工程质量检查报告(勘察单位)； 2. 工程质量检查报告(设计单位)； 3. 工程质量评估报告(监理单位)； 4. 工程竣工报告(施工单位)； 5. 工程竣工验收报告(建设单位)； 6. 单位工程质量竣工验收记录； 7. 单位工程验收记录
		监理单位/维修服务项目部	各自做好竣工验收准备工作
		勘察设计单位	参加并提交工程质量检查报告
6	工程移交	项目管理单位	项目管理队伍向建设单位移交工程，并提交“竣工移交证书”
		建设单位	接收移交工程
7	工程竣工备案	建设行政主管部门	除具备上述文件外，还应有以下文件(主要)： 1. 建设工程施工许可证及其他规划批复文件； 2. 建设工程竣工验收报告； 3. 建设工程竣工验收备案表； 4. 建设工程竣工验收备案证明书； 5. 规划验收认可文件； 6. 公安消防验收意见书； 7. 环保验收合格证； 8. 其他专项验收认可证明
8	工程档案预验收	城建档案馆	主持工程档案预验收工作
9	工程档案移交	工程参建各方	按相关规定，完善工程档案并向城建档案馆移交

本流程作为单位工程验收资料管理流程，涉及的责任单位除了维修服务项目部，还包括监理单位、项目管理单位、勘察设计单位、建设单位、建设行政主管部门、城建档案馆等。为了便于简化流程，在流程图中，将部分单位（部门）省略，但在子流程说明文件中必须补充说明。同时，本流程说明文件突出交代了关联表单的要求，将关联表单视为流程文件的一部分。有关管理表单的具体要求，参见第 4 章第 4.8 节。

第 4 章

泵闸工程流程优化

对现有业务流程的梳理、完善和改进的过程，称为流程的优化。

在传统的以职能为中心的管理模式下，流程隐蔽在臃肿的组织结构背后，流程运作复杂、效率低下、顾客抱怨等问题层出不穷，整个组织形成了所谓的“圆桶效应”。为了解决企业面对新的环境在传统管理模式下产生的问题，必须对业务流程进行重整，从本质上反思业务流程的优劣，彻底重新设计业务流程，以便在衡量绩效的关键(如质量、成本、进度、服务)方面取得突破性的改变。

流程优化，最重要的是在组织管理层面有完善的优化计划与实施步骤，以及对预期可能出现的障碍和阻力有清醒认识。流程的优化，不论是对流程整体的优化还是对其中部分的改进，如减少环节、改变时序，都是以提高工作质量、提高工作效率、降低成本、降低劳动强度、节约能耗、保证安全生产等为目的。

泵闸工程流程优化应围绕优化对象要达到的目的进行；应在现有的基础上，提出改进后的实施方案，并对其做出评价；应针对评价中发现的问题，再次进行改进，直至满意后正式实施。

4.1 泵闸工程流程优化的基本步骤

4.1.1 组建流程优化组织

泵闸工程业务流程优化工作是一项系统而复杂的工作。对泵闸运行维护企业来说，在决定进行流程优化前，应该成立由企业高层、中层、业务骨干、专业人员组成的流程优化小组，对流程优化工作进行分工，确定流程优化的实施计划。专业人员应对流程优化小组成员进行专业知识培训，确保小组成员掌握流程调研、流程梳理、流程分析、流程设计、流程图绘制、流程说明文件编制和流程实施等专业知识和技能。

4.1.2 流程调研

流程优化小组应首先对企业现有业务流程进行系统地、全面地调研，分析现有流程存在的问题，确定流程优化后要达到的目标。泵闸工程业务流程有数百个之多，这些流程分布在各个部门(项目部)的内部，以及企业与泵闸工程管理单位及协作单位之间。同时，由于企业原有业务流程的不明确性，同一业务的执行者对流程的描述也存在着差别，这就使得对流程的梳理工作变得更为复杂。

在进行流程调研时，泵闸运行维护企业可从不同的来源了解需要改进的领域，例如客户（管理单位）、供应商（协作单位）、员工、技术（咨询）顾问以及瞄准的标杆。

（1）客户（管理单位）是泵闸运行维护企业需要了解信息的重要来源。客户往往是改进流程的最佳入手之处，有时候，客户提出的观点可能正是流程优化应该考虑的目标。

（2）供应商（协作单位）也能为泵闸运行维护企业提供类似的帮助，而且这种帮助并不仅仅局限于流程的下端。优秀的供应商（协作单位）的兴趣会延伸到整个供应系统。

（3）企业员工对流程有深入的了解，也是改进流程思路的重要来源。

（4）技术（咨询）顾问能够提出有用的"外部观察者"看法，起到推动流程优化的作用。

（5）学习标杆。企业应通过瞄准标杆、学习榜样来寻求知识和启发。

4.1.3 流程梳理

对现有的业务流程进行调研后应进行流程梳理，流程梳理往往有着庞大的工作量。流程梳理的价值在于对企业现有流程的全面理解以及实现业务操作的可视化和标准化。流程设计人员应主动地对相关业务流程的运作状况进行定期或不定期检查；职能部门在审核程序时，应分析评估业务流程的质量和运作状况，找出这些流程存在的问题，为后续的流程优化工作奠定基础。在泵闸工程运行维护流程梳理中，常常会发现许多问题，例如：

（1）核心业务流程受到职能部门的不合理制约，导致流程不顺畅，比如，两个职能部门互相指责、各自为自己的工作着想，导致全局工作受损。

（2）核心业务流程未以市场、管理单位为关注焦点，条框太多，流程并行、串行处理不合适。

（3）核心业务流程不顺畅，工作事项和工作界面划分过细，导致泵闸工程运行、检查、观测、养护和维修不匹配，整体效率低下。

（4）流程被人为分割，各自为政，造成各种严重浪费现象。

（5）工作流不畅，工作方法经验化，协调工作量大；流程的标准化不足，导致各个部门（项目部）在执行时随意性很大。

（6）采购业务环节控制不力，导致采购成本高、质量下降、供货周期长。

（7）对管理信息系统缺乏统一规划，领导重视程度不够。

（8）流程未清晰界定部门之间职责，部门权责与角色不明确，部门之间或员工之间的职责内容与合作方式缺乏统一的规范。

（9）流程的执行未与部门和员工的绩效考核密切挂钩。

对发现的问题可以采用分类法进一步梳理。

4.1.4 流程分析

现有流程在进行梳理后，应对其关键节点和执行过程进行分析，找出流程的问题所在，并优化流程执行过程中可能涉及的部门（项目部）。同时，应通过企业内外部环境分析及客户满意度调查，包括征求流程涉及的各岗位员工意见，找出原流程的弊端，使新流程的设计具有可操作性。

（1）流程分析可采用鱼骨图分析法，从“5M1E”这6个方面来寻找流程问题出现的原因。这6个方面是：

①人（Man）：操作者对质量的认识、技术熟练程度、身体状况等；

②机器（Machine）：机器设备、工器具的精度和维护保养状况等；

③材料（Material）：材料的成分、物理性能和化学性能等；

④方法（Method）：运行维护或施工工艺、操作规程等；

⑤测量（Measurement）：检验、测量时采取的技术方法、标准等；

⑥环境（Environment）：工作地的温度、湿度、照明和清洁条件等。

借助鱼骨图分析法，最终找出主要原因（流程瓶颈），以它为问题特性，重复上述步骤，直至原因非常明确，形成解决方案的依据基础。

（2）流程分析也可采用“5W3H”分析法，其具体指的是：What，Where，When，Who，Why，How，How much，How feel。

①Who：指什么人发现了问题，如运行养护人员、客户（管理单位）、供应商发现了问题；

②What：指什么东西出现了问题，例如设备、人员、软件、服务出现了问题；

③Where：指在什么地方出现了问题，如地点、位置、方向出现了问题；

④When：指什么时候发生的问题，即问题发生持续的时间段或者时间点；

⑤Why：指为什么这个成了一个问题，对泵闸工程运行维护来说，通常与相应的规程和标准、规格型号、目标要求进行比较，如果存在差异则成了一件异常问题；

⑥How：指用什么方法量化异常的程度；

⑦How much：指问题发生的程度有多大，例如，问题发生在哪些事项中，发生的量有多大，问题持续了多长时间，问题造成了多大的损失；

⑧How feel：指客户（管理单位）的感受，该问题对客户（管理单位）造成了怎么样的满意度的影响。

（3）流程分析时应思考如何消除复杂流程和流程瓶颈。流程瓶颈会造成一个流程内部的各个环节运转不均衡，复杂流程也会导致相关的业务运作不均衡，二者都会导致工作的积压、效率和质量的下降。瓶颈环节处理方法包括：

①攻坚：解决它的技术问题，配置足够的资源；

②回避：改变路径，绕过这个步骤；

③并行：将其分解成多个并行小问题，通过多渠道并行方式加快解决；

④分解：如果不能分解成并行的小问题，则分解成串行的小问题，将一个步骤分成多个步骤，化整为零；

⑤取消：将形式主义的环节撤销。

4.1.5 流程优化或设计新的流程

流程分析后，可根据设定的目标以及流程优化的原则，简化或合并非增值流程，减少或剔除重复、不必要流程，构建新的流程模型。新流程模型构建后应与公司的泵闸工程运行维护工作结合起来，并将新流程固化到公司的泵闸工程“智慧运维”管理系统中，使流程信息能及时汇总、处理、传递，这是业务流程优化过程中的一个很重要的环节。

(1) 流程优化的主要途径是环节简化和时序调整。大部分子流程可以通过流程改造的方法完成优化过程。例如，在流程优化过程中可运用“ECRS 技术”。

(2) 对于某些效率低下的流程，也可以完全推翻原有流程，运用重新设计的方法获得流程的优化，可按以下步骤进行：

①充分理解现有流程，以避免新设计中出现类似的问题。

②集思广益，奇思妙想，提出新思路。

③思路转变成流程设计。对新提出来的流程思路的细节进行探讨，不以现有流程设计为基础，坚持“全新设计”的立场，反复迭代，多次检验，深耕“细节”，瞄准目标设计出新的流程。

4.1.6 评估优化或重新设计的新流程

优化或重新设计的新流程出来之后，应该通过模拟它在现实中的运行对设计进行检验。流程图是一个描述新流程的理想手段，检验前应画出流程图。应根据设定的目标与公司的现实条件，对优化设计后的新流程进行评估，这种评估主要是针对新流程进行使用效率和最终效果的评估，即“双效”评估。

4.1.7 流程实施与持续改进

业务流程经过“双效”评估后，应进行流程的运行实施。在实施业务流程的过程中，应进行总结完善、持续改进。也就是说，流程优化是一个动态循环过程，经过流程分析、流程设计、流程评价、流程实施、流程改进，再进入下一次分析、设计、评价、实施、改进。可见，流程优化也是一种动态的自我完善机制，通过不断发展、完善、优化业务流程可以保持企业的竞争优势。

4.2 推行扁平化管理

4.2.1 优化组织架构

业务流程的主体是组织，组织推动着业务流程的执行，组织形式是流程运行的一种结构和结果。传统的企业组织结构往往存在一些不利于流程管理的问题，其解决办法如表 4.1 所示。

由此可见，泵闸运行维护企业应针对从事的泵闸工程运行、养护、维修、服务等核心业务，按照流程的需要重新塑造企业的组织架构，将金字塔的组织体系改造成扁平化的组织体系。

表 4.1　企业组织结构存在的问题及解决方法

问　题	原 因 分 析	解 决 方 法
组织结构复杂造成流程混乱	1. 管理上的授权与分权混乱； 2. 部门工作重心偏离，职责重叠； 3. 人员调配、组织变动频繁影响了员工的工作热情	1. 重新规划部门职能； 2. 建立既有纵向关系又有横向关系的矩阵式结构，逐步向流程型组织发展
分工过细造成流程运转低下	1. 直线参谋型组织结构； 2. 每个岗位的工作都追求量化； 3. 管理职能重叠和信息传递失真	1. 对部门、岗位职责、职能和具体业务活动重新定义； 2. 剔除未给企业运营带来直接或辅助效益的活动； 3. 消除各业务活动之间的等待时间
只注重上下各项，忽视横向交流	1. 企业分工有余而协调合作不足； 2. 对横向的流程没有统一的控制机制； 3. 部门间和岗位间的界限过于分明	1. 把满足“顾客”的需要作为各个岗位追求的目标； 2. 把绩效考评纳入绩效管理中，并将考评的方法与流程的实施结合起来
制度、标准不健全	缺乏对制度的全面思考，制度建设跟不上企业的发展速度，可操作性不强	完善支撑流程运行的规则、制度和标准

扁平化组织是现代企业组织结构形式之一，这种组织结构形式改变了原来层级组织结构中的企业上下级组织和领导者之间的纵向联系方式、各平级部门之间的横向联系方式以及组织体与外部各方面的联系方式等。所谓组织扁平化，就是通过破除公司自上而下的垂直高耸的结构，减少管理层次，增加管理幅度，裁减冗员来建立一种紧凑的横向组织，达到使组织变得灵活、敏捷，富有柔性、创造性的目的。它强调系统和管理层次的简化、管理幅度的增加与分权。

在扁平化管理中，优化组织架构的方式包括水平工作整合、垂直工作整合。水平工作整合是指将原来分散在不同部门的相关工作，整合或压缩成为一个完整的工作；或将分散的资源集中，由一个人、一个小组负责运作，这样可以减少不必要的沟通协商，并能为顾客提供单一的接触点。垂直工作整合是指适当地给予员工决策权及必要的信息，减少不必要的监督和控制，使工作现场的事能当场解决，提高工作效率，而不必经过层层汇报。迅翔公司适应泵闸工程运行维护核心业务需要，将部门简化为综合事务部、运行管理部、技术管理部、安全质量部、市场经营部、资金财务部，其中技术管理部与安全质量部合署办公，将维修业务统一划归维修服务项目部，将泵闸工程运行养护现场的工作，分区划归各运行养护项目部，通过整合组织，简化了业务流程，促进了日常工作的开展。

迅翔公司扁平化组织结构设计工作流程图如图 4.1 所示，迅翔公司扁平化组织结构设计工作流程说明如表 4.2 所示。

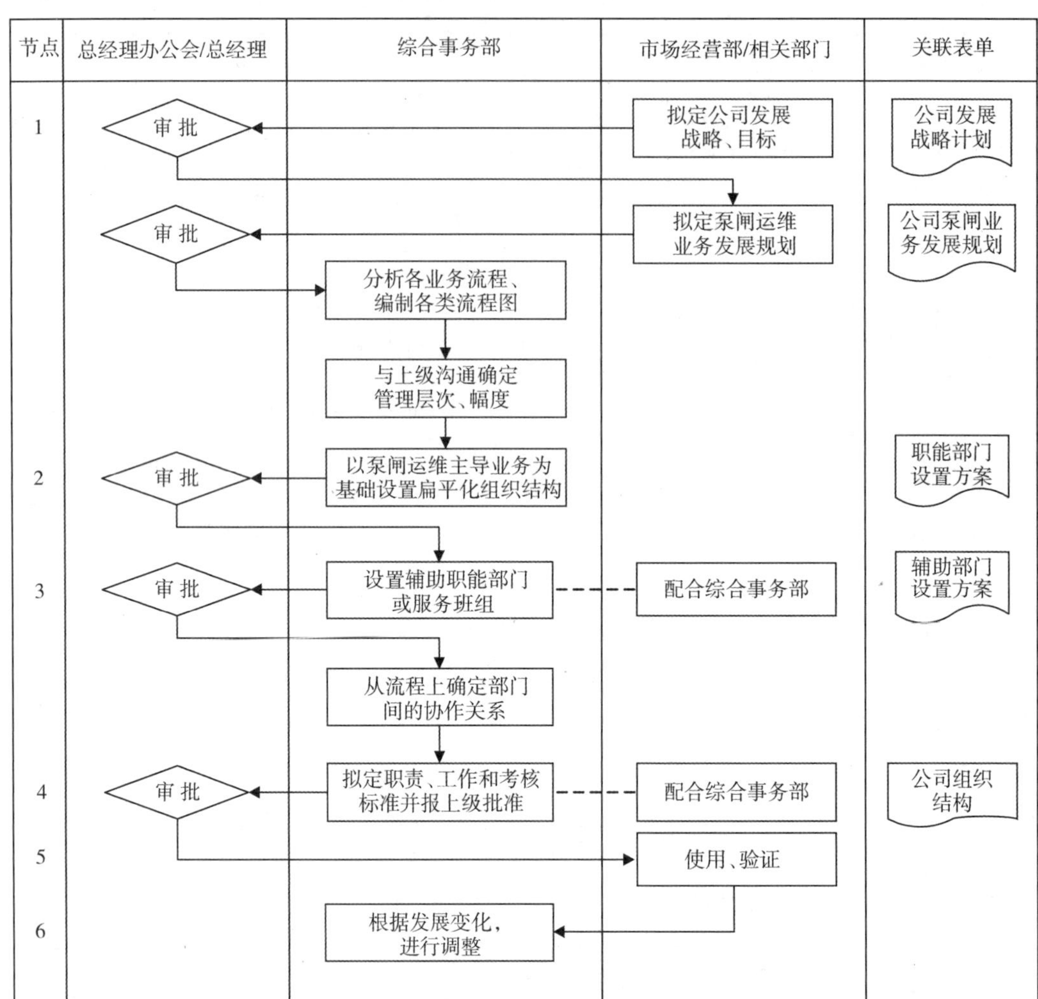

图 4.1　迅翔公司扁平化组织结构设计工作流程图

表 4.2　迅翔公司扁平化组织结构设计工作流程说明

序号	流程节点	责任人	工作要求
1	确定或调整企业发展目标、主导业务和其他业务	市场经营部	做好基础性市场调查、分析工作，征求各方意见，起草相关文件
		总经理办公会	根据公司经营发展总体战略规划，确定或调整企业发展目标、泵闸工程运行维护主导业务和其他业务发展规划
2	设置组织架构	综合事务部	以泵闸主导业务为基础，划分部门，确定协作关系，提出完善或调整扁平化组织架构（含项目部）方案，报总经理办公会审批
		总经理办公会/总经理	审定部门提出的扁平化组织架构设置方案，必要时上报主管部门审批

续表

序号	流程节点	责任人	工作要求
3	设置或调整辅助职能部门或班组	综合事务部	提出设置或调整辅助职能部门或班组方案
		相关部门	配合综合事务部制订设置或调整辅助职能部门或班组方案
		总经理办公会/总经理	审定设置或调整辅助职能部门或班组方案
4	制定扁平化组织结构下的职责和标准	综合事务部	1. 拟定工作流程,从流程上确定部门间的协作关系; 2. 制定扁平化组织结构下的部门职责、岗位职责、部门考核标准和岗位人员考核标准
		相关部门	配合综合事务部制订工作流程、部门职责、岗位职责、部门和岗位人员考核标准
		公司分管领导/总经理/总经理办公会	审定工作流程、部门职责、岗位职责、部门和岗位人员考核标准
5	使用、验证	各部门/项目部	实施、试用,将组织架构、工作流程、部门职责、岗位职责、部门和岗位人员考核标准落到实处
6	适时调整	综合事务部	做好执行过程中的跟踪检查、协调,根据情况发展变化,适时提出调整意见,报上级审批

4.2.2 重新审定分工

在流程管理中,有一个不成文的规则,叫作流程大过总经理。这就是说,员工只需按流程办事,而不必事事等待上级指令。各级管理人员按照流程规定,该审核签字的时候就认真审核,不该过问的时候就绝不过问。某项工作该由谁执行就由谁执行。因此,在流程设计和优化时,必须合理地对各部门、各岗位进行分工。

界定部门与岗位职能的前提是将流程中所涉及的工作进行区隔,然后根据各项工作范围和每个部门、工作岗位的工作特性,划出在流程中所涉及的相关部门和岗位,最后有针对性地划分相关部门与工作岗位的具体职责。

在重新审定分工时,要做到对事不对人,这也是流程管理的实质。这就是说,事事都要按照流程办,人人都要跟着流程走,流程面前没有上下级,只有事项负责人。具体的流程有具体的负责人,坚决不做不符合流程规定的事。因此,在流程优化和执行中,要实行自主化管理,简化不必要的请示和确认环节,只要符合流程,就无须请示,从而减少流程中的管理成本。流程执行者必须对事项负责,而不必对包括自己在内的任何人负责。

4.2.3 明确岗位职能

1. 厘清岗位职责和业务流程的关系

岗位职责是指为实现企业组织机构正常运行,达到企业管理目标而规定的岗位工作任务和责任范围。它是岗位员工责任、权利与义务的综合体现,是企业员工在履行岗位工作中必须遵守的“基本法”，对规范员工职务行为、优化企业组织结构、强化企业管理措施、降低企业管理风险、提高企业运行效率有着重要的作用。岗位职责是对岗位工作内容和责任的基本规定，是工作执行标准的基本要求，是企业进行量化考核、绩效评定、责任追溯的基本依据。企业应以岗位职责为依据，建立以岗位责任制为中心的考核评价机制、约束激励机制等基础管理措施，以促进企业管理目标的实现。

业务流程是管理制度的细化和补充，是岗位职责的具体落实；岗位职责是管理制度和业务流程的实现方式。无论是现场项目部，还是公司职能部门，在泵闸工程运行维护中，只有明确岗位职责，让部门和员工有章可循，才能将流程落到实处。

2. 岗位职责的确定原则、方法和步骤

岗位职责的确定原则是：遵循“四避免一监控”原则，即避免一项工作职责的责任人空缺；避免多人负责同一项工作(职责交叉、错位)；避免忽视工作中的主要职责；避免一项工作中突发事件过多；设置监督机构对流程实施过程加以监控，时刻保证各部门间相互分工、合作关系的明确。

岗位职责的确定方法和步骤如图 4.2 所示。

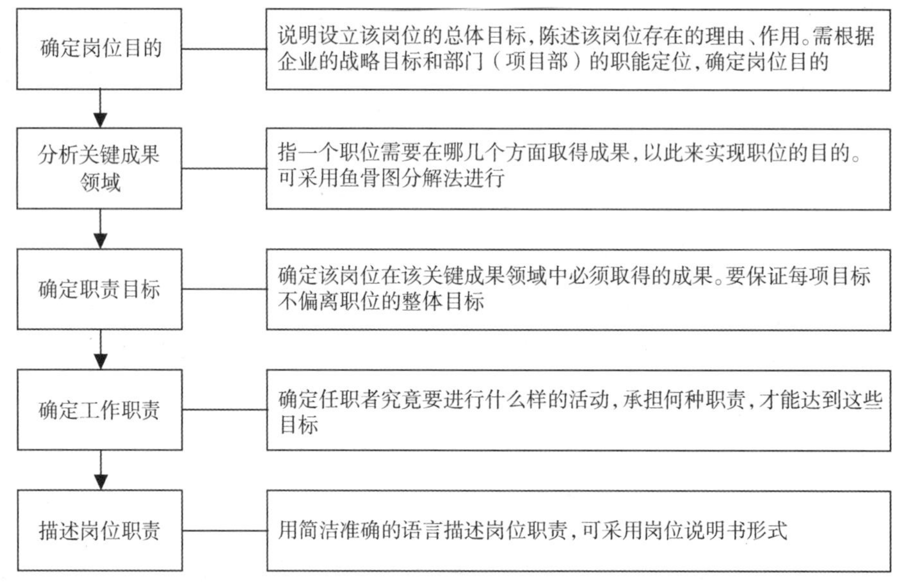

图 4.2　岗位职责的确定方法和步骤图

3. 坚持岗位多能化，将若干个职位组合成一种职位

为了简化线性过长的流程，提高效率，应针对执行者职位进行优化和确认。有的职位必须保留，有的职位应多增加人力，有的职位需减少人力，有的职位则需砍掉。具体可对流程活动的增值情况进行判断而定。即某些工作是否为客户增值，或者为业务增值。简化后的流程有一个共同特征，即不再是线性状态，一条流程串联任务变成了多条流程并联任务，使执行周期大为缩短。

泵闸工程运行维护流程管理要积极倡导将若干个职位组合成一种职位，实行岗位多能化。岗位多能化要求作业人员具有能够应对循环时间和标准作业组合的变化以及在多数情况下能应对多个作业内容变化的能力。

要通过实施岗位定期调动、班内定期轮换、工位定期轮换、“一天班长”(指每天指定1名工人担任代理班长,履行相应职责)等定期轮换制度,实现作业人员的多能化。要通过理论和技能培训、现场实践和锻炼、考核和激励(对身兼数种技能的员工给予奖励),推进“一岗多能”“一人多岗”、机电一体化、运行养护一体化、泵站水闸运行维护一体化,真正实现瓶颈工序和非瓶颈工序的均衡,实现岗位和岗位之间的均衡,实现人员的可替代性,促进人员的成长进步、人员的积极性的发挥。例如,迅翔公司针对泵闸运行养护项目部现状,重新审视现有人力资源政策,完善人才培养机制,积极挖掘员工的潜能,将报账、统计、资料整理、物资领取等若干个职位合并成为一个职位,称为“综合管理员”,这种改变非常有效,一是在公司内部起到了调动员工工作积极性的作用,因为其不再受一种职位身份的限制,“综合管理员”必须身兼数职才能为客户(管理单位)服务得更好;二是上级领导或客户只需连接1位“综合管理员”,就可以解决诸多问题;三是对员工的能力提升起到了很大作用,曾经1名员工只需要掌握业务环节中的一项即可,如今却要“被迫”成为“业务全才”,虽然初始阶段有些吃力,但跨过能力瓶颈以后便豁然开朗。

当然,有些特种岗位必须符合持证上岗的要求,有的关键岗位,必须符合岗位“不兼容”的要求。

4.2.4 层层落实责任

岗位落实到人,必须责任到人、放权到人。落实岗位责任制,有助于各部门(项目部)工作的科学化、制度化,有利于达到事事有人负责的目的。

表3.10所示“公司管理层内部权力指引参考表”就是企业明确权力、落实责任的一项举措。企业签订的安全责任书、防汛责任书、廉洁责任书、经济责任书都是明确权力、落实责任的具体措施。

为了层层落实责任制,还应当运用目视管理手段,将相关岗位责任、工作标准、操作步骤、作业指导书等进行公开明示。例如:

(1) 岗位职责上墙明示。岗位职责上墙明示就是明确泵闸工程运行维护人员的关键岗位、岗位职责及安全生产职责,对关键岗位、岗位职责及安全生产职责设置标牌加以明示,其目的是便于落实责任,加强监督管理,如图4.3所示。

(2) 设备管理责任卡粘贴在设备上。设备管理责任卡可包括设备名称、型号、责任人、制造厂家、投运时间、设备评级、评定时间等。责任人、设备等级等发生变化时,相应内容应进行更换。如图4.4所示。

(3) 制作作业指导书看板,将作业指导书做成图片贴在墙上或设备上,让员工一目了然地明晰作业标准、步骤和工艺要求,详见第4.5.2节。

层层落实责任,必须坚持责任的无极化原则。流程中的所有人都是流程团队的一分子,必须学会团队合作,除了高质量地完成本岗位工作之外,还要关注整个流程目标和结果的实现,对整个流程目标和结果负无限的责任。员工必须做到:

(1) 互帮互助。流程中的任一成员除了完成自己的流程任务外,还要对流程中其他流程任务予以支持和帮助。

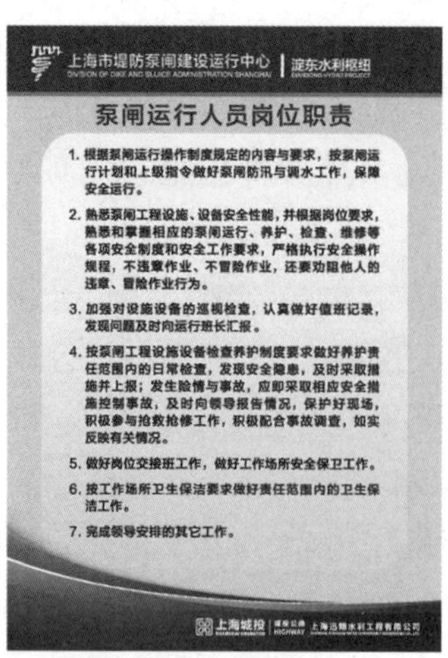

图 4.3　岗位职责标牌

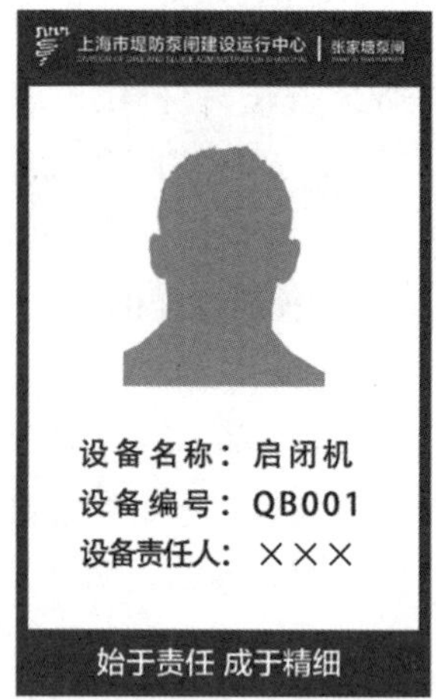

图 4.4　设备管理责任卡

（2）责任承担划分清晰。流程活动中的直接承担主体应承担主要责任，其他成员承担连带责任。当一个流程团队所承担的流程活动没有达到标准并且造成失误时，责任人应受到处罚。当流程任务高质量完成时，责任人应得到奖励。

4.3　推行标杆瞄准法

4.3.1　标杆瞄准法概念

标杆瞄准是指企业将自己的产品、服务、成本和经营实践，与那些相应方面表现最优秀、最卓有成效的企业（并不局限于同一行业）相比较，以改进本企业经营业绩和业务表现的一个不间断精益求精的过程。标杆瞄准法是一种评价自身企业和研究其他组织的手段，是将外部企业的持久业绩作为自身企业的内部发展目标并将外界的最佳做法移植到本企业的经营环节中去的一种方法。实施标杆瞄准法管理的企业必须不断地对竞争对手或一流企业的产品、服务、经营业绩等进行评价来发现优势和不足。

4.3.2　标杆瞄准法优化流程步骤

标杆瞄准法优化流程步骤如下：

（1）确定需要优化的流程或内容，即强调企业要在哪些方面进行标杆分析。

（2）确定标杆，即确定比较对象。通常同业竞争对手和行业领先企业是首选标杆对象，一些企业内部的最佳经营实践、统计数据、经验参数也可作为标杆对象。

（3）获取标杆流程资料。

（4）根据本企业的情况，绘制本企业流程图，梳理与分析流程。

（5）将本企业流程与标杆流程进行对比分析。

（6）确定关键差距点。

（7）分析形成差距的各种原因。

（8）设计流程并实施流程优化。

近年来，迅翔公司积极推行标杆管理，在对水利行业企业进行“波特五力”模型分析的基础上，在所在上海城投(集团)有限公司内部，以业务相似企业上海城市排水有限公司为标杆；在行业内，以先进企业江苏省江都水利枢纽机电安装处为标杆，开展管理模式对标、组织机构对标、资质及行业影响力对标、业务能力等方面对标，同时多次组织员工前往本市以及江苏、浙江等地，考察学习先进企业流程管理，查找自身在流程设计和应用中的不足，将对标成果应用于本公司流程管理中，促进了公司核心竞争能力的提升。

4.3.3 树立内部标杆

标杆瞄准法同样适合在企业内部，选定标杆，树立榜样，根据标杆制定高效的执行标准。一方面以点带面，逐步推进流程的执行；另一方面在试点的过程中不断优化流程。

在企业内部如何确定标杆呢？就是将那些在自己的岗位上或者在某方面做得很好的部门(项目部)或员工作为标杆，将他们的经验、方法加以总结、整理，形成流程、标准。同时，将设计的流程在他们当中试点，并逐步改进、推广，做到横向改进和纵向传播。

(1) 横向改进。一是对与本工作相关的业务流程进行综合分析、补充完善；二是与其他部门在流程制定、时间周期安排等方面进行合理调整，使工作配合更加合理、效率更高；三是成果共享，使本岗位、本部门的标杆在横向上发挥更大的作用。

(2) 纵向传播。一是向下属传播，包括采取培训、指导、激励、监督和考核等措施，以保证标杆取得的成果能够迅速传播；二是向上级传播，利用领导的力量，推动横向改善和纵向传播，使标杆的作用最大化。

4.4 ECRS 技术的应用

4.4.1 ECRS 技术基本概念

企业运用 ECRS 技术梳理流程思路，可以帮助其发挥更好的效能和找到更佳的工序方法。

ECRS 技术是指运用 Eliminate(取消)、Combine(合并)、Rearrange(重排)和 Simplify(简化)4 种技术进行分析和应用。ECRS 技术是在现有工作方法基础上，通过“取消—合并—重排—简化”4 项技术形成对现有组织、业务流程、操作规程以及工作方法等方面的持续改进。

(1) Eliminate(取消)，是指取消所有不必要的工作环节和内容。有必要取消的工作，自然不必再花时间研究如何改进。某个处理、某道手续，首先要研究是否可以取消，这是改善工作程序、提高工作效率的一项原则。

(2) Combine(合并)，是将 2 项或 2 项以上的内容整合成为 1 项，包括合并或整合必要的工作、团队、顾客、供应商。

(3) Rearrange(重排)，是指程序的合理重排，使业务流程的各个环节的负荷与处理时间尽量均衡。取消和合并以后，还要将所有程序按照合理的逻辑重排顺序，或者在改变其他要素顺序后，重新安排工作顺序和步骤。

(4) Simplify(简化),是指简化所必需的工作环节,包括组织结构、业务子流程、操作步骤的简化。

4.4.2 取消无价值的环节

如果把每一项工作都看作是一个单独的子流程,那么一套业务流程便会有很多不同的子流程,当所有的工作加在一起时必然会产生大量的重复性工作。这时,如果没有一个科学高效的流程,可想而知会浪费多少资源。因此,企业高层管理者要支持流程精简工作,积极运用"取消"技术,主动砍掉无价值或非增值的环节。

运用"取消"技术时,应对流程的每个环节或要素予以充分考虑和调研,判断查验其是否为非增值环节,是否多余,取消是否可行,取消后的结果是否会对流程产生负面影响。要预防和尽量避免"错误",将可能出错的事情列一个清单,然后用预防错误的方法剔除犯错的可能性或使之最小。

运用"取消"技术时,可从以下几方面着手:

(1) 取消流程闭环。流程出现闭环一般是由某些环节未能履行责任而导致的流程内循环,比如泵闸工程的一批备品备件无法按规定价格采购,需审定加价,但决策环节又不敢拍板,而要求努力降价;无法降价时,决策者仍要求再继续努力,这就是一个闭环。

(2) 取消"等待"。流程中由于某种原因会出现人或物的等待,从而造成库存物品或待签文件的增加,比如时间、物料、文件或人员的"等待",往往都有成本伴随。

(3) 取消"重复"。比如信息收集的重复。流程活动中如果运用了数据库共享技术,就可以在整个流程任何一个节点上输入信息并实现共享,避免信息的重复录入。

(4) 取消不必要的移动和运输。比如人员的移动、物料的移动或运输,都要发生成本。

(5) 取消多余的维修、养护、加工、处理。在业务流程中,任何多余的维修、养护、加工、处理,都要花费很多时间,增加流程成本。

(6) 取消缺陷、故障与返工。业务流程目标应该设定使所有的事都一次做好,避免产生解决遗留问题的人工成本、物料成本、时间耽搁以及机会成本。任何流程一旦牵涉对前期缺陷的处理,甚至返工时,流程的复杂程度就会呈几何倍数增加。例如,机电设备维修返工包含重新退货、换货、安装、处理的财务结算、物流、增加人工等,返工的流程比不返工的流程复杂很多。

(7) 取消由部门利益分割导致的多余的检验、监视、控制。企业应该将部分的检验、审核工作进行授权或下放,不要事无巨细都上报,以避免审批的形式化和企业领导工作的低效化。

(8) 取消官僚主义、形式主义的表现。包括不必要的协调、检查、监督、审核、审批;拖沓的节奏;多余的文档和副本;礼节性或荣誉性的签字;文件与操作的脱节;泛滥烦琐的表格等。

可以通过询问以下问题来判断是否需要"取消":

(1) 完成了什么?是否必要?为什么?

(2) 有没有不必要的检查、协调工作?

(3) 这项作业是不是监督或审核别人的工作?

(4) 这个文件是要执行的吗? 这个文件和以前的文件重复吗?

(5) 它必须要求一个以上的领导签字吗? 有没有人审批了别人已经审批了的文件?

4.4.3 合并或整合资源(环节)

合并或整合,应遵循企业资源集中使用的原则。企业业务流程就是为完成某一个目标(或任务)而进行的一系列逻辑相关活动的有序集合。这些活动的实施都离不开资源的支持。但是,企业的资源是有限的,用有限的资源创造最大的利润,除了开源以外还要节流,即对企业资源实行共同享用,避免资源的重复投入,减少资源浪费,保证流程畅通。因此,资源的使用权应随着流程走,资源使用效益与流程应有机对接,要根据流程需要投入资源。资源合并或整合的内容包括以下诸方面:

(1) 整合工作。当工作环节不能取消时,可研究能否"合并"。为了做好一项工作,自然要有分工和合作。分工的目的,或是由于专业需要,为了提高工作效率;或是因工作量超过某些人员所能承受的负担。如果不是这样,就需要合并。有时为了提高效率、简化工作甚至不必过多地考虑专业分工,而且特别需要考虑保持满负荷工作。有时把几项工作合二为一是可能的。合并相似或连续的作业,可以大大加快物流和信息流速度,使得一项工作更好地完成并减少成本、错误和时间。整合工作时,甚至可以让那些需要得到流程产出的人自己执行流程(需要加强监督或控制的工作例外)。因此,优化流程必须减少交接,以提高工作完整度。

在本章第 4.2.3 节"明确岗位职能"中曾阐述泵闸工程运行维护"岗位多能化",实际上也是整合工作的一项具体措施。

(2) 整合团队。将一项与业务有关的员工组成团队和合并专家组成团队是"合并"任务逻辑上的延伸。团队可以完成单个成员无法承担的系列活动。虽然团队可能仍然保留一定的向职能部门报告的关系,但是他们是结合为一体执行一个流程的日常运作组织。

(3) 整合顾客。和顾客建立良好的合作关系,一个顾客尽量由一个部门服务。

(4) 整合供应商。所有流程都高度依赖于该流程以外的人员以原材料、信息或创意的形式提供投入。把提供者视为供应商,检查每一流程的投入,看看如下问题:

①该流程真的需要这项投入吗?

②你得到的是否比你需要得多?

③它投入到了合适的地方吗?

④它是否具备合格的质量水平?

⑤投入的数量和时机是否恰当?

⑥是否以最佳方式接受的?

(5) 增补欠缺环节。在合并或整合资源(环节)时,我们不但要做"减法",有时还必须做"加法",即增补流程中欠缺的环节。例如,可以在两个没有关联或无法承接的环节之间,增设一个必要的步骤以解决环节的跳跃问题。另外,对缺乏关键控制环节的重要事项也要进行填补,通过增加必需的环节,使流程更加具体专业,更具有可操作性,而且责任到人,保证流程高效运作。

4.4.4 作业流程的重排

重排应根据“何人”“何处”“何时”3 项提问原则进行。重排的关键是厘清所有对象的轻重缓急，重要的优于不重要的，紧急的优于非紧急的。在重排时，还应把握以下要点：

(1) 串行作业改并行作业或流水作业。纵向串行改横向并行作业，存在着两种形式的并行，一种是各独立单位从事相同的工作，要将它们视为一体，统筹处理，分散执行；另一种是各独立单位从事不同的工作，而这些工作最终必须组合到一起。必要时，为了达到均衡、高效，可采用流水作业的方式。

(2) 改变作业顺序。例如将自下而上的作业顺序改为自上而下的顺序。在改变作业顺序时，要检查作业的顺序以判定改变是否能减少周期时间。

例如，泵闸工程维修养护的作业顺序，其依据应包括以下内容：

①依据合同约定的工期安排，如重点工程、难点工程、控制工期的工程以及对后续影响较大的工程，应确定先开工。

②按设计图纸或设计资料的要求，确定工作顺序。

③按维修养护技术、维修养护规范与操作规程的要求，确定工作顺序。

④按维修养护项目整体的施工组织与管理的要求，确定工作顺序。

⑤结合维修养护机械设备情况和作业现场的实际情况，确定工作顺序。

⑥依据本地资源和外购资源状况，确定工作顺序。

⑦依据维修养护项目的地质、水文及本地气候变化，对维修养护项目的影响程度，确定工作顺序。

⑧把握工作顺序中的空间顺序和时间顺序要求。空间顺序，是指同一工程内容(如同一分部、分项工程)的前后、左右、上下的作业顺序，即作业的方向或流向。任何工程的施工作业都得从某一个地方开始，然后向一定的方向推移。时间顺序，是指不同工程内容(如单位工程中各个不同的分部、分项工程)施工作业的先后顺序。在一个单位工程中，任何分部、分项工程同它相邻的分部、分项工程的施工总是有些宜于先施工，有些则宜于后施工，这中间，有一些是由于施工工艺的要求而经常固定不变的。

(3) 坚持循序渐进。再大的问题也要一步步排列分析。

(4) 全员参与。在进行重排时，要注意这不是一个人或一个部门(班组)的事情，需要执行的所有人参与。

(5) 坚持同步原则。在对流程做较大重排时，需要保证流程之间信息交流和反馈的畅通，未来能够及时沟通，需要坚持同步原则。

(6) 坚持合作原则。在对流程做较大重排时，要注重部门(班组)与部门(班组)之间的协作。

4.4.5 流程简化的内容和现场原则

流程管理应当尽可能地避免流程中出现复杂环节。当流程管理简单且清晰化后，流程内容就一目了然，便于相关人员照章办事，各司其职。

1. 流程简化的内容

(1) 简化语言。

(2) 简化表格。表格应该不解自明,表格中所有缩写词都要定义,每一个表格、表格中的每一项都应被使用。

(3) 简化程序。例如,是否可以通过合并职责减少处理程序?

(4) 简化流。包括信息流、物流、资金流是否重复或无条理,必要时,可重新构建物流系统,调整任务顺序,改善物流网络。

(5) 简化技术。对过于复杂的技术进行简化,保证技术适合于所执行的任务是绝对必要的。低技术能解决的问题不必采用高技术解决。

(6) 简化会议。尽量少开会;会议议程事前安排好,会前提供与会者简单的介绍材料;会议不要占用整段的时间。

(7) 简化报告、记录。

2. 流程简化中的现场原则

流程简化中的现场原则是不僵化、不死板。在流程管理中,一个流程可能涉及多个部门,如果现场出现的所有问题都需要流程内相关人员的同意,无疑会影响企业快速反应的能力,使企业丧失竞争优势。因此,在流程优化和执行过程中,应注重简化的原则:

(1) 项目部现场问题现场解决。

(2) 给予项目部一线人员必要的决策处理权力。

(3) 优化组织结构。

依据上述原则,流程在简化时,应注意减少所有不必要的审查和控制。对于过多的审批,虽然流程上没有出错,但极大地消耗了人力和时间,对工作没有实质性的收益。实际工作中应做到以下几点:

(1) 审批工作规则化。审批流程的简化离不开健全的规则和高度的授权的支撑。在规则制定上可以设置基于金额或业务重要程度的审批规则,也可以按照不同类型业务对审批效率的要求,有针对性地设置不同的审批规则。

(2) 决策审批点前移。在责权对等、了解下属执行能力和管理风格的基础上,尽可能让更低层次、更贴近一线业务现场的人来决策。

(3) 减少不必要的审批人。在确定审批人前先要清楚审批的目的是什么,审批节点中哪些是决策的需求,哪些是知情的需求。对于决策的需求,必须经过审批才能生效。对于知情的需求,可将审批改为定期汇报或直接备案,实现流程执行与领导知情并行,既提高了流程执行效率,又解决了管理者信息知情和监管需求。

3. 流程简化实例——同类型作业实行模板化

在推行泵闸工程运行维护标准化管理的进程中,注重将同类型业务或作业进行归类,实行同类型作业模板化,大大优化管理流程。

例如,迅翔公司各项目部在生产安全应急响应流程编制和执行过程中,首先,应认真编制泵闸工程运行维护突发事件应急响应综合预案及其应急响应流程。迅翔公司泵闸工程运行维护突发事件应急响应流程图及说明如图 4.5 和表 4.3 所示。

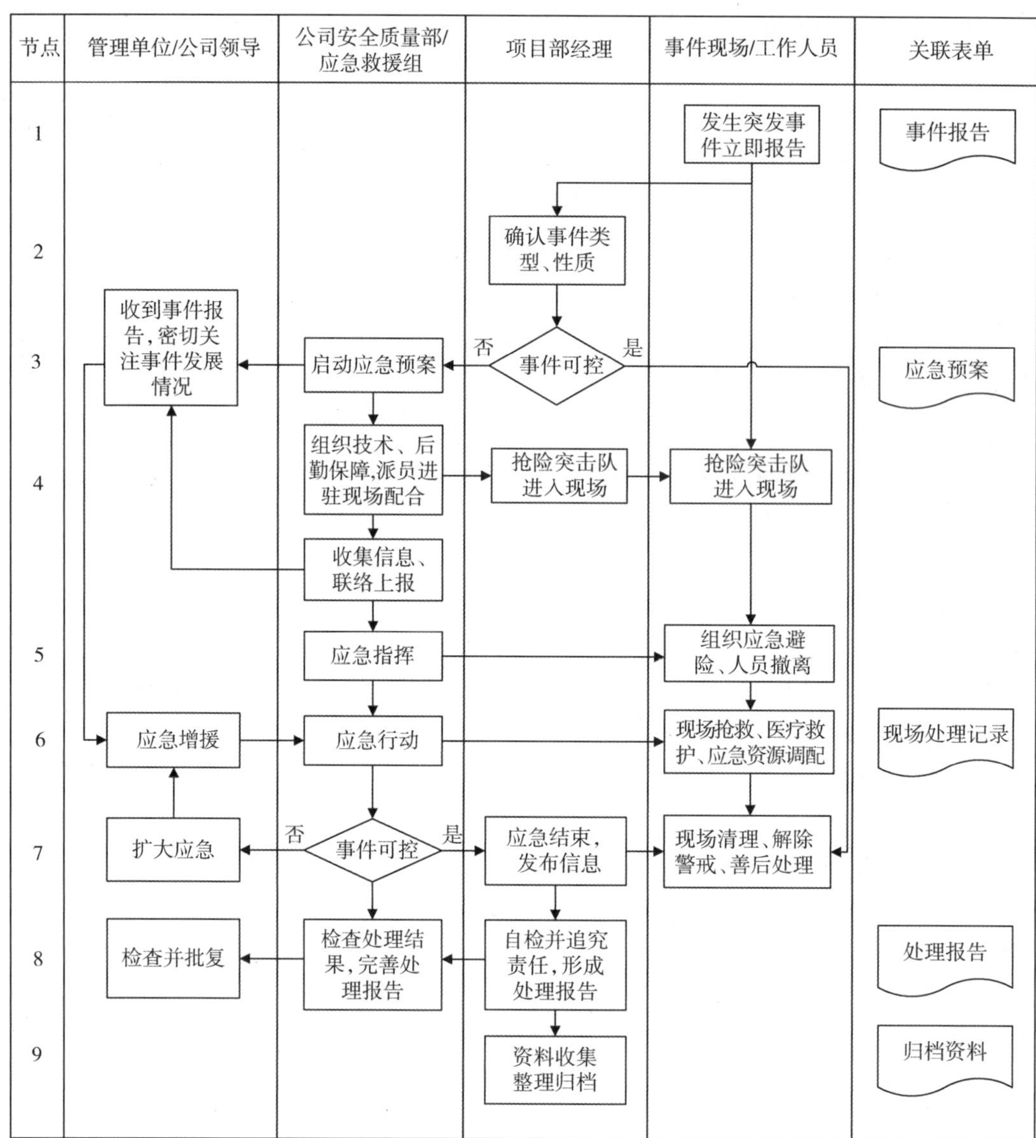

图 4.5　迅翔公司泵闸工程运行维护突发事件应急响应流程图

表 4.3　迅翔公司泵闸工程运行维护突发事件应急响应流程说明

序号	流程节点	责 任 人	工 作 要 求
1	突发事件报告	泵闸工程运行维护现场工作人员	发现泵闸工程运行维护突发事件后,现场人员立即组织抢救,并向上级报告。报警系统启动程序如下: 1. 发现人应立即采取正确方法帮助伤员脱离伤害,同时拨打120电话。 2. 立即向现场管理人员求援。 3. 现场管理人员及时报告公司安全质量部(应急指挥办公室)及相关负责人。 4. 现场报警方式: (1) 口头呼救报警; (2) 电话报警; (3) 报警器报警; (4) 信号报警或其他行之有效的报警方式

续表

序号	流程节点	责任人	工作要求
2	确认事件类型、性质	运行养护项目部经理	运行养护项目部经理收到消息后，立即赶至现场进行处理，判断事件类型、性质，并及时向公司汇报。 1. 事故等级根据现行有关规定，生产安全事故分为特别重大事故、重大事故、较大事故、一般事故 4 个等级。 2. 涉险事故，分为较大涉险事故和一般涉险事故
3	判定事件可控性，启动应急预案	运行养护项目部经理	运行养护项目部经理现场了解情况后，要判定事件是否在项目部可控范围内，如可控，立即组织人员处理；如不可控，立即向公司汇报情况，启动应急预案。 Ⅰ级(红色)预警：预判为Ⅰ级应急响应生产安全事故、险情及趋势； Ⅱ级(橙色)预警：预判为Ⅱ级应急响应生产安全事故、险情及趋势； Ⅲ级(蓝色)预警：预判为Ⅲ级应急响应生产安全事故、险情及趋势
		安全质量部/应急救援组	1. 接到突发事件不可控的报告后，启动应急预案。公司应急救援组立即组织技术支持和后勤保障，并派员进入现场，配合抢险突击队工作。 2. 根据突发事件性质，及时向管理单位和公司领导汇报
		管理单位/公司领导	密切关注事件发展情况
4	抢险人员进场	应急救援组/项目部	派遣抢险突击队现场采取措施，限制事故发展、扩大。收集信息，及时、准确地向上级报告发生事故情况。内容包括：事件信息来源、时间、地点、基本经过、已造成后果、初步原因、性质、采取的措施以及信息报告人员的联系方式等
5	应急指挥	运行养护项目部	根据应急预案和现场实际情况，抢险人员采取正确、及时的措施，组织避险，人员疏散
		应急救援组	负责应急指挥
6	应急行动	运行养护项目部/工作人员/应急救援组	1. 现场处置人员可根据事故发展速度和影响速度，直接向上级、地方人民政府、地方安监局以及其他应急联动单位报告和求助；发现直接危及其人身安全的紧急情况时，可立即撤离现场。 2. 当发生安全事故时，发生事故的班组负责人、应急救援组及安全员应立即展开营救工作。迅速采取措施排除险情、防止事故蔓延扩大，做好标识，保护现场，并主动协助消防、医疗等单位全力抢救伤员，未经公安、消防部门同意，不得擅自变动事故现场。应立即将伤员送往医院抢救或拨打 120 急救中心电话等待现场抢救。火灾事故拨打 119 电话向消防队报警；交通事故拨打 122 交通事故报警电话(或拨打 110 电话)报警；发生食物中毒事件，要马上通知当地的卫生防疫站

续表

序号	流程节点	责任人	工作要求
7	判定事件是否可控	运行养护项目部	1. 对可控事件,应急结束,发布信息,做好现场清理、解除警戒、善后处理工作。 2. 当事故应急处置工作结束,或次生、衍生事故危险因素排除后,现场应急救援组确认应急状态可以解除时,向上级报告,上级决定并发布应急状态解除命令,宣布应急工作结束。 3. 事发后配合管理单位组织事故的善后处置工作,包括人员安置、补偿、疏散人员回迁、灾后重建、污染消除、生态恢复等。慰问受害和受影响的人员,保证尽快恢复正常秩序
		应急救援组	对不可控项目,向公司/管理单位汇报,请求扩大应急等级。根据"分级响应"机制,对应相应事故严重程度,按照本单位应急能力和控制事态的能力,分别启动Ⅰ级、Ⅱ级、Ⅲ级事故应急响应工作,同时加强工作值班和相关信息调度,做好防范发生二次事故的工作
		管理单位/公司领导	组织应急增援
8	事后追责与整改	运行养护项目部	事件处理完成后,运行养护项目部将事故情况向上级相关部门上报;向事故调查处理小组移交所需有关情况及文件;写出事故应急救援工作总结报告
		安全质量部	1. 收到项目部自查报告后,在有需要的情况下,及时组织专家、人员成立事故调查小组进行调查,事故调查按照《生产安全事故报告和调查处理条例》(国务院令第493号)等法规和有关规定进行。 2. 事故善后处置工作结束后,应当分析总结应急救援经验教训,提出改进应急工作的建议,形成总结报告
		管理单位/公司领导	批复总结报告,加强检查,督促整改
9	资料归档	安全质量部/项目部	做好资料归档工作

其次,应分析各专项预案与综合预案的共同点和不同点,按照模板化要求,对各项目部编制的机械伤害事故、高处坠落事故、物体打击事故、突发火灾事件、触电事故、突发交通事故、高温中暑、社会治安突发事件、硫化氢中毒事件、水上突发事件、水污染突发事件等应急预案及处置流程,针对其各自不同点进行优化。

4.5 通过目视管理推动流程管理可视化

4.5.1 目视管理的作用

目视管理以视觉信号为基本手段,以公开化为基本原则,尽可能地将管理者的要求和意图让大家都看得见,借以推动看得见的管理、自主管理、自我控制。

就泵闸工程流程管理而言,现场管理和运行维护人员组织泵闸工程按照流程进行运行维护,实质是在发布各种信息。操作人员有秩序地进行各种作业,就是接收信息后采取行动的过程。在设备运行条件下，整个系统高速运转，要求信息传递和处理既快又准。如果与每个操作人员有关的信息都要由管理人员直接传达，那么不难想象，拥有大量运行、养护、检修、后勤保障的泵闸工程现场，将要配备多少管理人员。

目视管理为解决这个问题找到了简捷之路。它告诉我们，操作人员接收信息最常用的感觉器官是眼、耳和神经末梢，其中又以视觉最为普遍。

可以发出视觉信号的手段有仪器、计算机、信号灯、标志标牌、图表等。其特点是形象直观，容易认读和识别，简单方便。在有条件的泵闸工程运行维护区域和岗位，应充分利用视觉信号显示手段，迅速而准确地传递信息，无须管理人员现场指挥即可有效地组织泵闸工程运行维护。

4.5.2 流程管理目视化的方法

1. 设立泵闸工程调度规程、操作规程或操作步骤标牌

泵闸工程调度规程、操作规程或操作步骤标牌正确明示，使运行、维护和各类管理人员熟悉、掌握，自觉运用，是泵闸工程标准化管理的基本要求，应加以学习、贯彻。泵闸工程调度规程和操作规程标牌包括泵站调度运行操作规程、水闸调度运行操作规程、船闸调度规则、船闸运行操作规程、高压设备操作规程、低压设备操作规程、倒闸操作规程、备用电源操作规程、自控设备操作规程等标牌。泵闸工程调度规程、操作规程或操作步骤标牌宜设置在相应功能间内或设备旁。示意图见图 4.6 和图 4.7。

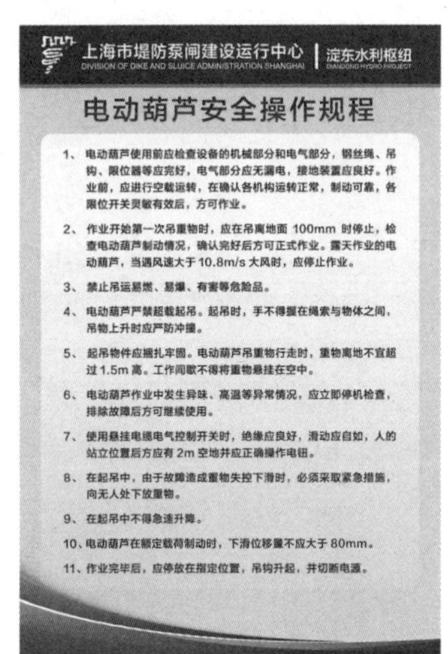

图 4.6 操作规程标牌

图 4.7 操作步骤标牌

2. 泵闸操作运行流程图目视化

泵闸操作运行流程图目视化包括泵闸工程调度指令执行反馈流程图、水闸试运行流程图、船闸运行操作流程图、泵闸工程常见故障应急处置流程图等现场明示，部分如图 4.8～图 4.10 所示。通过明示，使运行和管理人员熟悉泵闸工程调度规程，便于按工作流程要求进行泵闸调度、运行、突发事件应急处置、信息反馈上报等，一旦泵闸运行发生突发故障，能果断处置和及时上报，以确保工程安全运行。

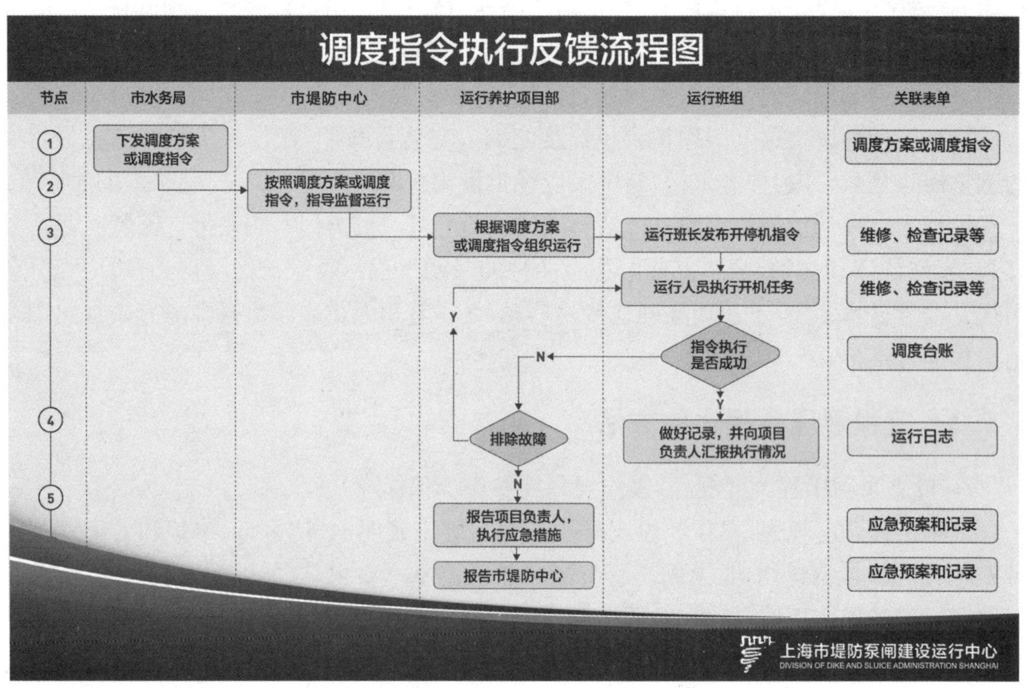

图 4.8　泵闸工程调度指令执行反馈流程图

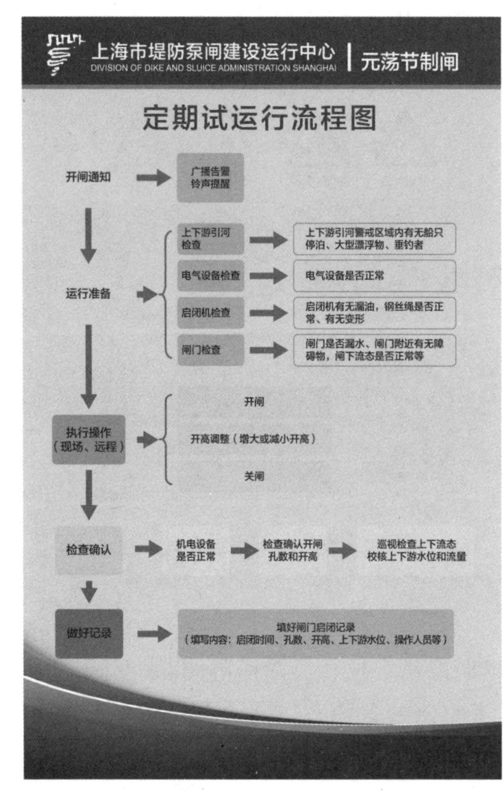

图 4.9　水闸试运行流程图

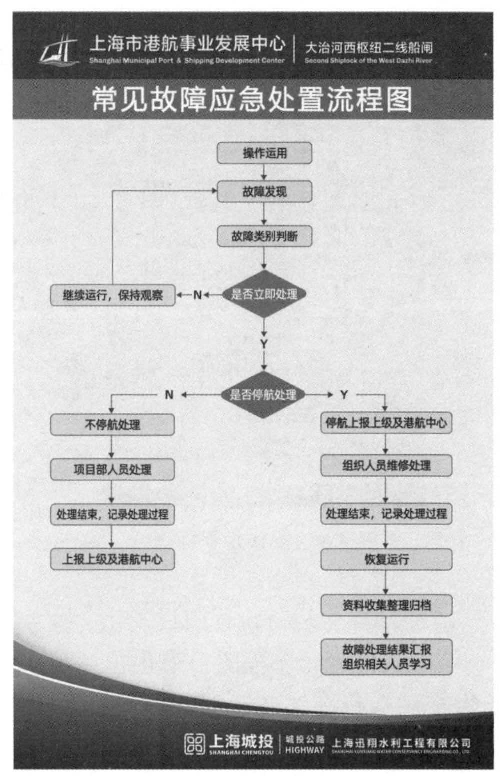

图 4.10　泵闸工程常见故障应急处置流程图

3. 设立泵闸工程运行维护相关作业指导书看板

作业指导书是对每一项作业按照全过程控制的要求，对作业计划、准备、实施、总结等各个环节，明确具体操作的方法、步骤、措施、标准和人员责任，依据工作流程组合成的执行文件。作业指导书要点明示，可使作业人员作业有依据，并正确运用，确保相关作业顺利进行。例如，节制闸备用发电机操作指导书看板如图 4.11 所示，节制闸倒闸操作指导书看板如图 4.12 所示，节制闸现地操作（手动）指导书看板如图 4.13 所示。

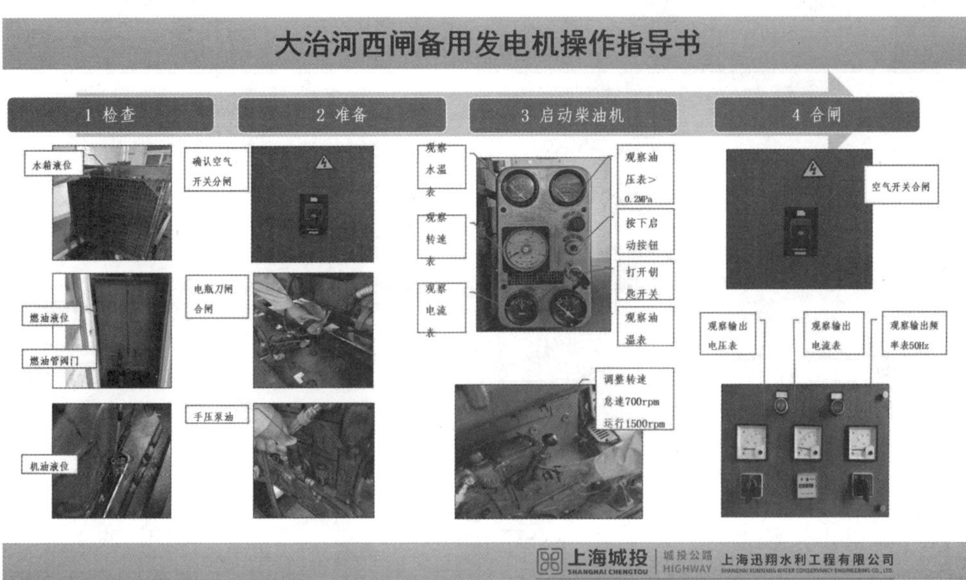

图 4.11　节制闸备用发电机操作指导书看板

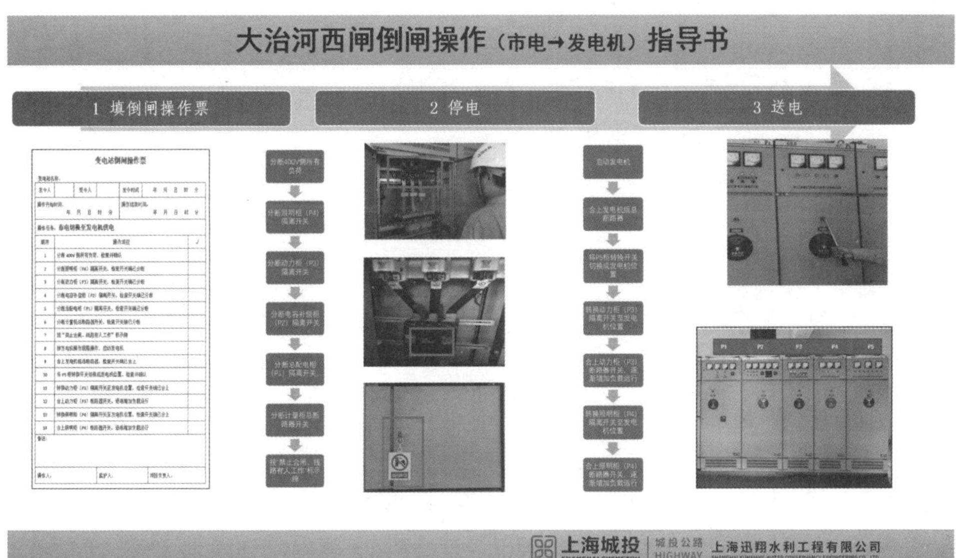

图 4.12　节制闸倒闸操作指导书看板

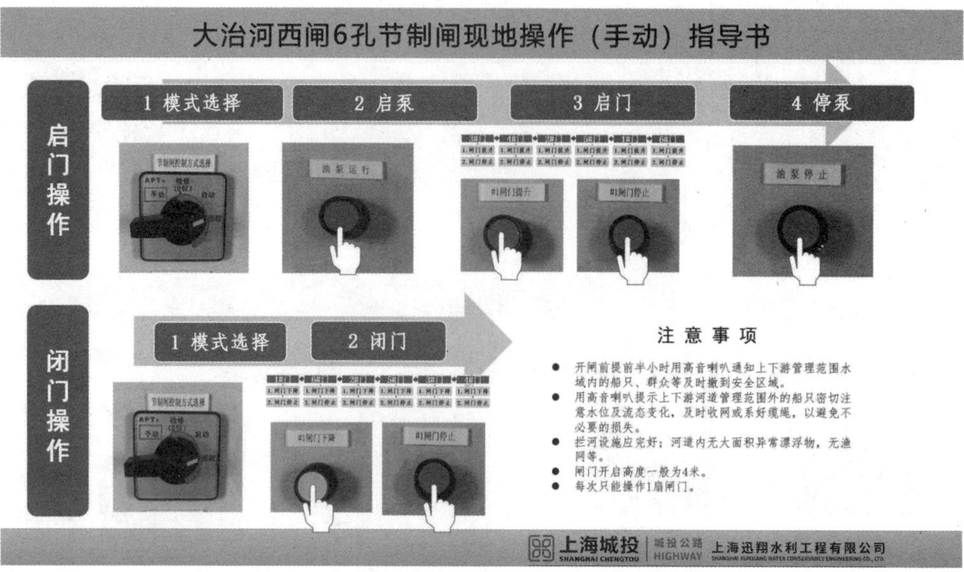

图 4.13　节制闸现地操作(手动)指导书看板

4.6　发挥泵闸工程“智慧运维”平台作用

流程是以步骤形式逐次完成的，每个环节的执行都离不开目标的指引、职责的划分、执行的到位，同样也需要详细地集成与分享。许多开放的流程团队不仅执行流程顺利，而且又快又好，流程各环节人员相处融洽，自身能力和见识得到了很大提高。可见卓有成效的流程管理在很大程度上依赖于高效的信息技术平台。可以说，有效的信息技术平台是企业流程管理的重要条件，是企业的神经系统。其存在的目的，一是少花钱、多办事、办好事，推行无纸化办公，实现办公自动化；二是提高组织的柔性，使组织像人体一样，能够随时感知所处的环境、竞争者的挑战和客户的需求。

信息技术对业务流程的影响与作用如表 4.4 所示。

表 4.4　信息技术对业务流程的影响与作用

功　能	影 响 与 作 用
自动化	信息技术能减少或替代流程中的人力
分　析	信息技术能提高信息分析与决策
直接化	信息技术能将流程中的双方联系起来，消除了中介作用
跨区域化	信息技术能快速地跨地区传递和整理信息，使流程不受地理区域限制
信息化	信息技术能捕获供理解的大量有关流程的详尽信息
综合化	信息技术能协调任务和流程
智力化	信息技术能收集和传递知识型资产

续表

功　能	影响与作用
知识管理	信息技术能收集和传播改善流程的知识和技能
连续性	信息技术能改变流程中任务的次序，可以使任务并列进行
跟　踪	信息技术能密切地监控流程的状况、输入和输出
可处理性	信息技术能将非结构化的流程转变成日常事务

信息化建设和流程管理因信息而有机联系，因标准而有机统一，因效率而有机结合，因发展而有机融合。因此，无论是推进信息化建设，还是实施流程管理，都要对两者进行综合思考，在可能性、可控性、可操作性上取得平衡，才能真正达到严格规范、提高效能的目的。泵闸运行维护企业应通过线上方式和线下方式，实现信息集成与共享，要充分发挥泵闸工程“智慧运维”平台的作用，让流程的执行更加高效、顺畅。

以上海市市管泵闸工程“智慧运维”平台建设为例，其总的要求是：

(1) 市管泵闸工程“智慧运维”平台应符合网络安全分区分级防护的要求，将工程监测监控系统和业务管理系统布置在不同网络区域。

(2) 泵闸工程“智慧运维”平台应采用当今成熟、先进的信息技术方案，功能设置和内容要素符合泵闸工程管理标准和规定，能适应当前和未来一段时间的使用需求。

(3) “智慧运维”平台建设应结合泵闸工程管理精细化、安全生产标准化等要求，重点围绕工程监测监控、业务管理两大核心板块构建综合管理系统。工程监测监控、业务管理系统之间应采取安全措施，在数据共享的同时，确保各系统安全运行。

(4) 工程监测监控系统包括泵闸机电设备自动控制、视频监视、数据采集、状态监测、预警预报、数据分析、信息查询及网络安防等。

(5) 业务管理系统应切合泵闸工程管理的任务、标准、流程、制度、考核等重点管理环节，体现系统化、全过程、留痕迹、可追溯的思路，实行管理任务清单化、管理要求标准化、业务流程闭环化、成果展示可视化、管理档案数字化。

(6) 业务管理系统主要内容包括工程运行管理、检查观测、设备设施管理、养护维修管理、安全管理、档案资料、制度标准、水政管理、任务管理、效能考核等，功能模块间相关数据应标准统一、互联共享。

(7) 泵闸工程“智慧运维”平台应紧密结合泵闸工程业务管理特点，客户端符合业务操作习惯。平台系统具有清晰、简洁、友好的中文人机交互界面，操作简便、灵活、易学易用，便于管理和维护。

(8) 泵闸工程“智慧运维”平台各功能模块应以业务流程为主线，工程巡查、调度运行、维修养护等信息流程应形成闭环。不同功能模块间的相关数据应标准统一、互联共享，减少重复台账。

有关“智慧运维”平台的具体功能详见本书第9章第9.1节。

4.7 厘清主流程与子流程、高位势流程与低位势流程的关系

4.7.1 理顺主流程、子流程和操作流程的关系

流程层次可分为主流程、子流程和操作流程，3个层次间的结构关系如图4.14所示。从图中可以看出，三者之间是分层关系，紧密相连，在具体流程的设计、优化中，必须按闭环管理的要求，相互配合。

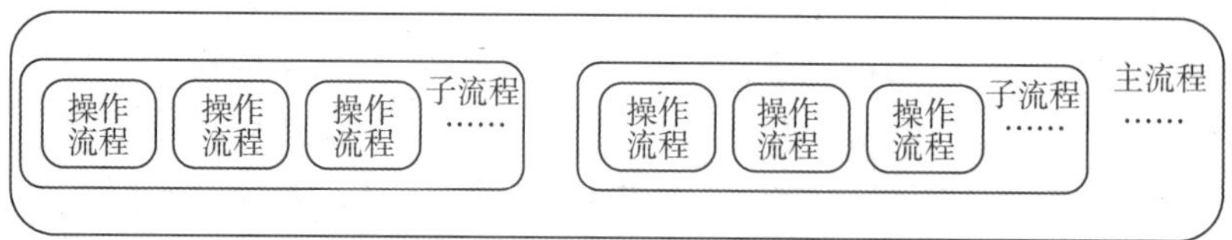

图4.14 流程层次结构图

在处理主流程、子流程和操作流程关系时，应特别注重子流程的划分。子流程划分分为两种情况，一种是高等流程必须拆分，如公司级流程划分为多个子流程；另一种是复杂的、程序较多的流程必须拆分。

4.7.2 坚持高位势流程统帅低位势流程的原则

在企业流程管理中，尤其是在综合型流程中，不同子流程之间根据其性质不同，存在着4种完全不同的关系，即上下级关系、串联关系、并联关系和独立关系(表4.5)。这4种流程关系都有其客观性，管理者需要根据实际情况界定，不能随意更改。

表4.5 4种不同性质的流程关系

流程关系	说　明
上下级关系	1. 根据组织结构，分为上游流程和下游流程，两者之间是下达指令与服从指令的关系； 2. 上游流程直接对下游流程提出要求和指令，要求下游流程根据上游流程效率的要求提供相应的活动结果； 3. 下游流程根据上游流程的指令组织活动，并按照上游流程的指令提供活动的结果； 4. 在这种流程关系中，上游流程相对于下游流程属于高位势流程
串联关系	1. 将一个大流程分解为几个相对独立的流程段，分为上游流程和下游流程； 2. 上游流程的结果输出终点是下游流程的输入起点； 3. 下游流程留出衔接接口，由上游流程来对接； 4. 在这种流程关系中，下游流程属于高位势流程
并联关系	1. 不同子流程之间并不存在结果的输出与输入关系，而是各自的结果都服务于同一个上游流程，以保证上游流程的顺利进行； 2. 子流程之间不存在直接的相互影响，但最终会通过上游流程能否顺利地达到目标而形成一定的联系； 3. 在并联关系的流程中，如果某一个流程所提供的结果不能满足上游流程的要求，就会导致上游流程的中断，进而导致并列的其他流程的运转中断； 4. 并联关系的流程中，通过与上游流程对接而发生了相互关系

续表

流程关系	说　明
独立关系	1. 不同子流程之间不存在任何直接关系，相互之间也没有对接关系，一个流程的进行不会影响另一个流程的进行和中断； 2. 独立关系流程不是绝对的独立，而是在多级并列关系的流程上存在关联关系，一般是通过上一层次的流程之间的并列关系而使它们彼此之间形成一种间接的并联关系

在表中列出的4种流程关系中，上下级关系和串联关系涉及一个共同的问题，就是高位势流程，即在与客户价值满足的时序关系上较近的流程，或者对客户价值满意度的影响较大的流程。在企业的业务流程中，虽然每一个流程最终都是为客户价值提供满足，但是这些流程对客户价值满足的时序远近关系、作用大小方面差距很大。有些流程运行的好坏对客户价值的满足有着直接的影响和较大的作用，而另外一些却只有间接的影响和较小的作用。这种影响直接而且较大的流程，就是高位势流程。反之，就是低位势流程。

高位势流程是距离达成企业目标作用最大的流程，决定着整个流程队伍的动向。就像一支军队的统帅一样，决定着军队的动向。所以说，应遵循高位势流程统帅原则。

高位势流程统帅原则强调低位势流程必须无条件服从高位势流程，并服务于高位势流程。

在实际运用中，应注意：严格从高位势流程运转的需要出发推导低位势流程的结果要求；由高位势流程效率决定对低位势流程的资源投入；行政权威或指令，只能服务于高位势流程统帅的原则。

4.7.3　实例(一)：厘清泵闸工程运行维护培训相关流程关系

在设计泵闸工程运行维护员工培训管理总流程（相关内容见第8章第8.1.4节）后，迅翔公司各职能部门应根据公司年度工作计划，结合本部门实际，提出年度培训需求和专项培训需求，并制定相应的子流程。子流程与子流程之间应坚持高位势流程统帅的原则，并确保流程的闭合。公司泵闸工程运行维护培训子流程包括以下内容：

(1) 泵闸工程运行维护培训计划编制流程（高位势流程）。

(2) 全员政治理论学习和法律法规教育培训流程。

(3) 泵闸运行养护项目部和维修服务项目部业务技能继续教育流程。

(4) 泵闸运行工、电工、电焊工、驾驶员、起重工等特殊工种培训流程。

(5) 全员安全教育培训流程。

(6) 技术和安全交底流程。

(7) 新员工岗前培训流程。

(8) 相关方安全教育流程。

(9) 职业技能竞赛业务流程。

(10) 安全生产应急预案或现场应急处置方案的演练计划编制流程、预案演练方案编审流程，预案演练实施流程。

(11) 人才培养业务流程。

(12) 定向外派培训流程。

(13) 新技术、新材料、新工艺、新设施设备应用培训流程。

迅翔公司综合事务部应按照泵闸工程运行维护培训计划编制流程(图 4.15),并结合公司发展规划、年度工作计划,对各部门提出的培训需求进行分析。各职能部门、综合事务部、公司分管领导对培训计划应进行讨论并确认。在此基础上,公司综合事务部进行专项培训计划流程设计,例如岗前培训流程(图 4.16)、外派培训流程(图 4.17)等。

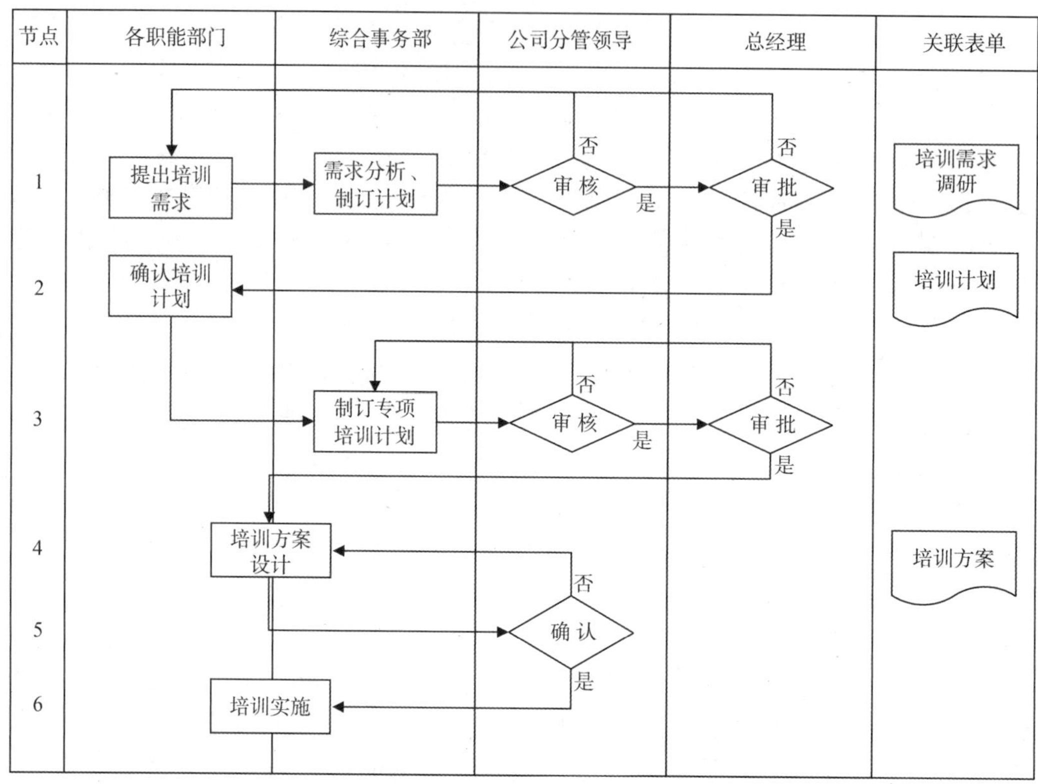

图 4.15　迅翔公司泵闸工程运行维护培训计划编制流程图

根据岗前培训流程,综合事务部工作人员应认真拟定岗前培训方案,其包括以下内容:

(1) 培训目的。让新员工了解企业,融入企业,并确保新员工经岗前培训合格后上岗。

(2) 培训计划。该计划包括培训目的、科目、讲师、教材、地点、纪律、培训考试、培训效果评估及各自分工。

(3) 分工明确,责任到人。

(4) 合理设置培训内容。岗位培训内容应包括公司简介、企业文化、礼仪、员工手册、相关制度与流程、心态、情商、岗位技能等。针对不同的岗位应合理设置培训课程,有必要时,还可聘请外部讲师对新员工进行培训。

根据岗前培训流程,综合事务部应进行培训效果评估。培训实施过程中,培训主管要了解学员学习情况,检查培训纪律,管理好培训档案;每堂课结束后,要让学员对内部培训进行评价;组织学员考试,检查培训效果,确保学员经岗前培训合格后上岗,不合格的学员要进行补训等。培训结束后,培训主管要组织相关人员进行总结,找出改进方向,制定改进措施,以便下次培训改进。

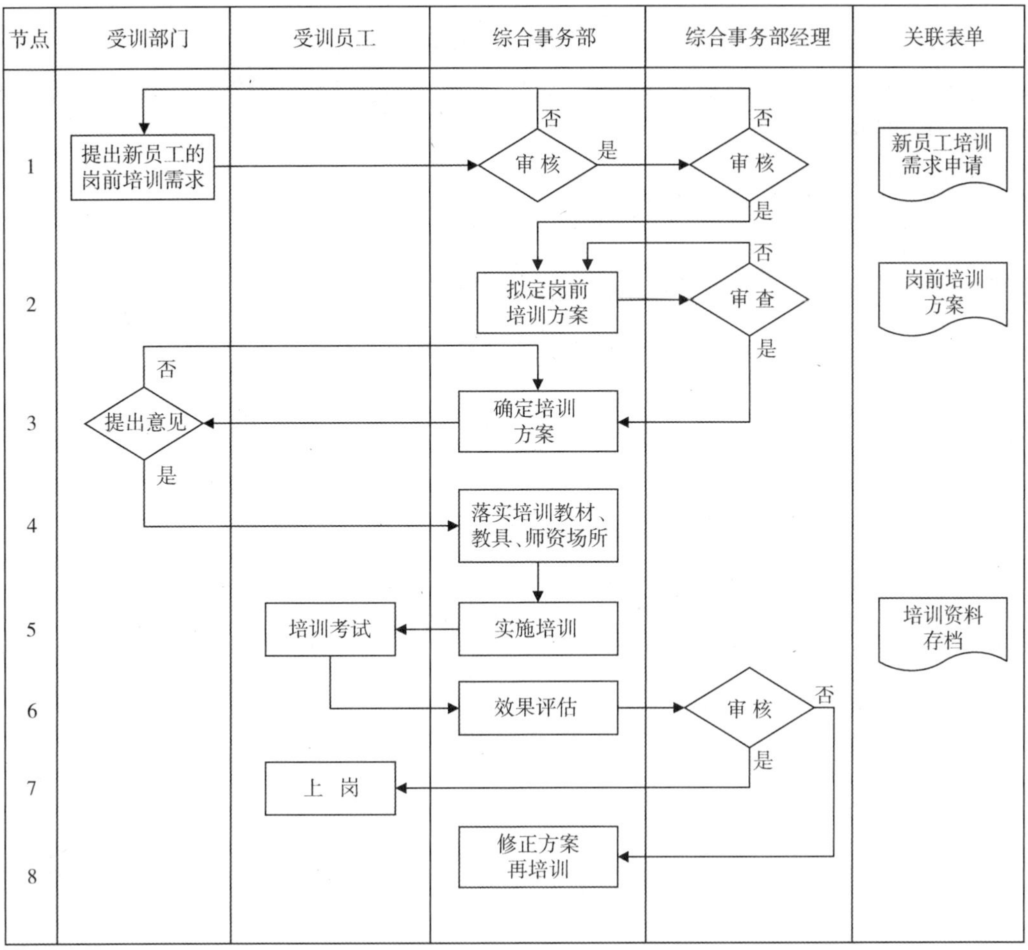

节点
受训部门
受训员工
综合事务部
综合事务部经理
关联表单
1
2
3
4
5
6
7
8
提出新员工的岗前培训需求
审 核
是
否
审 核
否
是
新员工培训需求申请
拟定岗前培训方案
审 查
否
是
岗前培训方案
确定培训方案
提出意见
否
是
落实培训教材、教具、师资场所
实施培训
培训考试
培训资料存档
效果评估
审 核
否
是
上 岗
修正方案再培训

图 4.16 迅翔公司岗前培训流程图

节点
相关部门
综合事务部
综合事务部经理
公司分管领导
总经理
关联表单
1
2
3
4
5
部门申请
是否计划内
否
是
审 核
否
是
审 批
否
是
外出培训申请
联系培训机构
索取培训方案
审 核
否
是
审 核
否
是
培训方案
实施外派培训
培训效果评估

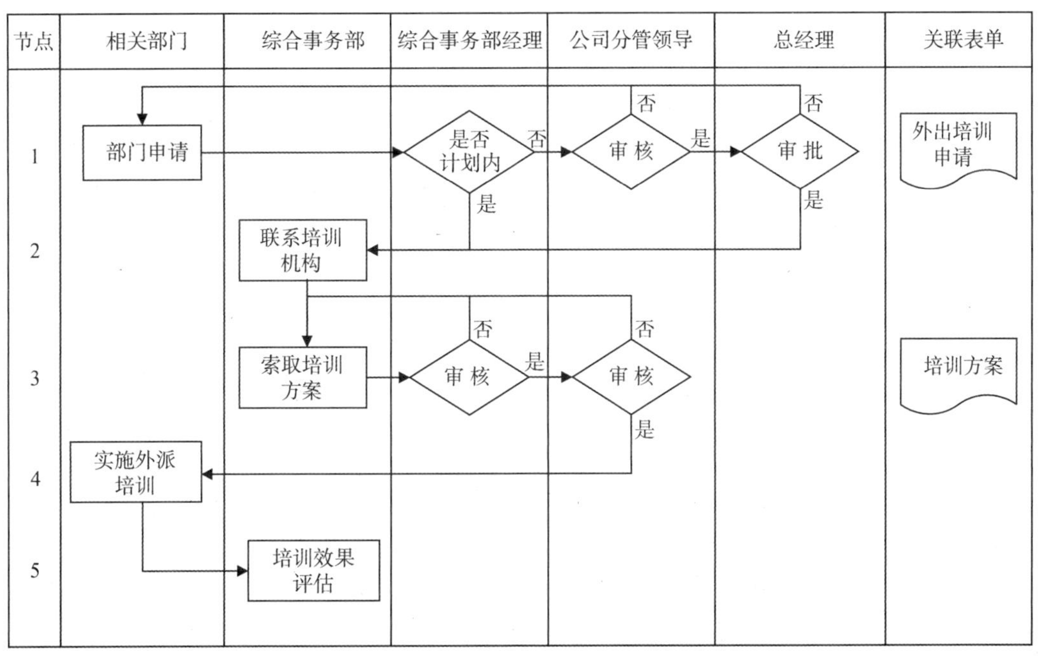

图 4.17 迅翔公司外派培训流程图

根据外派培训流程，外派人员培训所在部门应提出外派培训申请，综合事务部应审核是否属于计划内培训项目，再经公司领导审批后方可外派。同时，申请部门和综合事务部应对外派培训进行评估。

由此可见，总流程在进行设计的同时，子流程也应认真设计使其闭环，才能将流程执行措施落到实处。

4.7.4 实例(二)：厘清物资采购总流程与子流程的关系

(1) 泵闸运行维护企业为了加强物资采购流程管理，应建立物资采购管理总流程和相关子流程。以迅翔公司为例，物资采购管理总流程图和总流程说明见图 4.18 和表 4.6，相关子流程包括物资采购申请管理流程(非内部招标项目)、物资采购询价管理流程(非内部招标项目)、物资采购询价管理流程[内部招标(比选)项目]、物资采购合同管理流程(非公司招标项目)、物品入库管理流程、材料验收监督流程、物资储位管理流程、仓库物

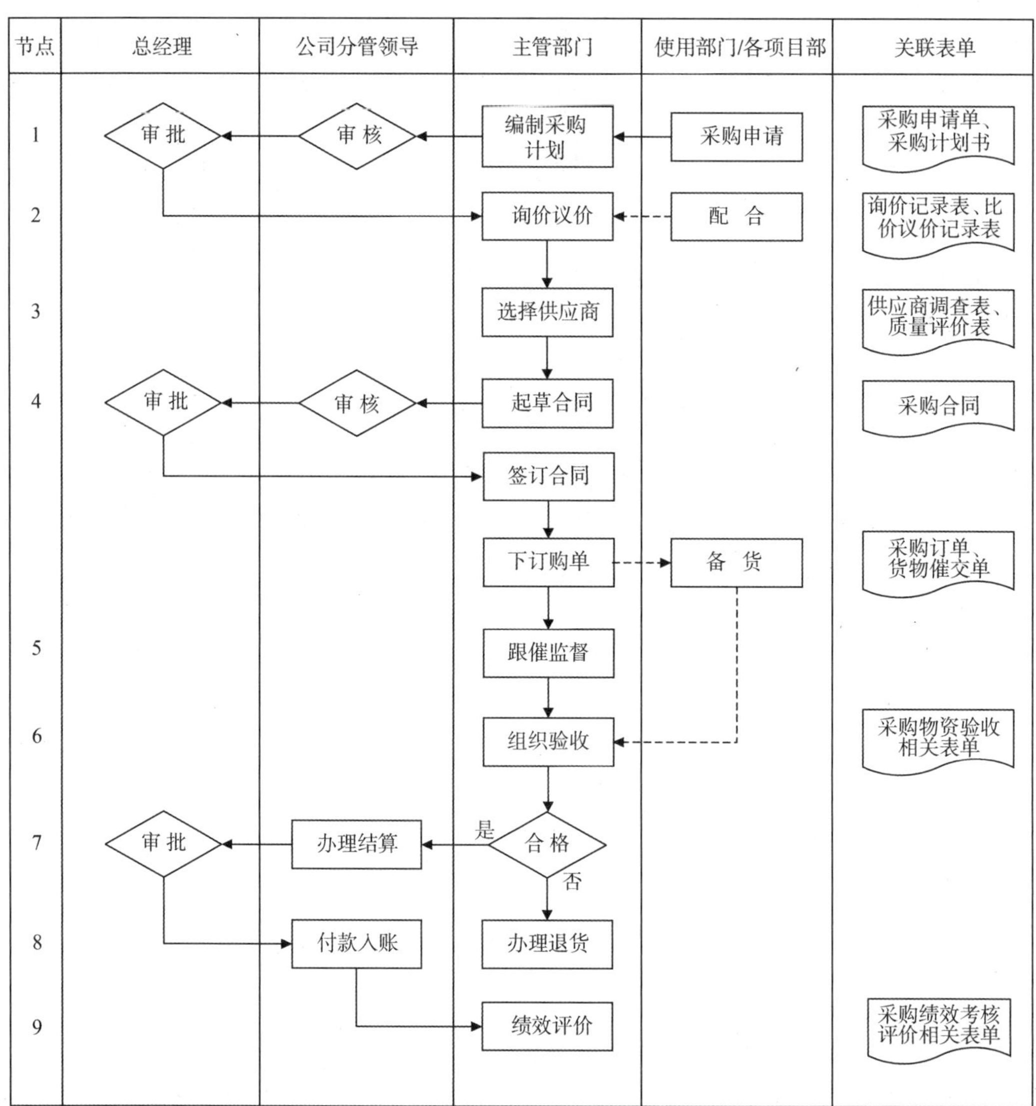

图 4.18 迅翔公司物资采购管理总流程图

资盘点流程、仓库安全管理流程、物资仓储管理流程、物资领用管理流程、呆废料处理管理流程、物资报废管理流程。

表 4.6　迅翔公司物资采购管理总流程说明

序号	流程节点	责任人	工作要求
1	采购计划	使用部门/项目部	编制采购计划，经负责人审核后报主管部门。一般采购项目报业务分管部门，属于公司招标采购项目，还应报市场经营部
		主管部门	汇总整理各部门提交的请购单，制订采购计划，并应与相关人员沟通确认（属于公司招标采购项目，还应经市场经营部、资金财务部审核是否在预算内以及相关信息的准确性）
		公司分管领导	审核采购计划是否合理
		总经理	审批是否同意采购计划
2	询价议价	主管部门	1. 一般采购项目由业务主管部门牵头收集市场调查信息和资料，选择合适的供应商进行询价，询价结束后，应与供应商进行比价和议价； 2. 属于公司招标采购项目，由市场经营部牵头，按公司招标采购流程进行
3	选择供应商	主管部门	根据供应商开发、选择标准选择供应商，通过初审的供应商，要求其提供样品进行检测或试用，并填写供应商质量评价表
4	起草合同	主管部门	根据谈判和磋商结果确定采购合同的内容、格式和具体要求。属于公司招标采购项目，在招标采购文件中应明确合同主要条款
	审　核	资金财务部/公司分管领导	审核采购合同相关条款
	审　批	总经理	签字审批
	签订合同	主管部门	合同审批后，与供应商签订正式合同
	下订购单		下达订购单
5	跟催监督	主管部门/项目部	1. 了解供应过程是否正常，确保能按时交货。发现交货延迟等状况时，采购人员应及时进行催交、补救。 2. 供应商发货后了解承运人的相关信息，跟踪货物在途中的状态
6	组织验收	主管部门/项目部	组织通知安全质量部检验，并将厂商、品名、规格、数量以及验收单号码填入检验记录表
	合　格	主管部门/项目部	1. 交货判定合格后，将货物标示为合格，填写检验合格单，并通知仓储部门办理入库手续； 2. 安全质量部验收不合格的货物，由采购部门进行退货处理
7	办理结算	资金财务部	审核采购货物的发票和单据，与合同条款对照，确认无误后办理付款手续，并向供应商索要货物发票和货单；财务付款结算前，应由总经理审批签字

续表

序号	流 程 节 点	责 任 人	工 作 要 求
8	付款入账	资金财务部	审批通过的合同和按合同规定的时间、方式办理付款并入账，同时更新财务账目
9	绩效评价	主管部门/项目部	对采购效果进行评价，评价采购人员的绩效和部门绩效，并对供应商进行评审

（2）在物资采购子流程中，应推行项目采购招标（比选），使流程得到优化。迅翔公司招标（比选）采购流程图和说明如图 4.19 和表 4.7 所示。

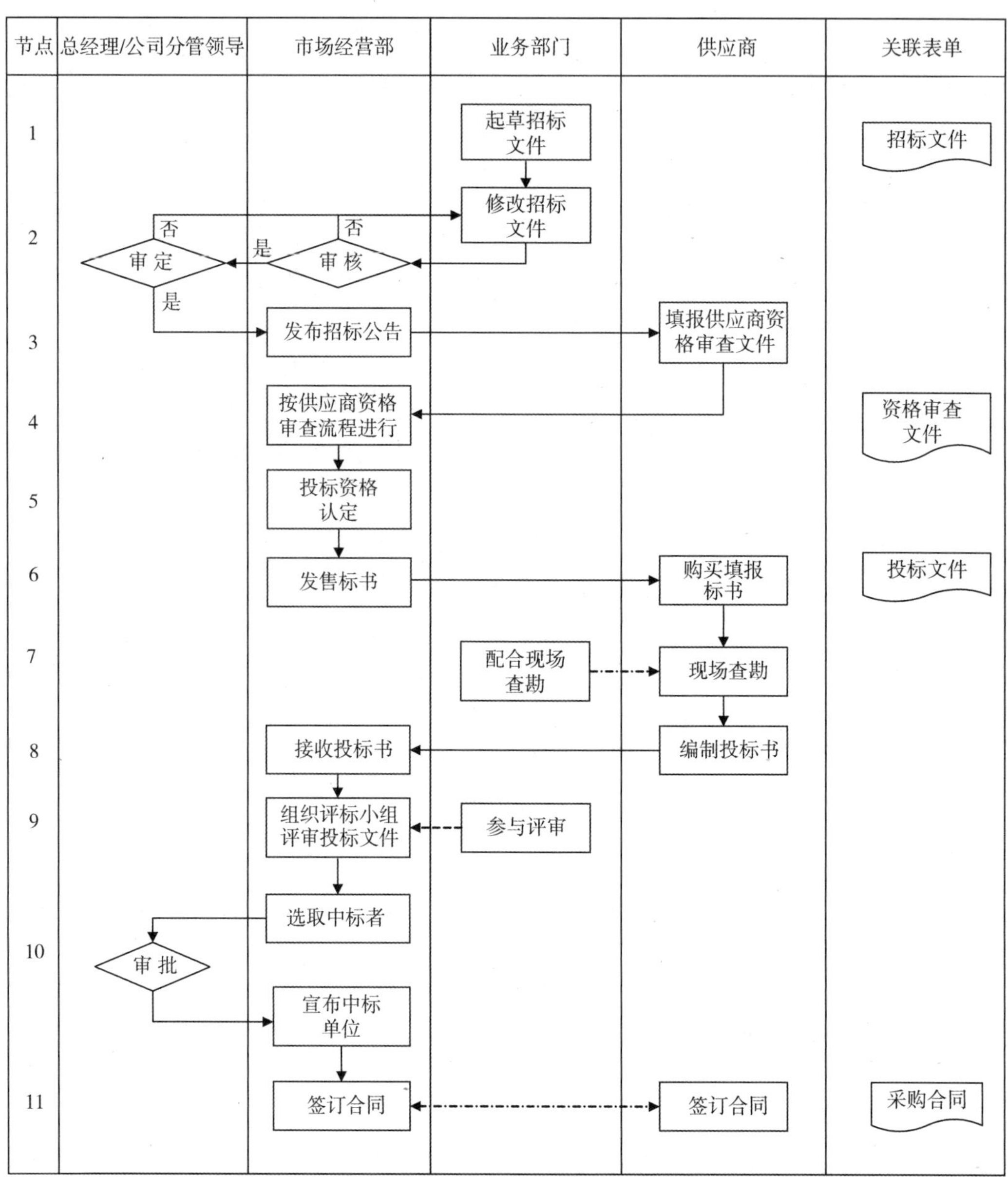

图 4.19 迅翔公司招标（比选）采购流程图

表 4.7　迅翔公司招标(比选)采购流程说明

序号	流程节点	责任人	工作要求
1	编制招标书	业务部门	1. 根据公司采购招标(比选)管理办法,对应招标(比选)的项目,实行招标(比选)。应实行招标(比选)的项目包括: (1) 部分专业性较强的施工项目; (2) 水下探摸项目; (3) 部分电力设备预防性试验项目; (4) 部分仪表检测项目; (5) 特种设备检测项目; (6) 消防设施检测项目; (7) 车船维修项目; (8) 部分泵闸设备大修项目; (9) 设备租赁项目; (10) 按完成一定工作量核算方式进行的劳务分包项目; (11) 固定资产、备品备件等物资采购项目; (12) 联合进行的科技研发项目; (13) 其他应当实行招标(比选)的项目。 下列项目,可不进行招标(比选): (1) 应急处置(如突发故障抢修、防汛抢险)项目; (2) “四新”(新技术、新设备、新工艺、新材料)应用中难以比选的项目; (3) 合同估算价在 20 万元以下的项目。 2. 招标项目的范围、方式、评审办法、合同示范文本等应遵循《中华人民共和国招标投标法》及国家、上海市有关建设工程招投标的规定。应符合公司采购招标(比选)管理办法要求。 3. 合同估算价在 20 万元(包含)以上的,应通过内部比选确定供应商,参加比选的供应商需在公司“合格供应商名录”内产生。 4. 负责采购项目实施的业务部门编制公司内部“采购招标书”,报技术管理部、资金财务部、市场经营部组织审核。业务部门在使用内部招标文件模板的基础上,编制项目招标(比选)文件,包含标的(内容)、项目概况、工程量及计量方式、招标(比选)控制价建议、工期要求、技术方案要求、报价说明及竞选文件要求等
2	审　核	市场经营部/ 技术管理部/ 资金财务部等	1. 按照公司采购招标(比选)管理办法的分工和职责,审核招标(比选)书:市场经营部重点负责商务、控制价(或标底)的审核;技术管理部重点负责技术文件的审核;资金财务部重点负责资金财务等方面的审核; 2. 审核过程中,其他相关部门、项目部应做好配合工作
	审　定	总经理/公司分管领导/总经理办公会	按照公司采购招标(比选)管理办法相关规定审定招标(比选)书。
3	发布招标公告	市场经营部	发布招标(比选)通知,通知名录内的相关专业供应商,说明招标(比选)项目的名称、地点和任务等情况。招标(比选)邀请名单不少于 3 家,候选单位应原则上从名录中优质供应商中产生。候选单位名单少于 3 家的,可重新发布邀请或通过竞争性谈判选择供应商
	填报资格审查文件	供应商	填报资格审查文件,在规定时间内反馈给市场经营部

续表

序号	流程节点	责任人	工作要求
4	资格审查	市场经营部	根据资格审查条件，对供应商资质、信誉等方面进行审查，确认其是否符合采购需求；供应商的选用必须遵循诚实信用和择优定标的原则
5	确定合格供应商	市场经营部	通过审查供应商各方面指标，对供应商的投标书进行初步审核，剔除明显不合格的供应商，确定合格的供应商
6	发售标书	市场经营部	向合格的供应商发售采购招标(比选)书
	购买填报标书	供应商	供应商填写招标书完毕后递交到采购部门
7	现场查勘	供应商/业务部门	现场查勘(如有必要)，业务部门做好配合工作
8	编制投标书	供应商	编制投标书
	接收投标书	市场经营部	接收投标书
9	组织评审	市场经营部	牵头负责招标(比选)采购，组建评审小组；评审小组成员根据评审内容确定，小组成员除专业技术人员外，根据采购业务的不同应有财务、预算、使用物料(分包商、劳务)的业务部门(项目部)等相关人员；如有必要，还应有外聘专家；评标小组成员数应为奇数，不宜少于5人
		评审小组	按公司采购招标(比选)管理办法和招标(比选)文件要求对投标书进行评审。分别针对供应商竞选文件中包含的商务报价、技术方案、安全质量、运行养护、年度维修、人员设备配置、档案管理等方面进行打分，确定参选的供应商排名及推荐中选供应商
	参与监督	综合事务部	监察人员参与监督
10	选取中标者	市场经营部	根据投标书评审结果，形成“招标(比选)结果汇报单”，经公司分管领导审核后，报总经理审批，并将中标结果向总经理办公会报告
	审　批	总经理/公司分管领导	审批签字，并将中标结果向总经理办公会报告
	宣布中标单位	市场经营部	市场经营部相关人员宣布中选供应商
11	签订合同	市场经营部经理	市场经营部经理代表招标(比选)方与供应商签订采购合同

4.8 流程表单的配套使用

流程表单是流程文件的重要组成部分，是流程执行的载体，是高质量信息化的基础，是业务操作的展示平台，是工作经验和知识的“蓄水池”。

4.8.1 泵闸工程运行维护流程表单主要内容

泵闸工程运行维护流程表单应与工程检查、运行、维修养护等同步记录、收集。主要内容如下：

(1) 有关泵闸工程管理的政策、标准、规定及管理办法、上级批示和有关的协议等。

(2) 工程基本情况登记资料。登记资料根据规划设计文件、工程实际情况、运行管理情况及大修加固等情况编制，包括泵闸工程平面、立面、剖面示意图，泵闸基本情况登记表，垂直位移标点布置图，测压管布置图，伸缩缝测点位置结构图，上、下游引河断面位置图及标准断面图等。

(3) 设备基本资料。其中设备登记卡、设备评级资料应按要求填写。

(4) 工程运用表单。工程运用表单包括调度指令、运行记录、操作记录、操作票、巡视检查记录、工程运行时间统计等。

(5) 检查观测评级表单。检查观测评级表单分检查、观测、评级 3 部分。检查资料包括工程定期检查(汛前、汛后检查)、水下检查、特别检查、安全检测资料；观测资料包括垂直位移观测、水平位移观测、扬压力观测、伸缩缝观测、裂缝观测等资料。检查应有原始记录(内容包括检查项目、检测数据等)。检查报告要求完整、详细，能明确反映工程状况。观测原始记录要求真实、完整，无不符合要求的涂改，观测报表及整编资料应正确，并对观测结果进行分析。评级应按规定频次和要求进行，并报管理单位审批，资料随检查资料归档。

(6) 工程维修养护表单。

①日常养护资料；

②工程及设备修试资料，应包括检修原因、检修部位、检修内容、更换零部件情况、检修结论、试验项目、试验数据、试运行情况、存在问题等；

③大修资料，应包括实施计划、开工报告、解体记录及原始数据检测记录、大修记录、安装记录及安装数据、大修使用的人工、材料、机械记录、大修验收卡、大修总结。

(7) 安全生产表单，包括安全生产组织机构及人员配置情况、安全生产法律法规目录表、安全生产规章制度汇编、安全投入计划表、安全经费使用明细表、本年度职工教育培训资料(计划、考核、评估等)、安全生产宣传活动台账、特种设备统计表、特种设备检验报告、特种作业人员持证上岗情况统计表、安全警示标志统计表及检查维护记录、危险源辨识及评价作业指导书、危险源辨识及评价汇总表、分色预警平面图、重大危险源登记表、安全风险警示卡、危险化学品使用情况表、隐患排查治理记录、安全检查整改通知书、安全隐患整改回执单、安全用具定期试验报告、安全生产操作规程汇编、安全生产预案汇编及预案演练资料、工作票、操作票、特别检查记录表、安全生产各类报表、突发事件应急处置资料、安全事故处理资料、安全生产工作总结、安全生产标准化推进资料等。

(8) 其他管理表单按相关要求进行编制。

4.8.2 泵闸工程运行维护流程表单要求

(1) 流程表单应落到实处。设计的流程表单应能够符合实际情况的真正落地执行，既不能太繁琐，也不能过于简化。

(2) 流程表单必须要素齐全。表单要素应包括表单名称、版本号、表头信息、具体内容信息、签批意见、填写说明等。所有填写用黑色水笔，内容要求真实、清晰、规范、及时、闭合,不得涂改原始数据,不得漏填,签名栏内应有相应人员的本人签字。

(3) 泵闸运行维护企业内部同类型表单应形成统一模板。企业各部门应站在整体角度去设计表单,确保信息录入的准确性和信息框架的一致性,便于后期信息处理、分析与调用。

(4) 流程表单应按档案管理规范要求,定期整理归档。

4.9 SDCA 循环法的运用

4.9.1 SDCA 循环法概念

SDCA 循环法是进行流程优化、提升流程管理质量的一项好工具。

S 是标准(Standard),即企业为提高产品质量编制出的各种质量体系文件;

D 是执行(Do),即执行质量体系文件;

C 是检查(Check),即质量体系的内容审核和各种检查;

A 是总结(Action),即通过对质量体系的评估,做出相应处置。

SDCA 循环就是标准化维持,包括所有和改进过程相关流程的更新(标准化),并使其平衡运行,然后检查过程,以确保其精确性,最后做出合理分析和调整,使得过程能够满足愿望和要求。SDCA 循环的目的,就是标准化和稳定现有的流程。

4.9.2 利用 SDCA 循环法,建立和完善泵闸工程运行维护标准化体系

泵闸工程运行维护标准化体系应当包括工程状况标准体系、安全管理标准体系、运行管护标准体系、管理保障标准体系、信息化建设标准体系等。各体系内容包括涉及的法律法规、国家行业标准和企业标准,相关标准包括技术标准、管理标准和工作标准。

以迅翔公司泵闸工程运行维护管理标准为例,其管理标准包括工程设备管理标准、建筑物管理标准、泵闸工程管理区设施管理标准、工程维修养护定额标准、工程维修养护质量评定标准、管理台账示范文本、标志标牌设置标准等。其中设备管理标准包括机电设备维修养护通用标准、主电动机管理标准、主水泵管理标准、齿轮箱管理标准、变压器管理标准、高低压开关柜管理标准、真空断路器管理标准、高压熔断器管理标准、高压电容器管理标准、隔离开关管理标准、电流互感器管理标准、电压互感器管理标准、直流系统管理标准、防雷接地设施管理标准、接地装置管理标准、电缆管理标准、母线管理标准、照明设备管理标准、检测仪表管理标准、平面钢闸门管理标准、卷扬式启闭机管理标准、螺杆式启闭机管理标准、液压式启闭机管理标准、油气水系统管理标准、拦污栅及清污机管理标准、电动葫芦管理标准、金属管道管理标准、通风系统管理标准、拍门管理标准、阀门管理标准、信息化系统维护一般标准、中央控制系统管理标准、计算机及打印设备管理标准、PLC 管理标准、视频监控系统管理标准、信息化系统保护柜管理标准、工控机管护标准、软件项目管护及系统功能检测标准、网络通信管理标准、拦河设施管理标准、桥式起重机管理标准、柴油发动机管理标准、安全工器具管理标准等。

4.9.3 利用 SDCA 循环法，实现泵闸工程流程标准化与稳定性

一次 SDCA 循环执行完毕，对流程的查验也进行完毕，能够找出一些问题，但还会有未发现的问题，更重要的是在执行过程中会因为不断变化的内外部因素而形成新的问题。因此，查验循环需要周而复始地反复进行。通过不断循环而不断前进、不断提高。

这里，重点阐述一下流程的检查、评估。

1. 流程检查

(1) 流程检查的关键点。这项检查即对流程关键节点、输入、输出、部门间接口的重点检查；对流程运行期间公司的管理重点进行重点排查；对流程现状的掌握，对问题多发地带进行排查。

(2) 流程检查的方法。

①现场访谈：现场与流程负责人和关键岗位人员进行访谈，以获得相关数据；

②查看记录：通过查看流程从设计到执行的相关记录、成功文件，结合现场调查结果，审核已发生的流程活动是否符合流程规定，是否达到流程设计的目的；

③数据收集：对流程绩效数据进行收集，数据越多则反映信息越全面，对于不能提供准确数据的流程内容进行合理评估。

(3) 检查的路径。可按部门顺序展开检查或按流程顺序展开检查。

2. 开展流程增值评估

流程增值评估是分析业务流程的每项作业，以决定它对满足最终顾客需要所做的贡献和它的成本之间的比较。流程增值评估的目的是优化增值作业并使非增值作业降到最低程度或根本剔除。企业应该确保业务流程的每项作业都为整个流程贡献真正的价值，同时产生的成本是可以接受的。

价值是从最终的消费者或业务流程的角度来定义的。为满足顾客需求而执行的作业被认为是真正的增值作业。不能为满足顾客需求做出贡献的，以及可以在不降低产品或服务功能或有损企业的情况下剔除的作业被认为是非增值作业。顾客感受的价值不等于产品或服务的实际成本，可能我们费了九牛二虎之力增加的价值，顾客并不认可，也可能我们未加重视的一点点小改进，顾客反而给予了高度评价。评估流程的每一项作业，就要看它最终是否为顾客或企业增加价值。非增值作业主要有以下两种情况：

(1) 由于流程设计得不合适或流程没有按设计运转而存在的作业。这种作业包括移送、等待、储存和从事了过多的工作等，这些作业对于形成流程产出并不是必需的。

(2) 顾客或流程没有要求的作业和可以在不影响对顾客的产出的情况下应剔除的作业。

流程增值评估时，可以思考以下问题：

(1) 对每一项作业，逐一考察它是对形成流程产出必不可少吗，如果是，它可能是增值作业；如果不是，则是非增值作业。

(2) 它对满足顾客需要有贡献吗，如果是，它是增值作业；如果不是，则是非增值作业。

(3) 这项作业是业务或流程进展必不可少的吗，如果是，它是增值作业；如果不是，则是非增值作业。

第 5 章

泵闸工程状况管理流程

水利部在《关于推进水利工程标准化管理的指导意见》(水运管〔2022〕130 号)中明确指出:要落实管理主体责任,执行水利工程运行管理制度和标准,充分利用信息平台和管理工具,规范管理行为,提高管理能力,从工程状况、安全管理、运行管护、管理保障和信息化建设等方面,实现水利工程全过程标准化管理。文件中同时要求:工程现状达到设计标准,无安全隐患;主要建筑物和配套设施运行性态正常,运行参数满足现行规范要求;金属结构与机电设备运行正常、安全可靠;监测监控设施设置合理、完好有效,满足掌握工程安全状况需要;工程外观完好,管理范围环境整洁,标识标牌规范醒目。

本章依据水利部《水利工程标准化管理评价办法》要求,参照"上海市市管水闸(泵站)工程标准化管理评价标准"(总分 1 000 分),以迅翔公司负责运行维护的上海市市管泵闸组合式工程为实例,阐述泵闸工程状况管理流程的设计和优化要点。

本章阐述的泵闸工程状况及其管理流程是水利工程标准化管理评价的主要内容,共 11 大项 250 分,包括工程面貌与环境,泵房与闸室,闸门,启闭机,主机组,高低压电气设备,辅助设备与其他金属结构,泵闸工程上、下游河道和堤防,管理设施,标志标牌,泵闸设备日常管护、建筑物和设备等级评定等。

5.1 工程面貌与环境

5.1.1 评价标准

泵闸工程整体完好、外观整洁,工程管理范围整洁有序,其绿化程度较高,水土保持良好,水质和水生态环境良好。

5.1.2 赋分原则(20 分)

(1) 泵闸工程形象面貌较差,扣 6 分。

(2) 泵闸工程管理范围杂乱,存在垃圾杂物堆放问题,扣 4 分。

(3) 泵闸工程管理范围宜绿化区域绿化率 60%~80% 扣 2 分,低于 60% 扣 4 分。

(4) 泵闸管理范围存在水土流失现象,水生态环境差,扣 4 分。

(5) 缺少泵闸工程铭牌,工程概况、主要参数信息不全,扣 2 分。

5.1.3 管理和技术标准及相关规范性要求

《泵站技术管理规程》(GB/T 30948—2021)；

《水闸技术管理规程》(SL 75—2014)；

《上海市水闸维修养护技术规程》(SSH/Z 10013—2017)；

《上海市水利泵站维修养护技术规程》(SSH/Z 10012—2017)；

《园林绿化草坪建植和养护技术规程》(DG/TJ 08—67—2015)(2019 年复审)；

《园林绿化养护技术等级标准》(DG/TJ 08—702—2011)(2019 年复审)；

《园林绿化养护技术规程》(DG/TJ 08—19—2011)(2019 年复审)；

《上海市水域市容环境卫生管理规定》(上海市人民政府令第 50 号)。

5.1.4 业务流程

1. 概述

(1) 泵闸工程环境管理事项包括管理用房及配套设施完善,设备及工具定置管理,标志标牌设置及完善,建筑物渗漏及墙面处理,建(构)筑物涂鸦处理,室内设施设备及工具定置管理,泵闸工程内部保洁,泵闸工程上、下游陆域保洁,泵闸工程上、下游水域保洁,泵闸工程管理区保洁,节假日或重大活动保洁,垃圾分类和清运,室外照明设施维护,泵闸工程管理区绿化管理,水文化、水生态及水景观建设等,参见表 5.1。

表 5.1 泵闸工程运行养护项目部环境管理事项清单

序号	分类	管理事项	实施时间或频次	工作要求及成果	责任人
1	环境管理	建筑物渗漏及墙面处理	必要时	按作业指导书要求,进行建筑物渗漏及墙面处理	
2		建(构)筑物涂鸦处理	每周 1 次,需要时	做好建(构)筑物涂鸦处理工作	
3		室内设施设备、工具定置管理	每季度 1 次	室内设施设备、工具定置检查、整理、整顿	
4		泵闸工程内部保洁	每周至少 1 次	工程内部玻璃擦拭	
			每周至少 1 次,需要时	机械设备表面保洁	
			每月 1 次	水尺表面保洁	
			每周至少 1 次,需要时	电气设备表面保洁	
			每季度至少 1 次	变压器表面保洁	
			每年至少 2 次	电气设备内部保洁	
			每周 1 次,需要时	仪表、传感器保洁	

续表

序号	分类	管理事项	实施时间或频次	工 作 要 求 及 成 果	责任人
4	环境管理	泵闸工程内部保洁	每周至少1次	消防器材保洁	
			每2天1次	办公室、会议室、值班室保洁	
			每天1次	卫生间保洁	
5		泵闸工程上、下游陆域保洁	每2天1次	按作业指导书要求，做好泵闸工程上、下游陆域保洁工作	
6		泵闸工程上、下游水域保洁	每周至少1次，需要时	按作业指导书要求，做好泵闸工程上、下游水域保洁工作，闸室无漂浮物，上、下游连接段无明显淤积	
7		泵闸工程管理区保洁	每2天1次	按作业指导书要求，做好管理区、项目部、档案室、物资仓库、食堂、宿舍等保洁工作	
8		节假日或重大活动保洁	按管理单位和上级要求	做好节假日或重大活动期间的保洁工作	
9		垃圾分类、清运	适　时	实行垃圾分类，及时清运	
10		室外照明设施维护	每季度1次	抓好亮化工程建设及室外照明设施维护工作	
11		泵闸工程管理区绿化管理	全年，按定额要求进行	抓好管理范围内水土保持、绿化管理工作	
12	水文化及水生态	水文化、水生态及水景观建设	全　年	1. 开展水文化宣传及展示； 2. 加强水生态保护、水污染防治； 3. 加强水景观建设	

（2）运行养护项目部应通过泵闸工程保洁，消除生产现场不利因素，达到保障安全生产、提高设备健康水平、降低生产成本、改善生产环境、鼓舞员工士气、塑造企业良好形象的目的，力求达到污染为零、浪费为零、缺陷为零、差错为零、投诉为零、违章为零的目标。

（3）泵闸工程面貌与环境管理业务流程包括管理用房及配套设施完善设计流程，管理用房及配套设施建设流程，管理用房及配套设施维护流程，设备及工具定置管理流程，标志标牌设计流程，标志标牌实施流程，标志标牌维护流程，建筑物屋面及墙面渗漏处理流程，建筑物涂鸦处理流程，室内保洁作业流程，泵闸工程上、下游陆域保洁流程，泵闸工程上、下游水域保洁流程，泵闸工程管理区保洁流程，垃圾分类及清运流程，泵闸工程管理区绿化规划建设流程，泵闸工程管理区绿化维护流程，水土保持和水生态设计与建设流程，水文化及水景观设计与建设流程，水土保持和水生态维护流程，水文化及水景观维护流程等。

本节以泵闸厂房、管理用房及其他设施设备保洁流程，泵闸工程定置管理流程，泵闸工程上、下游河道堤防保洁流程，泵闸工程管理区绿化养护流程为例进行阐述。

2. 泵闸厂房、管理用房及其他设施设备保洁流程

迅翔公司泵闸厂房、管理用房及其他设施设备保洁流程图见图 5.1，迅翔公司泵闸厂房、管理用房及其他设施设备保洁流程说明见表 5.2。

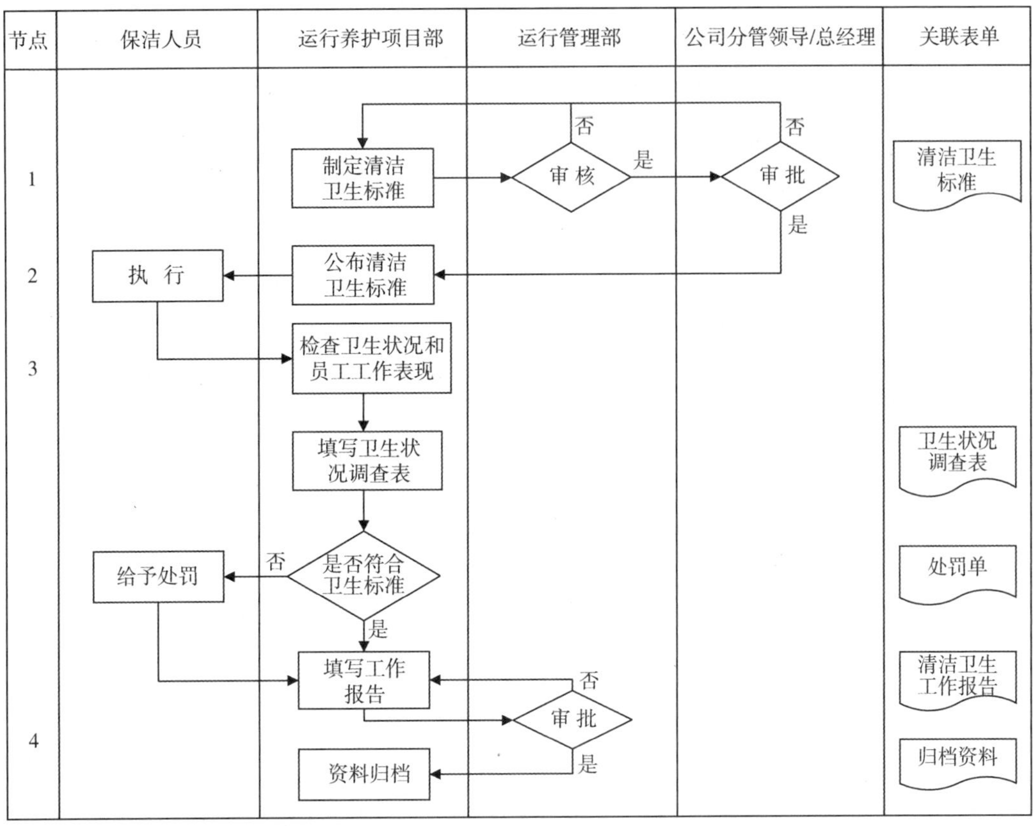

图 5.1　迅翔公司泵闸厂房、管理用房及其他设施设备保洁流程图

表 5.2　迅翔公司泵闸厂房、管理用房及其他设施设备保洁流程说明

序号	流程节点	责任人	工作要求
1	制定清洁卫生标准	运行养护项目部	1. 明确保洁目的。通过内部保洁，消除生产现场不利因素，达到保障安全生产、提高设备健康水平、降低生产成本、改善生产环境、鼓舞员工士气、塑造企业良好形象的目的，力求达到污染为零、浪费为零、缺陷为零、差错为零、投诉为零、违章为零的目标。 2. 起草泵闸厂房、管理用房及其他设施设备保洁标准，包括： (1) 泵闸厂房与管理用房通用保洁标准； (2) 泵房、启闭机房等主副厂房保洁标准； (3) 中央控制室保洁标准； (4) 高、低压开关室保洁标准； (5) 变压器室保洁标准； (6) 主机组保洁标准； (7) 电气设备保洁标准； (8) 闸门启闭机保洁标准；

续表

<table>
<tr><th>序号</th><th>流程节点</th><th>责任人</th><th>工作要求</th></tr>
<tr><td rowspan="3">1</td><td rowspan="3">制定清洁卫生标准</td><td>运行养护项目部</td><td>(9) 辅助设备与金属结构保洁标准；
(10) 信息化系统保洁标准；
(11) 水工建筑物保洁标准；
(12) 办公室、会议室保洁标准；
(13) 档案资料室保洁标准；
(14) 物资仓库保洁标准；
(15) 卫生间保洁标准；
(16) 员工食堂保洁标准。
3. 明确保洁责任分区</td></tr>
<tr><td>运行管理部</td><td>审核泵闸厂房及管理用房保洁标准</td></tr>
<tr><td>公司分管领导/总经理</td><td>审批泵闸厂房及管理用房保洁标准</td></tr>
<tr><td>2</td><td>执行标准</td><td>保洁人员</td><td>1. 保洁时间应先于工作时间，保洁工作在上班前提前进行，不能影响公司或项目部的正常工作；
2. 按照“保洁时间表”做好日常保洁工作；
3. 保洁人员需请假时应事先申请并在获得批准后方可离开，否则不洁责任由其承担</td></tr>
<tr><td>3</td><td>检 查</td><td>运行养护项目部工程管理员</td><td>1. 定期检查卫生状况，填写保洁检查表；
2. 在检查保洁人员工作的同时，检查员工清洁卫生情况：
(1) 员工要尊重保洁人员的辛勤劳动，不得有侮辱行为及言论；
(2) 员工应圆满完成包干区域内的清洁卫生工作；
(3) 不乱扔垃圾，不乱倒茶渣或剩饭剩菜，以免堵塞下水管道；
(4) 不随地吐痰，不在会议室内吸烟。
3. 对保洁工作不到位之处，予以批评或处罚</td></tr>
<tr><td rowspan="3">4</td><td rowspan="3">工作报告</td><td>运行养护项目部</td><td>填写工作报告</td></tr>
<tr><td>分管领导</td><td>审批工作报告</td></tr>
<tr><td>运行养护项目部</td><td>资料归档</td></tr>
</table>

3. 泵闸工程定置管理流程

迅翔公司泵闸工程定置管理流程图见图 5.2，迅翔公司泵闸工程定置管理流程说明见表 5.3。

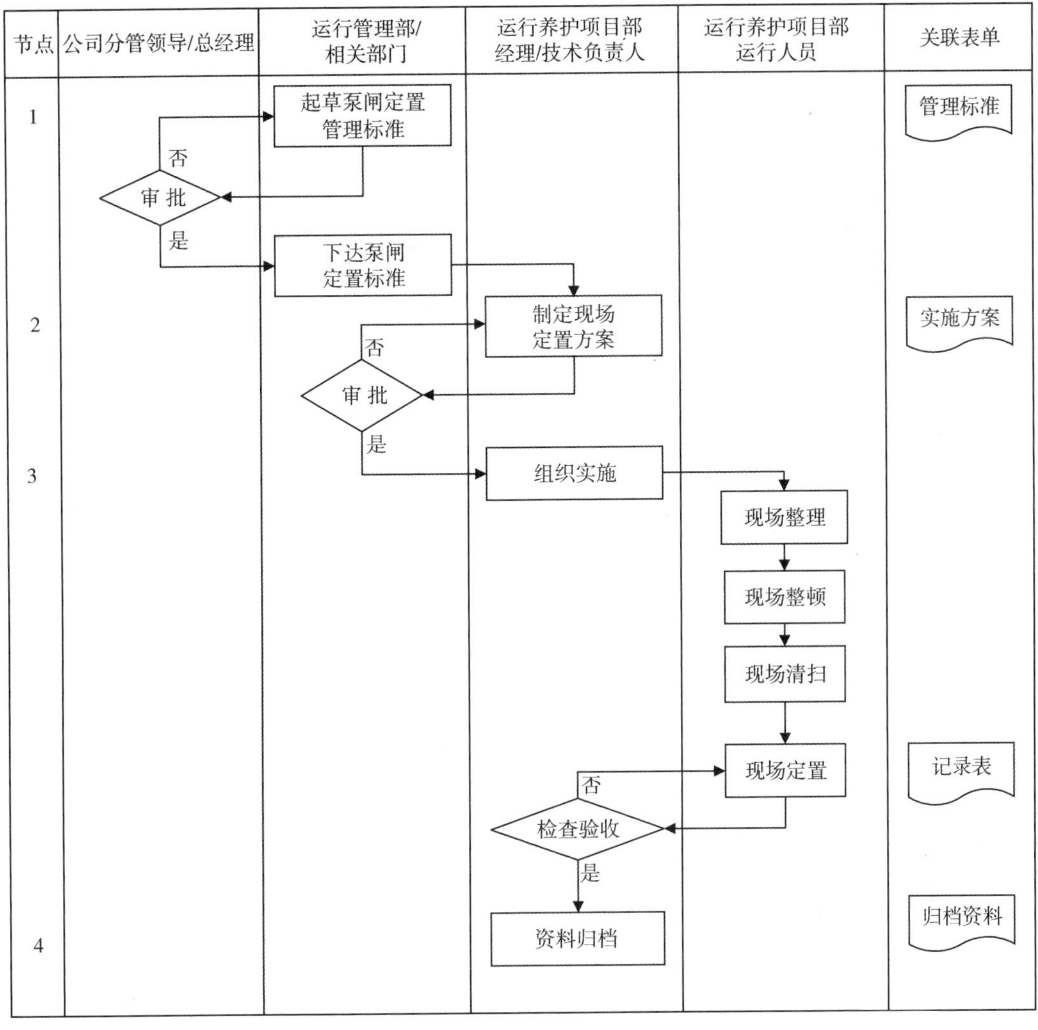

图 5.2 迅翔公司泵闸工程定置管理流程图

表 5.3 迅翔公司泵闸工程定置管理流程说明

序号	流程节点	责任人	工作要求
1	制定泵闸定置管理标准	运行管理部/相关部门	1. 明确定置目的。通过对泵闸工程运行维护现场的整理、整顿，把生产中不需要的物品清除掉，把需要的物品放在规定位置上，使其随手可取，促进生产现场管理文明化、科学化，达到高效生产、优质生产、安全生产的目的。 2. 起草泵闸定置管理标准。 (1) 明确定置内容： ①工程区域定置：包括泵闸厂房和配套设施定置，主要有泵闸厂房定置，包括主副厂房，控制室，值班室，上、下游配套运行设施，工程配套设施，库房等方面的定置；泵闸工程生活区定置，主要有道路维护、管理单位和运行养护项目部办公、食宿设施、园林修造、环境美化等方面的定置。

续表

序号	流程节点	责任人	工作要求
1	制定泵闸定置管理标准	运行管理部/相关部门	②作业现场区域定置：包括泵闸工程设施运行维护区、机电设备运行维护区、专项维修施工区、工程监(观)测区、物品停放区等的定置。 ③现场中可移动物品区域定置：包括劳动对象物的定置(如可移动设备等)，工具、量具的定置，废弃物的定置(如废品、杂物)等。 (2) 明确定置标准：对泵闸工程运行维护现场的材料、机械、操作者、方法进行整理、整顿，将所有的物品定位，按定置图定置，使人、物、场所三者结合状态达到最佳
		公司分管领导/总经理	审核或审定泵闸工程定置管理标准
		运行管理部	下达泵闸定置管理标准
2	制定实施方案	运行养护项目部经理/技术负责人	1. 组织学习贯彻泵闸定置管理标准； 2. 起草泵闸现场定置管理实施方案
		运行管理部	审核泵闸现场定置管理实施方案
3	组织实施	运行养护项目部技术负责人	负责现场实施中的业务指导
		运行养护项目部运行人员	1. 做好现场整理工作； 2. 做好现场整顿工作； 3. 做好现场清扫工作； 4. 按实施方案，进行现场定置
		运行养护项目部经理/技术负责人	对现场定置工作进行检查、验收，不符合标准之处应予整改
4	资料归档	运行养护项目部技术负责人	督促资料归档

4. 泵闸工程上、下游河道堤防保洁流程

迅翔公司泵闸工程上、下游河道堤防保洁流程图见图 5.3，迅翔公司泵闸工程上、下游河道堤防保洁流程说明见表 5.4。

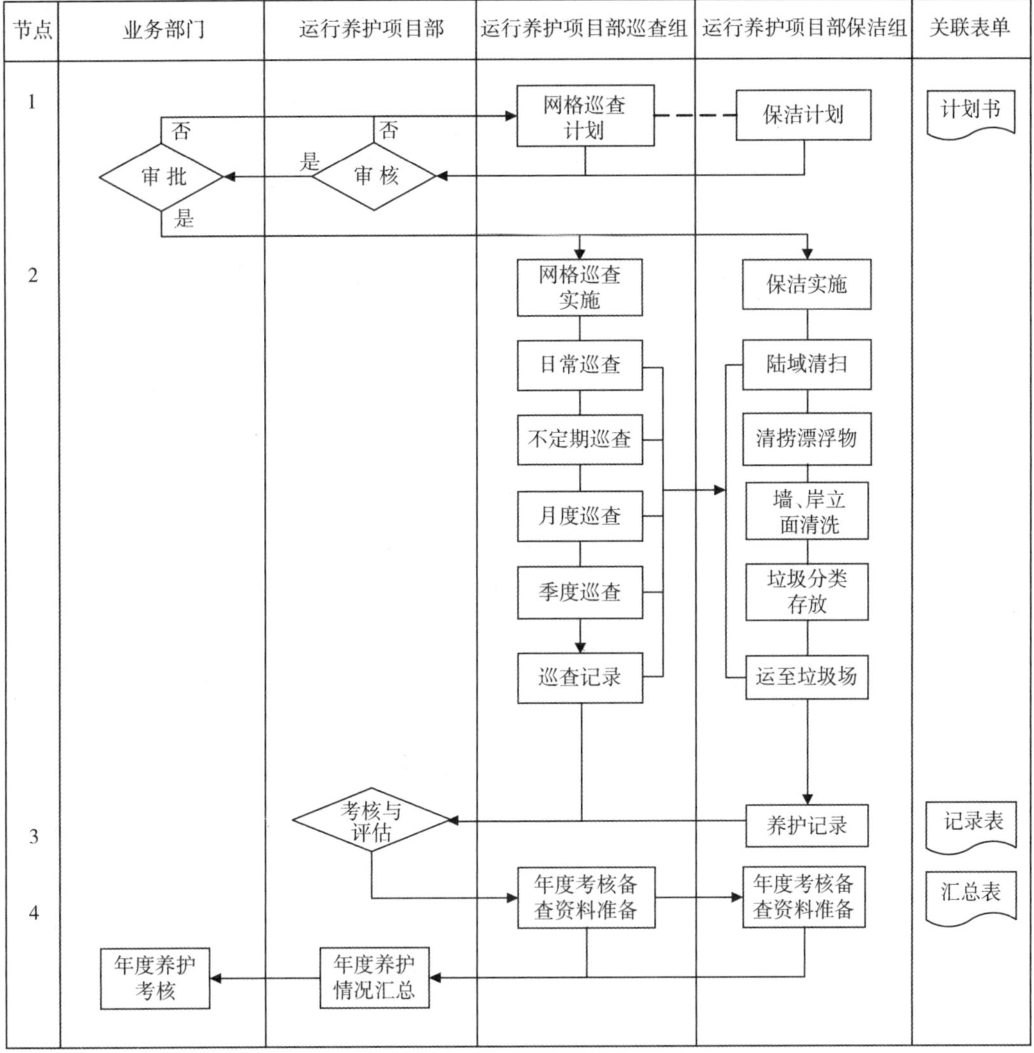

图 5.3 迅翔公司泵闸工程上、下游河道堤防保洁流程图

表 5.4 迅翔公司泵闸工程上、下游河道堤防保洁流程说明

序号	流程节点	责任人	工作要求
1	编制计划书	运行养护项目部巡查组、保洁组	编制泵闸工程上、下游陆域保洁巡查和保洁实施工作计划
		运行养护项目部	人员、工具、车辆确认，工作程序流程是否规范，安全措施是否落实
		业务部门	审核计划内容是否符合管理单位要求

续表

序号	流程节点	责任人	工作要求
2	项目实施	运行养护项目部巡查组	1. 熟悉掌握泵闸工程上、下游陆域及水域现状，保洁人员的分布及责任区范围，按照保洁巡查计划开展巡查(其中包括巡查水面垃圾、水葫芦、绿萍等清除情况，巡查是否有水污染现象)；发现问题及时联系责任区保洁员。 2. 每天做好原始巡查记录，填写记录表(记录应详细、正确并附图片)，材料装订有序
		运行养护项目部保洁组	1. 熟悉掌握泵闸工程上、下游陆域及水域现状，责任区范围和工作标准，进入分管区域循环清扫；需要使用水域巡查保洁船时，船出发前按各自职责做好各项工作准备与安全检查，保持船况良好，船容整洁，带齐必要的作业工具和容器。 2. 及时清除"树挂"等白色污染物，对有污渍的标志标牌、公共设施用水进行清洗。 3. 路面、边沟、下水口、树穴等应整洁，无堆积物。 4. 利用船舶进行水域巡查，发现漂浮物后应减速行驶并清捞漂浮物，送入船舱；对无法清捞入船的个体大、重的漂浮物可用绳子将其系挂于船尾拖至收集点吊出。 5. 对岸墙、翼墙、驳岸立面上的污垢，应用竹扫帚、刷子等沾水清洗干净。 6. 作业结束应将全部垃圾送至存放点分类存放，清洗船舱与甲板，不得将清洗出的垃圾杂物扔入河面或河岸。 7. 收集垃圾分类装车运至垃圾处理厂。 8. 做好每日保洁记录
3	考核管理目标评估	运行养护项目部巡查组、保洁组	汇总保洁巡查、保洁实施记录表，整理工作计划考核资料
		运行养护项目部	依据工作目标对重点、关键节点安全、质量、进度考核评估
4	年度考核	运行养护项目部巡查组、保洁组	做好年度保洁巡查、保洁实施项目考核备查资料准备，填写汇总表
		运行养护项目部	审核保洁巡查、保洁实施项目考核备查资料
		公司业务部门	对年度保洁巡查、保洁实施项目实施考核

5. 泵闸工程管理区绿化养护流程

(1) 泵闸工程管理区绿化养护流程中的一般要求。

① 运行养护项目部绿化养护人员应熟悉泵闸管理区绿化养护范围有关基础资料，调查、搜集有关地质、水文、地形、地貌等原始资料，对表土肥力、土层厚度、保水保肥能力、pH 值、不良杂质含量等情况进行调查分析。

② 做好养护场地的测量工作，竣工图和实际面积进行对比后，确定养护范围，保证养护质量。

③ 绿化养护人员应及时制止其他法人和自然人在泵闸工程管理范围内种植，其泵闸工程范围内的林木均应分地段进行逐株编号，并建立档案，实施管理。

④ 绿化养护人员负责区域内各类植物养护及日常巡视检查，如发现各类苗木、设施有破损、被盗等情况时，应及时上报并立即进行补缺、恢复。如发现一枝黄花等毒草，应及

时采取有效方法加以清除。

⑤ 开展养护工作时，养护人员应严格遵守政府和有关主管部门对噪声污染、环境保护和安全生产等的管理规定，文明施工；绿化垃圾须堆放于指定位置，并负责清理外运。

⑥ 绿化养护期间，应做好养护范围内的地下管线和现有建筑物、构筑物的保护工作。

⑦ 保持泵闸工程管理区绿地范围内无垃圾杂物、鼠洞和蚊蝇滋生地等，及时清除“树挂”等白色污染物及道路杂物，确保泵闸工程上、下游河道堤防景观和环境的整洁。

⑧ 养护人员应防止和及时制止危害生物防护工程的人、畜破坏行为。

⑨ 运行养护项目部应加强对泵闸管理区绿化养护工作的巡查和考核。

(2) 泵闸工程管理区绿化养护工作流程。泵闸工程管理区绿化养护工作流程图见图5.4。每项工作又有相应的作业流程，例如，乔木修剪流程图见图5.5，草坪修剪流程图见图5.6，药物防治病虫害流程图见图5.7，人工除虫流程图见图5.8，机械除草流程图见图5.9，灌溉浇水流程图见图5.10，切边、松土流程图见图5.11，施肥流程图见图5.12，高大乔木汛期加固流程图见图5.13。

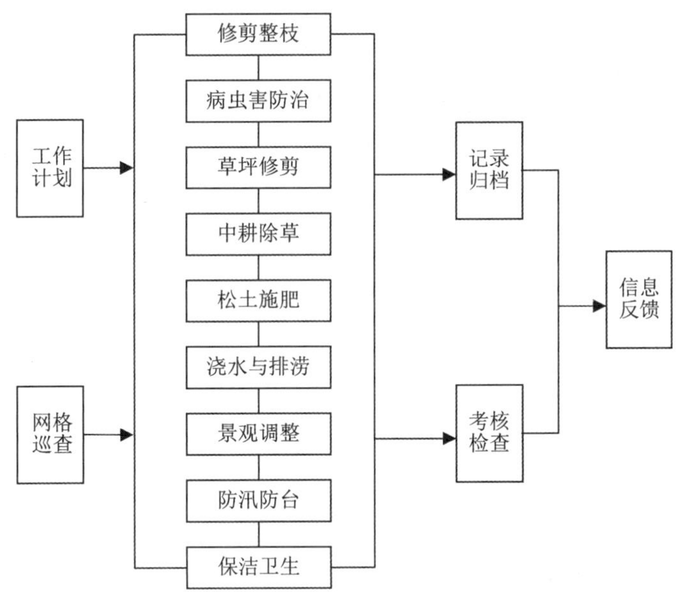

图5.4 泵闸工程管理区绿化养护工作流程图

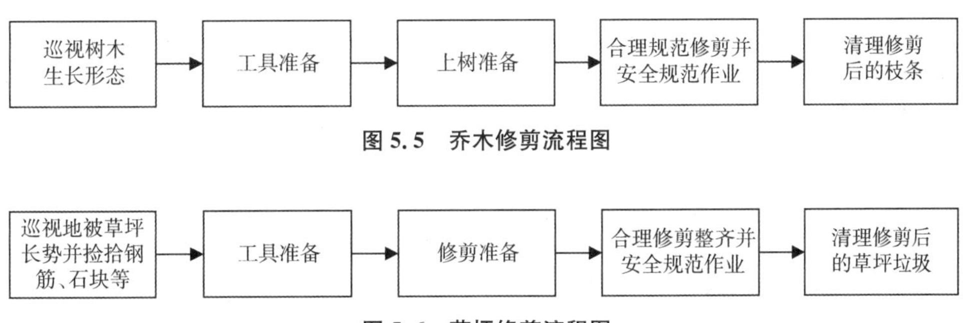

图5.5 乔木修剪流程图

图5.6 草坪修剪流程图

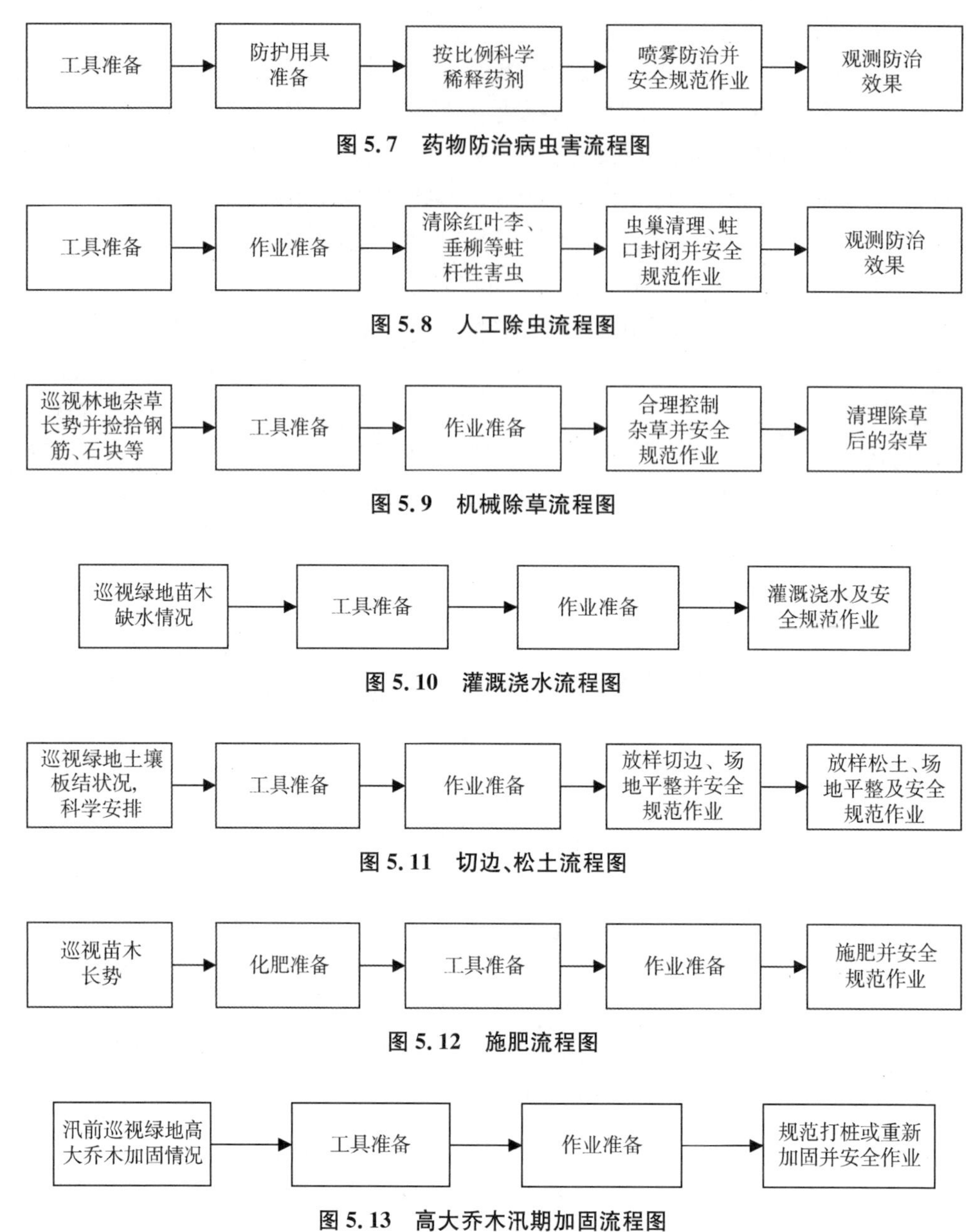

图 5.7　药物防治病虫害流程图

图 5.8　人工除虫流程图

图 5.9　机械除草流程图

图 5.10　灌溉浇水流程图

图 5.11　切边、松土流程图

图 5.12　施肥流程图

图 5.13　高大乔木汛期加固流程图

5.2　闸室(泵房)

5.2.1　评价标准

闸室(泵房)结构(闸墩、底板、边墙等)及两岸连接建筑物安全，无倾斜、开裂、不均匀沉降等安全缺陷；消能防冲及防渗排水设施完整、运行正常；闸室(泵房)结构表面无破损、露筋、剥蚀、开裂；闸室无漂浮物，上、下游连接段无明显淤积；泵房混凝土墙体无渗水、漏水、破损。

5.2.2 赋分原则(30 分)

(1) 闸室(泵房)结构(闸墩、底板、边墙等)及两岸连接建筑物不安全,存在明显倾斜、开裂、不均匀沉降等重大缺陷,此项不得分。

(2) 消能防冲及防渗排水设施破损,影响正常运行,扣 6 分。

(3) 混凝土结构破损、露筋、剥蚀等,每处扣 2 分,最高扣 6 分;闸室结构存在贯穿裂缝,每处扣 3 分,最高扣 12 分。

(4) 泵房上、下游及闸室有成堆漂浮物,扣 3 分;闸室(泵房)上、下游连接段淤积明显,扣 3 分。

5.2.3 管理和技术标准及相关规范性要求

《泵站技术管理规程》(GB/T 30948—2021);

《水利泵站施工及验收规范》(GB/T 51033—2014);

《水闸技术管理规程》(SL 75—2014);

《水闸施工规范》(SL 27—2014);

《混凝土坝养护修理规程》(SL 230—2015);

《上海市水闸维修养护技术规程》(SSH/Z 10013—2017);

《上海市水利泵站维修养护技术规程》(SSH/Z 10012—2017);

泵闸工程技术管理细则。

5.2.4 管理流程

1. 概述

(1) 混凝土结构是泵房和闸室工程的主要部分。如泵站厂房、泵房底板、电动机层以下建筑物挡水结构、混凝土墙体、进出水混凝土管道、进出水管道管坡、管床、镇墩、支墩等。又如启闭机房、排架、闸墩、公路桥、工作桥等混凝土结构应做到无裂缝、缺失、碳化、剥落和损坏等。当其产生裂缝、渗漏、碳化等现象,在流程编制时,应在加强检查观测、分析出现问题的性质、成因及其危害程度的基础上进行处理。

(2) 编制闸墩、底板、边墩和胸墙等混凝土结构维修养护流程时,其施工技术要求详见迅翔公司"泵闸水工建筑物维修养护作业指导书"。

(3) 水闸闸室出现管涌或流土现象时,应查明原因并及时进行处理。编制作业流程时宜采取以下措施:

①延长、加厚铺盖,或改变铺盖结构型式及材料。

②在闸底板上游端增设或延长(加厚)闸基垂直防渗工程(如板桩、帷幕、截水槽、防渗墙等)。

③粉土、粉细砂、轻砂壤土等地基,可同时使用铺盖和垂直防渗体;除保证渗流平均坡降和出逸坡降小于允许值外,在渗流出口(包括两岸侧向渗流出口)应设置级配良好的滤层。

④在闸室下游增设排水设施。

(4) 闸室与堤(坝)结合部位集中渗漏(接触冲刷)处置流程,应采用黏土(掺适量的水泥)灌浆处理;如灌浆效果差,可开槽(1道或多道)重新回填或采用高压旋喷桩处理。

(5) 泵闸公路桥栏杆和具有通航功能的闸孔,应采取有效的保护措施确保其完好,处于污水及污染环境的混凝土或钢筋混凝土表面应采取防护措施。当处于污水及污染环境的钢筋混凝土保护层受到侵蚀损坏时,应根据侵蚀情况分别采取涂料封闭、砂浆抹面或喷浆等措施进行处理。

(6) 混凝土墙体渗水、漏水处置流程,应注意利用枯水期水位下降时在背水面涂抹、迎水面贴补或迎水面水下修补。

(7) 进、出水流道发现混凝土表层严重磨损时的作业流程,可修筑围堰,将水排干后,在磨损处涂抹环氧树脂。

(8) 管道伸缩缝、沉降缝出现漏水时的作业流程,对充填物损失的应予补充,止水橡胶损坏的,可用柔性化材料灌浆,或重新埋设止水橡胶予以修复。

(9) 屋面发现局部漏雨、渗水的作业流程,应在查明原因的基础上,根据原屋面的结构状况,先拆除破损部分,再按原设计予以恢复。

(10) 门窗局部破损修复工作流程,使用的材料尽可能按原规格予以整修或更换。

(11) 内外墙涂层发现有起壳、空鼓、脱落、裂缝现象时,如面积较大,问题较为严重的,应将原涂层铲除,重做内外涂层;外墙面砖如发现局部脱落,应重新修补。

(12) 整体楼地面部分出现空鼓、剥落、严重起砂,其作业流程中,应将原混凝土地坪凿除,用同配合比的混凝土进行修补;地砖、地面涂层发现部分裂缝、破损、脱落、高低不平的,则应凿除损坏部分,尽量按原样予以恢复。

2. 部分泵房、闸室管护流程

(1) 混凝土裂缝处理流程图见图5.14。

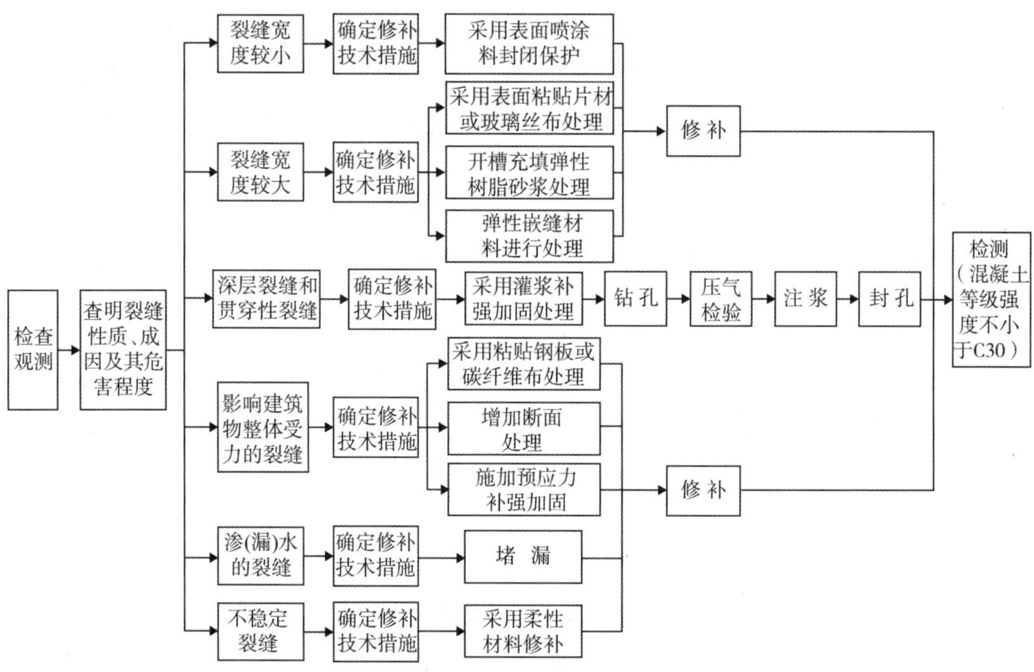

图5.14 混凝土裂缝处理流程图

（2）混凝土防碳化处理流程，如图 5.15 所示。

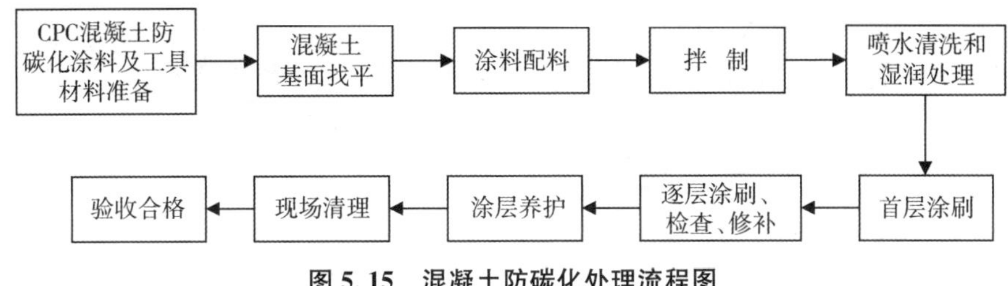

图 5.15 混凝土防碳化处理流程图

5.3 闸门

5.3.1 评价标准

闸门启闭顺畅，止水正常，表面整洁，无裂纹、明显变形、卡阻、锈蚀，埋件、承载构件、行走支承零部件无缺陷，止水装置密封可靠；吊耳无裂纹或锈损；按规定开展安全检测及设备等级评定；冰冻期间对闸门采取防冰冻措施。

5.3.2 赋分原则(25 分)

（1）闸门无法正常启闭，此项不得分。

（2）闸门表面不整洁，扣 5 分；止水效果差，漏水严重，扣 5 分。

（3）门体存在变形、锈蚀、卡阻等缺陷，扣 5 分。

（4）行走支承零部件有缺陷，扣 3 分；埋件、承载构件变形，扣 3 分；吊耳存在裂纹或锈损，扣 2 分。

（5）冰冻期间未对闸门采取防冰冻措施，扣 2 分。

（6）闸门安全检测和等级评定赋分参见本章第 5.11 节。

5.3.3 管理和技术标准及相关规范性要求

《起重机　钢丝绳　保养、维护、检验和报废》(GB/T 5972—2016)；

《钢丝绳用压板》(GB/T 5975—2006)；

《水闸技术管理规程》(SL 75—2014)；

《水工钢闸门和启闭机安全检测技术规程》(SL 101—2014)；

《水闸安全评价导则》(SL 214—2015)；

《水工金属结构防腐蚀规范》(SL 105—2007)；

《上海市水闸维修养护技术规程》(SSH/Z 10013—2017)；

泵闸工程技术管理细则。

5.3.4 管理流程

1. 概述

（1）闸门每年汛前进行 1 次小修，视实际情况，适时对支承转动部件进行维修，对止水橡皮进行更换;15 年左右进行 1 次防腐喷涂。

(2) 以平面钢闸门为例,其管护标准见表 5.5。

(3) 钢闸门管护流程包括门叶、行走支承装置、吊耳吊杆及锁定装置、止水装置的维修养护流程,闸门整体防腐流程,以及闸门运行突发故障处置流程等。

本节以钢闸门防腐喷涂作业流程、钢闸门止水橡皮更换流程为例进行阐述。

表 5.5　平面钢闸门管护标准

序号	项目分类	工　作　要　求
1	标　识	闸孔应有编号。编号原则:面对下游,从左至右按顺序编号;编号标识应醒目,能在夜间清晰辨识
2	日常保洁	闸门各类零部件无缺失,表面整洁,梁格内无积水,闸门横梁、门槽及结构夹缝处等部位的杂物应清理干净,附着的水生物、泥沙和漂浮物应定期清除
3	平面闸门滚轮、滑轮	平面闸门滚轮、滑轮等灵活可靠,无锈蚀卡阻现象;运转部位加油设施完好,油路畅通,注油种类及油质符合要求,采用自润滑材料应定期检查
4	轨　道	平面闸门各种轨道平整,无锈蚀,预埋件无松动、变形和脱落现象
5	平面钢结构	平面钢结构完好,无明显变形,防腐涂层完整,无起皮、鼓泡、剥落现象,无明显锈蚀;门体部件及隐蔽部位防腐状况良好
6	止　水	止水橡皮、止水座完好,闸门渗漏水符合规定要求(运行后漏水量不得超过 0.15 L/s·m)
7	吊座、锁定装置	1. 平面闸门吊座、闸门锁定装置等无裂纹、锈蚀等缺陷,闸门锁定装置灵活可靠,启门后不能长期运行于无锁定状态; 2. 吊座与门体应连接牢固,销轴的活动部位应定期清洗加油。吊耳、吊座出现变形、裂纹或锈损严重时应更换
8	钢结构防腐	钢闸门外表单个锈蚀面积不得大于 8 cm^2,面积和不得大于防腐面积的 1%。钢闸门出现锈蚀时,应尽快采取防腐措施加以保护,其主要方法有涂装涂料和喷涂金属等。实施前,应对闸门表面进行预处理。表面预处理后金属表面清洁度和粗糙度应符合《水工金属结构防腐蚀规范》(SL 105—2007)规定
9	门体的稳定性	1. 门体的稳定性满足安全使用要求。平面钢闸门主要钢构件变形、弯曲、扭曲度应符合相关规定。门体无开裂、脱焊、气蚀、损坏、磨损。门体内无淤积物,表面无附着物。门体一次性更换构件数小于或等于 30%; 2. 钢闸门门叶及其梁系结构等发生结构变形、扭曲下垂时,应核算其强度和稳定性,并及时矫形、补强或更换
10	连接紧固件	闸门的连接紧固件如有松动、损坏、缺失时,应分别予以紧固、更换、补全,焊缝脱落、开裂锈损,应及时补焊
11	冰冻期管理	闸门在冰冻期间应采取防冰冻措施

2. 钢闸门防腐喷涂作业流程

(1) 施工前准备。

①施工人员准备,包括项目负责人、技术人员、安全员、质检员、操作工人的确定。

②材料准备,包括检验各种原材料是否符合要求、锌丝等准备、乙炔气和氧气准备、石英砂准备。

③工具准备,包括空压机、滤清器、喷砂嘴、测厚仪、喷砂机、氧气瓶、乙炔气瓶、帆布、喷枪、筛子等准备。

④安全技术交底:创造作业条件,包括施工应按照设计文件和《水工金属结构防腐蚀规范》(SL 105—2007)的规定进行。

(2) 操作工艺及整理资料。

①表面预处理。

②涂漆施工。

③安全质量控制,包括所有材料应具有出厂合格证或检验报告,被涂结构应具备出厂合格证和工序交接证书;所需技术资料齐全,施工要求明确;安全防护设施齐全、可靠。

④成品保护。

⑤现场清理。

⑥资料整理归档。

迅翔公司钢闸门防腐喷涂作业流程图见图 5.16。

3. 钢闸门止水橡皮更换流程

(1) 做好施工准备。

①作业人员应充分了解原止水橡皮的型号尺寸、螺纹孔的间距和孔径、压板螺栓的长度尺寸和直径等技术规格,从数量和质量两方面做好材料准备。

②准备好工具器械和所用配件。

③选好便于安装拆卸的维修养护施工脚手架和操作平台。

④关闭备用检修闸门,升起需要更换止水橡皮的闸门,确保止水橡皮全部脱离水面并可以晾干。

(2) 拆除损毁止水橡皮。

①将已经损毁的止水橡皮和压板拆卸下来,如螺丝锈蚀严重,可用锯割或冲击拆卸,但要确保不伤害闸门门体。

②应确保拆除过程中不损坏闸门门体及螺纹孔。

(3) 新止水橡皮安装。

①定型切割:根据闸门尺寸确定止水橡皮的尺寸,切割时必须保持稳定,保证不走偏变形。

②冲孔:新止水橡皮的螺纹孔需按门叶或止水压板上的螺纹孔位置尺寸进行定位,用记号笔标记后,按顺序冲孔,冲子与止水橡皮垂直相交,锤击一次成型,不允许发生倾斜和偏移现象。

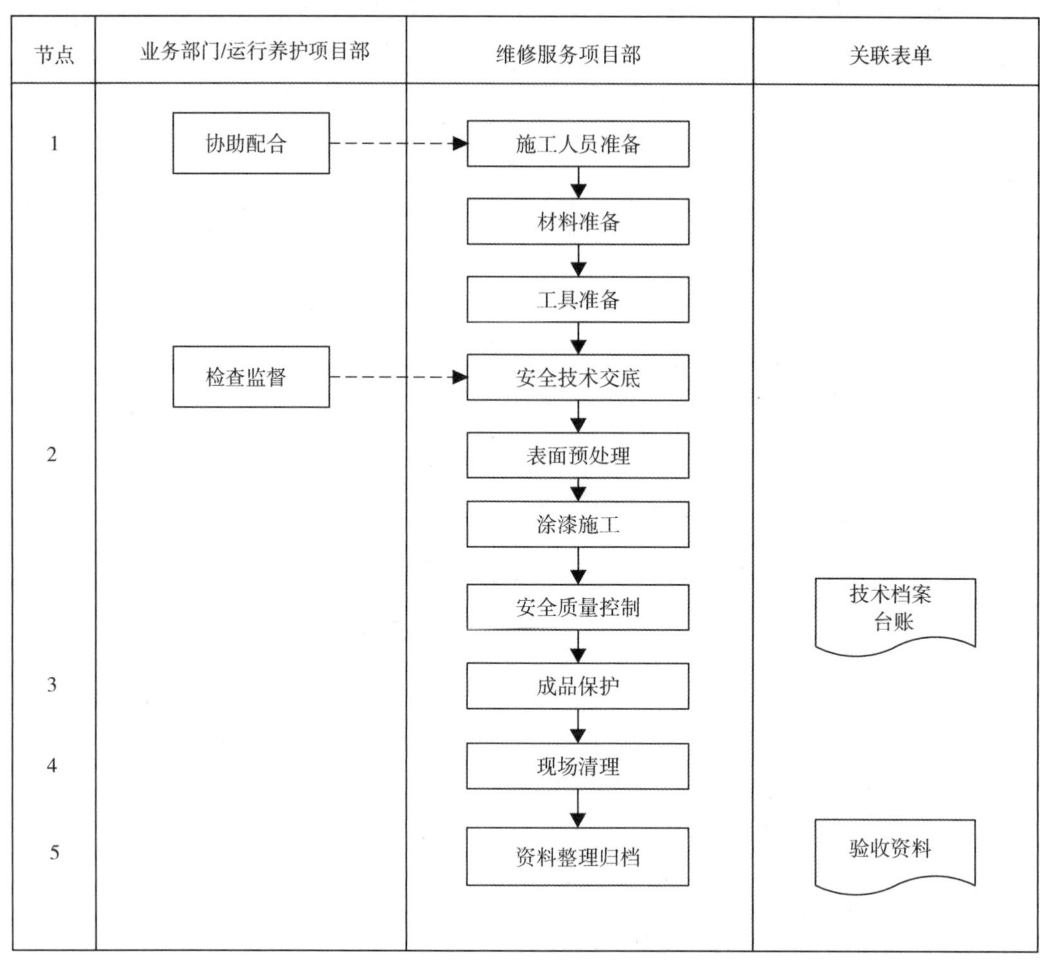

图 5.16　迅翔公司钢闸门防腐喷涂作业流程图

(4) 安装压紧。安装压板时，应按从中间向两端的顺序安装螺栓。先调整止水橡皮位置和固定压板位置，再依次固定螺栓至规定扭矩。当螺栓均匀拧紧后其端头应低于止水橡皮表面 8 mm 以上。

(5) 检查验收。

①止水橡皮固定压板紧压力度应一致，牢固无松动、起伏现象。

②闸门运行没有卡阻现象，止水橡皮与闸门滚轮滑道面接触均匀密实，没有变形现象。

③闸门挡水后没有漏水、渗水现象。

(6) 按质量标准进行检验。一般止水装置是用压板和热板把止水橡皮夹紧，并用螺栓固定于门叶或埋设在门楣上。止水橡皮设置方面应根据水压而定，一般要求止水橡皮在受到水压后，能使其圆头压紧在止水座上。

①吊杆连接可靠；闸门启闭时，应向止水橡皮处淋水润滑。

②闸门在启闭过程中滚轮应转动正常，升降时无卡阻现象，且不能损伤止水橡皮。

③闸门全部处于工作部位后，用灯光或其他方法检查，止水橡皮压紧程度良好，不存

在透亮或有间隙现象。

④闸门在承受设计水头压力时，通过止水橡皮止水，每米长度的漏水量不应超过0.1 L/s。

迅翔公司钢闸门止水橡皮更换流程图见图5.17。

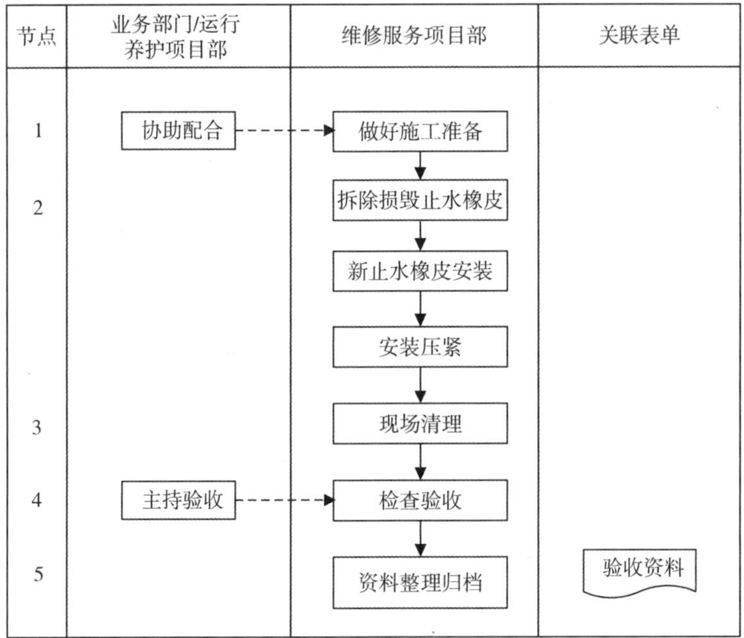

图5.17　迅翔公司钢闸门止水橡皮更换流程图

5.4　启闭机

5.4.1　评价标准

启闭设备整洁，启闭机运行顺畅，无漏油、渗油现象；钢丝绳、螺杆或液压部件等无异常，保护和限位装置有效；按规定开展安全检测及设备等级评定；标识规范、齐全。

1. 卷扬式启闭机

连接件保持紧固；传动件的传动部位保持润滑；限位装置可靠；滑动轴承的轴瓦、轴颈无划痕或拉毛，轴与轴瓦配合间隙符合规定；滚动轴承的滚子及其配件无损伤、变形或严重磨损；制动装置动作灵活、制动可靠；钢丝绳定期清洗保养，涂抹防水油脂。

2. 液压式启闭机

供油管和回油管敷设牢固；活塞杆无锈蚀、划痕、毛刺；活塞环、油封无断裂、失去弹性、变形或严重磨损；阀组动作灵活可靠；指示仪表指示正确并定期检验；贮油箱无漏油现象；工作油液定期化验、过滤，油质和油箱内油量符合规定。

5.4.2 赋分原则(25分)

1. 卷扬式启闭机

(1) 防护罩、机体表面不清洁,扣1分。

(2) 漏油、渗油严重,扣2分。

(3) 室内外金属结构锈蚀严重,每处扣1分,最多扣3分。

(4) 标识损坏、不齐全,每处扣1分,最多扣3分。

(5) 每台卷扬式启闭机存在1项次缺陷扣 $3/n$ 分,最多扣12分(n 为启闭机总台数)。

(6) 启闭机房开裂、漏水、环境卫生差等,扣4分。

(7) 启闭机安全检测和等级评定赋分,参见本章第5.11节。

2. 液压式启闭机

(1) 液压式启闭机供油管和回油管松动,每处扣1分,最多扣2分。

(2) 活塞杆、活塞环、油封损坏,每处扣1分,最多扣2分。

(3) 油缸漏油,每个扣2分,最多扣4分。

(4) 阀组动作失灵,每个扣3分,最多扣6分。

(5) 仪表指示失灵或未定期检验,每个扣1分,最多扣2分。

(6) 贮油箱漏油,扣3分。

(7) 油质油量不符合规定且未及时更换,扣2分。

(8) 启闭机房开裂、漏水、环境卫生差等,扣4分。

(9) 启闭机安全检测和等级评定赋分,参见本章第5.11节。

5.4.3 管理和技术标准及相关规范性要求

《起重机　钢丝绳　保养、维护、检验和报废》(GB/T 5972—2016);

《钢丝绳用压板》(GB/T 5975—2006);

《工程测量标准》(GB 50026—2020);

《水闸技术管理规程》(SL 75—2014);

《水工钢闸门和启闭机安全检测技术规程》(SL 101—2014);

《水闸安全评价导则》(SL 214—2015);

《水利水电工程启闭机制造安装及验收规范》(SL/T 381—2021);

《水工金属结构防腐蚀规范》(SL 105—2007);

《上海市水闸维修养护技术规程》(SSH/Z 10013—2017);

泵闸工程技术管理细则。

5.4.4 管理流程

1. 概述

(1) 启闭机应每周清洁,经常润滑,每年汛前进行1次小修,根据需要适时进行检测;启闭机投入运行5年内大修1次,以后每隔10年大修1次,如距上次大修不足10年,但启闭机累计运行时间达到设计总寿命的1/2～1/3，宜提前大修。

(2) 启闭机管理流程包括管理方案编制流程、养护实施流程、维修实施流程、维修养护质量控制流程等。本节分别以液压式启闭机维修流程和卷扬式启闭机大修流程为例进行阐述。

2. 液压式启闭机维修流程

(1) 液压式启闭机修理前应停机，切断控制电源。液压泵站、管路、油缸等拆检应在其泄压后进行。

(2) 液压式启闭机解体修理应在室内专门的工作间或装配区内进行，并且应远离潮湿环境、风口、粉尘、磨削加工区。

(3) 拆卸、分解液压式启闭机零部件前，应检查各部件接合面标志是否清晰，记录各零部件的相对位置和方向。

(4) 拆除液压元件或松开管件前应清除其外表面污物，修理过程中要及时用清洁的护盖把所有暴露的通道口封好，防止污染物浸入液压系统。

(5) 拆卸、分解液压式启闭机零部件时不应直接锤击其精加工面，必要时可用紫铜棒或垫上铅皮锤击，避免碰伤零部件的精加工表面。

(6) 液压式启闭机部件分解后，应及时清洗零部件，检查零部件完好性，有缺损的应予更换或修复。

(7) 液压式启闭机主要部件拆卸后应妥善放置，不应造成损坏或变形，配合面应采取有效的防锈措施。液压元器件、油口清洗后应可靠封存，并应尽快装配，否则应采取有效防锈措施。

(8) 液压式启闭机所有组合配合表面在安装前应仔细地清扫干净，螺栓和螺孔也应进行清理。

(9) 液压式启闭机密封件拆卸后宜换新，不得使用超过有效时限的密封件，密封件的清洗应采用中性洗涤剂。更换密封件时不允许使用锐利的工具，不得碰伤密封件或工作表面。

(10) 安装液压式启闭机元器件时，拧紧力要均匀适当，防止用力过猛造成阀体变形、阀芯卡死或接合部位漏油。

(11) 液压系统液压油乳化、不透明或浑浊的，应予更换。

(12) 液压系统更换液压油时，应排除系统内全部油液并严格清洗液压系统。

(13) 液压系统维修后，必须排除液压系统内的空气，然后做压力与密封性试验，试验压力为工作压力的1.25倍，并保持30 min，液压系统应无任何渗漏；然后做整机调试，反复启闭闸门3次，其工作均应正常；油缸在持住闸门状态下能良好自锁，闸门24 h下沉量不超过100 mm。

(14) 现场清理，质量检验与评定。

(15) 资料整理及归档。

3. 卷扬式启闭机大修流程

迅翔公司卷扬式启闭机大修流程图见图5.18，迅翔公司卷扬式启闭机大修流程说明见表5.6。

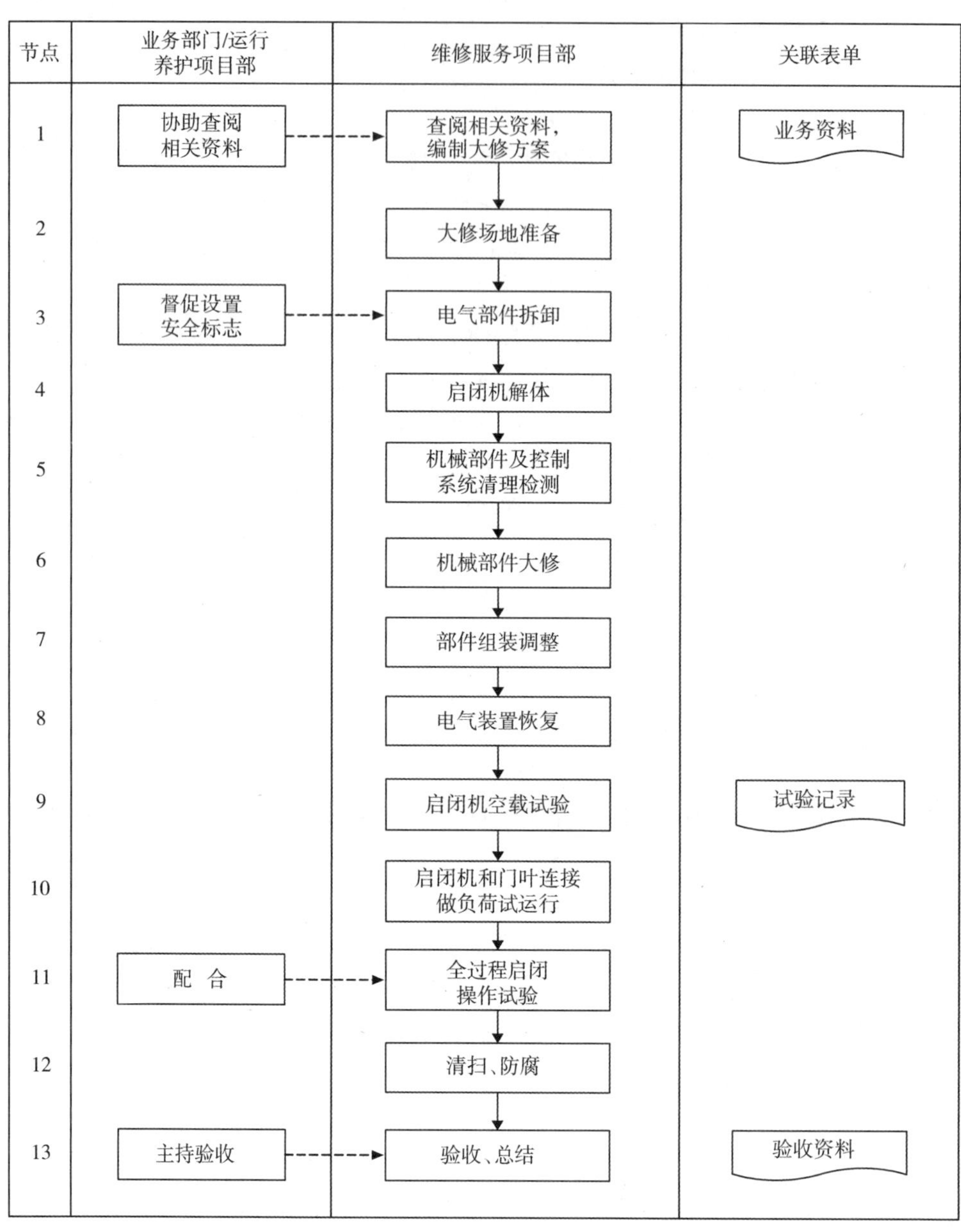

图 5.18　迅翔公司卷扬式启闭机大修流程图

表 5.6　迅翔公司卷扬式启闭机大修流程说明

序号	流程节点	责 任 人	工 作 要 求
1	查阅相关资料，编制大修方案	维修服务项目部	编制大修实施方案，内容包括： 1. 启闭机的工程概况、基本情况及技术参数等； 2. 启闭机的大修原因及内容； 3. 大修组织（应明确项目负责人、技术负责人、检修责任人、安全员、质检员、资料员等）和管理（应包括质量管理、安全管理、经费管理、档案管理等）要求； 4. 项目实施安排（应包括大修技术方案、拟更换零部件、大修方法、大修队伍选择等）； 5. 计划工期（计划开工时间、完工时间和验收时间）； 6. 施工期间对工程运行的影响及采取有针对性的措施； 7. 大修预算经费
		业务部门/运行养护项目部	1. 卷扬式启闭机大修在投入运行后的 5 年内应大修 1 次，后每隔 10 年大修 1 次；如启闭机累计运行时间达到总设计寿命的 1/3～1/2，宜提前大修；启闭机运行中发现异常情况，并经检测判明有较大损坏或故障时，应提前进行大修。 2. 业务部门/运行养护项目部应编报计划，申请专项组织大修；检修前应成立专门组织机构，配备技术骨干和检修人员，明确分工和职责；如本单位不具备独立承担检修工作能力，应委托具有相应能力的专业单位承担检修任务。 3. 提供相关技术资料： （1）运行和检查中发现的缺陷、异常（事故）情况及故障处理情况记录； （2）上次大修总结报告和技术档案； （3）启闭机技术要求和图纸资料； （4）历次试验检测记录
2	大修场地准备	维修服务项目部	1. 应配备必要的检修设备、工具和器械，需要外购或运出现场加工的部件应事先联系加工单位，避免造成误工。 2. 应有专（兼）职安全员，并落实安全措施：检查各种脚手架、安全网、遮栏、起重工具、吊具等；配备消防设备，现场使用明火应按规定办理动火审批手续，并有专人监护。 3. 应注意环境保护，保持现场整洁、有序；临时照明应采用安全照明，移动电气设备的使用应符合有关安全使用规定。 4. 大修场地准备，包括： （1）启闭机大修宜安排在室内进行，并做好地面保护； （2）露天作业时，应采取防雨、防潮、防尘等措施； （3）与带电设备保持安全距离，准备充足的施工电源及照明，合理布置大中型机具、拆卸部件和消防器材的放置地点等
3	电气部件拆卸	维修服务项目部	办理工作票，切断拟检修的启闭机电源，挂禁止合闸警示牌
		业务部门/运行养护项目部	督促设置安全警示标志

续表

序号	流程节点	责任人	工作要求
4	启闭机解体	维修服务项目部	1. 针对设备的结构和特点，确定拆卸步骤和顺序，避免盲目拆解，损坏零件； 2. 关闭闸门，必要时放下检修闸门，钢丝绳处于松弛状态
5	机械部件及控制系统清理检测	维修服务项目部	拆除电器、仪表等外部设备，并将减速器内的润滑油排放干净，清洗外表面
6	机械部件大修	维修服务项目部	按迅翔公司“卷扬式启闭机大修作业指导书”和相关规程，做好部件大修： 1. 减速器和开式齿轮装置修理； 2. 制动器修理； 3. 联轴器修理； 4. 滑轮组修理； 5. 卷筒组修理； 6. 钢丝绳修理； 7. 吊钩、吊具和抓梁修理
7	部件组装调整	维修服务项目部	在熟悉有关说明书和图纸资料的基础上，制定并执行详细的装配工艺、技术要求和质量标准
8	电气装置恢复	维修服务项目部	按规程要求，做好以下工作： 1. 电气控制设备修复； 2. 限位指示装置修复； 3. 荷载传感器装置修复； 4. 自动化控制系统修复
9	启闭机空载试验	维修服务项目部	启闭机吊具上不带闸门的运行试验，应在全行程内往返 3 次，并检查调整机械和电气设备相关部分
10	启闭机和门叶连接做负荷试运行	维修服务项目部	启闭机的荷载试验，应在设计水头工况下进行，无法出现设计水头工况，可对闸门配重，使启闭荷载接近设计水头工况下的荷载；先利用检修门挡水，将闸门在门槽内无水或静水中全行程升降 2 次，然后在设计水头动水工况下或配重升降 2 次；荷载试运行时，应检查机械和电气设备相关部分
11	全过程启闭操作试验	维修服务项目部	1. 接电试验前应认真检查全部接线，并符合图样规定，控制回路的绝缘电阻大于 0.5 MΩ 方可开始接电试验； 2. 试验应采用该机自身的电气设备，试验中各电动机和电气元件温升不应超过各自的允许值，如有触头等元件烧灼应更换； 3. 试验工作应根据工程水情、工情条件，并严格按照闸门启闭操作规程的要求进行； 4. 上述试验结束后，启闭机的机械部分不应存在破裂、损坏、永久变形和连接松动等现象，电气部分不应存在异常发热、影响性能和安全等现象； 5. 试运行结束后，应收集整理试运行记录，形成试运行报告
		业务部门/运行养护项目部	配合做好试运行工作

续表

序号	流程节点	责任人	工作要求
12	清扫、防腐	维修服务项目部	启闭机检修安装后，机体表面应清理干净，并按规定的涂色进行防腐处理
13	验收、总结	业务部门/运行养护项目部	1. 按照维修项目管理的相关要求进行管理和组织验收； 2. 做好资料归档工作
		维修服务项目部	加强质量检验，及时收集、整理工程资料，形成完整的技术档案和项目验收资料。验收前，检修单位应提交以下资料： 1. 启闭机大修前的检测报告； 2. 启闭机大修计划及实施方案； 3. 启闭机大修过程记录； 4. 启闭机试运行报告； 5. 启闭机大修报告，其内容为：实施大修说明，完成大修内容，相关检查、检测、试运行情况以及遗留问题说明等

5.5 主机组

5.5.1 评价标准

主机组编号及机械旋转方向标识清晰正确，外观整洁，表面涂漆完好；定期进行预防性试验、保养和检修，且记录完整；润滑、冷却系统运行可靠；上、下轴承油箱（油缸、油盆）以及稀油水导轴承密封良好，油位、油质符合要求；测温系统运行准确可靠，各部测温表计、元件齐全完好，规格及数值符合要求，各部温升符合相应规范要求；各部的水平、高程、摆度、间隙等符合相应规范要求；水泵运行顺畅，在规定的电压、电流、功率、扬程范围内运行，运行中振动、噪声等符合相应规范要求；运行监视数据准确，记录完整；主电动机绝缘符合要求；接线盒内或接线穿墙套管等清洁，接线螺栓无松动现象；主水泵叶片调节机构工作正常，无漏油现象；无明显的汽蚀、磨损现象；泵管与进出水流道（管道）结合面无漏水、漏气现象。

5.5.2 赋分原则(30 分)

（1）主机组编号及机械旋转方向标识等损坏缺失，每处扣 1 分，最多扣 2 分。

（2）主机组外观不整洁，表面涂漆缺损，每台扣 2 分，最多扣 6 分。

（3）主机组未定期进行预防性试验，记录不完整，每台扣 1～2 分，最多扣 4 分。

（4）主机组润滑、冷却系统运行不可靠，每台扣 2 分，最多扣 6 分。

（5）主机组轴承油箱（油缸、油盆）以及稀油水导轴承密封渗、漏油，油位、油质不符合要求，每台扣 1～2 分，最多扣 4 分。

（6）测温系统运行不准确、不可靠，各部测温表计、元件有缺失、损坏，规格及数值不符合要求，各部温升不符合相应规范要求，每个测点扣 1 分，最多扣 2 分。

(7) 主机组各部的水平、高程、摆度、间隙等不符合规范要求,运行中振动、噪声等不符合相应规范要求,每台扣2分,最多扣6分。

(8) 运行监视数据不准确,记录不完整,每次扣1分,最多扣3分。

(9) 主电动机绝缘不符合要求,每处扣2分,最多扣6分。

(10) 接线盒内或接线穿墙套管等不清洁,接线螺栓有松动现象,每处扣2分,最多扣6分。

(11) 主机组有明显的汽蚀、磨损现象,每台扣1分,最多扣2分。

(12) 主机组泵管与进出水流道(管道)结合面漏水,每台扣2分,最多扣6分。

5.5.3 管理和技术标准及相关规范性要求

《泵站技术管理规程》(GB/T 30948—2021);

《现场设备、工业管道焊接工程施工规范》(GB 50236—2011);

《轴中心高为56mm及以上电机的机械振动 振动的测量、评定及限值》(GB/T 10068—2020);

《泵站设计标准》(GB 50265—2022);

《电气装置安装工程低压电器施工及验收规范》(GB 50254—2014);

《三相异步电动机试验方法》(GB/T 1032—2012);

《水轮发电机组安装技术规范》(GB/T 8564—2003);

《泵站现场测试与安全检测规程》(SL 548—2012);

《泵站设备安装及验收规范》(SL 317—2015);

《泵站施工规范》(SL 234—1999);

《电力建设施工技术规范第3部分:汽轮发电机组》(DL 5190.3—2019);

《电力设备预防性试验规程》(DL/T 596—2021);

《水轮发电机组启动试验规程》(DL/T 507—2014);

《水利水电建设工程验收规程》(SL 223—2008);

《上海市水利泵站维修养护技术规程》(SSH/Z 10012—2017);

泵站主机组检修尚应符合设备制造商的特殊要求。

5.5.4 管理流程

1. 泵站主机组维修养护流程中的一般要求

(1) 泵站主机组包括水泵、电动机及传动装置,检修周期应根据机组的技术状况和零部件的磨蚀、老化程度以及运行维护条件确定,同时还应考虑水质、扬程、运行时数及设备使用年限等因素。主机组的检修一般分为小修和大修,检修应根据《泵站技术管理规程》(GB/T 30948—2021)规定的检修周期(表5.7)进行。

表 5.7　泵站主机组检修周期

设备名称	大修		小修	
	日历时间(年)	运行时数(h)	日历时间(年)	运行时数(h)
主水泵及传动装置	3～5	2 500～15 000	1	1 000
主电动机	3～8	3 000～20 000	1～2	2 000
传动装置	3～8	3 000～20 000	1～2	2 000

注:新安装、清水水质、扬程小于等于 15 m 工况条件下,主水泵的大修周期可适当延长;运行 5 年以上、含泥沙水质、扬程大于等于 15 m 工况条件下,主水泵的大修周期可适当提前。

(2) 主水泵、主电动机和传动装置等宜采用设备状态监测和故障诊断技术,对其设备状况进行评估,实施状态检修。

(3) 泵站主机组大修一般列入年度专项维修计划,主机组大修是对机组进行全面解体、检查和处理,更换损坏件,更新易损件,修补磨损件,对机组的同轴度、摆度、垂直度(水平)、高程、中心、间隙等进行重新调整,消除机组运行过程中的重大缺陷,恢复机组各项指标。主机组大修通常分为一般性大修和扩大性大修。

(4) 主机组总运行时数是确定大修周期的关键指标,其主要受水泵运行时数的控制,水泵运行时数又受限于水泵大轴和轴承的磨损情况。确定一个大修周期内的总运行时数,主要应根据水泵导轴承和轴颈的磨损情况来确定。

(5) 主机组大修的主要项目是:叶片、叶轮外壳的汽蚀处理;泵轴轴颈磨损的处理及轴承的检修和处理;密封的检修和处理及填料的检修和处理;轴承及密封的处理;磁极线圈或定子线圈损坏的检修更换;机组的垂直同心、轴线的摆度、垂直度、中心及各部分的间隙、磁场中心的测量及油、气、水压试验等。

(6) 主机组小修一般列入经常性修复计划,是根据机组运行情况及定期检查中发现的问题,在不拆卸整个机组和较复杂部件的情况下,重点解决一些部件产生的缺陷,从而延长机组的运行时间。机组小修一般与定期检查结合或设备产生小修故障时进行。

(7) 主机组定期检查是根据机组运行的时间和情况进行的检查,了解设备存在的缺陷和异常情况,为确定机组检修性质提供资料,并对设备进行相应的维护。

2. 泵站主机组大修管理流程

迅翔公司泵站主机组大修管理流程图见图 5.19,迅翔公司泵站主机组大修管理流程说明见表 5.8。

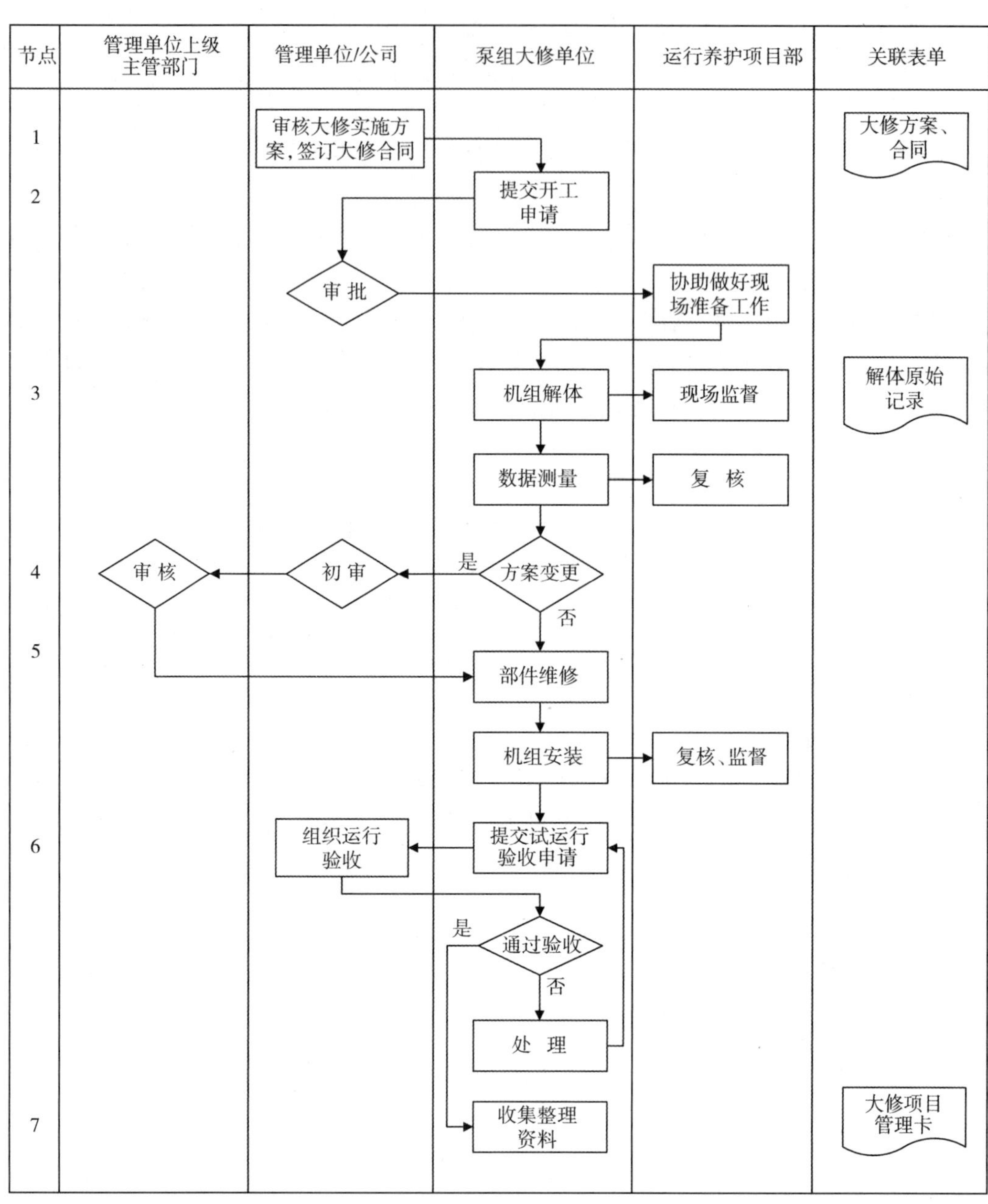

图 5.19　迅翔公司泵站主机组大修管理流程图

表 5.8　迅翔公司泵站主机组大修管理流程说明

序号	流程节点	责任人	工作要求
1	编审大修方案、签订大修合同	管理单位/公司、泵组大修单位	1. 泵站主机组包括水泵、电动机及传动装置，检修周期应根据机组的技术状况和零部件的磨蚀、老化程度以及运行维护条件确定，同时还应考虑水质、扬程、运行时数及设备使用年限等因素，参见本章表 5.7； 2. 管理单位/公司与泵组大修单位签订泵站机组大修合同，运行养护项目部作为管理单位现场机构，负责现场协调和监管工作；合同应明确三方责权
		管理单位/公司	负责主机组大修实施计划的审核。审核内容包括：检修项目、进度、技术措施和安全措施、质量标准等
2	提交开工申请	泵组大修单位	泵组大修单位向管理单位/公司提交开工申请
		管理单位/公司	1. 开工应具备 4 项条件：项目实施计划已批复，工程实施合同已签订，施工组织设计（施工方案）及图纸已完备，合同工期内工程运行应急措施已确定； 2. 在开工前应向管理单位提交开工申请，待批准后方可开工
		运行养护项目部	协助泵组大修单位做好排水等工作，确保行车、检修电源、照明等设施设备正常，协助提供相关技术资料，落实安全措施等
3	机组解体及数据测量	泵组大修单位	机组进行解体，完成原始数据测量、记录、整理
		运行养护项目部	现场监督机组解体工作，对测量数据进行复核
4	方案变更	泵组大修单位	如大修方案变更，由泵组大修单位向管理单位提出变更申请
		管理单位/公司	审核（初审）变更申请
		管理单位上级主管部门	审定变更申请
5	部件维修及机组安装	泵组大修单位	泵组大修单位组织部件维修、机组安装
		运行养护项目部	做好现场监督和数据复核，协助提供相关技术资料，落实安全措施等
		管理单位/公司	组织开展部件维修的出厂验收等工作
6	试运行验收	泵组大修单位	及时向管理单位/公司提交试运行验收申请
		运行养护项目部	参加试运行验收
		管理单位/公司	组织合同三方开展机组试运行验收。必要时，邀请管理单位上级主管部门派员参加
7	资料收集归档	泵组大修单位	及时收集整理泵站主机组大修资料，移交管理单位/公司和运行养护项目部各 1 份

3. 泵站主机组大修质量控制流程

迅翔公司泵站主机组大修质量控制流程图见图 5.20，迅翔公司泵站主机组大修质量控制流程说明见表 5.9。

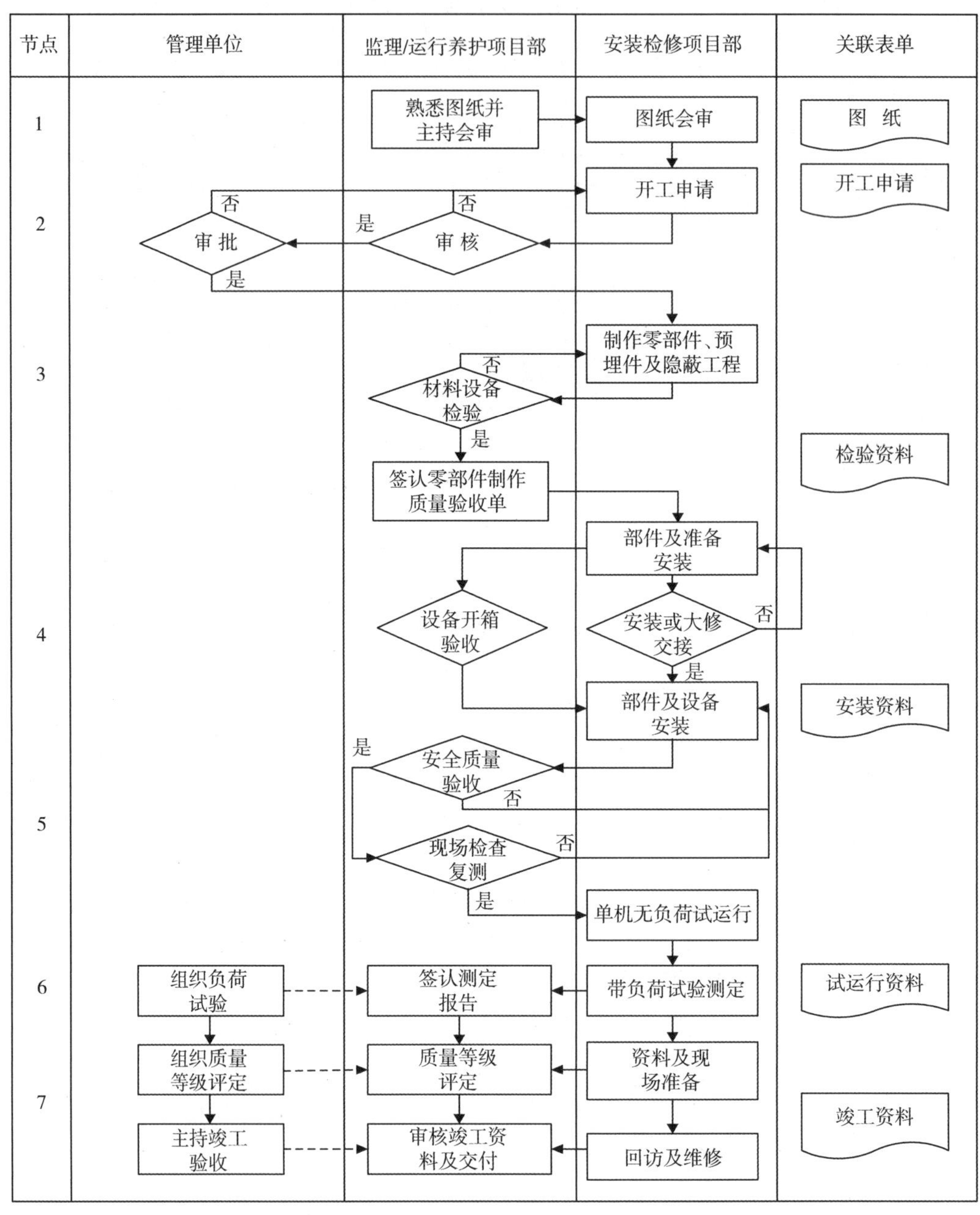

图 5.20　迅翔公司泵站主机组大修质量控制流程图

表 5.9 迅翔公司泵站主机组大修质量控制流程说明

序号	流程节点	责任人	工作要求
1	图纸会审	监理/运行养护项目部	熟悉泵站主机组图纸,并主持图纸会审会议
		安装检修项目部	熟悉图纸,事先就图纸中存在的问题进行梳理,并向设计人员反馈
2	开工申请	安装检修项目部	按要求填写"开工申请表",内容包括:施工组织设计,施工方案,工人、技术人员数量,机械品种、数量,承包方、分包方资质证件等
		监理/运行养护项目部	审核开工申请,内容包括:承包方、分包方的资质证件,有关工种操作人员的上岗证书;施工组织设计、施工方案
		管理单位	审查并批准开工申请
3	制作零部件、预埋件及实施隐蔽工程	安装检修项目部	制作零部件、预埋件及实施隐蔽工程
		监理/运行养护项目部	1. 按设计要求验收施工材料或器材,必要时做材料性能试验。检查器材规格型号是否与设计相符,质保文件是否齐全,外观有无质量问题。 2. 现场验收制作的零部件、预埋件及实施的隐蔽工程,检查零部件制作和隐蔽工程是否符合设计要求
4	安装准备	安装检修项目部	1. 土建与安装中间交接验收,包括设备基础,管道孔阀,预埋件坐标位置,标高、大小等; 2. 设备进场开箱
		监理/运行养护项目部	设备开箱验收,包括设备型号规格是否与设计相符,设备外观是否完好无损,零配件是否齐全
5	部件及设备安装、检验、现场复测	安装检修项目部	按规范和作业指导书中的相关要求进行每道工序安装
		监理/运行养护项目部	1. 检查部件及设备安装质量是否符合设计和施工规范要求; 2. 现场检查复测:现场检查部件及设备安装质量是否符合设计和施工规范要求

续表

序号	流程节点	责任人	工作要求
6	单机无负荷运行	安装检修项目部	系统单机无负荷试车
		监理/运行养护项目部	1. 检查单机无负荷试运行测试结果是否符合设计、施工规范和设备技术文件规定； 2. 签认单机无负荷试运行记录
	带负荷试验测定	安装检修项目部	做好带负荷试运行工作，包括试验测定数量与调整
		管理单位	管理单位组织带负荷试验测定，必要时邀请设计单位参加
		监理/运行养护项目部	签认测定数量与调整报告
7	竣工验收	安装检修项目部	配合做好质量检验评定，包括现场和资料准备
		监理/运行养护项目部	1. 审核单项检修所有质量检验评定表及评定等级； 2. 审核竣工资料
		管理单位	1. 组织审查质量检验评定内容； 2. 组织审查竣工资料； 3. 主持竣工验收会议，形成结论性意见
		安装检修项目部/监理/运行养护项目部	1. 工程交付使用； 2. 做好回访和项目维修完善工作

5.6 高低压电气设备

5.6.1 评价标准

（1）电气设备外观整洁；标识清晰正确，表面涂漆完好；定期进行维修、预防性试验和电气仪表定期校验，且维修和试验、校验记录完整。

（2）变压器预防性试验各项指标符合国家现行相关标准规定；主要零部件完好；保护装置可靠；冷却装置运行正常；运行噪声、温升等符合要求。

（3）高压开关设备预防性试验结果符合国家现行相关标准规定；主要零部件完好；保护装置可靠；操作机构灵活可靠；元器件运行温度符合规定；盘柜表计、指示灯等完好；柜内接线正确、规范，“五防”功能齐全。

（4）低压电器电气试验结果符合国家现行相关标准规定；主要零部件完好；电气保护

元器件动作可靠;开关按钮动作可靠,指示灯指示正确;元器件运行温度符合规定;盘柜表计、指示灯等完好;柜内接线正确、规范。

(5) 直流装置各项性能参数在额定范围内;绝缘性能符合要求;蓄电池能按规定进行充放电且容量满足要求;控制、保护、信号等回路控制器及开关按钮动作可靠,指示灯指示正确;盘柜表计、指示灯等完好;柜内接线正确、规范。

(6) 保护和自动装置动作灵敏、可靠;保护整定值符合要求,试验结果符合要求;自动装置机械性能、电气特性符合要求;开关按钮动作可靠且指示灯指示正确;通信正常;盘柜表计、指示灯等完好;柜内接线正确、规范。

(7) 其他电气设备的各项参数满足实际运行需要;零部件完好;操作机构灵活;预防性试验符合国家现行相关标准规定。

(8) 高低压电缆布置规整,无漏油现象,绝缘良好,运行中电缆头处温度正常。

(9) 备用电源可靠。

5.6.2 赋分原则(30 分)

(1) 电气设备外部不整洁,每处扣 1 分,最多扣 2 分;标识不清晰或不正确,表面涂漆缺损,每处扣 1 分,最多扣 2 分;未定期进行维修、预防性试验和电气仪表定期校验,且维修和试验、校验记录不完整,每处扣 1 分,最多扣 3 分。

(2) 变压器预防性试验各项指标不符合国家现行相关标准规定,扣 3 分;主要零部件缺损,每处扣 1 分,最多扣 2 分;保护装置不可靠,扣 2 分;冷却装置运行不正常,扣 1 分;运行噪声、温升等不符合要求,扣 2 分。

(3) 高压开关设备预防性试验结果不符合国家现行相关标准规定,每台扣 2 分,最多扣 4 分;主要零部件缺损,每个扣 1 分,最多扣 3 分;保护装置不可靠,扣 2 分;操作机构不灵活可靠,每台扣 1 分,最多扣 3 分;元器件运行温度不符合规定,扣 2 分;盘柜表计、指示灯等缺损,扣 1 分;柜内接线不规范,扣 2 分;"五防"功能不齐全,扣 1 分。

(4) 低压电器电气试验结果不符合国家现行相关标准规定,每台扣 2 分,最多扣 4 分;主要零部件缺损,每个扣 1 分,最多扣 3 分;电气保护元器件动作不可靠,扣 2 分;开关按钮动作不可靠,指示灯指示不正确,扣 1 分;元器件运行温度不符合规定,扣 1 分;盘柜表计、指示灯等缺损,扣 1 分;柜内接线不规范,扣 1 分。

(5) 直流装置各项性能参数不在额定范围内,扣 2 分;绝缘性能不符合要求,扣 2 分;蓄电池不能按规定进行充放电且容量不满足要求,扣 2 分;控制、保护、信号等回路控制器及开关按钮动作不可靠,指示灯指示不正确,扣 1 分;盘柜表计、指示灯等缺损,扣 1 分;柜内接线不规范,扣 1 分。

(6) 保护和自动装置动作不灵敏、可靠,扣 2 分;保护整定值不符合要求,电气试验结果不符合要求,扣 2 分;自动装置机械性能、电气特性不符合要求,扣 2 分;开关按钮动作不可靠且指示灯指示不正确,扣 1 分;通信不正常,扣 1 分;盘柜表计、指示灯等缺损,扣 1 分;柜内接线不规范,扣 1 分。

(7) 其他电气设备的各项参数不能满足实际运行需要,每项扣 1 分,最多扣 3 分;零部件缺损,扣 1 分;操作机构不灵活,扣 1 分;预防性试验不符合国家现行相关标准规定,扣1分。

(8) 高低压电缆布置不规整,每处扣1分,最多扣3分;绝缘不满足要求,扣2分;运行中电缆头处温度不正常,扣2分。

(9) 备用电源未按有关规定维护,扣3分。

5.6.3 管理和技术标准及相关规范性要求

《泵站技术管理规程》(GB/T 30948—2021);

《泵站设备安装及验收规范》(SL 317—2015);

《泵站现场测试与安全检测规程》(SL 548—2012);

《水闸技术管理规程》(SL 75—2014);

《继电保护和安全自动装置运行管理规程》(DL/T 587—2016);

《电力系统继电保护及安全自动装置运行评价规程》(DL/T 623—2010);

《电力系统用蓄电池直流电源装置运行与维护技术规程》(DL/T 724—2021);

《互感器运行检修导则》(DL/T 727—2013);

《高压并联电容器使用技术条件》(DL/T 840—2016);

《电力变压器检修导则》(DL/T 573—2021);

《电力设备预防性试验规程》(DL/T 596—2021);

《电力安全工器具预防性试验规程》(DL/T 1476—2015);

《上海市水闸维修养护技术规程》(SSH/Z 10013—2017);

《上海市水利泵站维修养护技术规程》(SSH/Z 10012—2017);

泵闸工程技术管理细则。

5.6.4 管理流程

1. 概述

(1) 编制高低压电气设备管护流程时,首先应对本泵闸的高低压电气设备进行统计、分类,并编制出高低压电气设备管护事项清单。

(2) 高低压电气设备应制定维修养护方案,在编制维修养护方案时,应根据相关规范要求,确定各设备的维修养护项目和周期,可参见迅翔公司“泵闸机电设备维修养护作业指导书”。

(3) 运行养护项目部应根据各类高低压电气设备的具体功能,执行相应的维修养护(包括检查、试验)规程,掌握其维修养护工艺,达到维修养护标准。同时应掌握高低压电气设备运行突发故障的诊断和处理方法。

(4) 高低压电气设备管护过程,应严格执行相关安全规程。

(5) 本节着重叙述高低压电气设备日常维护的一般流程。

2. 高低压电气设备日常维护流程

迅翔公司高低压电气设备日常维护流程图见图5.21,迅翔公司高低压电气设备日常维护流程说明见表5.10。

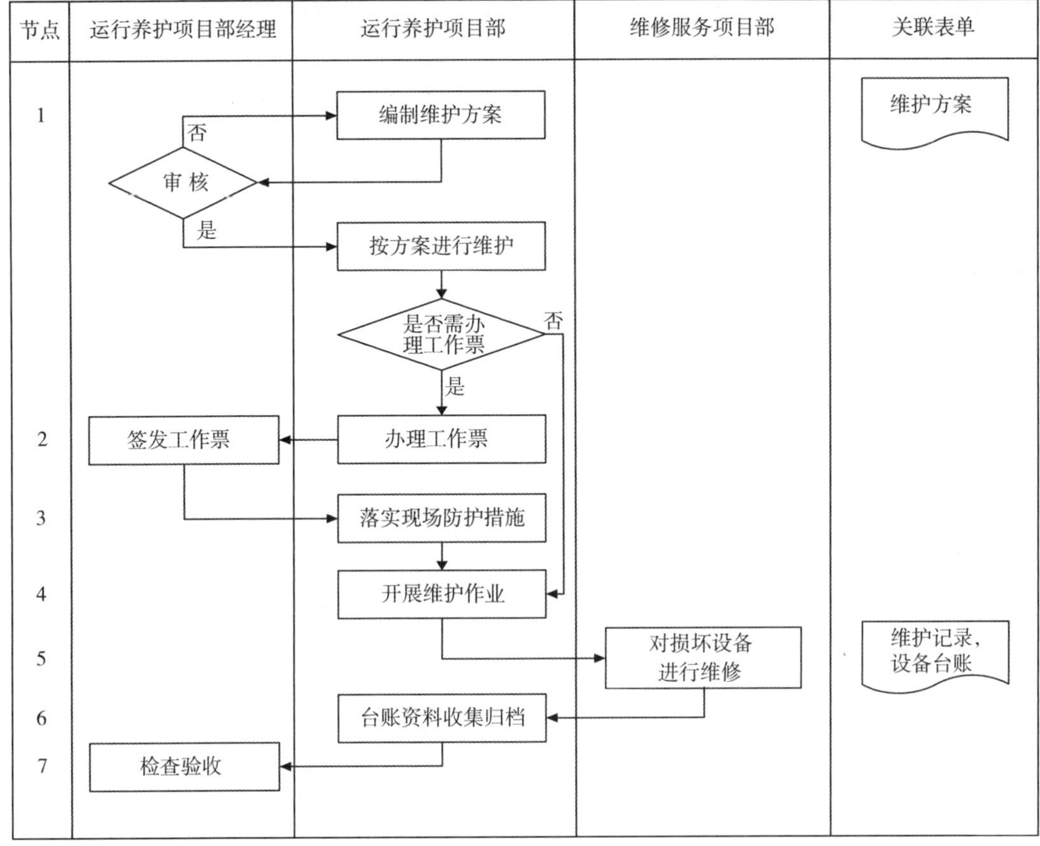

图 5.21 迅翔公司高低压电气设备日常维护流程图

表 5.10 迅翔公司高低压电气设备日常维护流程说明

序号	流程节点	责任人	工 作 要 求
1	编制维护方案	运行养护项目部	1. 编制维护方案，应以恢复原设计标准或局部改善工程原有结构为原则，以机电设备维修养护作业指导书为依据，根据检查和观测成果，结合工程特点、运用条件、技术水平、设备材料和经费承受能力等因素综合确定； 2. 高低压电气设备日常养护影响汛期使用的，应在汛前完成，完工后进行技术总结和验收； 3. 应根据有关规定明确各类设备的检修、试验和保养周期，并定期进行设备等级评定； 4. 应根据工程及设备情况，备有必要的备品、备件
		运行养护项目部经理	审批维护方案

续表

序号	流程节点	责任人	工作要求
2	办理工作票	运行养护项目部	1. 准备高低压电气设备维护所需工器具、备品备件、材料等，做好现场安全防护措施，组织开展养护工作。 2. 进入现场检修、安装和试验应执行工作票制度。对于进行设备和线路检修，需要将高压设备停电或设置安全措施的，应填写第一种工作票；对于带电作业的，应填写第二种工作票。工作票的内容和格式应符合相关规定。 3. 工作票签发人应对以下问题做出结论： (1) 审查工作的必要性； (2) 审查现场工作条件是否安全； (3) 工作票上指定的安全措施是否正确完备； (4) 指派的工作负责人和工作班人员能否胜任该项工作。 4. 工作负责人、监护人的安全责任： (1) 负责现场安全组织工作； (2) 督促监护工作人员遵守安全规章制度； (3) 检查工作票所提出的安全措施在现场落实的情况； (4) 对进入现场的工作人员宣读安全事项； (5) 工作负责人、监护人应始终在施工现场并及时纠正违反安全的操作，如因故临时离开工作现场应指定能胜任的人员代替并将工作现场情况交代清楚；只有工作票签发人有权更换工作负责人。 5. 工作许可人(值班负责人)的安全责任应包括以下方面： (1) 按照工作票的规定在施工现场实现各项安全措施； (2) 会同工作负责人到现场最后验证安全措施； (3) 与工作负责人分别在工作票上签字； (4) 工作结束后，监督拆除遮栏、解除安全措施，结束工作票
3	落实现场防护措施	运行养护项目部	1. 遵守劳动纪律、做好交接班作业，不得擅自离开作业岗位；作业中不得说笑打闹，不得做与作业无关的事，上班前不得喝酒。 2. 未经许可，不得将自己的工作交给别人，不得随意操作别人的机械设备。 3. 作业前应按规定穿戴好个人防护用品：作业时不得赤膊、赤脚，不得穿拖鞋、凉鞋、高跟鞋，不得敞衣、戴头巾、戴围巾、穿背心。 4. 不得靠在机器设备的栏杆、防护罩上休息。 5. 人员不得在吊物下通过和停留。 6. 维修养护现场所有的材料，应按指定地点堆放；进行拆除作业，拆下的材料应随拆随清。 7. 泵闸机电设备不得带病运转或超负荷运转；试运转应按照安全技术措施进行。 8. 电气设备和线路应绝缘良好，各种电动机应按规定接零接地。 9. 检查、修理机械电气设备时，应停电并挂标志牌，标志牌应谁挂谁取，检查确认无人操作后方可合闸；不得在机械电气设备运转时加油、擦拭或修理作业。 10. 作业前应检查所使用的各种设备、附件、工具等安全可靠，发现不安全因素时应立即检修，不得使用不符合安全要求的设备和工具。

续表

序号	流程节点	责任人	工作要求
3	落实现场防护措施	运行养护项目部	11. 各种机电设备上的信号装置、防护装置、保险装置应经常检查其灵敏性,保持齐全有效。 12. 作业地点及通道应保持整洁通畅,物件堆放应整齐、稳固;巡查和检修通道不得堆放杂物。 13. 严格执行消防制度,各种消防工具、器材应保持良好,不得乱用、乱放。 14. 非特种设备操作人员和维修人员,不得安装、维修和操作特种设备。 15. 当班作业完成后,应及时对工具、设备进行清点和维护保养,并按规定做好交接班工作。 16. 发生事故时,应及时抢救和报告,并保护好现场。 17. 各类作业人员应被告知其作业现场和工作岗位存在的危险因素、防范措施及事故紧急处理方法
4	开展维护作业	运行养护项目部	按公司"泵闸机电设备维修养护作业指导书"要求进行
5	对损坏设备进行维修	维修服务项目部	高低压电气设备维护工作由维修服务项目部负责开展,实施中应执行工作票制度和安全操作规程,落实安全措施
		维修服务项目部经理	1. 对需要办理工作票的工作,做好工作票签发、终结等审核工作; 2. 对安全、质量、进度等加强检查、监督
6	资料整理	运行养护项目部	填写相关维护记录;收集整理台账资料,建立设备修试卡制度,建立单项设备技术管理档案,逐年积累各项资料,包括设备技术参数、安装、运用、缺陷、养护、修理、试验等相关资料
7	检查验收	运行养护项目部经理	检查验收维护工作成果,其日常维护质量应达到公司"泵闸机电设备维修养护作业指导书"中明确的高低压电气设备日常维护标准

5.7 辅助设备与其他金属结构

5.7.1 评价标准

辅助设备外观整洁;标识清晰正确,表面涂漆完好,转动部分的防护罩完好;设备及管路无严重锈蚀、无"三漏"现象(漏水、漏油、漏气),零部件完好;各种控制阀启闭灵活,压力继电器和各种表计等定期校验。

油系统油位、油压正常,油质、油量、油温符合要求;技术供水系统工作压力正常;排水系统工作正常。

金属结构设备外观整洁;标识清晰正确,表面涂漆完好,转动部分的防护罩完好。

拦污栅结构和清污装置完好,拦污、清污效果好;起重设备工作安全可靠,有技术质量监督部门出具的检测报告;其他金属结构无变形、裂纹、折断、锈蚀。

5.7.2 赋分原则(25 分)

(1) 辅助设备外观不整洁,扣 1 分;标识不清晰或不正确,表面涂漆缺损,转动部分的防护罩缺失,每处扣 1 分,最多扣 2 分;设备及管路严重锈蚀、有"三漏",零部件缺损,每处扣 1 分,最多扣 2 分;控制阀启闭不灵活,压力继电器和各种表计等未定期校验,每处扣 1 分,最多扣 2 分。

(2) 油系统油压不正常,油质、油量不符合要求,扣 1 分;技术供水系统工作压力不正常,扣 2 分;排水系统工作不正常,扣 2 分。

(3) 金属结构设备外观不整洁,每处扣 1 分,最多扣 2 分。

(4) 标识不清晰或不正确,每处扣 1 分,最多扣 2 分。

(5) 表面涂漆缺损,转动部分的防护罩缺失,每处扣 1 分,最多扣 2 分。

(6) 拦污栅结构和清污装置零部件缺损,每处扣 1 分,最多扣 2 分,拦污、清污效果较差,扣 1 分。

(7) 起重设备不能安全可靠工作,无技术质量监督部门出具的检测报告,扣 2 分。

(8) 其他金属结构存在较严重变形、裂纹、折断、锈蚀等现象,每处扣 1 分,最多扣 3 分。

5.7.3 管理和技术标准及相关规范性要求

《泵站技术管理规程》(GB/T 30948—2021);

《起重机械安全规程　第 1 部分:总则》(GB/T 6067.1—2010);

《起重机　钢丝绳　保养、维护、检验和报废》(GB/T 5972—2016);

《钢丝绳用压板》(GB/T 5975—2006);

《工程测量标准》(GB 50026—2020);

《泵站设备安装及验收规范》(SL 317—2015);

《泵站现场测试与安全检测规程》(SL 548—2012);

《水闸技术管理规程》(SL 75—2014);

《灌排泵站机电设备报废标准》(SL 510—2011);

《水工金属结构防腐蚀规范》(SL 105—2007);

《上海市水闸维修养护技术规程》(SSH/Z 10013—2017);

《上海市水利泵站维修养护技术规程》(SSH/Z 10012—2017);

泵闸工程技术管理细则。

5.7.4 管理流程

1. 概述

(1) 起重设备(含行车、电动葫芦等)的安装、维修、检测工作须由安全技术监督部门指定的单位进行,检查或检测应符合起重机械安全规程和其他有关文件规定要求,使用中应符合相关规定。

（2）油、气、水系统维修养护应按相关规程要求，明确其维修养护的项目和周期，掌握维修养护工艺，执行相应的维护标准，同时对设备运行时的突发故障应能按相关规程要求进行诊断和处置。

（3）油质、压力容器、压力仪表应经有资质部门检测合格，有检测报告，压力容器、压力仪表检测合格标签应贴在设备上。

（4）辅助设备与其他金属结构维修养护质量均应达到迅翔公司“泵闸机电设备维修养护作业指导书”中明确的维修养护标准。

（5）做好维修养护资料的整理归档工作，包括：

①油、气、水系统设备履历卡片；

②安装竣工后所移交的全部文件；

③设备检修后移交的文件；

④检测试验记录；

⑤行车与其他起重设备校验记录；压力容器及表、阀等特种设备年度校验记录；

⑥储气罐压力检查及补压记录；

⑦常规检查记录、定期检查记录及设备管路维护记录；

⑧系统运行事故及异常运行记录；

⑨辅助设备与其他金属结构完好图片资料。

（6）本节分别以拦污栅检修流程、起重机械特种设备定期检验流程为例，对作业流程进行阐述。

2. 拦污栅检修流程

（1）拦污栅小修周期为每年1次。

（2）拦污栅检修项目包括吊出拦污栅，检查变形、损坏情况，清理杂物，拦污栅小门铰链应焊接牢固；拦污栅、小门、小门铰链如有损坏应及时维修，锈蚀应做防腐处理等。拦污栅如腐蚀严重，影响机械强度，应更换。

（3）拦污栅栅条焊接施工工艺流程图见图5.22。

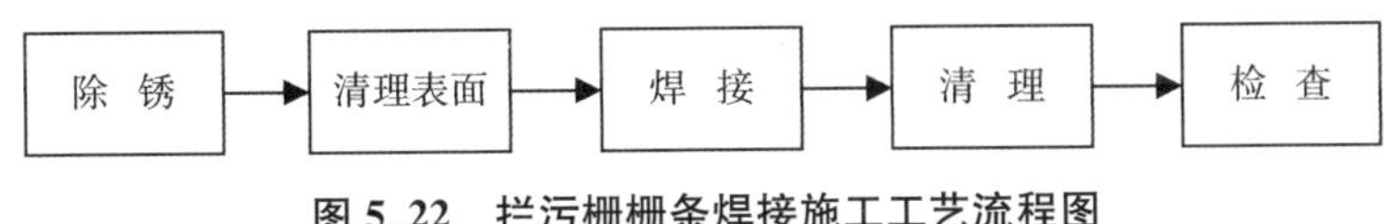

图5.22 拦污栅栅条焊接施工工艺流程图

（4）拦污栅油漆防腐施工工艺流程图见图5.23。

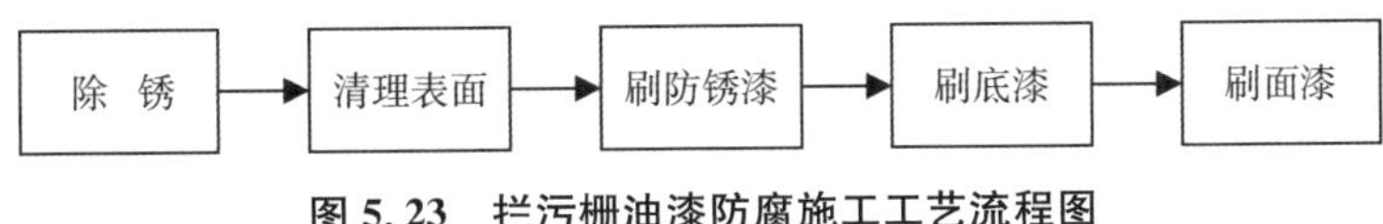

图5.23 拦污栅油漆防腐施工工艺流程图

3. 起重机械特种设备定期检验流程

迅翔公司起重机械特种设备定期检验流程图见图5.24，迅翔公司起重机械特种设备定期检验流程说明见表5.11。

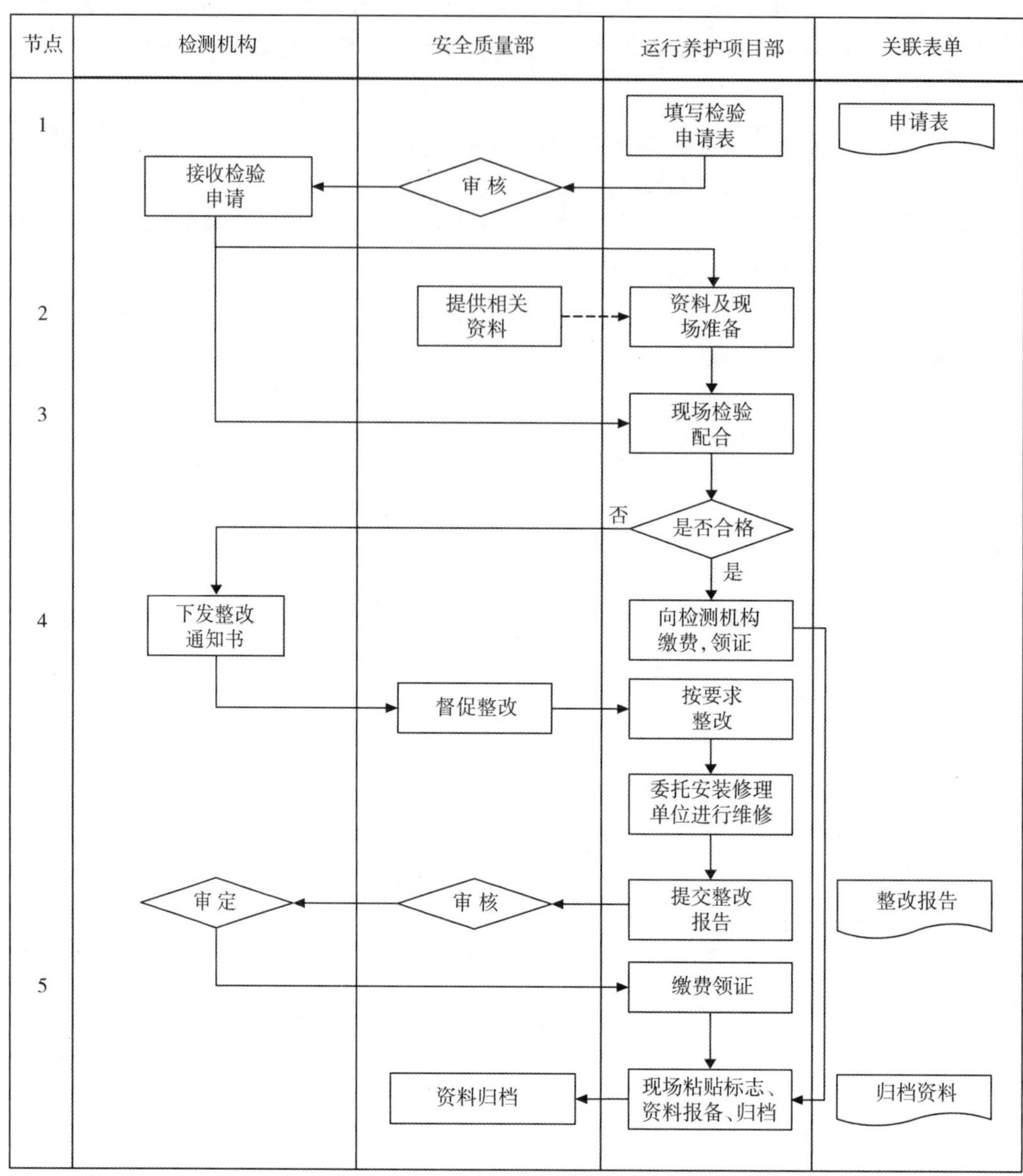

图 5.24 迅翔公司起重机械特种设备定期检验流程图

表 5.11 迅翔公司起重机械特种设备定期检验流程说明

序号	流程节点	责 任 人	工 作 要 求
1	填写检验申请表	运行养护项目部	起重机械检测周期为 2 年。运行养护项目部应在安全检验合格标志有效期届满前 1 个月向检测机构申请监督检验。可从检测机构网站下载“法定检验报验申请表”，按申请表中的设备仪器报验信息填写要求如实填写报验信息
		安全质量部	审核运行养护项目部提交的“法定检验报验申请表”，加盖单位公章后向检测机构申请

续表

序号	流程节点	责任人	工 作 要 求
2	现场检验准备工作	运行养护项目部	接到检测通知后，运行养护项目部经理明确现场配合班组和人员，并做到： 1. 查验上年底“安全检验合格”标志复印件或检验报告； 2. 报验起重机械明细(现场检验时提供给检验人员)； 3. 查验起重机械技术资料、合格证
		安全质量部	配合做好现场检测准备工作
3	现场检测	检测机构	按相关规程进行检测
		运行养护项目部	1. 配合检测人员做好现场检测，并做好记录； 2. 对检测合格的起重机械，由运行养护项目部缴费后领取检验报告和安全检验合格标志
4	不合格设备整改	检测机构	对不合格项发出整改通知书
		运行养护项目部	1. 按整改通知书要求做好整改工作。委托具有相关资质的安装修理单位进行维修。 2. 经运行养护项目部和安装修理单位签字认可后将整改情况报告上报
		安全质量部	审核整改情况报告
		检测机构	检验人员审核确认整改情况报告
5	领证、报备、资料归档	运行养护项目部	经确认合格后，缴费领取检验报告和安全检验合格标志(检验合格标签应贴在设备上)。相关资料报安全质量部
		安全质量部	资料归档

5.8 泵闸工程上、下游河道和堤防

5.8.1 评价标准

泵闸工程上、下游河道无明显淤积或冲刷；两岸堤防完整、完好。

5.8.2 赋分原则(25 分)

(1) 管理范围内泵闸工程上、下游河道冲刷或淤积明显，尚不影响安全，扣 5 分；冲刷或淤积严重，影响运行安全，扣 15 分。

(2) 泵闸工程两岸堤防存在渗漏、塌陷、开裂等现象，每个缺陷扣 2 分，最高扣 10 分。

5.8.3 管理和技术标准及相关规范性要求

《泵站技术管理规程》(GB/T 30948—2021)；

《水利泵站施工及验收规范》(GB/T 51033—2014)；

《混凝土坝养护修理规程》(SL 230—2015)；

《土石坝养护修理规程》(SL 210—2015)；

《上海市水闸维修养护技术规程》(SSH/Z 10013—2017)；

《上海市水利泵站维修养护技术规程》(SSH/Z 10012—2017)；

泵闸工程技术管理细则。

5.8.4 管理流程

1. 概述

(1) 泵闸工程上、下游河道和堤防管护流程涉及的项目较多，编制流程时，应首先梳理管理事项，其中水工建筑物维修养护流程主要包括土工建筑物、石工建筑物、混凝土建筑物及相关配套设施的维修养护流程，除了每季度结合工程检查开展1次日常养护工作以外，一般每年1次定期维修。

(2) 泵闸工程上、下游河道和堤防检查维护过程中，应明确管护责任人，按规定频次进行日常检查、定期检查，必要时应进行特别检查。相关检查流程见第7章第7.2节。

(3) 泵闸工程上、下游河道和堤防管护人员应掌握其维修养护的一般标准，见表5.12。

表 5.12 泵闸工程上、下游河道和堤防维修养护一般标准

序号	项目分类	工 作 标 准
1	正常运用	泵闸水工建筑物应按设计标准运用，当超标准运用时应采取可靠的安全应急措施，报上级主管部门批准后执行
2	管理范围作业活动要求	1. 在泵闸水工建筑物附近，不得进行爆破作业，如有特殊需要应进行爆破作业时，应经上级主管部门批准，并采取必要的保护措施； 2. 在泵闸管理范围内，所有岸坡和各种开挖与填筑的边坡部位及附近，如需进行施工，应采取措施，防止坍塌或滑坡等事故发生； 3. 未经计算及审核批准，禁止在建筑结构物上开孔、增加荷重或进行其他改造
3	浆砌块石翼墙、挡墙	表面应平整，无杂草、杂树、杂物，无坍塌，勾缝完好，无破损、脱落
4	混凝土表面	1. 无破损，表面应保持清洁完好，积水、积雪应及时排除； 2. 门槽、闸墩等处如有苔藓、蚧贝、污垢等应予清除； 3. 闸门槽、底坎等部位淤积的砂石、杂物应及时清除； 4. 底板、消力池范围内的石块和淤积物应结合水下检查定期清除
5	公路桥、工作便桥	1. 公路桥、工作便桥的拱券和工作桥的梁板构件，应保证无裂缝； 2. 公路桥、工作桥和工作便桥桥面应定期清扫，工作桥的桥面排水孔的泄水应防止沿板和梁漫流； 3. 工作桥面无坑塘、拥包、开裂，破损率应小于1%，平整度应小于5 mm(用3 m直尺法测定)； 4. 桥面人行道应符合下列要求： (1) 破损率小于1%； (2) 平整度小于5 mm(用3 m直尺法测定)； (3) 相邻物件高差小于5 mm。 5. 桥面泄水管畅通，无堵塞

续表

序号	项目分类	工作标准
6	上、下游堤防	1. 泵闸工程上、下游堤顶、堤肩和道口平整、坚实，无裂缝及空洞，排水顺畅，堆积物应及时清除； 2. 迎水坡无裂缝、损坏，伸缩缝完好，块石无松动现象，排水顺畅，无杂草、杂树生长或杂物堆放； 3. 背水坡无渗水、漏水、冒水、冒沙、裂缝、塌坡和不正常隆起，无蛇、鼠、白蚁等动物洞穴； 4. 护堤地应做到边界明确，地面平整，无杂物
7	水下部位	1. 位于水下的底板、闸墩、岸墙、翼墙、铺盖、护坦、消力池等部位，应通过水下检查，认定其均无损坏； 2. 门槽、门底预埋件无损坏，无块石、树枝等杂物影响闸门启闭； 3. 底板、闸墩、翼墙、护坦、消力池、消力槛等部位表面无裂缝、异常磨损、混凝土剥落、露筋等； 4. 消力池内无砂石等淤积物； 5. 如发生表层剥落、冲坑、裂缝、止水设施等损坏，应根据水深、部位、面积大小、危害程度等不同情况，选用钢围堰、气压沉柜等设施进行水下修补
8	两岸连接工程	1. 岸墙及上、下游翼墙混凝土无破损、渗漏、侵蚀、露筋、钢筋腐蚀和冻融损坏等；浆砌石无变形、松动、破损、勾缝脱落等；干砌石工程保持砌体完好、砌缝紧密，无松动、塌陷、隆起、底部掏空和垫层流失。 2. 上、下游翼墙与边墩间的永久缝及止水完好、无渗漏；上游翼墙与铺盖之间的止水完好；下游翼墙排水管无淤塞，排水通畅。 3. 上、下游岸坡符合设计要求，顶平坡顺，无冲沟、坍塌；上、下游堤岸排水设施完好；硬化路面无破损
9	防渗、排水设施及永久缝	1. 铺盖无局部冲蚀损坏现象； 2. 消力池、护坦上的排水井(沟、孔)或翼墙、护坡上的排水管应保持畅通，反滤层无淤塞或失效； 3. 岸墙、翼墙、挡土墙上的排水孔及公路桥、工作便桥拱下的排水孔均应保持畅通； 4. 永久缝填充物无老化、脱落、流失现象
10	护栏、栏杆、爬梯、扶梯	护栏、栏杆、爬梯、扶梯等设施表面应保持清洁；当变形、损伤严重，危及使用和安全功能时，应立即予以整修或更新，需喷油漆的应定期喷油漆，室内设施的油漆周期一般3年1次，室外设施的油漆周期一般2年1次
11	电缆沟	1. 盖板齐全、完整，无破损、缺失，安放平稳； 2. 电缆沟无破损、塌陷、沉淀、排水不畅等情况； 3. 电缆沟内支架牢固，无损坏； 4. 电缆沟接地母线及跨接线的接地电阻值应满足要求，对损坏或锈蚀的应进行处理或更新
12	下游连接段	1. 每经过较大过闸流量，以及出闸水流不正常时，应对护坦、海漫、防冲槽及消能工进行养护，及时对损坏部分进行维修； 2. 当水闸大流量过流时，应加强水流形态观察，当下游连接段出现不能均匀扩散、产生波状水跃或折冲水流时，应及时调整闸门开度，保持水流以较为均匀的流态下泄，当局部出现损坏时及时维修养护

续表

序号	项目分类	工 作 标 准
13	进出水池淤积检查	结合河床断面观测进行检查:河床冲刷坑危及防冲槽或河坡稳定时,应立即组织抢修维护,一般可采用抛石或沉排等方法处理;进出水池淤积影响工程效益时,应及时采用人工开挖、机械疏浚或利用泄水结合机具松土冲淤等方法清除
14	防冰冻措施	1. 每年结冰前应准备好冬季防冻、防凌所需的器材,必要时,沿建筑物四周将冰块敲碎,形成0.5~1.0 m的不冻槽,以防止冰块静压力破坏建筑物; 2. 雨雪后应及时清除交通要道与工作桥、便桥等工作场所的积水、积雪; 3. 当下游冰块有壅积现象时,应设法清除,以免冰块潜流至水泵内,损伤水泵叶轮

(4) 泵闸工程上、下游河道和堤防中的保洁流程、绿化管护流程见本章第5.1节。混凝土建筑物维修养护流程参见泵房、闸室维修养护相关流程,见本章5.2节。

本节仅以干砌块石护坡修复作业流程为例进行阐述。

2. 干砌块石护坡修复作业流程

(1) 护坡砌筑时应自下而上进行,确保石块立砌紧密;护坡损坏严重时,应整仓进行修筑。

(2) 砌筑前应按设计要求补充护坡下部流失填料,砌筑材料应符合设计要求。

(3) 水下干砌块石护坡暂不能修补的,可采用石笼网兜的方式进行护脚。

(4) 浆砌块石护坡修复前应将松动的块石拆除并将块石灌浆缝冲洗干净,选择合适的块石进行座浆砌筑。较大的三角缝隙,宜采用混凝土回填。

(5) 为防止修复时上部护坡整体滑动坍塌,可在护坡中间增设1道水平向阻滑齿坎。

(6) 护坡修复操作顺序:测量放线,土方开挖及坡面修整,铺设土工布,碎石垫层铺设,块石干砌。

5.9 管理设施

5.9.1 评价标准

安全监测设施、视频监视设施、警报设施、防汛道路、通信条件、电力供应、管理用房均满足运行管理和防汛抢险要求。

5.9.2 赋分原则(20分)

(1) 安全监测设施设置不足,扣6分。

(2) 视频监视、警报设施设置不足,稳定性、可靠性存在缺陷,扣4分。

(3) 防汛道路路况差、通信条件不可靠、电力供应不稳定,扣6分。

(4) 管理用房存在不足,扣4分。

5.9.3 管理和技术标准及相关规范性要求

《屋面工程技术规范》(GB 50345—2012)；

《屋面工程质量验收规范》(GB 50207—2012)；

《建筑地面工程施工质量验收规范》(GB 50209—2010)；

《建筑装饰装修工程质量验收标准》(GB 50210—2018)；

《建筑工程施工质量验收统一标准》(GB 50300—2013)；

《住宅装饰装修工程施工规范》(GB 50327—2001)；

《普通混凝土用砂、石质量及检验方法标准》(JGJ 52—2006)；

《建筑消防设施检测评定技术规程》(DB 31/T 1134—2019)；

《建筑消防设施的维护管理》(GB 25201—2010)；

《公路养护安全作业规程》(JTG H30—2015)；

《公路养护技术规范》(JTG H10—2009)；

泵闸工程技术管理细则。

5.9.4 管理流程

1. 概述

(1) 泵闸管理设施维护流程包括安全监测设施维护流程、视频监视设施维护流程、警报设施维护流程、防汛道路维护流程、通信设施维护流程、电力供应设施维护流程、管理用房维护流程等，其维护流程详细内容可参照相应的规程编制。

(2) 本节仅以混凝土防汛道路维护流程为例进行阐述。

2. 混凝土防汛道路维护流程

(1) 确定混凝土路面的维修养护方式。

①混凝土路面出现宽度小于等于 3 mm 的轻微裂缝时，可采取扩缝灌缝的方法处理；

②混凝土路面出现宽度大于 15 mm 的严重裂缝时，可采用全深度局部修补；

③混凝土路面出现表面破损、露骨时，可采用 HC-EPM 环氧修补砂浆对路面进行修补；

④混凝土路面出现路面跑砂、骨料裸露时，可采用 HC-EPC 水性环氧层修补砂浆进行修补。

(2) 施工准备。施工前期应做好施工技术准备及现场施工人员、机械、材料准备。

(3) 路面凿除与清理。人工按要求凿除需要凿除的路面并清理干净，做到表面坚实、平整，不得有浮石、粗集料集中等现象。

(4) 测量放样。以未破损路面为基准面测量放样。

(5) 路面浇筑前人工找平。施工前先检查整修原基层，对于高低不平及凹坑处采用人工找补平整，确定出浇筑的位置线后进行混凝土浇筑。

(6) 路面浇筑。

①路基土采用轻型击实标准，基土面不得有翻浆、弹簧、积水等现象，地基土压实度大于等于 0.90。

②碎石垫层压实干密度不小于 21 kN/m。

③C30 混凝土面层浇筑不宜在雨天施工；低温、高温和施工遇雨时应采取相应的技术措施；缩缝采用锯缝法成缝，间距 4～5 m，缝宽 5～8 mm，缝深 5 mm。如天气干热或温差过大，可先隔 3～4 块板间隔锯缝，然后逐块补锯；缩缝锯割完成后，必须进行清缝。最后灌注沥青料进行封缝。

(7) 养护。混凝土路面水平表面采用覆盖塑料薄膜加盖草包等材料的方式进行养护，使混凝土在一定时间内保持湿润；对已浇筑的混凝土路面专人做好养护和保护，特别要加强对棱角和凸出部位的保护。

(8) 质量检验。混凝土路面修护完成后，其混凝土强度符合原设计标准及相关要求。

(9) 现场清理。

(10) 资料整理归档。

迅翔公司混凝土防汛道路维护流程图见图 5.25。

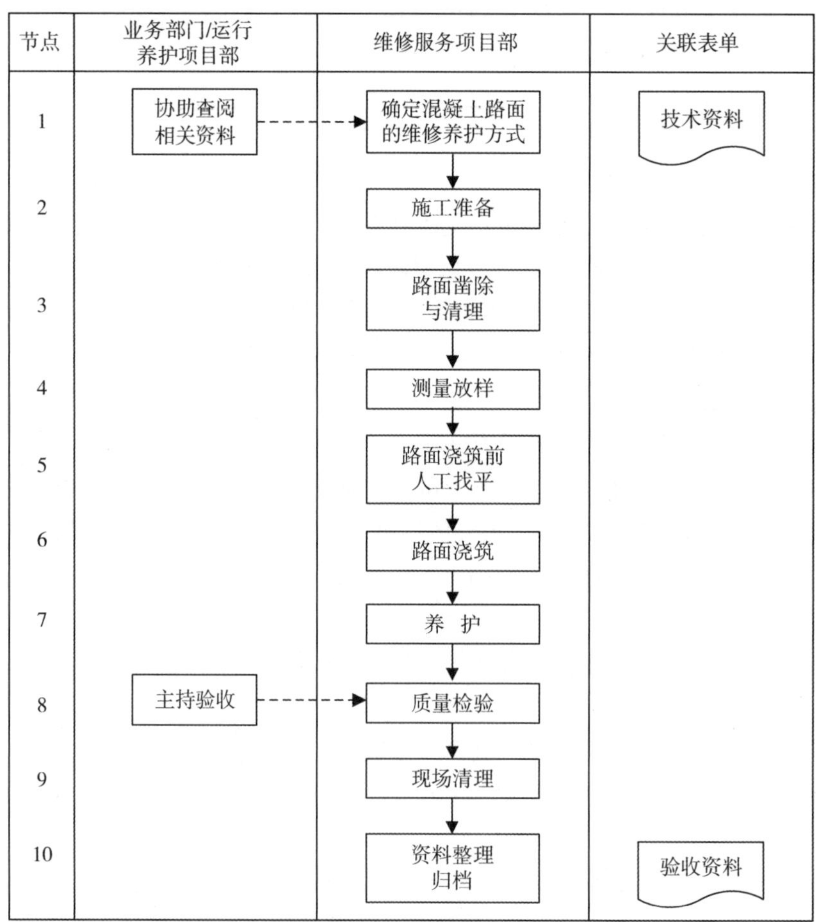

图 5.25　迅翔公司混凝土防汛道路维护流程图

5.10 标志标牌

5.10.1 评价标准

工程管理区域内设置必要的工程简介牌、责任人公示牌、安全警示标牌、通航告示等标牌，内容准确清晰，设置合理。

5.10.2 赋分原则(10 分)

(1) 工程简介、保护要求、宣传标识内容错乱、模糊，扣 4 分。

(2) 责任人公示牌内容不实、损坏模糊，扣 3 分。

(3) 安全警示标牌布局不合理、埋设不牢固，扣 3 分。

5.10.3 管理和技术标准及相关规范性要求

《安全色》(GB 2893—2008)；

《安全标志及其使用导则》(GB 2894—2008)；

《公共信息图形符号　第 1 部分：通用符号》(GB/T 1000.1—2012)；

《图形符号　术语》(GB/T 15565—2020)；

《公共信息导向系统　设置原则与要求　第 1 部分：总则》(GB/T 15566.1—2020)；

《标志用图形符号表示规则　公共信息图形符号的设计原则与要求》(GB/T 16903—2021)；

《消防安全标志　第 1 部分：标志》(GB 13495.1—2015)；

《消防安全标志设置要求》(GB 15630—1995)；

《工作场所职业病危害警示标识》(GBZ 158—2003)；

《道路交通标志和标线　第 2 部分：道路交通标志》(GB 5768.2—2022)。

5.10.4 标志标牌项目实施流程

1. 概述

(1) 在编制泵闸工程标志标牌项目的实施流程时，应明确标志标牌管理责任人。要按区域、分门类落实，谁主管谁负责，明确使用人、责任人。

(2) 运行养护项目部应对泵闸厂房内部、外部(含管理区)的标志标牌按名称、功能、数量、位置统一登记建册，有案可查。

(3) 应编制标志标牌日常检查和定期检查流程，重要标志标牌应明确每天巡场检查交接流程，一般性标志标牌至少每月检查 1 次；防汛防台期间一些警示标识应明确专人检查落实。

(4) 标志标牌项目实施流程中，应明确管护标准。运行养护项目部在进行标志标牌维护时，应确保外观精美，表面无螺钉、划痕、气泡及明显的不均匀颜色，烤漆无明显色差。所有标识系统的图形应符合《公共信息图形符号　第 1 部分：通用符号》(GB/T

1000.1—2012)的规定要求，标识系统本体的各种金属型材、部件，连同内部型钢骨架，应满足国家有关设计要求，保证强度，收口处应做防水处理。当发现标志标牌有倾斜、破损、变形、变色、字迹不清、立柱松动倾斜、油漆脱落等问题时，应做好记录，及时维修，并向管理单位报告。

(5) 在日常保养过程中，对不同材质的标志标牌，应采取不同的保养措施。木材应落实防腐措施；亚克力材需要注意清洁、打蜡、黏合和抛光；石材需要防止开裂；铝合金标牌需要擦拭和打蜡。

(6) 标志标牌项目实施流程中的质量安全要求，详见河海大学出版社出版的《泵闸工程目视精细化管理》一书。

2. 标志标牌项目实施流程

迅翔公司泵闸工程标志标牌项目实施流程图见图 5.26。

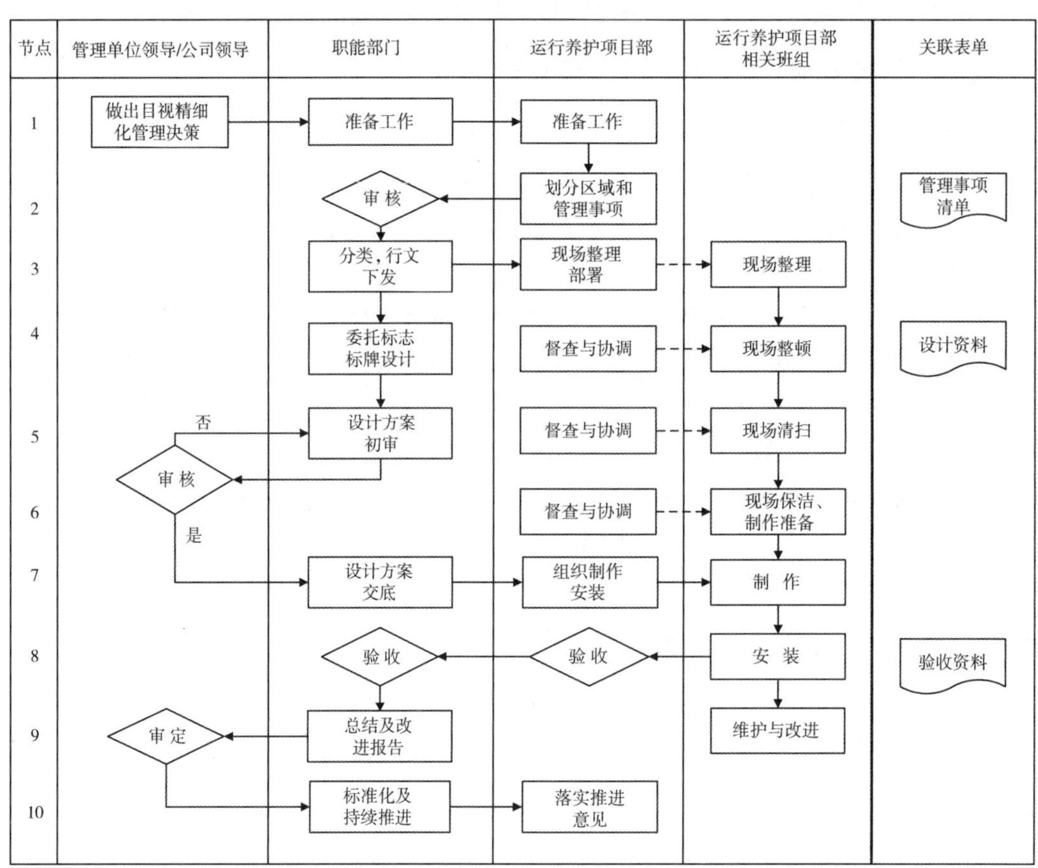

图 5.26　迅翔公司泵闸工程标志标牌项目实施流程图

5.11　泵闸设备日常管护、建筑物和设备等级评定

5.11.1　评价标准

所有设备均应建档挂卡(记录责任人、设备评定等级、评定日期等情况)；按规定进行

设备安全检测、建筑物和设备等级评定；设备完好率等技术经济指标符合《泵站技术管理规程》(GB/T 30948—2021)等规定。

5.11.2 赋分原则(10 分)

(1) 设备建档挂卡不全，每项扣 1 分，最多扣 3 分。

(2) 未按规定进行设备安全检测、建筑物和设备等级评定，扣 4 分。

(3) 建筑物和设备完好率达不到规定指标，每少 1%扣 0.5 分，最多扣 3 分。

5.11.3 管理和技术标准及相关规范性要求

《泵站技术管理规程》(GB/T 30948—2021)；

《电力安全工作规程　发电厂和变电站电气部分》(GB 26860—2011)；

《泵站现场测试与安全检测规程》(SL 548—2012)；

《水闸技术管理规程》(SL 75—2014)；

《水利水电工程闸门及启闭机、升船机设备管理等级评定标准》(SL 240—1999)；

《水工钢闸门和启闭机安全检测技术规程》(SL 101—2014)；

《电力变压器运行规程》(DL/T 572—2021)；

《继电保护和安全自动装置运行管理规程》(DL/T 587—2016)；

《电力系统继电保护及安全自动装置运行评价规程》(DL/T 623—2010)；

《电力系统用蓄电池直流电源装置运行与维护技术规程》(DL/T 724—2021)；

《互感器运行检修导则》(DL/T 727—2013)；

《高压并联电容器使用技术条件》(DL/T 840—2016)；

《上海市水闸维修养护技术规程》(SSH/Z 10013—2017)；

《上海市水利泵站维修养护技术规程》(SSH/Z 10012—2017)；

泵闸工程技术管理细则。

5.11.4 管理流程

1. 概述

(1) 编制泵闸设备日常管理流程应分类统计梳理所有设备，明确管理责任人。所有设备均应建档挂卡(记录责任人、设备评定等级、评定日期等情况)；主要设备应布置设备揭示图并张贴上墙。

(2) 泵闸设备按规范要求进行安全检测，泵闸建筑物和主要设备按规定的项目、频次和要求分别进行等级评定。

(3) 泵闸运行维护企业应配合管理单位根据《泵站技术管理规程》(GB/T 30948—2021)，明确建筑物完好率、设备完好率、泵站效率、能源单耗、供排水成本、供排水量、安全运行率、财务收支平衡率等 8 项技术经济指标要求。

2. 设备台账管理流程编制要求

(1) 台账目录、格式应统一制订。

(2) 设备台账应分类建立。设备包括新设备、旧设备。泵闸设备有主变压器、站用变压器、断路器、电流互感器、电压互感器、避雷器、电容器、电力电缆、蓄电池、控制屏、保护屏、组合开关、防误锁装置、电度表屏等。

(3) 台账基础资料应健全,包括设备型号、出厂编号、出厂日期、生产厂家、主要技术参数、投运日期、设备铭牌。

(4) 设备检修揭示图表编制完成。设备检修揭示图表内容包括主要机电设备(含主机组、闸门启闭机)的规格型号、制造时间、安装时间、投运时间、大修养护周期、检测试验周期及设备评级等内容。

(5) 设备台账技术资料应健全。设备台账技术资料包括:设备安装竣工后所移交的全部文件、检修后移交的文件、设备维护大事记、试验记录、油处理及加油记录、评级记录、日常部件检查及设备管路等维护记录、设备运行事故及异常运行记录。

3. 泵闸设备缺陷管理流程

迅翔公司泵闸设备缺陷管理流程图见图 5.27,迅翔公司泵闸设备缺陷管理流程说明见表 5.13。

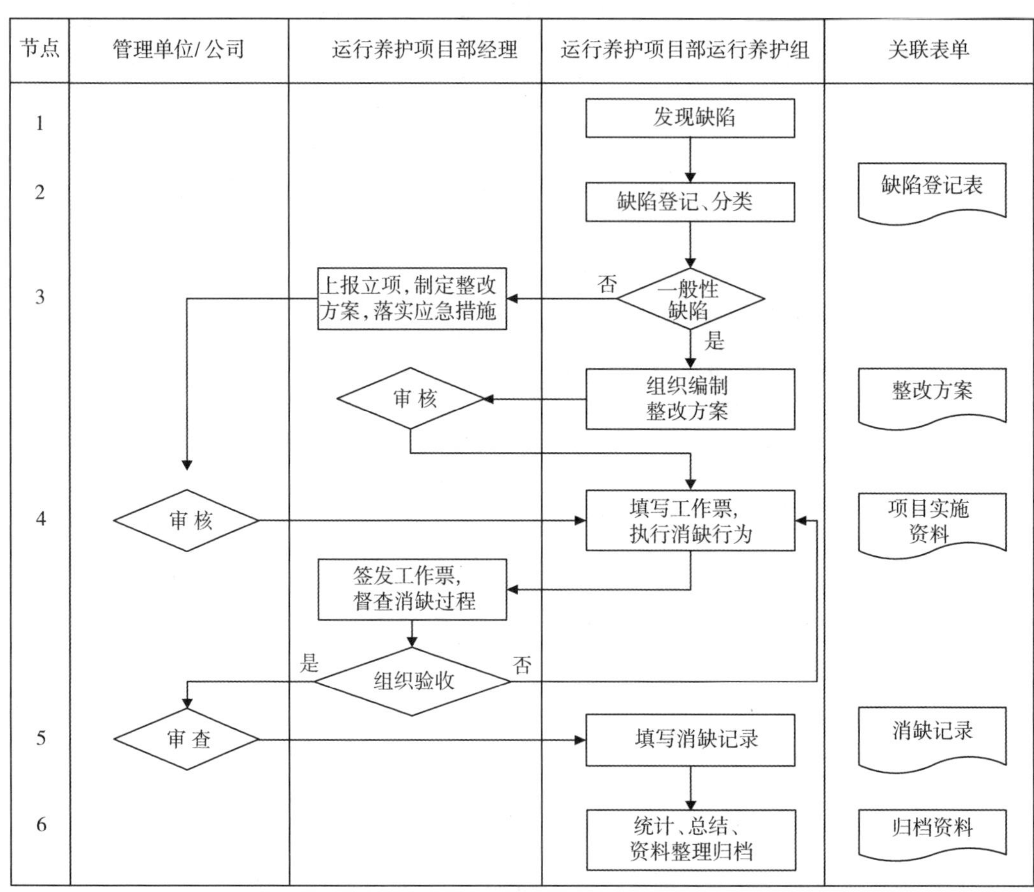

图 5.27　迅翔公司泵闸设备缺陷管理流程图

表 5.13 迅翔公司泵闸设备缺陷管理流程说明

序号	流程节点	责任人	工作要求
1	发现缺陷	运行值班人员	1. 投入使用的运行或备用设备、设施出现异常，即结构、性能、参数、标识等偏离原设计标准或规范要求，存在影响安全、经济运行或文明生产的状态，称为设备缺陷，如： (1) 设备或系统部件损坏造成设备安全可靠性降低或可能被迫停运； (2) 设备或系统的部件失效，造成渗漏； (3) 设备或系统的部件失效，造成运行参数长期偏离正常值、接近报警值或频繁报警； (4) 设备或系统的状态指示、参数指示与实际不一致； (5) 由于设备本身或保护装置引起的误报警、误动或不报警、拒动，控制系统失去联锁、误启动或拒启动； (6) 设备或部件的操作性能下降，动作迟缓甚至操作不了； (7) 设备运转时存在异常、振动和发热现象。 2. 运行值班人员是检查、发现设备缺陷的直接责任人，应定时认真巡视设备，及时发现缺陷并报告值班长，值班长确认为设备缺陷后由运行值班人员填写设备缺陷管理记录；运行值班人员参与设备缺陷消除后的质量验收工作，对其巡视检查后设备的安全运行负责
		运行值班长	值班长是当班现场检查、发现设备缺陷的第一责任人，应督促全体当班人员执行设备缺陷管理制度，定时巡视设备，随时了解设备的运行情况；当发现设备缺陷时应及时通知有关人员处理，对严重缺陷或重大缺陷还应及时汇报项目部经理、业务部门，同时向当班人员交代做好防止缺陷扩大的措施，做好事故预防；值班长应将设备缺陷的发现和消除情况详细记录于值班长值班记录中
2	缺陷登记、分类	运行养护项目部运行养护组	运行养护班组在日常管理中发现设备缺陷时，应对所有缺陷都进行登记，包括人工巡视发现的缺陷或监测装置显示的缺陷以及运行值班人员、维护专业人员、生产管理人员等发现的缺陷，设备缺陷登记包括发现人员、时间、缺陷描述、鉴定、分类等。 1. 一类设备缺陷(重大设备缺陷)：影响泵组、闸门启闭机、主变压器等安全运行，处理时需停机、停电或采取特殊运行方式才能消除的缺陷；危及设备正常运行，若不及时处理将导致泵组、闸门启闭机、主变压器、主要辅助设备障碍或事故的缺陷。 2. 二类设备缺陷：影响泵组、闸门启闭机、主变压器等安全运行，处理时需停用公用系统或采取特殊运行方式，停用主要辅助设备并降低安全运行可靠性的缺陷。 3. 三类设备缺陷：随时通过倒换、停用设备可以消除的缺陷以及对机组安全运行无影响，但处理时应停机、停用公用系统或采取特殊运行方式，停用主要辅助设备才能消除的缺陷。 4. 四类设备缺陷：对主要辅助设备无直接影响，并随时可以消除的缺陷

续表

序号	流程节点	责任人	工作要求
3	缺陷上报	运行养护项目部	针对非一般性设备缺陷，发现人应立即通知当班值班长，值班长应在 30 min 内报告项目部经理；针对一般性设备缺陷，值班长应组织编制整改方案；项目部经理对一类、二类设备缺陷应及时上报，组织制定整改方案，落实应急措施并做好一般性设备缺陷整改方案的审核和上报工作
4	缺陷整改	运行养护项目部/维修服务项目部	1. 对于一般设备缺陷，相关专业人员应在 48 h 之内消除缺陷并经值班人员签字验收； 2. 对于较大设备缺陷，维修服务项目部在接到通知后，应立即赶到现场，确定处理方案，联系停机停电处理，如不具备处理条件，应制定预防设备事故发生或缺陷扩大的书面措施，经公司业务部门审核和公司分管领导审批后执行； 3. 由于各种原因不能及时消除的设备缺陷，应向业务主管部门申请缺陷待消，并注明检查情况、申请待消原因、采取的措施及计划消缺时间； 4. 对于待消缺陷应认真做好统计，运行、维护人员每日应加强待消缺陷的检查、监视，做好防止缺陷发展的防范措施和事故预想； 5. 对于需要办理消缺工作票的事项，应填写工作票
		运行养护项目部经理	较大设备缺陷应及时上报业务主管部门和管理单位，并负责审核一般缺陷的整改方案；对于需要办理消缺工作票的事项，应签发工作票
		业务主管部门	1. 业务主管部门接到有关设备缺陷待消申请后应批复意见； 2. 业务主管部门应将待消设备缺陷列入大、小修工作计划，使设备缺陷在检修期内得到消除
		管理单位	1. 负责审核重大设备缺陷的整改方案，及时向上级主管部门汇报； 2. 组织申报设备维修项目整改
5	验收、消缺	运行养护项目部经理	负责设备缺陷整改情况验收，重大设备缺陷整改项目需由管理单位或管理单位上级主管部门组织验收
		管理单位/公司	负责审查设备缺陷消缺结果
6	资料归档	运行养护项目部	1. 负责填写设备缺陷消缺记录，资料整理归档； 2. 定期进行设备缺陷总结，总结应包括设备缺陷的分类统计、原因分析、消缺情况以及改进措施等，总结应逐级上报备案

4. 泵闸设备评级流程

迅翔公司泵闸设备评级流程图见图 5.28，迅翔公司泵闸设备评级流程说明见表 5.14。

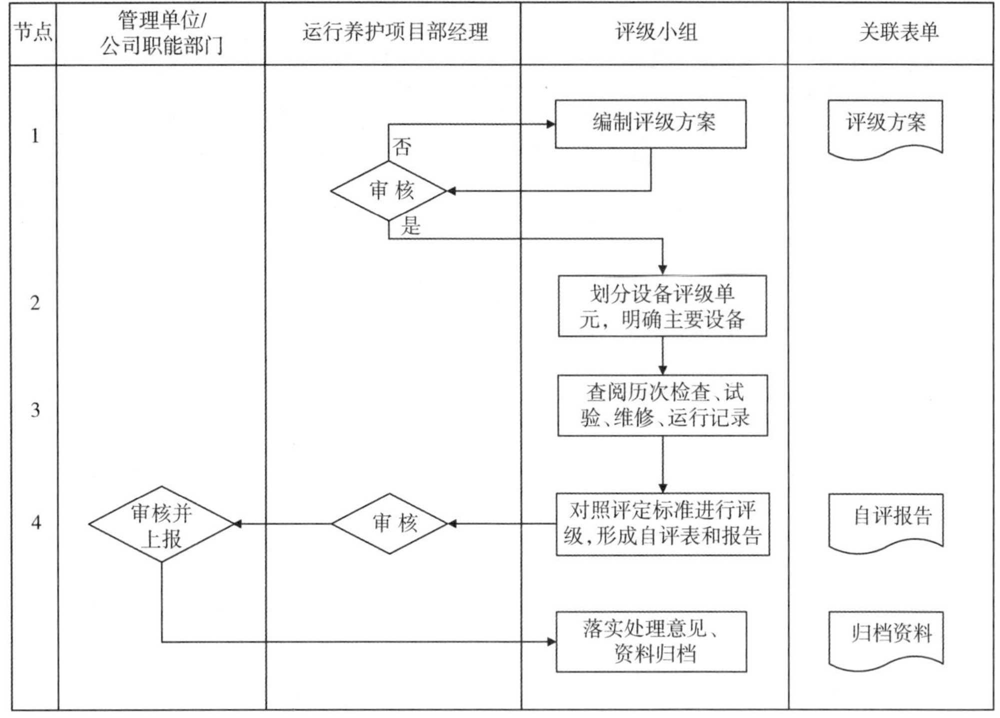

图 5.28　迅翔公司泵闸设备评级流程图

表 5.14　迅翔公司泵闸设备评级流程说明

序号	流程节点	责 任 人	工 作 要 求
1	编制方案	运行养护项目部	1. 运行养护项目部组织编制设备评级方案，报管理单位/公司职能部门审核；设备评级参照《水闸技术管理规程》(SL 75—2014)、《泵站技术管理规程》(GB/T 30948—2021)、《水利水电工程闸门及启闭机、升船机设备管理等级评定标准》(SL 240—1999)和工程评级作业指导书要求进行。 2. 泵站设备等级评定周期为1年，水闸设备评级周期为1～4年，设备超期运行或主要设备等级为三类时，应每年评定1次；设备在发生重大事故或超标准运行时，当年应评定1次；凡遇设备大修时，应结合大修进行全面评级；非大修年份应结合设备运行状况和维护保养情况进行相应的评级；设备更新后，应及时进行评级；设施设备发生重大故障、事故经修理投入运行的次年应进行评级；凡有以下情况之一，设备不参加评级： (1) 进行更新改造时； (2) 单项设备发生重大事故的当年。 3. 泵站设施设备评级范围应包括主机组、电气设备、辅助设备和金属结构、计算机监控系统等设备，水闸设备主要对闸门和启闭机进行评级。 4. 泵闸设备评级可结合定期检查进行，凡有以下情况之一，设备不参加评级： (1) 单位工程投入运行不满3年； (2) 单位工程的单项设备发生重大事故未满3年； (3) 闸门、启闭机无安装质量评定证书
		管理单位/公司职能部门	对评级方案进行审核

续表

序号	流程节点	责任人	工作要求
2	单元划分	运行养护项目部	1. 管理单位对照评级标准，划分设备评定单元，明确主要设备； 2. 设备主要划分为主水泵、主电动机、主变压器、高压开关设备、低压电器、直流装置、保护和自动装置、辅助设备、监控系统、闸门等
3	自　评	评级小组	1. 成立评级小组(由管理单位和运行养护项目部人员组成)。 2. 评级小组对照评级标准核定评级表式。 3. 对照评级表式，查阅定期检查情况、试验记录、维修记录、运行情况、观测资料等历次设备检查、试验、维修、运行记录。 4. 泵站评级划分为一类、二类、三类、四类，形成自评报告。 (1) 一类设备：主要参数满足设计要求，技术状态良好，能保证安全运行； (2) 二类设备：主要参数基本满足设计要求，技术状态基本完好，某些部件有一般性缺陷，仍能安全运行； (3) 三类设备：主要参数达不到设计要求，技术状态较差，主要部件有严重缺陷，不能保证安全运行； (4) 四类设备：达不到三类设备标准以及主要部件符合报废或淘汰标准的设备。 5. 闸门及启闭机设备评级工作按评级单元、单项设备和单位工程3项逐级评定，其中单位工程按下列标准评定一类、二类、三类单位工程： (1) 一类单位工程：单位工程中的单项设备70%及以上评为一类设备，其余均为二类设备； (2) 二类单位工程：单位工程中的单项设备70%及以上评为一类、二类设备； (3) 三类单位工程：达不到二类单位工程者
4	审核上报及落实评定意见	评级小组/运行养护项目部经理/管理单位/公司职能部门	1. 评级小组逐项评级、汇总，形成自检报告。 2. 运行养护项目部经理审核自评结果，上报管理单位/公司职能部门。 3. 管理单位/公司职能部门应对设备评级评定结果进行审核并上报管理单位的上级业务部门核定。设备评定报告内容包括： (1) 工程概况； (2) 评定范围； (3) 评定工作开展情况； (4) 评定结果； (5) 存在问题与措施； (6) 设备评级表。 4. 单项设备被评为三类的应限期整改；单项设备被评为四类的，在限期整改的同时，向上级申请开展安全鉴定
		管理单位的上级业务部门	审查核定评级报告
		运行养护项目部	根据评级结果落实处理意见，包括现场设备挂牌等。同时，将资料整理归档

5. 泵站建筑物评级流程

迅翔公司泵站建筑物评级流程图见图5.29，迅翔公司泵站建筑物评级流程说明见表5.15。

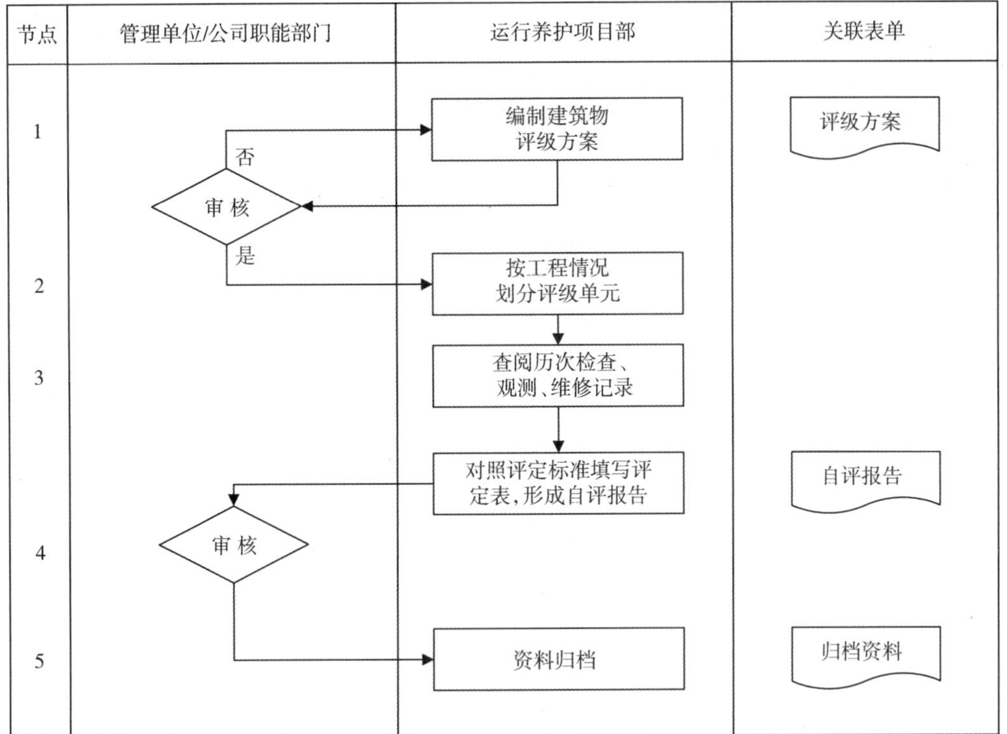

图 5.29 迅翔公司泵站建筑物评级流程图

表 5.15 迅翔公司泵站建筑物评级流程说明

序号	流程节点	责 任 人	工 作 要 求
1	编制方案	运行养护项目部	1. 运行养护项目部组织编制建筑物评级方案,报管理单位/公司职能部门审核; 2. 每 1～2 年对泵站建筑物进行 1 次评级,建筑物出现重大险情时,应提前进行评级; 3. 评级范围应包括泵站建筑物本体,进出水流道,进出水池,上、下游翼墙,附属建筑物,上、下游引河,护坡等部分
		管理单位/公司职能部门	对评级方案进行审核
2	工程划分	运行养护项目部	运行养护项目部评定小组按工程情况、功能划分评级单元工程,主要包括泵站厂房、进出水池、流道、水闸等
3	自评	运行养护项目部	运行养护项目部评定小组查阅历次检查、观测、维修记录,对照《泵站技术管理规程》(GB/T 30948—2021)进行建筑物评级,形成自评报告。 建筑物等级分四类,其中三类和四类建筑物为不完好建筑物。主要建筑物等级评定应符合下列规定: 1. 一类建筑物:运用指标能达到设计标准,无影响正常运用的缺陷,按常规养护即可保证正常运用; 2. 二类建筑物:运用指标基本达到设计标准,建筑物存在一定损坏,经维修后可正常运用;

续表

序号	流程节点	责任人	工作要求
3	自评	运行养护项目部	3. 三类建筑物:运用指标达不到设计标准,建筑物存在严重损坏,经除险加固后才能正常运用; 4. 四类建筑物:运用指标无法达到设计标准,建筑物存在严重安全问题,需降低标准运用或报废重建
		运行养护项目部经理	1. 建筑物逐项评级、汇总,形成自检报告。 2. 运行养护项目部经理审核自评结果,上报管理单位/公司职能部门。管理单位应将建筑物评级结果上报上级主管部门核定。泵站建筑物评级报告内容包括: (1) 工程概况; (2) 评级范围; (3) 评级工作开展情况; (4) 评级结果; (5) 存在问题与措施; (6) 建筑物评级表
4	审定	管理单位/公司职能部门	审定运行养护项目部评级报告
5	审定	运行养护项目部	落实评级处理意见并将资料归档

6. 泵闸工程定级流程

迅翔公司泵闸工程定级流程图见图 5.30,迅翔公司泵闸工程定级流程说明见表 5.16。

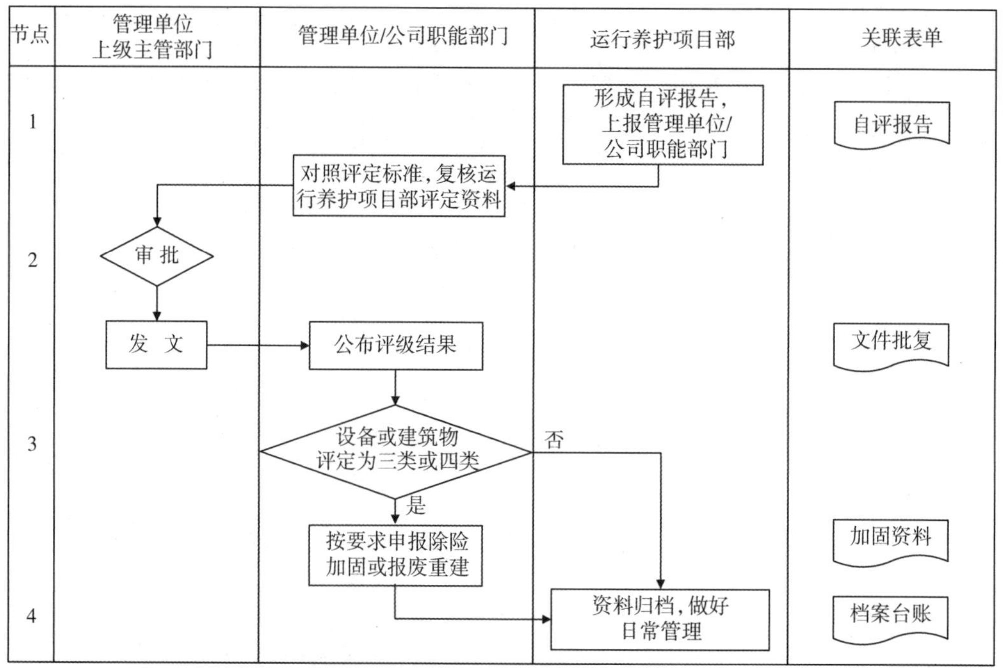

图 5.30 迅翔公司泵闸工程定级流程图

表 5.16　迅翔公司泵闸工程定级流程说明

序号	流程节点	责任人	工作要求
1	上报自评报告	运行养护项目部	初评建筑物或设备等级，上报管理单位/公司职能部门
		管理单位/公司职能部门	对照评级标准，复核运行养护项目部评定资料，形成自评报告，上报管理单位上级主管部门
2	审定	管理单位上级主管部门	组织评定专家组对照评定标准，复核管理单位评定资料，核定工程机电设备、泵站建筑物等级，提出管理意见并发文批复
		管理单位/公司职能部门	公布评定结果
3	问题处理	管理单位/运行养护项目部	1. 对于核定为三类建筑物的，管理单位应组织上报除险加固项目处理；核定为四类建筑物的，应降低标准使用或报废重建。 2. 管理单位及运行养护项目部技术人员通过设备和工程评级，应熟悉所管工程及设备存在的缺陷，加强设备及工程缺陷管理。 (1) 应设立“泵站建筑物缺陷登记簿”和“设备缺陷登记簿”。运行养护项目部技术人员负责泵站建筑物的缺陷登记，项目部设备责任人负责设备的缺陷登记。 (2) 缺陷登记应对缺陷情况、发现人员、时间、维修人员、消除缺陷的时间、消缺方法、结果以及遗留问题等详细记载。 (3) 发现泵站建筑物或设备缺陷时，应采取必要的处理措施；运行养护项目部对于发现的一般缺陷，应及时消除并做好记录；事故性缺陷、重大缺陷应立即报告管理单位，管理单位应立即向上级汇报，并组织抢修人员进行处理，必要时可请求专业单位协助抢修，使缺陷及时得到处理；对暂时不能消除的缺陷，应及时记录，并采取必要措施，制定相应的预案，防止缺陷发展与扩大
4	资料归档及日常管理	运行养护项目部	项目部将评级资料整理归档，做好建筑物或设备日常管理

7. 泵站建筑物及设备完好率计算流程

迅翔公司泵站建筑物及设备完好率计算流程图见图 5.31，迅翔公司泵站建筑物及设备完好率计算流程说明见表 5.17。

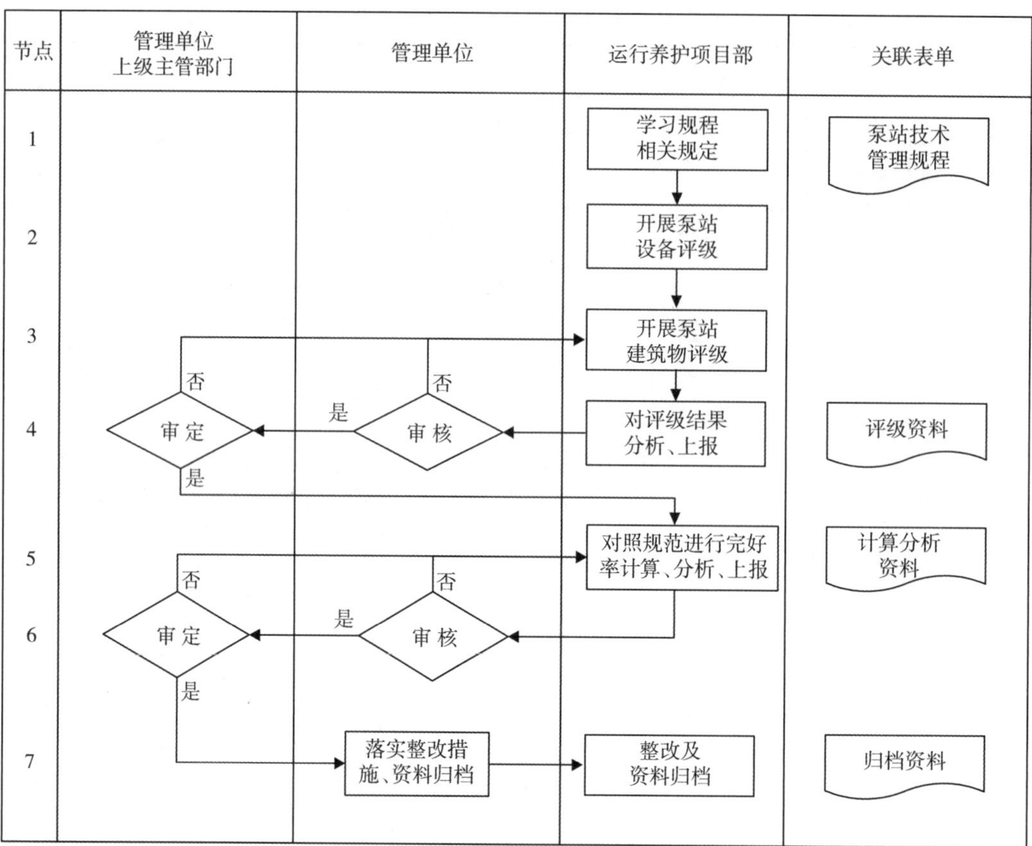

图 5.31　迅翔公司泵站建筑物及设备完好率计算流程图

表 5.17　迅翔公司泵站建筑物及设备完好率计算流程说明

序号	流程节点	责 任 人	工　作　要　求
1	学习规程相关规定	运行养护项目部	组织运行管理人员学习《泵站技术管理规程》(GB/T 30948—2021)关于工程及设备完好率的相关规定。泵站建筑物完好率应达到 85%以上，其中主要建筑物的等级不低于二类建筑物标准。泵站主要建筑物包括主厂房、进出水建筑物、流道(管道)、涵闸等。设备完好率不低于 90%，其中主要设备的等级应不低于二类设备标准。泵站主要设备包括主水泵、主电动机、主变压器、高压开关设备、低压电器、直流装置、保护和自动装置、辅助设备、压力钢管、闸门、拍门及启闭设备等
2	设备评级	运行养护项目部	按泵闸设备评级指导书要求进行评级
3	建筑物评级	运行养护项目部	按泵闸建筑物评级指导书要求进行评级

续表

序号	流程节点	责任人	工作要求
4	评级结果认定	运行养护项目部	对评级结果进行分析、汇总、上报
		管理单位	审核评定结果并上报
		管理单位上级主管部门	对评级结果进行审定
5	完好率计算	运行养护项目部	1. 建筑物完好率计算，其计算公式为： $Kjz=(Nwj / Nj)\times 100\%$ 式中：Kjz——建筑物完好率，即完好的建筑物数(完好建筑物是指达到一类或二类标准)与建筑物总数的百分比； Nwj——完好的建筑物数； Nj——建筑物总数。 2. 设备完好率计算，其计算公式为： $Ksb=(Nws / Ns)\times 100\%$ 式中：Ksb——设备完好率，即泵站机组完好的台套数(完好台套数是指不低于二类设备标准)与总台套数的百分比； Nws——机组完好的台套数； Ns——机组总台套数。 3. 计算结果分析、汇总、上报
6	审查计算结果	管理单位	审核计算结果，对达不到完好率要求的建筑物和设备提出整改措施
		管理单位上级主管部门	审定计算结果，对达不到完好率要求的建筑物和设备提出整改要求
7	整改及资料归档	管理单位	组织对达不到完好率要求的建筑物和设备进行整改，并将相关资料归档
		运行养护项目部	做好达不到完好率要求的建筑物和设备整改工作，并将相关资料归档

第6章

泵闸工程安全管理流程

水利部在《关于推进水利工程标准化管理的指导意见》(水运管〔2022〕130号)中针对水利工程安全管理工作明确指出:工程按规定注册登记,信息完善准确、更新及时;按规定开展安全鉴定,及时落实处理措施;工程管理与保护范围划定并公告,重要边界界桩齐全明显,无违章建筑和危害工程安全活动;安全管理责任制落实,岗位职责分工明确;防汛组织体系健全,应急预案完善可行,防汛物料管理规范,工程安全度汛措施落实。

本章依据水利部《水利工程标准化管理评价办法》要求,参照"上海市市管水闸(泵站)工程标准化管理评价标准"(总分1 000分),以迅翔公司负责运行维护的上海市市管泵闸组合式工程实例,阐述泵闸工程安全管理流程的设计和优化要点。

本章阐述的泵闸工程安全管理流程是水利工程标准化管理评价的重要内容,共6大项230分,包括注册登记、工程划界、保护管理、安全鉴定、防汛管理、安全生产等。

6.1 注册登记

6.1.1 评价标准

注册登记应按照《水闸注册登记管理办法》(水运管〔2019〕260号)要求完成;登记信息完整准确,更新及时。

6.1.2 赋分原则(30分)

(1) 未按规定注册登记,此项不得分。

(2) 注册登记信息不完整、不准确,存在虚假或错误问题等,扣20分。

(3) 注册登记信息变更不及时,信息与工程实际存在差异,扣10分。

6.1.3 管理和技术标准及相关规范性要求

《水闸注册登记管理办法》(水运管〔2019〕260号);

泵闸工程相关设计、建设批复文件,工程技术管理细则。

6.1.4 工作流程

(1) 泵闸工程管理单位应通过水闸注册登记管理系统,采用网络申报方式,按规定完成注册登记。水闸注册登记需履行申报、审核、登记、发证等程序。

(2) 泵站运行维护企业应配合管理单位，按照《水闸注册登记管理办法》(水运管〔2019〕260号)完成注册登记；登记信息完整准确，更新及时。

(3) 水闸注册登记由申请注册登记单位向注册登记机构提供以下材料(1式2份)：

①水闸注册登记表；

②管理单位法人登记证复印件；

③工程建设立项文件复印件；

④工程竣工验收鉴定书复印件；

⑤水闸安全鉴定报告书或由具备该等级水闸设计资质的勘测设计单位出具的工程安全评估意见；

⑥病险水闸限制运用方案审核备案文件；

⑦河道上新建水闸工程应提供有管辖权的水行政主管部门或流域机构审批的综合规划审查意见；

⑧水闸全景照片。

(4) 已注册登记的水闸，若水闸管理单位的隶属关系发生变化，或者因加固、扩建、改建、降等而导致水闸的主要技术经济指标发生变化，水闸管理单位应在3个月内，通过水闸注册登记管理系统办理变更事项登记。

(5) 经主管部门批准报废的水闸，管理单位应在3个月内通过水闸注册登记机构申请办理注销登记。注销审核工作应在15个工作日内完成。

(6) 上海市市管水闸注册登记工作流程图见图6.1。

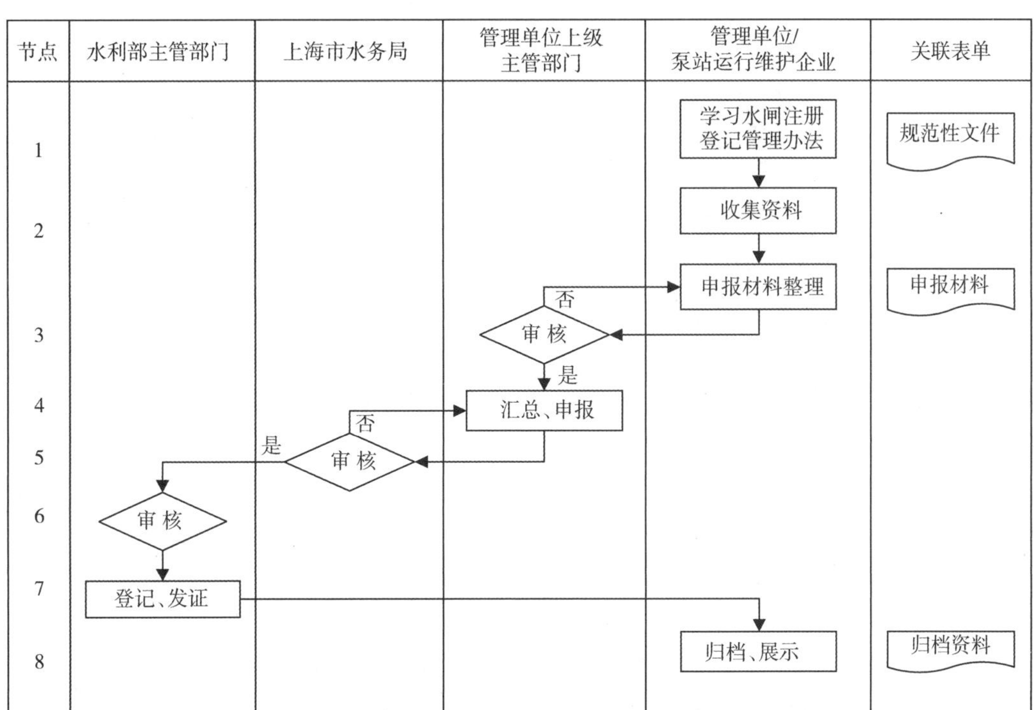

图6.1 上海市市管水闸注册登记工作流程图

6.2 工程划界

6.2.1 评价标准

工程管理范围和保护范围按照规定划定，管理范围设有界桩（实地桩或电子桩）和公告牌，保护范围和保护要求明确；管理范围内土地使用权属明确。

6.2.2 赋分原则(35 分)

（1）未完成工程管理范围划定，此项不得分。

（2）工程管理范围界桩和公告牌设置不合理、不齐全，扣 10 分。

（3）工程保护范围划定率不足 50%扣 10 分，未划定扣 15 分。

（4）土地使用证领取率低于 60%，每低 10%扣 2 分，最高扣 10 分。

6.2.3 管理和技术标准及相关规范性要求

《上海市防汛条例》(2021 年 11 月 25 日上海市第十五届人民代表大会常务委员会第三十七次会议修正)；

《上海市河道管理条例》(2022 年 10 月 28 日上海市第十五届人民代表大会常务委员会第四十五次会议修正)；

《关于本市市管河道及其管理范围的规定》(沪府办规〔2018〕10 号)。

6.2.4 管理流程

1. 明确管理和保护范围，做好确权划界工作

工程管理与保护范围划定并公告，重要边界界桩齐全明显；对确权范围现状重新进行调查测量，并建立完善管理单位水工程确权范围及界桩电子文本，管理范围内土地使用权属明确，与国土管理部门确权发证进行电子文本文档对接，划界成果纳入“国土一张图”。

2. 按照确权划界流程要求，加强泵闸工程空间管控

遵守法律法规。根据国家法律、法规、规章及行业管理规定，与相关规划衔接，建立“定位清晰、分类保护、功能互补、管控得力”的泵闸工程空间管控体系，提出合理的空间管控和保护措施，包括在泵闸工程管理范围内设立界桩和公告牌，做到设置合理、齐全，为泵闸工程空间管控提供有力支撑。

实行分类管控。按照泵闸工程管理与保护范围进行分类管控，并与国土空间规划的管控要求相协调，按最严格的要求落实管控措施。

强化多规融合。充分发挥泵闸工程管理与保护范围空间管控边界线的指导和约束作用。涉及泵闸空间管控边界线的，应事先征求水行政主管部门意见。

规范调整程序。经法定程序认定的空间管控范围，是管理单位实施管理与保护的依据，必须严格执行，任何单位和个人不得擅自调整。确需对法定程序已经批准的空间管控边界范围等进行调整的，应在充分论证的基础上，向市、区人民政府提出申请，由市、区人

民政府或授权水行政主管部门批准。

3. 建立泵闸工程确权划界管理流程

泵闸工程确权划界管理流程包括管理和保护范围划定流程、工程管理范围界桩和公告牌设置流程、土地使用证领取流程、工程划界成果纳入“国土一张图”流程等。公司应配合管理单位做好泵闸工程确权划界各项工作。泵闸工程管理范围界桩和公告牌设置流程图见图 6.2。

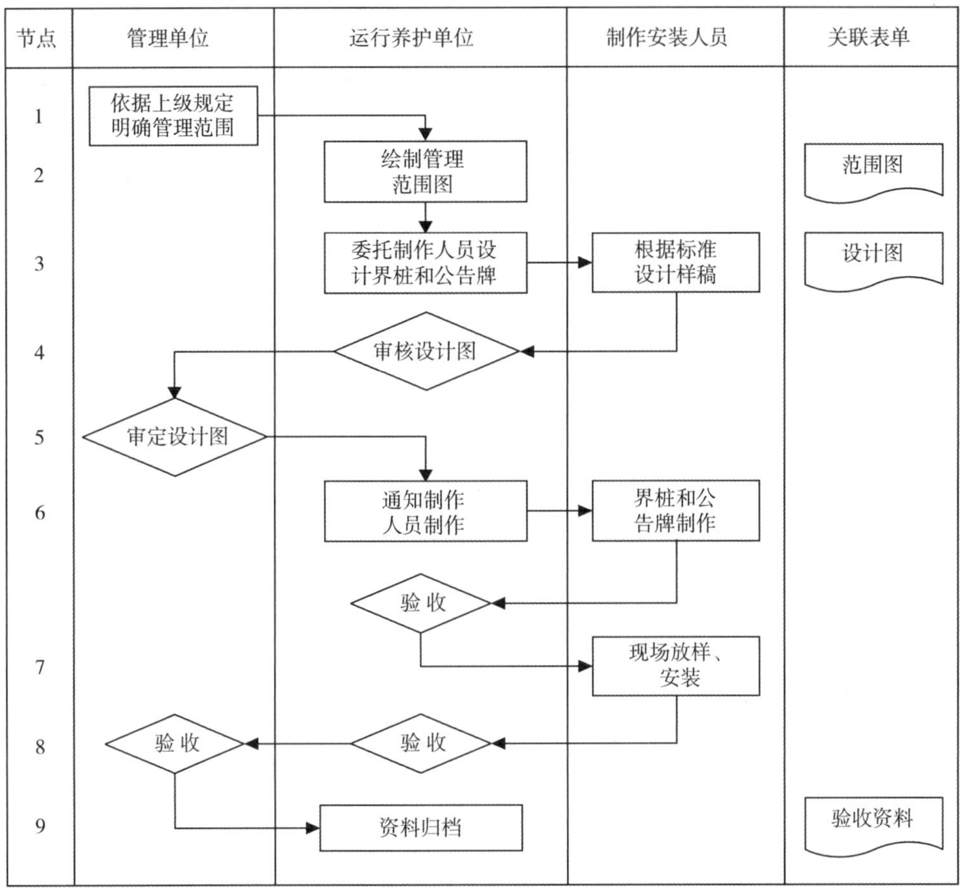

图 6.2 泵闸工程管理范围界桩和公告牌设置流程图

6.3 保护管理

6.3.1 评价标准

依法开展工程管理范围和保护范围巡查，发现水事违法行为予以制止，并做好调查取证、及时上报、配合查处工作，工程管理范围内无违规建设行为，工程保护范围内无危害工程安全活动。

6.3.2 赋分原则(25 分)

(1) 未有效开展水事巡查工作，巡查不到位、记录不规范，扣 5 分。

(2) 发现问题未及时有效制止,调查取证、报告投诉、配合查处不力,扣5分。

(3) 工程管理范围内存在违规建设行为或危害工程安全活动,扣10分;工程保护范围内存在危害工程安全活动,扣5分。

6.3.3 管理和技术标准及相关规范性要求

《上海市防汛条例》(2011年11月25日上海市第十五届人民代表大会常务委员会第三十七次会议修正);

《上海市河道管理条例》(2022年10月28日上海市第十五届人民代表大会常务委员会第四十五次会议修正);

《城市防洪应急预案编制导则》(SL 754—2017);

《水利工程运行管理监督检查办法(试行)》(办监督〔2020〕124号);

《关于本市市管河道及其管理范围的规定》(沪府办规〔2018〕10号)。

6.3.4 管理流程

1. 概述

(1) 泵闸工程保护管理的工作任务包括:

①管理单位应注重泵闸工程巡查人员法律知识、水利工程巡查养护业务知识的培训,不断提高业务水平;添置巡查装备,增加业务经费,维护队伍稳定,促进良性发展;明确泵闸工程管理区巡查方式、巡查频次、巡查范围、巡查路线、巡查内容、巡查问题的处理;规范执法行为,完善执法程序,推进水利综合执法,提高执法效能和执法水平。

②管理单位应配合加强执法检查和案件查处,贯彻执行"有法必依、执法必严、违法必究"的原则,发现水事违法行为予以制止,并做好调查取证、及时上报、配合查处工作;在确保泵闸工程管理范围内不增加新的违法占用的基础上逐步解决历史遗留问题,严格清理"乱占、乱采、乱堆、乱建"行为,确保泵闸工程管理范围内无新建违章建筑,无破坏工程设施、配套机电设备、水文设施、观测设施、通信设施等违法违章现象发生,无危害工程安全活动。

③管理单位和公司应加大对泵闸工程保护与管理工作的宣传力度,每年制订详细的泵闸及上、下游河道堤防保护宣传计划,明确宣传内容、要求和方法;结合"世界水日""中国水周"活动,面向社会各个层面宣传相关法律法规,宣传保护规划,宣传可持续发展的治水理念,提高公众的水利工程和生态保护意识,为维护泵闸工程及上、下游河道堤防的健康生态,保障水资源环境的可持续利用,营造良好的氛围。

④设立保护标志,妥善保护工程设施、机电设备、水文设施、通信设施、观测设施,应规范要求设置禁区相关安全标志牌;宣传河道管理条例,设立里程桩、百米桩、限速带、限速限载等标志。

(2) 泵闸保护管理流程包括水事巡查管理流程、水事巡查人员培训管理流程、巡查信息报送管理流程、水行政执法管理流程、保护标志设立和维护管理流程、水法规宣传教育管理流程、涉河项目报批管理流程、涉水项目批后监管流程、防洪评价管理流程、环境影响评价管理流程、水污染防治管理流程等。

本节重点对水事巡查管理流程、涉水项目批后监管流程加以阐述。

2. 水事巡查管理流程

迅翔公司泵闸工程水事巡查管理流程图见图 6.3，迅翔公司泵闸工程水事巡查管理流程说明见表 6.1。

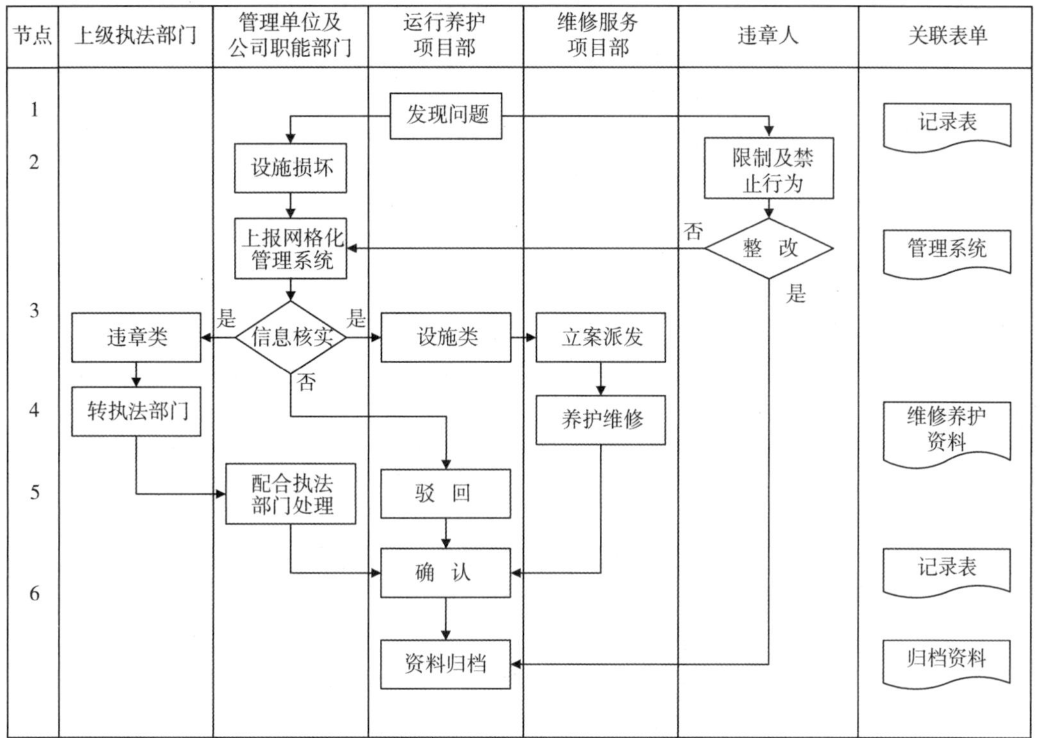

图 6.3 迅翔公司泵闸工程水事巡查管理流程图

表 6.1 迅翔公司泵闸工程水事巡查管理流程说明

序号	流程节点	责任人	工作要求
1	发现问题	运行养护项目部巡查人员	运行养护项目部巡查人员按规定巡查，并记录巡查内容、频次、路线；当发现问题时，就问题（巡查信息）进行初步分类；泵闸工程设施损坏类问题上报管理单位，限制和禁止行为类问题告知违章人立即整改
2	问题梳理	管理单位及公司职能部门	对泵闸工程设施损坏类信息，经梳理后上报管理单位泵闸网格化管理系统；对限制及禁止类信息督促违章人整改，如未及时整改，应上报管理单位泵闸网格化管理系统
3	信息核实	管理单位及公司职能部门	对上报信息进行核定，不予认定的告知运行养护项目部；认定为设施类问题，转至维修服务项目部；认定为违章类问题，转至管理单位上级水政执法部门处理
		上级执法部门	受理违章类案件
		维修服务项目部	立案派发维修养护类材料
4	信息处理	上级执法部门	对违章类问题依法处理并记录
		维修服务项目部	对工程设施类问题进行维修养护并记录
5	配合工作	管理单位/运行养护项目部	配合上级水政执法部门对违章行为进行处理

续表

序号	流程节点	责任人	工作要求
6	资料归档	管理单位/运行养护项目部	运行养护项目部巡查人员对巡查处理结果进行确认，资料员整理资料并将资料归档。归档资料包括： 1. 水事巡查组织和人员情况； 2. 水行政管理制度汇编； 3. 执法装备统计表； 4. 水法规宣传教育资料； 5. 水事巡查执法人员学习培训资料； 6. 水行政执法计划和总结； 7. 水事巡查记录及月报； 8. 水行政执法资料

3. 涉水项目批后监管流程

迅翔公司涉水项目批后监管流程图见图 6.4，迅翔公司涉水项目批后监管流程说明见表 6.2。

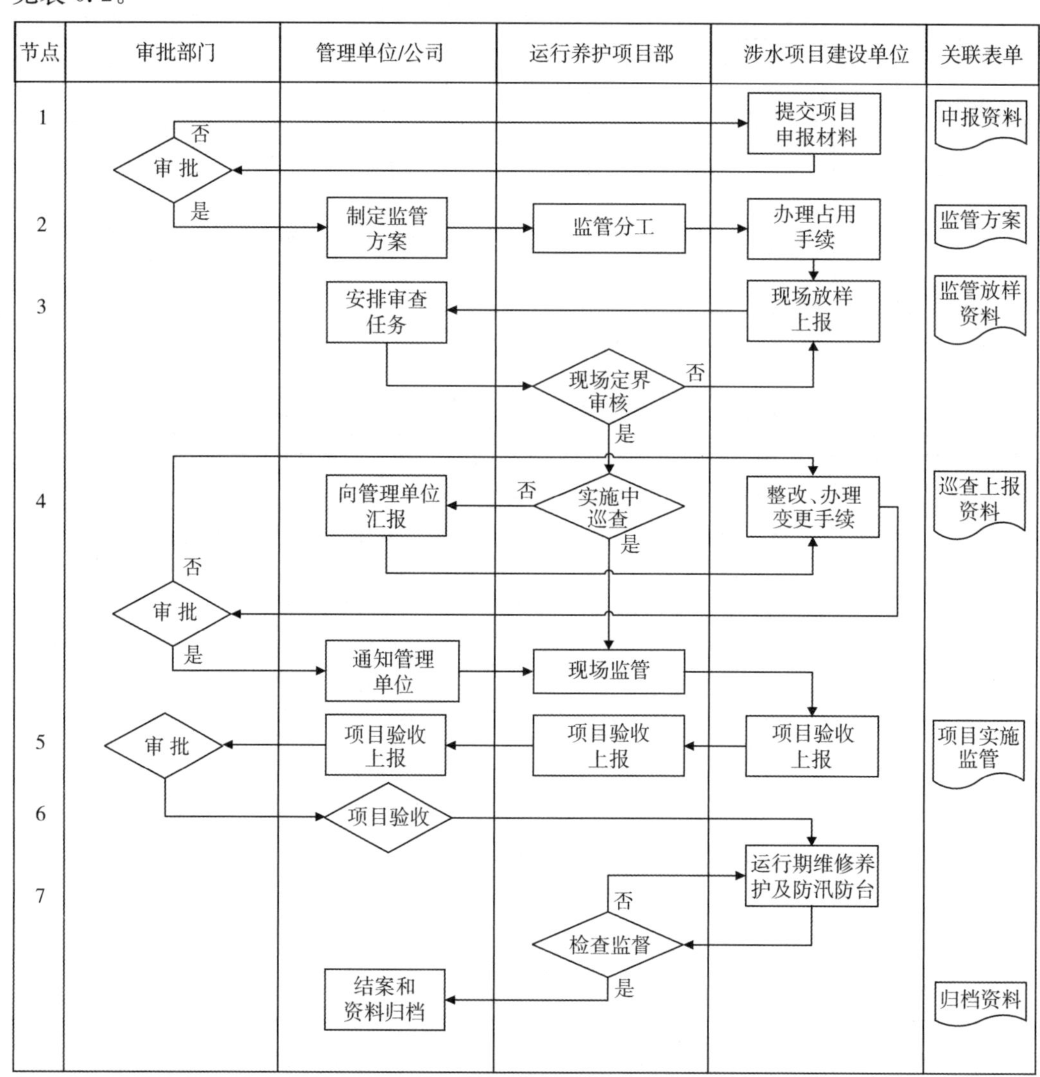

图 6.4　迅翔公司涉水项目批后监管流程图

表 6.2 迅翔公司涉水项目批后监管流程说明

序号	流程节点	责任人	工作要求
1	涉水项目报批	涉水项目建设单位、许可单位	根据相关规定，建设涉水项目，应当符合防汛标准、岸线规划、航运要求和其他技术要求，不得危害堤防安全、妨碍行洪畅通，其可行性报告按照国家规定的基本建设程序报请批准前，其中的工程建设方案应当经有关水行政主管部门审查同意。涉水建设项目应当符合相关规定
2	监督管理	管理单位/公司	制定并落实巡查监督管理方案，明确分工，落实责任
		运行养护项目部	1. 涉水项目经上级水行政主管部门许可审批同意后，根据行政许可要求及有关规定督促涉水项目建设单位办理占用等手续后，方能允许其实施，涉水项目实施前由管理单位委派运行养护项目部相关人员到现场监督项目放样和定界； 2. 涉水项目实施期间应按照上级水行政主管部门行政许可意见和有关法规要求实施监督，并加强巡视检查，发现问题及时纠正和制止
		涉水项目建设单位	按规定办理相关占用手续
3	现场放样和定界	涉水项目建设单位	现场放样，报管理单位/公司审查
		管理单位/公司	安排审查任务
		运行养护项目部/涉水项目建设单位	现场放样和定界共同确认
4	项目变更	运行养护项目部、管理单位、许可单位	涉及涉水项目方案变更事项，应先责令项目停止实施，并督促建设单位向原许可单位申请变更，经原许可单位同意后方能允许其继续实施
5	申请项目验收	涉水项目建设单位	提交申请验收报告
		运行养护项目部	审核并上报申请验收报告
		管理单位/公司	审核并上报申请验收报告
		原许可单位	审批申请验收报告
6	项目验收	管理单位、原许可单位、公司及运行养护项目部、涉水项目建设单位	涉水项目完工后应由原许可单位和上级水行政主管部门及管理单位验收，验收合格后才能竣工和投入使用
7	项目建成后的管理	管理单位、运行养护项目部	1. 涉水建设项目建成运行后，项目所占用的水利工程的维修养护和防汛防台责任由建设单位承担，项目所占用的水利工程及设施的维修养护应满足管理规定的要求，但应加强管理和指导，并将其纳入工程正常巡视检查活动内容，发现问题及时告知涉水项目建设单位，并督促其整改； 2. 做好资料归档工作

注：对涉水建设项目的巡视检查主要内容为：

1. 涉水建设项目是否按许可内容实施；

2. 涉水建设项目的运行是否影响堤防工程及设施的完好和安全；
3. 涉水建设项目有无未经许可同意的改建、扩建行为和涉水有关活动；
4. 涉水建设项目的运行有无污染和破坏泵闸管理范围环境的行为；
5. 涉水建设项目所占用水利工程及设施有无损坏、老化；
6. 行洪期间建设单位占用范围有无人员看守巡查，有无备足相应的防汛物料。

6.4 安全鉴定

6.4.1 评价标准

泵闸工程应按照《泵站安全鉴定规程》(SL 316—2015)、《水闸安全鉴定管理办法》(水建管〔2008〕214 号)及《水闸安全评价导则》(SL 214—2015)开展安全鉴定；鉴定成果用于指导泵闸工程的安全运行管理和除险加固、更新改造。

6.4.2 赋分原则(50 分)

(1) 未在规定期限内开展安全鉴定，此项不得分。

(2) 鉴定承担单位不符合规定，扣 20 分。

(3) 鉴定成果未用于指导泵闸安全运行、更新改造和除险加固等，扣 15 分。

(4) 末次安全鉴定中存在的问题，整改不到位，有遗留问题未整改，扣 15 分。

6.4.3 管理和技术标准及相关规范性要求

《水闸安全评价导则》(SL 214—2015)；

《泵站安全鉴定规程》(SL 316—2015)；

《泵站技术管理规程》(GB/T 30948—2021)；

《泵站现场测试与安全检测规程》(SL 548—2012)；

《水闸技术管理规程》(SL 75—2014)；

《水工钢闸门和启闭机安全运行规程》(SL/T 722—2020)；

《水工钢闸门和启闭机安全检测技术规程》(SL 101—2014)；

《水工钢闸门和启闭机安全运行规程》(SL/T 722—2020)；

《继电保护和安全自动装置运行管理规程》(DL/T 587—2016)；

《电力系统继电保护及安全自动装置运行评价规程》(DL/T 623—2010)；

《水闸安全鉴定管理办法》(水建管〔2008〕214 号)；

泵闸工程技术管理细则。

6.4.4 工作流程

(1) 水闸工程安全鉴定在工程竣工验收后 5 年内进行，以后每隔 10 年进行 1 次。泵站运行维护企业应配合管理单位做好水闸工程安全现状调查，委托安全检测单位进行水闸工程安全检测，组织现场检测并提供相关资料，组织水闸安全复核和评价，进行水闸工程安全评价(鉴定)报告审查，水闸工程安全评价(鉴定)报告上报及归档，配合水闸工程安全评价(鉴定)意见落实等工作。

(2) 泵站工程首次安全鉴定在工程竣工验收后25年内进行,以后每5～10年进行1次。泵站运行维护企业应配合管理单位做好编制泵站工程安全鉴定计划,委托鉴定单位进行泵站工程安全鉴定,组织泵站工程现场检查并提供相关资料,配合泵站安全鉴定报告审查,泵站工程安全鉴定成果归档,配合泵站安全鉴定意见落实等工作。

根据《泵站安全鉴定规程》(SL 316—2015)及相关的规范,水泵机组安全检测主要是对电动机、叶轮、泵轴、泵壳、悬架传动装置和制动装置等其他设备进行检测。

(3) 泵闸工程安全鉴定时的工程安全检测流程包括混凝土结构、水闸金属结构、水闸工程水下的安全检测流程。

混凝土结构安全检测流程包括混凝土材料无损检测、混凝土强度检测、钢筋保护层厚度检测、混凝土碳化深度检测、钢筋锈蚀状态检测、混凝土内部缺陷检测、混凝土构件动应力或动刚度检测、长高宽不成比例的高混凝土结构稳定性检测、混凝土结构基础淘空状况探测、混凝土侧墙根部断裂探测、混凝土结构固有振动特性检测等流程。

水闸金属结构安全检测流程内容包括闸门锈蚀度检测、金属材质检测、焊缝无损检测、闸门启闭力检测、电气设备系统检测等流程。

水闸工程水下安全检测流程包括水下探摸及摄像、水下工程锈蚀程度或焊缝质量检测流程。

启闭机安全检测流程主要包括设备外观检查、材料检测、焊缝无损探伤、应力检测、启闭力检测、启闭力可靠性评价及水质分析等流程。

(4) 以水闸工程安全鉴定工作主流程为例,水闸在安全鉴定时,应进行工程安全检测。工程安全检测应委托具有相应资质的检测单位进行。工程复核计算分析工作应根据建筑物的等级选择具有相应资质的规划、设计单位进行。承担上述任务的单位应按时提交现场安全检测报告和工程复核计算分析报告,并对出具的现场安全检测结论和工程复核计算分析结果负责。

水闸工程安全类别划分为4类:

①一类闸,其运用指标能达到设计标准,无影响正常运行的缺陷,按常规维修养护即可保证正常运行;

②二类闸,其运用指标基本达到设计标准,工程存在一定损坏,经大修后,可正常运行;

③三类闸,其运用指标达不到设计标准,工程存在严重损坏,经除险加固后,才能正常运行。

④四类闸,其运用指标无法达到设计标准,工程存在严重安全问题,需降低标准运用或报废重建。

水闸工程安全鉴定应提交《水闸工程安全鉴定材料汇编》,包括水闸工程现状调查、安全检测、复核分析、安全评价和安全鉴定报告书,并经专家评审和上级水行政主管部门审定。

水闸鉴定成果用于指导水闸安全运行和除险加固、更新改造、大修,即对安全鉴定为二类闸的工程,在运行管理中对存在的问题须有大修计划和应急处置措施,如在水闸的防汛防台预案、突发故障应急处置预案、运行管理实施细则、工程检查中要有体现；对安全鉴定为三类闸的工程，在编制上报除险加固项目时，应包含安全鉴定报告中发现的问题。

以上海市市管水闸工程安全鉴定为例，其工作主流程图见图 6.5。

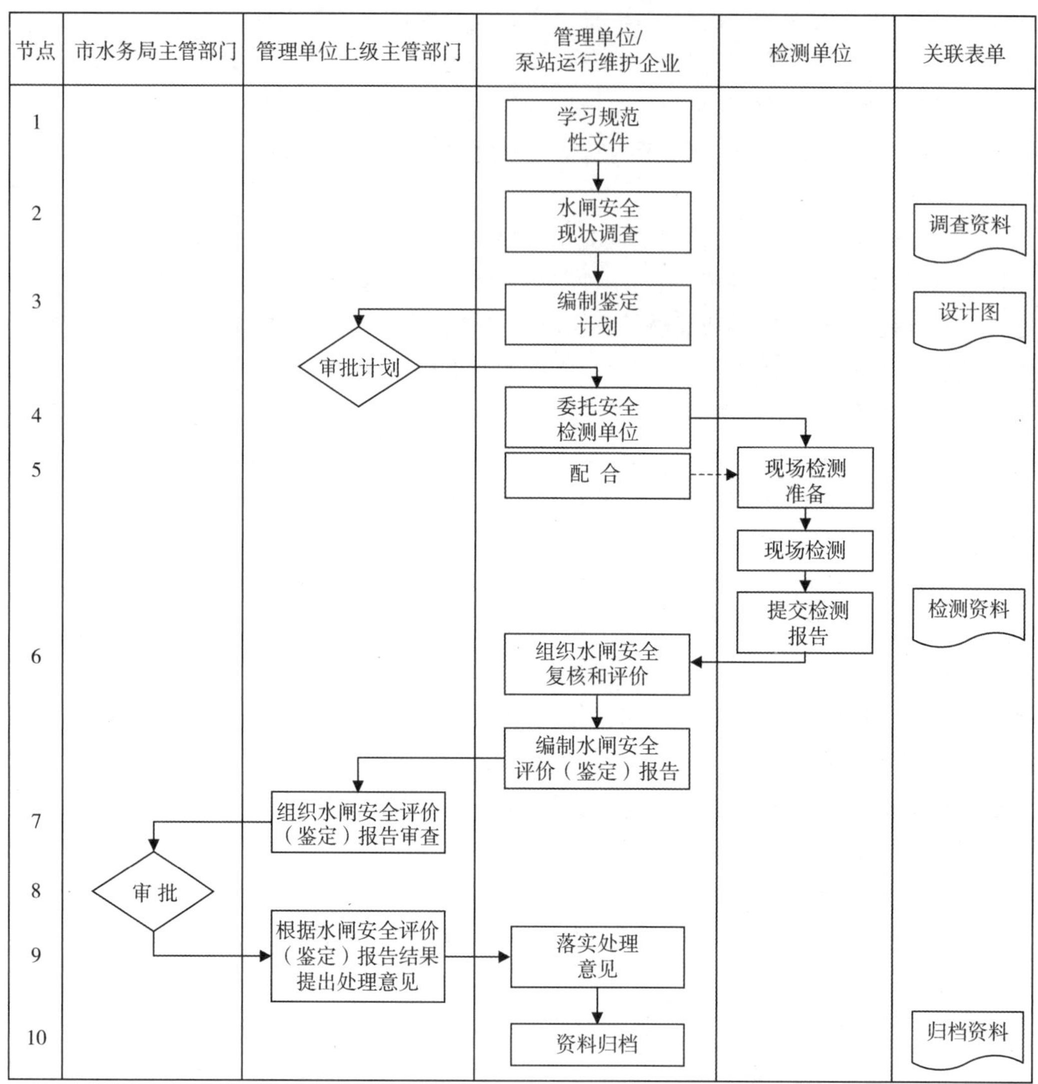

图 6.5　上海市市管水闸工程安全鉴定工作主流程图

6.5　防汛管理

6.5.1　评价标准

防汛组织体系健全；防汛责任制和防汛抢险应急预案落实并演练；按规定开展汛前检查；配备必要的抢险工具、器材设备，明确大宗防汛物资存放方式和调运线路，物资管理资料完备；预警、预报信息畅通。

6.5.2 赋分原则(40 分)

(1) 防汛组织体系不健全,防汛责任制不落实,扣 10 分。

(2) 无防汛抢险应急预案,扣 10 分;防汛抢险应急预案编制质量差,可操作性不强,未开展演练,扣 5 分;防汛抢险队伍组织、人员、任务、培训未落实,扣 5 分。

(3) 未开展汛前检查,扣 5 分。

(4) 抢险工具、器材配备不完备,大宗防汛物资存放方式或调运线路不明确,扣 3 分;物资管理资料不完备,扣 2 分。

(5) 预警、报汛、调度体系不完善,扣 5 分。

6.5.3 管理和技术标准及相关规范性要求

《中华人民共和国水法》;

《中华人民共和国防洪法》;

《中华人民共和国防汛条例》(国务院令第 86 号,2022 年修订);

《上海市防汛条例》(2021 年 11 月 25 日上海市第十五届人民代表大会常务委员会第三十七次会议修正);

《生产经营单位生产安全事故应急预案编制导则》(GB/T 29639—2020);

《城市防洪应急预案编制导则》(SL 754—2017);

《水利工程运行管理监督检查办法(试行)》(办监督〔2020〕124 号);

《水利安全生产信息报告和处置规则》(水安监〔2016〕220 号);

《上海市市管水利设施应急抢险修复工程管理办法》(沪水务〔2016〕1473 号);

《上海市非汛期防汛工作暂行规定》(沪汛办〔2016〕20 号);

《上海市防汛信息报送和突发险情灾情报告管理办法》(沪汛办〔2015〕4 号);

《上海市台风、暴雨和暴雪、道路结冰红色预警信号发布与解除规则》(沪汛办〔2014〕2 号);

《上海市防汛(防台)安全检查办法》(沪汛部〔2012〕2 号)。

6.5.4 管理流程

1. 概述

(1) 迅翔公司泵闸工程防汛管理事项清单参见表 6.3。

(2) 防汛管理流程主要包括防汛组织完善流程,防汛责任制落实流程,防汛抢险队伍工作流程,防汛工作制度编制流程,防汛预案编制流程,防汛预案演练流程,防汛应急响应流程,防汛物资管理流程,泵闸工程备品备件管理流程,防汛物资代储管理流程,运行养护队伍配合泵闸上、下游河道清障流程,防汛通信系统检查维护流程,防汛交通设施检查维护流程,备用电源管理流程,度汛项目实施流程,汛前检查流程,汛前检查考核流程,汛期工程调度运行流程,防汛值班管理流程,非汛期值班管理流程,汛期信息上报流程,汛期突发事件应急处置流程,汛期专项检查流程,汛后检查流程,防汛工作计划与总结编制流程,下年度维修养护计划编报流程等。

(3) 防汛管理各类流程涉及管理资料包括年度工程管理责任状、防汛防台组织机构设置文件、防汛防台规章制度、防汛抢险人员学习培训资料、年度防汛防台预案、防汛物资和备品备件管理台账、防汛物资管理制度、仓库管理人员岗位职责、防汛物资调度方案、防汛物资仓库物资分布图、防汛物资调运线路图、备用电源试运行和维修保养记录、防汛工作总结和评价等。

(4) 本节重点对防汛应急响应流程、防汛值班管理流程、泵闸工程备品备件管理流程加以阐述。

表 6.3　迅翔公司泵闸工程防汛管理事项清单

序号	分类	管理事项	实施时间或频次	工作要求及成果	责任人
1	汛前工作	防汛组织、防汛责任制	每年4月底前	完善防汛组织，落实防汛责任制，签订防汛责任书	
2		落实防汛抢险队伍	汛　前	根据抢险需求和工程实际情况，确定抢险队伍的组成、人员数量和联系方式，明确抢险任务，落实抢险设备要求等	
3		防汛制度	汛　前	完善防汛工作制度、防汛值班制度、汛期巡视制度、信息报送制度、防汛抢险制度	
4		防汛预案编制、上报与演练	汛　前	1. 修订防汛预案并上报； 2. 开展防汛演练，制订演练计划、方案，并组织实施和总结	
5		检查和补充备品备件、防汛物资	汛　前	1. 协助管理单位根据《防汛物资储备定额编制规程》(SL 298—2004)储备一定数量的防汛物资； 2. 加强防汛物资仓库管理； 3. 编制防汛物资调配方案(含调运线路)； 4. 加强防汛物资(含备品备件)保管，建立防汛物资(含备品备件)台账； 5. 按规定程序，做好防汛物资调用、报废及更新工作； 6. 补充工程及设备的备品备件	
6		配合河道清障	汛　前	配合管理单位清除管理范围内上、下游河道的行洪障碍物，保证水流畅通	
7		防汛通信畅通	汛　前	配合管理单位做好水情传递、报警以及保持与外界的防汛通信通畅	
8		完善交通和供电、备用电源、起重设备维护	汛　前	1. 对防汛道路、交通供电设施设备进行维修养护，确保道路与供电畅通； 2. 做好备用电源、起重设备维修保养工作	
9		完成度汛应急养护项目	汛　前	1. 完成度汛应急养护项目； 2. 制订跨汛期的维修养护项目度汛方案并上报	
10		汛前检查工作总结	每年5月20日前	进行汛前检查工作总结，并分别上报管理单位、上级主管部门	

续表

序号	分类	管理事项	实施时间或频次	工作要求及成果	责任人
11	工程防汛调度运行	掌握调度规程	全　年	学习掌握泵闸调度规程	
12		超过设计水位运用方案	必要时	按规范要求，汛期水位超过设计水位运用时，配合管理单位编报相应的调度运用方案	
13		控制运用计划	年　初	会同管理单位编报泵闸工程控制运用计划	
14		接受调度指令	运行前	接受上级(管理单位)调度指令，填写“工程调度运用记录”	
15		确定运行方案	运行前	根据上级(管理单位)调度指令，确定水闸开启孔数和运行方案，确定闸门开高或确定泵站机组开机台数、开机顺序和运行工况	
16		指令执行	运行前及运行中	执行开、停机(关闸)、工况调节等指令，填写“工程调度运用记录”等	
17		指令回复	运行前	指令执行完毕后，向上级(管理单位)汇报指令执行情况	
18	汛期工作	加强汛期防汛值班及信息上报	汛　期	1. 严格执行汛期防汛值班制度，加强督查； 2. 做好防汛信息报送工作； 3. 做好突发险情报告工作	
19		加强汛期巡视检查	汛　期	按技术管理细则相关规定执行，落实巡视人员、内容、频次、记录、信息上报等	
20		异常情况和设备缺陷记录	汛期及运行期	及时记录工程运行中发生的异常情况和设备缺陷，以及制订维修计划	
21		汛期应急处置	汛　期	按汛期应急处置方案进行	
22	汛后工作	汛后检查、观测、保养、维修、电力设备试验	汛　后	开展汛后工程检查、观测、维修、养护、电力设备和电器安全用具预防性试验工作，并做好记录、资料整理，具体要求见相关工程检查、观测、保养、维修、电力设备试验等事项清单	
23		备品备件、防汛抢险器材和物资核查	汛　后	检查核实机电设备备品备件、防汛抢险器材和物资消耗情况，编制物资器材补充计划	
24		观测资料、水情报表等汇编	汛　后	做好观测资料、水情报表等资料的汇编工作	
25		防汛工作总结	每年10月底前	做好防汛工作总结，并上报管理单位和上级	
26		编报下年度维修养护计划	每年10月底前	根据汛期特别检查、汛后检查等情况，编报下年度维修养护计划	

2. 防汛应急响应流程

迅翔公司防汛应急响应流程图见图 6.6，迅翔公司防汛应急响应流程说明见表 6.4。

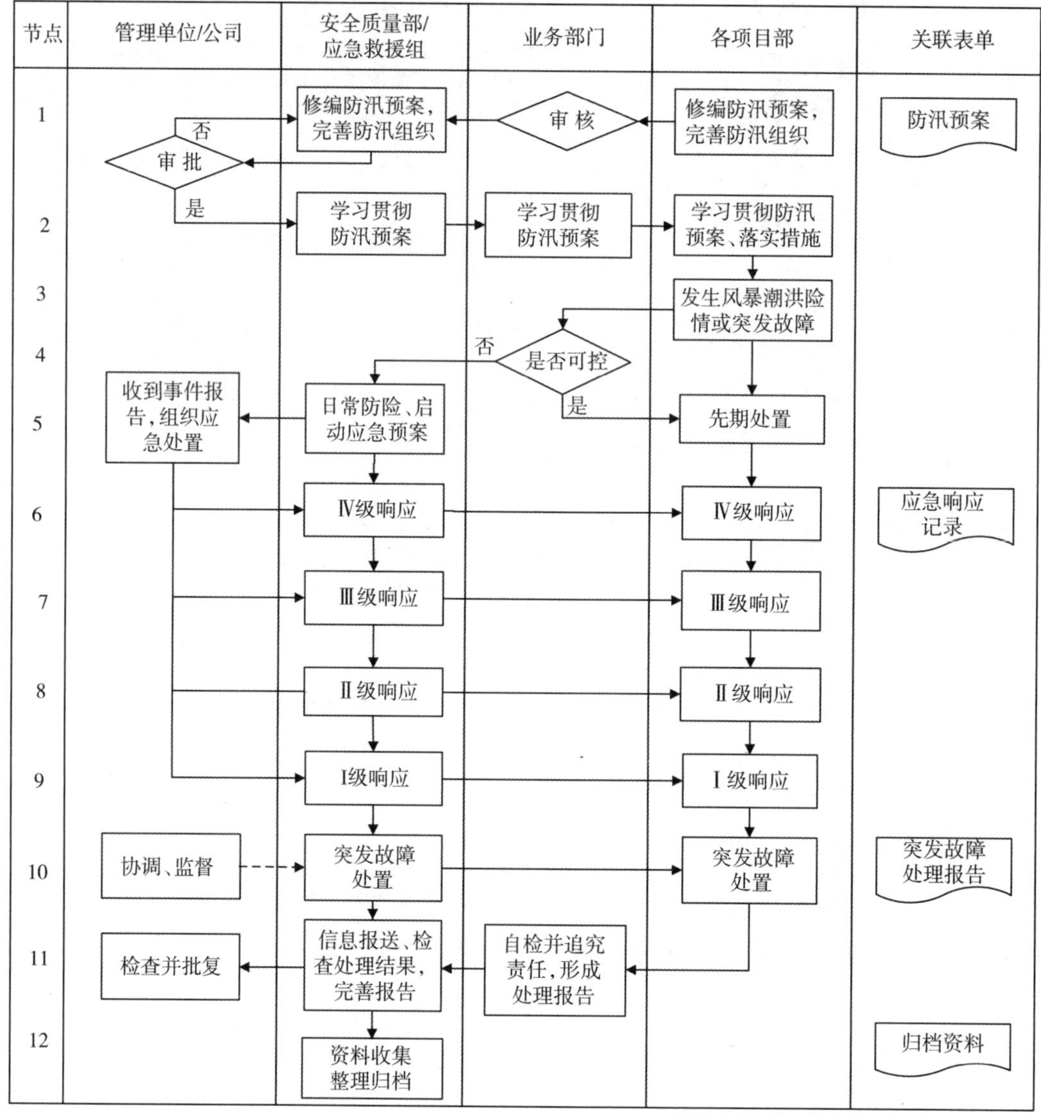

图 6.6 迅翔公司防汛应急响应流程图

表 6.4 迅翔公司防汛应急响应流程说明

序号	流程节点	责任人	工作要求
1	修编防汛预案，完善防汛组织	各项目部	负责修编所管工程防汛防台预案，完善防汛组织，每年 1 次并上报。防汛防台预案应包括：总则、工程基本情况、组织体系及职责、预防和预警机制、防汛防台控制运用、防汛防台应急响应、防汛保障措施、附则、附录等。 1. 总则包括：编制目的、编制依据、适用范围、工作原则等； 2. 工程基本情况包括：工程概况、历史防汛防台特征分析；

续表

<table>
<tr><th>序号</th><th>流程节点</th><th>责任人</th><th>工作要求</th></tr>
<tr><td rowspan="5">1</td><td rowspan="5">修编防汛预案，完善防汛组织</td><td>各项目部</td><td>3. 组织体系及职责包括：组织体系、主要职责；
4. 预防和预警机制包括：预防预警信息、预防预警准备等；
5. 防汛防台控制运用包括：调度指令执行要求、控制运用要求、工程控制运用注意事项等；
6. 防汛防台应急响应包括：排泄洪水及预降水、防御台风措施、超标准洪水应对措施等；
7. 防汛防台保障措施包括：防汛防台责任制、工程监测、维修养护、防汛物资、通信设施等；
8. 附则包括：预案制订与更新、预案报备、预案学习和演练、奖励与追究责任、实施时间等；
9. 附录包括：防汛防台抢险人员通讯录、防汛抢险组织网络图等</td></tr>
<tr><td>业务部门</td><td>审核防汛防台预案，督促完善防汛组织并上报</td></tr>
<tr><td>安全质量部</td><td>负责汇总各项目部所管工程防汛防台预案，修订公司防汛防台预案，完善公司防汛组织，每年1次并上报</td></tr>
<tr><td>管理单位/公司</td><td>审核所管工程防汛防台预案，完善防汛组织，督促落实防汛防台措施</td></tr>
<tr><td>安全质量部</td><td>公布经审批的公司防汛防台预案，提出学习贯彻要求</td></tr>
<tr><td rowspan="2">2</td><td rowspan="2">学习贯彻防汛预案</td><td>业务部门</td><td>组织学习、培训、演练防汛防台预案，具体执行预案演练流程；督促各项目部落实防汛防台措施；加强对泵闸设施的巡查养护、应急抢险培训，切实提高从业人员的综合技能，保障设施安全运行；组织开展防汛演练，检验预案的实战性、可操作性，提高各单位、部门协同作战能力，切实增强应急处置能力</td></tr>
<tr><td>各项目部</td><td>学习贯彻防汛防台预案，落实防汛防台措施。包括：
1. 修订汛期工作制度，完善防汛工作制度、防汛值班制度、汛期巡查制度、信息报送制度、防汛抢险制度等并公布。
2. 完善防汛组织，落实防汛责任制，并与管理单位、上级、班组、员工分别签订防汛责任书。
3. 开展汛前检查，摸清工程现状；配合管理单位清除管理范围内上、下游河道的行洪障碍物，保证水流畅通；配合管理单位做好水情传递、报警以及所管工程，与管理单位、上级防汛指挥机构之间的联系通畅；对防汛道路进行全面清理，对交通供电设施设备进行维修养护，确保道路与供电畅通；做好备用电源、起重设备维修保养工作；整理汛期检查记录、总结、预案等台账；汛前检查总结分别上报管理单位、上级部门。
4. 开展防汛演练，制定演练计划、方案，并组织实施和总结。
5. 抓好工程养护，完成维修及度汛应急项目；对跨汛期的维修养护项目，应制定度汛方案并上报。
6. 根据抢险需求和工程实际情况，确定抢险队伍的组成、人员数量和联系方式，明确抢险任务，提出设备要求等。
7. 协助管理单位根据《防汛物资储备定额编制规程》(SL 298—2004)储备一定数量的防汛抢险物资；加强防汛物资仓库管理；编制防汛物资调配方案；加强防汛物资保管，建立防汛物资台账；按规定程序做好防汛物资调用、报废及更新工作；补充工程及设备备品备件</td></tr>
</table>

续表

序号	流程节点	责任人	工作要求
3	突发事件报告	信息监测部门	1. 利用网格化管理系统加强信息监测，及时处理巡查上报信息； 2. 加强安全隐患排查工作，做好对险工薄弱岸段的责任落实工作； 3. 加强对巡查上报信息的数据汇总、分析，预判可能出现的险情
		防汛值班人员	收到风暴潮洪等防汛防台预警信息或发现工程突发故障后，现场人员立即组织排除故障，并向上级报告。报警系统启动程序如下： 1. 发现人应立即采取正确方法帮助伤员脱离伤害，同时拨打120电话； 2. 发现人立即向现场管理人员求援； 3. 现场管理人员及时报告安全质量部(应急指挥办公室)及相关负责人； 4. 现场报警方式： (1) 口头呼救报警； (2) 电话报警； (3) 报警器报警； (4) 信号报警或其他行之有效的报警方式
4	判定防汛响应等级	业务部门	项目部经理收到消息后，立即赶至现场进行处理，判断事件类型、性质并及时向公司汇报。 1. 防汛响应分级： (1) 天气预报24 h内有大雨以上或24 h后48 h内有暴雨以上； (2) 天气预报24 h内有暴雨或发出防汛防台蓝色预警； (3) 天气预报24 h内有大暴雨或发出防汛防台黄色预警； (4) 天气预报24 h内有大暴雨或发出防汛防台橙色预警； (5) 天气预报24 h内有特大暴雨或发出防汛防台红色预警。 2. 正常情况下，公司本部及各项目部按常态安排防汛防台值班，执行24 h应急值守，做好随时转入各级预警响应的准备。 3. 防汛防台应急响应行动等级分为4级：Ⅰ级(特别严重)、Ⅱ级(严重)、Ⅲ级(较重)和Ⅳ级(一般)
5	日常防险、启动应急预案	各项目部	各项目部做好汛期日常防险和先期处置，包括： 1. 坚持防汛值班人员24 h值班。 2. 加强汛期工程检查，按技术管理细则相关规定执行，落实巡视人员、内容、频次、记录、信息上报等，必要时增加巡查频次。 3. 按照调度指令，进行水闸和泵站的控制运用；及时记录工程在运行中发生的异常情况和设备存在的缺陷。 4. 按照要求做好水情测报工作，做好突发险情报告工作。 5. 做好防汛值班记录、巡查记录和调度指令记录
		业务部门	按防汛责任制要求，做好各项日常防险和先期处置工作
		管理单位/公司	收到防汛防台事件报告后，启动应急预案，组织应急处置

续表

序号	流程节点	责任人	工作要求
6	Ⅳ级响应	各级领导、各部门、各项目部	上海市防汛指挥部启动防汛防台Ⅳ级响应行动后： 1. 管理单位及公司各级领导、各部门、各项目部应密切监视水情及工程运行情况，及时向上级首报，并据情况续报和终报； 2. 各项目部应加强对机电设备和水工建筑物等设备设施的检查，并采取有效防御措施； 3. 各项目部应加强泵闸工程管理范围内户外装置、高空设施、绿化树木等的检查，并采取有效防御措施； 4. 泵闸工程立即暂停引水，并根据内河水位和可排水条件，及时预降到内河控制水位； 5. 持续降雨期间，若内河水位在控制水位范围内，利用所有可排泵闸工程自排，当内河水位超过控制水位上限时，开泵排水； 6. 管理单位及公司应督促和检查各项目部加强防汛值班和堤防设施检查的落实执行情况； 7. 发生险情、灾情时，管理单位及公司应在第一时间内组织抢险救灾工作
7	Ⅲ级响应	各级领导、各部门、各项目部	上海市防汛指挥部启动防汛防台Ⅲ级响应行动后： 1. 管理单位及公司各级领导、各部门、各项目部应密切监视水情及工程运行情况，及时向上级首报，并据情况续报和终报； 2. 各项目部应加强对机电设备和水工建筑物等设备设施的检查，并采取有效防御措施； 3. 各项目部加强泵闸工程管理范围内户外装置、高空设施、绿化树木等的检查，并采取有效防御措施； 4. 各项目部应根据潮位的变化及时关闭闸门挡潮； 5. 泵闸工程立即暂停引水，并根据内河水位和可排水条件，及时预降到内河控制水位； 6. 泵闸工程应急抢险队伍、协作单位进入戒备状态，防汛物资储运和备品备件储备单位做好随时调运准备； 7. 持续降雨期间，若内河水位在控制水位范围内，利用所有可排水闸自排，当内河水位超过控制水位上限时，开泵排水； 8. 发生险情、灾情时，管理单位及公司应在第一时间内组织抢险救灾工作
8	Ⅱ级响应	各级领导、各部门、各项目部	上海市防汛指挥部启动防汛防台Ⅱ级响应行动后： 1. 管理单位及公司各级领导、各部门、各项目部应密切监视水情及工程运行情况，及时向上级首报，并据情况续报和终报。 2. 各项目部应加强对机电设备和水工建筑物等设备设施的检查，并采取有效防御措施。 3. 各项目部应加强管理范围内户外装置、高空设施、绿化树木等的检查，并采取有效防御措施。 4. 各项目部应根据潮位的变化及时关闭闸门挡潮。 5. 泵闸工程应急抢险队伍、协作单位进入临战或工作状态，防汛物资储运和备品备件储备单位做好随时调运准备。 6. 抢险队伍集合待命，对重要的设施设备定点定人值守。 7. 泵闸工程立即暂停引水，并根据内河水位和可排水条件，及时预降到内河控制水位；持续降雨期间，若内河水位在控制水位范围内，利用所有可排水闸自排，当内河水位超过控制水位上限，开泵排水。 8. 发生险情、灾情时，管理所及公司应在第一时间内组织抢险救灾工作

序号	流程节点	责任人	工作要求
9	Ⅰ级响应	各级领导、各部门、各项目部	上海市防汛指挥部启动防汛防台Ⅰ级响应行动后： 1. 管理所及公司各级领导、各部门、各项目部应密切监视水情及工程运行情况，及时向上级首报，并据情况续报和终报。 2. 各项目部应加强对机电设备和水工建筑物等设备设施的检查，并采取有效防御措施。 3. 各项目部应加强管理范围内户外装置、高空设施、绿化树木等的检查，并采取有效防御措施。 4. 各项目部应根据潮位的变化及时关闭闸门挡潮。 5. 泵闸工程应急抢险队伍、协作单位进入工作状态，防汛物资储运和备品备件储备单位做好随时调运准备。 6. 抢险队伍集合待命，对重要的设施设备定点定人值守。 7. 泵闸工程立即暂停引水，并根据内河水位和可排水条件，及时预降到内河控制水位；持续降雨期间，若内河水位在控制水位范围内，泵闸工程利用可排水闸自排，若内河水位超过控制水位上限，开泵排水。 8. 发生险情、灾情时，管理单位及公司应在第一时间内组织抢险救灾工作，最大限度减少人员伤亡，对已发生的伤亡事件尽力抢救，妥善处置
10	突发故障处置(应急处置)	各级领导、各部门、各项目部	突发故障处置按公司相应突发故障应急处置流程和“突发故障应急处置作业指导书”进行。 1. 泵闸工程上、下游河道堤防受高潮位、台风、暴雨或恐怖袭击后，可能出现如下险情： (1) 管涌、流土； (2) 岸坡淘刷； (3) 墙身损坏； (4) 局部漫溢； (5) 堤防失稳； (6) 其他。 2. 泵闸工程风险主要表现为尚有泵闸处于带病运行状态，在风暴潮洪等特殊工况影响下，四类、三类闸存在较大安全隐患，亟待改建或重建。高潮位、台风、暴雨或恐怖袭击时，泵闸可能出现水工设施损毁、机电设备故障、闸区航道突发事件等险情。 (1) 水工结构损毁险情主要有： ①泵闸与堤防结合部出现渗水及漏水； ②泵闸闸室出现滑动； ③泵闸出现漫溢； ④闸基渗水或管涌； ⑤泵闸工程上、下游连接处坍塌； ⑥裂缝及止水设施破坏等。 (2) 机电设备故障险情主要有： ①闸门失控； ②闸门漏水； ③启闭机螺杆弯曲等。 (3) 闸区航道突发事件主要有： ①沉船、船舶碰撞等航行事故； ②航道堵塞、船舶搁浅； ③人员落水；

续表

序号	流程节点	责任人	工作要求
10	突发故障处置(应急处置)	各级领导、各部门、各项目部	④盗窃事件; ⑤火灾与爆炸或有害物泄漏; ⑥大面积停电、人员触电; ⑦食品中毒或高致病传染性疫情发生; ⑧船员或其他社会人员闹事、斗殴; ⑨恐怖袭击事件; ⑩发生地震、雷击、迷雾等自然灾害
11	信息报送及防汛总结	各部门/项目部	1. 信息报告与通报要求如下: 应急处置各类突发事件信息报告要求内容简明、准确,应包括以下要素:时间、地点、信息来源、事件起因和性质、基本过程、已造成的后果、影响范围、事件发展趋势、采取的处置措施、下步工作意见、领导到场情况、希望上级有关部门和单位支持援助的事项等;在报告时,应说明报告单位、报告签发人、具体联系人以及联系方式等。 2. 报告原则如下: 按照应急管理工作属地为主、分级负责的原则,各部门(项目部)要建立信息报告员制度,信息报告员负责应急管理信息的收集、整理、汇总、报告。 3. 报告方式如下: 信息一般通过电话、传真、网络、专报等方式报送,通过电话报告的,要及时补报文字材料;涉密信息的报告应遵守相关保密规定。 4. 报告时限如下: 应急处置各类突发事件发生后,事发地责任部门要按照应急预案中确定的事件等级,第一时间将事件有关情况如实向有关部门报告,报告时限最迟不得超过事发后 1 h;事态紧急的,应直接向分管领导、总经理报告有关情况。 5. 续报终报如下: 在应急处置过程中,要及时续报事态进展和应急处置情况,直至事件处置完毕;动态信息实行日报,紧急信息随时报告,续报一般不再复述事件初始过程,只报告事态发展或处置进展情况;应急处置结束后1周之内向有关部门报送总结报告
		各项目部	1. 做好防汛防台总结工作。 2. 如发生事故,应在事件处理完成后,将事故情况向上级相关部门上报;向事故调查处理小组移交所需有关情况及文件;写出事故应急救援工作总结报告
		安全质量部	1. 如发生事故,收到项目部自查报告后,在有需要的情况下,及时组织专家、人员成立事故调查小组进行调查。事故调查按照《生产安全事故报告和调查处理条例》(国务院令第 493 号)等法规和有关规定进行。 2. 事故善后处置工作结束后,应当分析总结应急救援经验教训,提出改进应急工作建议,形成总结报告
		管理单位/公司	审批总结报告,提出整改意见
12	资料归档	公司职能部门/各项目部	做好资料整理归档工作

3. 防汛值班管理流程

迅翔公司防汛值班管理流程图见图 6.7,迅翔公司防汛值班管理流程说明见表 6.5。

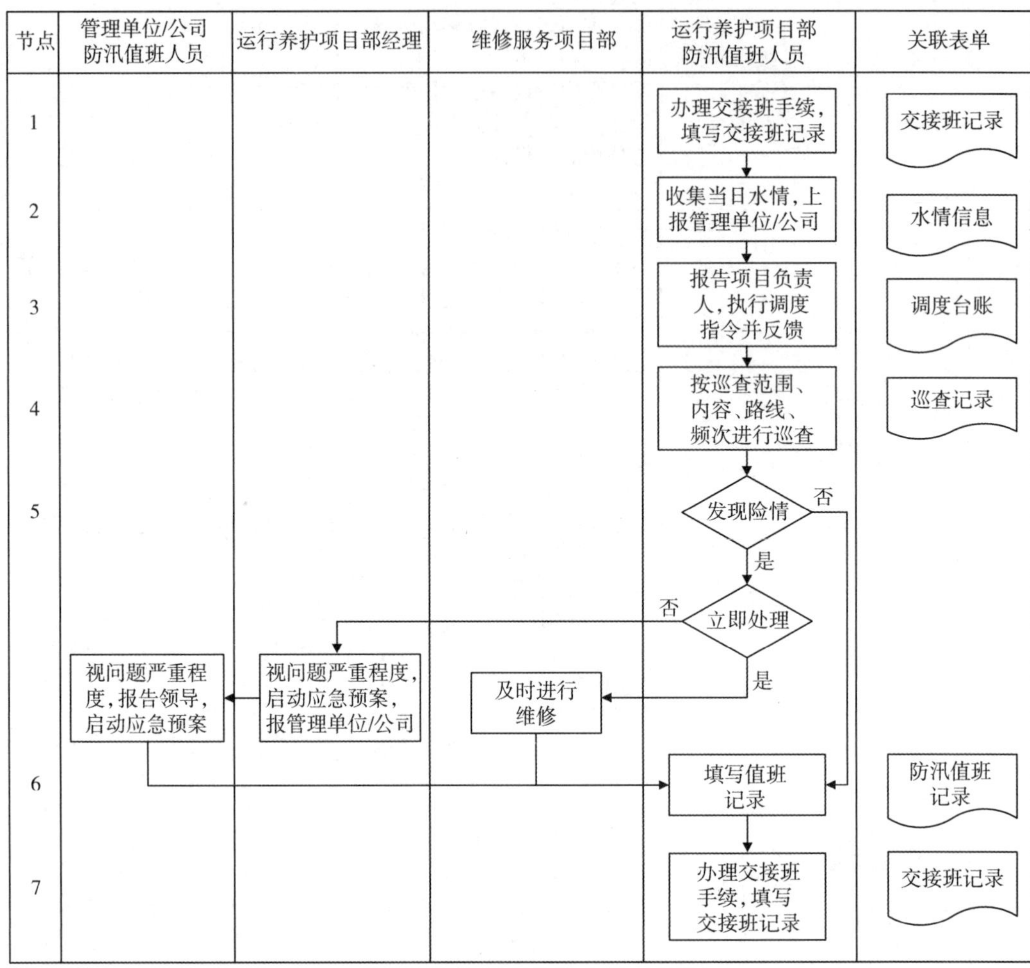

图 6.7　迅翔公司防汛值班管理流程图

表 6.5　迅翔公司防汛值班管理流程说明

序号	流程节点	责 任 人	工 作 要 求
1	交接班	运行养护项目部防汛值班人员	1. 上海市每年 6 月 1 日—9 月 30 日为汛期,在此期间,运行养护项目部应严格执行 24 h 汛期值班制度和领导带班制;汛期前应制定防汛应急响应值班表,防汛预警发布后,响应人员应及时到岗。 2. 运行养护项目部相关负责人出差或请假 1 天以上,需经管理单位及公司领导同意,并同时明确现场负责人。 3. 当班值班人员当天 8 时前完成交接班手续,并填写交接班记录

续表

序号	流程节点	责任人	工作要求
2	上报水情	运行养护项目部防汛值班人员	防汛值班人员每天8时30分前将当日水情信息上报管理单位
3	执行调度指令	管理单位、运行养护项目部有权限调度人员	1. 管理单位有权限调度人员：发布调度指令； 2. 运行养护项目部有权限调度人员：执行调度指令并反馈
4	工程巡查	运行养护项目部防汛值班人员	工程巡查按技术管理细则和巡查制度执行。每天至少对工程管理范围进行1次全面检查，重点巡查影响工程安全度汛的部位
5	险情处理	运行养护项目部防汛值班人员	如发现影响工程安全度汛险情，应立即报告运行养护项目部经理，能立即处理的立即处理，不能立即处理的应及时启动防汛应急预案，并报告管理单位
		运行养护项目部经理	1. 运行养护项目部经理出差或请假1天以上，需经管理单位及公司领导同意，并同时明确现场负责人； 2. 运行养护项目部经理出差在外时不得关闭手机，汛期手机应保持24 h开机状态； 3. 运行养护项目部经理接到值班员汇报后应立即组织处理，必要时启动应急预案或现场应急处置方案
		管理单位/公司工程管理人员	及时赶赴现场组织处理并报告上级主管部门
		维修服务项目部	及时进行维修
6	防汛值班记录	运行养护项目部防汛值班人员	1. 填写当日值班记录； 2. 严格执行运行调度指令并及时、准确上报工程运行信息
7	交接班	运行养护项目部防汛值班人员	第二天8时前完成交接班手续，并填写交接班记录

4. 泵闸工程备品备件管理流程

迅翔公司泵闸工程备品备件管理流程图见图6.8，迅翔公司泵闸工程备品备件管理流程说明见表6.6。

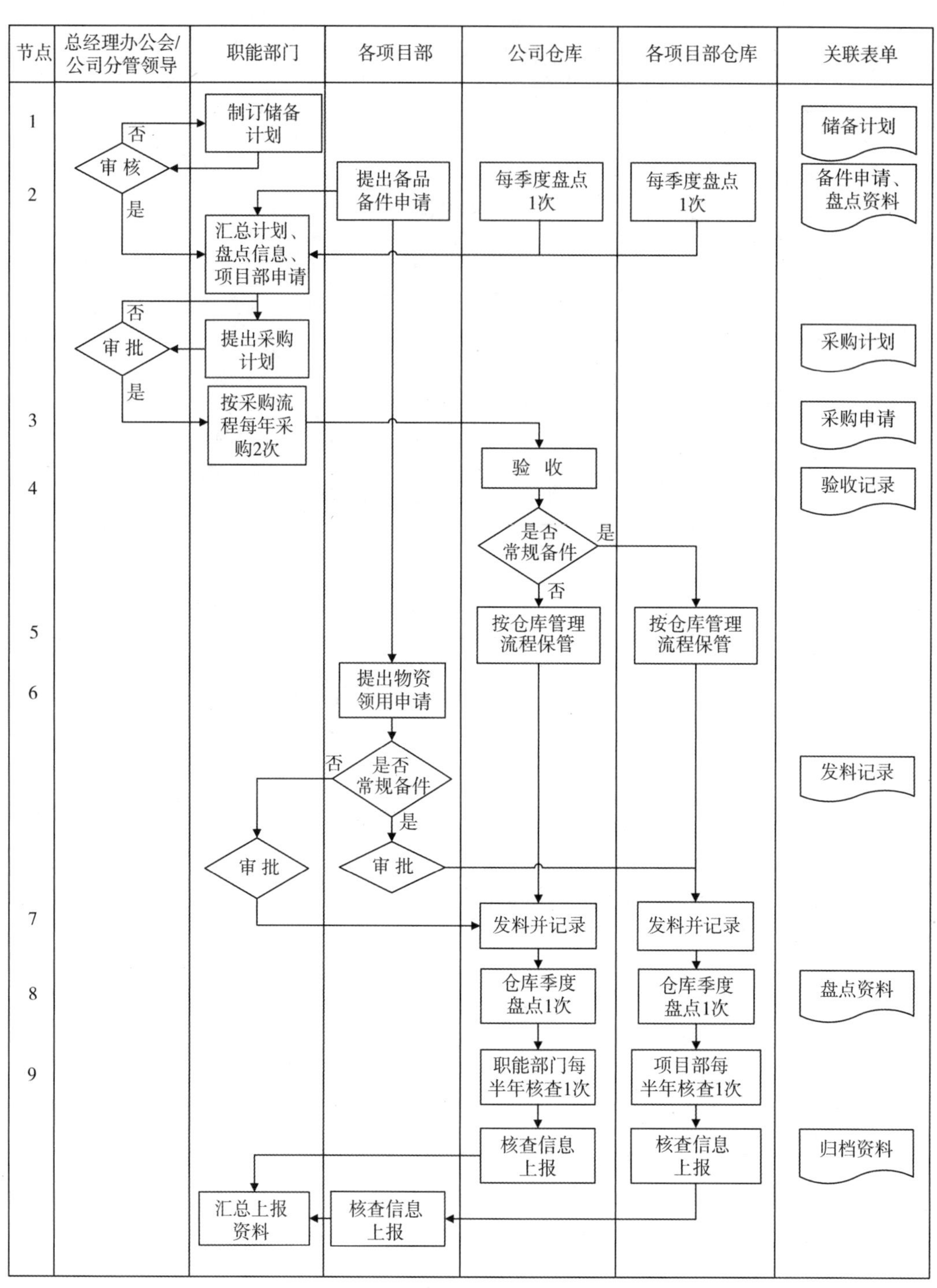

图 6.8　迅翔公司泵闸工程备品备件管理流程图

表 6.6　迅翔公司泵闸工程备品备件管理流程说明

序号	流程节点	责任人	工作要求
1	制订储备计划	职能部门	运行管理部负责编制泵闸工程备品备件储备计划
		公司分管领导	审核备品备件储备计划
2	提出采购计划	各项目部	1. 各项目部提出当季所需备品备件采购申请，将需采购备品备件使用地点、采购名称、型号及数量上报到部门负责人。 2. 统一采购备品备件范围（运行管理部实施）： （1）采购时间周期长的； （2）需要定加工的； （3）单品价格高的； （4）其他需要作为备品备件采购的。 3. 分散采购备品备件范围（各项目部实施）： （1）维修、抢修急件； （2）各项目部日常维修零配件需要列入备品备件的。 4. 严格按照公司提出的技术要求、物资采购管理办法进行办理，不能随意变更技术要求和设备型号等，需要变更时应征得管理单位技术负责人同意
		公司仓库	1. 每季核准（盘点）1 次，并上报至运行管理部； 2. 指定专人负责仓库管理、上报情况
		各项目部仓库	1. 每季核准（盘点）1 次，并上报至运行管理部； 2. 各个备品备件仓库，应指定专人负责仓库管理、上报情况
		运行管理部	根据各项目部采购申请、公司仓库和各项目部仓库每季度盘点情况，提出备品备件采购计划
		总经理办公会/公司分管领导	审定备品备件采购计划
3	物资采购	采购部门	按照各公司物资采购流程进行采购，全年部门安排备品备件统一采购 2 次（3 月、11 月）
4	入库验收	公司仓库	1. 按公司物资采购验收流程，公司仓库管理员验收采购物品入库登记，建立备品备件物资账目。 2. 价值高、存放要求高、放置空间大的备件统一存放在公司仓库实施集中管理。随着入、出库材料的变化而随时变更账、卡，保证账、卡、物相符
		各项目部仓库	常规备件由公司仓库调拨至各项目部泵闸现场存放管理及使用，随着入、出库材料的变化而随时变更账、卡，保证账、卡、物相符
5	物资保管	公司仓库/各项目部仓库	按公司物资保管制度和流程进行。备品备件（零配件）的储放，应满足阴凉、通风、干燥的储放条件，应有专门的仓库或独立的货架，并有适当的防潮、防霉、防虫、防盗、防火等措施

续表

序号	流程节点	责任人	工作要求
6	物资领用申请	各项目部	各项目部实施泵闸工程维修项目，需填报项目审批表，上报相关信息，通过审批后，凭表赴仓库管理员处领用项目施工所需备品备件
		各项目部经理	审批工作人员填写的“泵闸工程维修项目审批表”和“备品备件领用审批表”
		部门负责人	审批“泵闸工程维修项目审批表”和“备品备件领用审批表”（非常规备件）
7	发　料	公司仓库/各项目部仓库	根据审批表发料并记录
8	仓库季度盘点	各项目部仓库管理员	每季末，由各项目部仓库管理员负责对本季发生的备品备件（零配件）库存数量盘点1次并汇总，上报到运行管理部
9	核查信息上报	公司仓库/各项目部仓库	每半年，运行管理部（各项目部）对公司仓库（各项目部仓库）库存数量核查1次；各项目部将使用材料情况与储备数量上报到运行管理部
		运行管理部	统一汇总后建立档案并上报上级单位

6.6 安全生产

6.6.1 评价标准

安全生产责任制落实；定期开展安全隐患排查治理，排查治理记录规范；开展安全生产宣传和培训；安全设施及器具配备齐全并定期检验，安全警示标识、危险源辨识牌等设置规范；编制安全生产应急预案并完成报备，开展演练；1年内无较大及以上生产安全事故。

6.6.2 赋分原则(50分)

(1) 1年内发生较大及以上生产安全事故，此项不得分。

(2) 安全生产责任落实不到位，制度不健全，扣10分。

(3) 安全生产隐患排查不及时，隐患整改治理不彻底，台账记录不规范，扣10分。

(4) 安全设施及器具不齐全，未定期检验或不能正常使用，安全警示标识、危险源辨识牌设置不规范，扣5分。

(5) 安全生产应急预案未编制、未报备，扣5分。

(6) 未按要求开展安全生产宣传、培训和演练，扣5分。

(7) 如果3年内发生一般及以上生产安全事故，扣15分。

6.6.3 管理和技术标准及相关规范性要求

《中华人民共和国安全生产法》；

《企业安全生产标准化基本规范》(GB/T 33000—2016)；

《生产经营单位生产安全事故应急预案编制导则》(GB/T 29639—2020)；

《电力安全工作规程　发电厂和变电站电气部分》(GB 26860—2011)；

《泵站技术管理规程》(GB/T 30948—2021)；

《安全标志及其使用导则》(GB 2894—2008)；

《消防安全标志设置要求》(GB 15630—1995)；

《工作场所职业病危害警示标识》(GBZ 158—2003)；

《起重机械安全规程　第1部分:总则》(GB/T 6067.1—2010)；

《建筑物防雷设计规范》(GB 50057—2010)；

《建筑灭火器配置验收及检查规范》(GB 50444—2008)；

《建筑灭火器配置设计规范》(GB 50140—2005)；

《水闸技术管理规程》(SL 75—2014)；

《水利安全生产标准化通用规范》(SL/T 789—2019)；

《水工钢闸门和启闭机安全运行规程》(SL/T 722—2020)；

《水利水电工程施工通用安全技术规程》(SL 398—2007)；

《施工现场临时用电安全技术规范》(JGJ 46—2005)；

《建筑施工安全检查标准》(JGJ 59—2011)；

《水电工程劳动安全与工业卫生设计规范》(NB 35074—2015)；

《水利水电工程金属结构制作与安装安全技术规程》(SL/T 780—2020)；

《城市防洪应急预案编制导则》(SL 754—2017)；

《水利水电工程施工危险源辨识与风险评价导则(试行)》(办监督函〔2018〕1693号)；

《水利水电工程(水库、水闸)运行危险源辨识与风险评价导则(试行)》(办监督函〔2019〕1486号)；

《水利水电工程(水电站、泵站)运行危险源辨识与风险评价导则》(办监督函〔2020〕1114号)；

《水利工程生产安全重大事故隐患判定标准(试行)》(水安监〔2017〕344号)。

6.6.4 管理流程

1. 概述

(1) 迅翔公司运行养护项目部安全管理事项清单,参见表6.7。

表 6.7　迅翔公司运行养护项目部安全管理事项清单

序号	分类	管理事项	实施时间或频次	工作要求及成果	责任人
1	安全生产目标管理	制定安全生产目标，并进行目标分解	每年年初	包括制定生产安全事故控制、生产安全事故隐患排查治理、职业健康、安全生产管理等目标	
				根据项目部在安全生产中的职能，分解安全生产总目标和年度目标	
2		落实安全生产责任制	每年年初	1. 应与项目部人员签订安全生产责任书； 2. 明确安全员岗位职责； 3. 明确各类人员的安全生产职责、权限和考核奖惩等内容	
3		安全生产计划、总结	每年年初、年末	进行年度安全生产计划、总结并上报	
4			每个月末	进行月度安全生产计划、小结	
5		安全生产例会	每月 1 次	总结分析安全生产情况，评估存在的风险，研究解决安全生产工作中的重大问题并形成会议纪要	
6		安全信息上报	每月 25—30 日	按水利部和管理单位相关规定执行	
7		安全生产台账	全　年	按安全生产标准化要求执行	
8		安全生产标准化活动	全　年	按管理单位和上级部门要求，积极开展安全生产标准化活动	
9		安全生产标准化实施绩效评定及安全生产年度考核自评	每年年末	按安全生产标准化实施绩效评定要求开展年度考核自评；根据考评结果进行整改	
			每 3 年 1 次	按要求对安全生产法律法规、技术标准、规章制度、操作规程执行情况进行评估；根据评估结果进行整改	
10	安全投入与管理	安全投入和经费使用计划	每年年初	制定泵闸工程运行维护安全投入和经费使用计划	
11		完善安全设施	适　时	完善消防设施、高空作业设施、水上作业设施、电气作业设施、防盗设施、防雷设施、劳保设施等；安全设施及器具配备齐全并定期检验	
12		安全费用台账	全　年	建立安全生产费用使用台账	
13		从业人员及时办理相关保险	适　时	按照有关规定，为从业人员及时办理相关保险	
14	安全制度化管理	法规标准识别	每年年初	向班组成员传达并配备适用的安全生产法律法规	
15		执行安全生产制度	适　时	1. 完善项目部安全生产规章制度； 2. 将安全生产规章制度发放到班组并组织培训，督促加以执行	
16		执行安全操作规程	适　时	编制并执行安全操作规程	
			必要时	新技术、新材料、新工艺、新设备设施投入使用前，组织编制或修订相应的安全操作规程	
			适　时	安全操作规程应发放到相关作业人员并督促加以执行	

续表

序号	分类	管理事项	实施时间或频次	工作要求及成果	责任人
17	安全教育	安全培训计划	每年年初	制定安全教育培训计划并上报	
18		安全文化建设计划编制与执行	按年度计划	制定安全文化建设计划并开展安全文化活动；推行安全生产目视化	
19		管理人员安全教育	每年不少于1次	对各级管理人员进行教育培训，确保其具备正确履行岗位安全生产职责的知识与能力	
20		新员工安全教育	上岗前	新员工上岗前应接受三级安全教育培训	
21		转岗、离岗人员安全教育	适时	作业人员转岗、离岗1年以上重新上岗前，应受安全教育培训，经考核合格后上岗	
22		在岗作业人员安全教育	每年不少于1次	在岗作业人员应进行安全生产教育和培训	
23		特种作业人员安全教育	适时	特种作业人员接受规定的安全作业培训	
24		相关方及外来人员安全教育	不定期	督促检查相关方的作业人员进行安全生产教育培训及持证上岗情况	
			适时	对外来人员进行安全教育	
25		安全生产月活动	每年6月	按计划开展安全生产月活动	
26	安全风险管理及安全隐患治理	完善安全风险管理制度	每年年初	完善安全风险管理制度、重大危险源管理制度、隐患排查治理制度	
27		安全风险辨识	每年年初	对安全风险进行全面、系统辨识，对辨识资料进行统计、分析、整理和归档	
28		安全风险评估及风险分析	适时	安全风险评估	
			每季度1次	每季度组织1次安全生产风险分析，通报安全生产状况，及时采取预防措施	
29		落实风险防控措施	全年	包括工程技术措施、管理控制措施、个体防护措施等	
30		安全风险告知	年初	在重点区域设置针对存在安全风险的岗位，明示安全风险告知卡，明确主要安全风险、隐患类别、事故后果、管控措施、应急措施及报告方式等内容	
31		落实重大危险源控制预案	年初	对确认的重大危险源应进行安全评估，确定等级，制定管理措施和应急预案	
32		重大危险源监控、登记建档	全年	对重大危险源采取措施进行监控，包括采取技术措施（设计、建设、运行、维护、检查、检验等）和组织措施（职责明确、人员培训、防护器具配置、作业要求等）进行监控，并对重大危险源登记建档	
33		安全隐患治理责任制	年初	建立并落实从主要负责人到相关从业人员的事故隐患排查治理和防控责任制	

续表

序号	分类	管理事项	实施时间或频次	工作要求及成果	责任人
34	安全风险管理及安全隐患治理	制定隐患排查清单	适　时	组织制定各类活动、场所、设备设施的隐患排查清单	
35		专项安全检查	重要节假日	配合进行节假日安全检查，对排查出的事故隐患定人、定时、定措施进行整改	
			每年冬季	配合进行冬季安全检查，对排查出的事故隐患定人、定时、定措施进行整改	
			每月1次	配合进行消防专项检查，对排查出的事故隐患定人、定时、定措施进行整改	
			必要时	配合进行专项维修工程等安全检查，对排查出的事故隐患定人、定时、定措施进行整改	
36		重大事故隐患治理	全　年	对重大事故隐患，制定并实施治理方案	
37		建立隐患排查治理台账，做好信息上报工作	全　年	完善安全隐患排查治理台账	
			每月底	上报安全隐患排查治理信息及通过信息系统上报零事故报告	
38	现场安全管理	安全设施管理	适　时	在建项目安全设施应执行“三同时”制度；临边、孔洞、沟槽等危险部位的安全设施齐全、牢固可靠；高处作业按规定设置安全网等设施；垂直交叉作业场所设置安全隔离棚；机械、传送装置等的转动部位安装安全防护设施；临水和水上作业有可靠的救生设施；暴雨、台风前后对安全设施进行专项检查	
39		检修管理	检修时	制定并落实综合检修计划，落实“五定”原则（即定检修方案、定检修人员、定安全措施、定检修质量、定检修进度），检修方案合理；严格执行操作票、工作票制度，落实各项安全措施；检修质量符合要求；大修工程有设计、批复文件，有竣工验收资料；各种检修记录规范	
40		特种设备管理	适　时	特种设备按规定进行登记、建档、使用、维护保养、自检、定期检验以及报废；有关记录规范	
			每年年初	制定特种设备事故应急措施和救援预案	
			适　时	特种设备达到报废条件的，及时向有关部门申请办理注销	
			全　年	建立特种设备技术档案	
41		设施设备安装、验收、拆除及报废	必要时	协助管理单位对新设施设备按规定进行验收，办理设施设备安装、拆除及报废审批手续，制定危险物品处置方案，作业前进行安全技术交底并保存相关资料	

续表

序号	分类	管理事项	实施时间或频次	工作要求及成果	责任人
42	现场安全管理	临时用电	作业时	按有关规定编制临时用电专项方案或安全技术措施，并经验收合格后投入使用；用电配电系统、配电箱、开关柜符合相关规定；自备电源与网供电源的联锁装置安全可靠，电气设备等按规范装设接地或接零保护；现场起吊设备与相邻建筑物、供电线路等的距离符合规定；定期对施工用电设备设施进行检查	
43		危险化学品管理	每年年初	建立危险化学品的管理制度	
			全　年	购买、运输、验收、储存、使用、处置等管理环节符合规定，并按规定登记造册	
			适　时	落实危险化学品的警示性标志和警示性说明及其预防措施	
44		高处作业	作业时	严格执行高处作业安全操作规程	
45		起重吊装作业	作业时	严格执行起重吊装作业安全操作规程	
46		水上水下作业	作业时	严格执行水上水下作业安全操作规程	
47		焊接作业	作业时	严格执行焊接作业安全操作规程	
48		有限空间作业	作业前、作业时	落实应急处置方案，严格执行安全操作规程	
49	应急管理	生产安全事故应急预案	适时，每年1次	抓好生产安全事故应急预案编制及报备工作	
			汛前，每年1次	编报泵闸突发故障应急预案或处置方案（含防汛预案）	
			每年至少1次	开展预案演练	
50		防汛物资管理	全　年	防汛物资管理已纳入防汛管理事项中	
51		突发事件处置	及　时	按相应预案和迅翔公司“泵闸突发故障或事故应急处置作业指导书”要求开展突发事件应急处置；按规定频次做好预案演练	
52		配合事故处理	必要时	配合事故处理并做出事故报告上报	
			每年年底或汛前	配合应急处置做总结与评估	
53	安全保卫	非运行期值班	非运行期	加强泵闸非运行期值班管理	
54		相关方管理	检修、施工期间	1. 严格审查检修、施工等单位的资质和安全生产许可证，并在发包合同中明确安全要求； 2. 与进入管理范围内的施工单位签订安全生产协议，明确双方安全生产责任和义务； 3. 对管理范围内的检修、施工作业过程实施有效监督，并进行记录	
55		安防系统维护	全　年	配合管理单位做好安防系统维护工作	

续表

序号	分类	管理事项	实施时间或频次	工作要求及成果	责任人
56	安全保卫	抓好消防管理	每年年初	建立消防管理制度，建立健全消防安全组织机构，落实消防安全责任制	
			适　时	防火重点部位和场所配备足够的消防设施、器材，并完好有效	
			全　年	建立消防设施、器材台账	
			作业时	严格执行动火审批制度	
			每年不少于1次	开展消防培训和演练	
57		交通管理	全　年	配合管理单位加强管理区交通管理	
58		相关配合工作	必要时	1. 配合做好上海市重大活动、专项活动安保工作； 2. 配合管理单位开展综合治理达标创建工作	
59	职业健康	防护设施、防护用品配置及检测	适时，按规程要求	为员工配备相适应的职业病防护设施、防护用品；做好防护设施、防护用品检测工作	
60		职业健康检查	适　时	对从事接触职业病危害的作业人员应按规定组织上岗前、在岗期间和离岗时职业健康检查，建立健全职业卫生档案	
61		职业健康可视化	年　初	公布有关职业病防治的规章制度、操作规程、职业病危害事故应急救援措施	
62		传染病防治	全　年	落实针对性的预防和应急救治措施	
63		防暑降温	夏季高温时	做好夏季防暑降温工作	

(2) 泵闸工程安全生产涉及的流程较多，其流程与管理事项、应急预案、现场处置方案等相对应。

例如，安全生产制度管理涉及的流程包括：安全生产规章制度编制流程、安全生产目标管理流程、安全生产责任制落实流程、安全生产法律法规收集公布流程、安全生产资金投入管理流程、工伤保险管理流程、特种作业安全管理流程、消防安全管理流程、防汛防台安全管理流程、临时用电安全管理流程、安全设施管理流程、危险物品管理流程、重大危险源监控管理流程、相关方安全管理流程、劳动防护用品(具)管理流程、生产安全事故隐患排查治理流程、安全保卫管理流程、安全信息报送流程、事故管理流程、安全教育培训管理流程、安全生产档案管理流程、职业健康安全管理流程、安全标识管理流程、物资仓库安全管理流程、编制外用工管理流程等。

不同的作业，其安全管理流程不同。应根据作业安全技术规程，编制相应的作业安全管理流程。例如，水下作业，应落实水下作业安全管理流程；泵闸工程运行，应有操作票编制和执行流程；电气作业，应有工作票编制和执行流程。

又如，突发故障或事件应急处置，不同的处置方案其业务流程也不同。泵闸现场应急处置流程包括：机械伤害事故应急处置流程、高处坠落事故现场应急处置流程、物体打击事故现场应急处置流程、突发火灾事件应急处置流程、触电事故现场应急处置流程、突发交通事故应急处置流程、高温中暑现场应急处置流程、社会治安突发事件应急处置流程、硫化氢中毒事件应急处置流程、水上突发事件应急处置流程、水污染突发事件应急处置流程等。

（3）本节分别对安全生产组织管理流程、安全生产目标管理流程、安全生产投入管理流程、安全监察（检查）流程、安全技术交底管理流程、施工队伍（分包商）入场管理流程、施工临时用电验收管理流程、“三违”查处流程、危险源辨识与界定管理流程、事故隐患排查治理流程、安全保卫管理流程、消防管理流程、预案及应急处置方案演练流程、一般安全事故调查处理流程加以阐述。

2. 安全生产组织管理流程

迅翔公司安全生产组织管理流程图见图6.9，迅翔公司安全生产组织管理流程说明见表6.8。

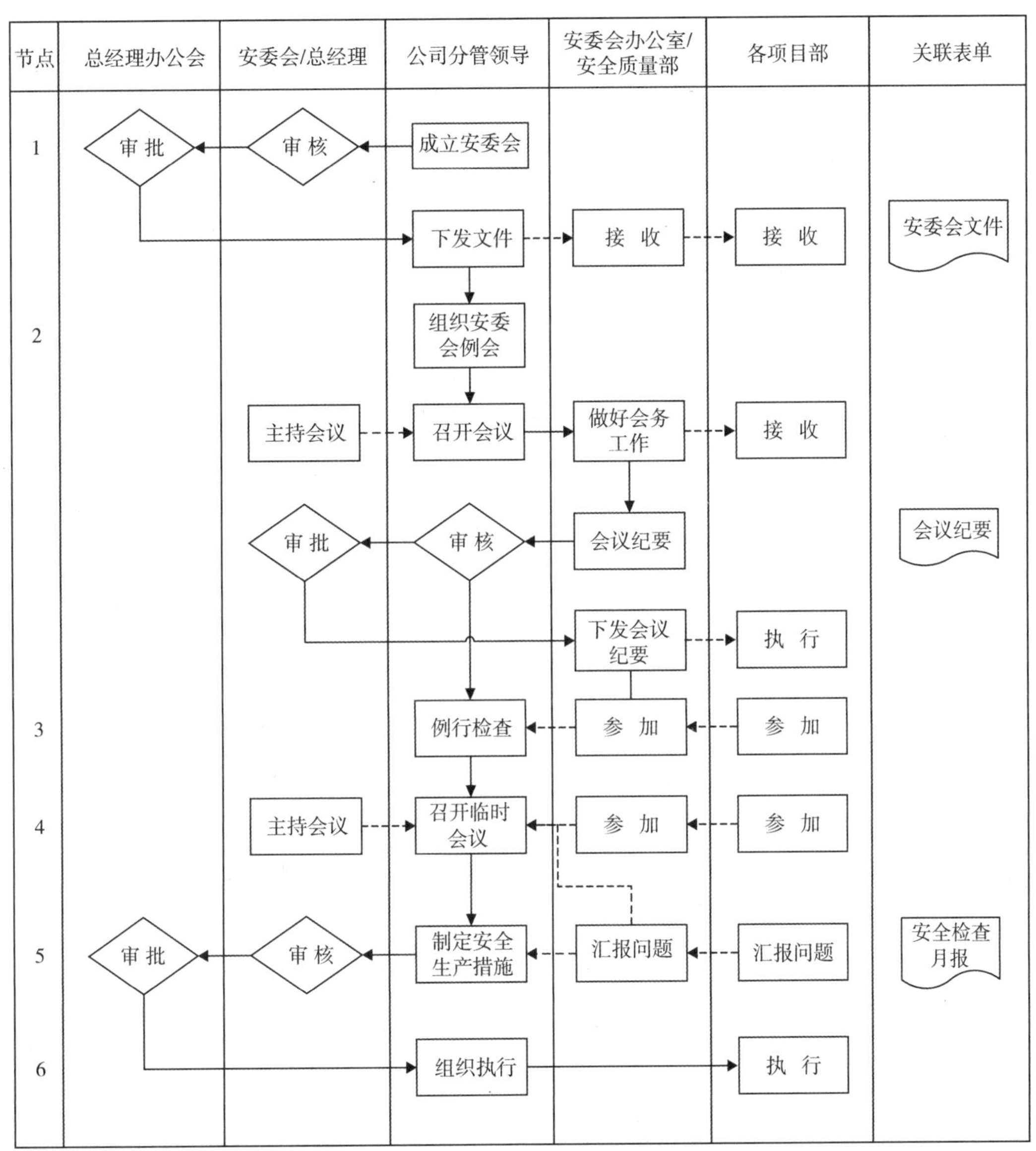

图6.9 迅翔公司安全生产组织管理流程图

表 6.8　迅翔公司安全生产组织管理流程说明

序号	流程节点	责任人	工作要求
1	成立安委会	公司分管领导	安委会成立、组成人员提名及调整，包括： 1. 公司成立安委会，作为公司安全生产管理机构； 2. 安委会是公司安全生产管理的最高权力机构，全权负责安全生产工作； 3. 安委会主任和副主任人数设置； 4. 安委会成员由公司主要负责人及各部门负责人组成，适时调整； 5. 安委会下设安全生产管理办公室，地点设在安全质量部
		总经理	担任安委会主任，负责安全管理机构的设置
		总经理办公会	审定安委会组织机构、工作职责。其中： 1. 安委会主要职责： (1) 公司安委会是全公司安全生产工作的领导机构，负责贯彻执行国家安全生产方针、政策、法律、法规、规定、制度和标准，开展安全生产管理和监督工作。 (2) 定期召开公司安全生产工作会议，分析安全生产状况，研究制订安全生产工作计划，指导基层安全工作。 (3) 组织开展安全生产检查工作，开展安全生产标准化建设，提高全公司安全生产管理水平。 (4) 对各部门安全生产工作进行考核评比，对在安全生产中有贡献者或事故责任者，提出奖惩意见；会同工会等部门组织开展安全生产竞赛活动，总结交流安全生产先进经验。 (5) 建立健全安全管理网络，加强安全工作基础建设，做好各种安全台账、票证管理。 2. 安委会办公室主要职责： (1) 负责公司安全生产的日常管理工作，具体承担公司安全生产的计划、总结、宣传、检查工作。 (2) 负责拟订安全生产规章制度、操作规程和安全生产事故应急预案，并监督检查执行情况，组织实施应急救援演练。 (3) 负责对新入职员工的公司级安全教育和员工日常安全教育、培训、考核工作；组织开展各种安全宣传、教育、培训活动。 (4) 负责组织开展公司安全生产大检查，对检查中发现的安全隐患，依据安全生产有关规定，提出整改意见。 (5) 负责公司各项目部安全生产工作的联络、协调，做好安全生产活动的组织指导工作。 (6) 按照国家有关规定，监督检查有关部门按规定及时发放和合理使用劳动保护用品。 (7) 负责消防器材的计划、配置、维护及台账管理。 (8) 负责安全生产信息的收集、统计、上报。 (9) 组织参加事故调查，审核事故报告，并提出处理意见，提交公司安委会讨论决策。 (10) 负责作业许可证的审查管理工作。 3. 安全管理人员主要职责： (1) 提出本公司安全生产工作计划和资金使用计划并组织实施。 (2) 组织或参与拟订本公司安全生产规章制度、操作规程和安全生产事故应急预案，并监督检查执行情况，组织实施应急救援演练。 (3) 具体负责组织安全生产检查，搞好事故隐患排查治理，组织和督促整改落实。

续表

序号	流程节点	责任人	工 作 要 求
1	成立安委会	总经理办公会	(4) 组织或参与实施安全生产宣传、教育、培训和考核等工作。 (5) 监督本公司劳动防护用品的采购、发放、使用和管理工作;监督、检查从业人员正确佩戴和使用劳动防护用品。 (6) 负责本公司安全设备、急救器具等的管理,督促做好工作场所的安全工作。 (7) 配合做好生产安全事故救援、报告、调查处理和善后等工作。 (8) 负责本公司安全生产资料的管理,做到规范、齐全。 (9) 提出改进本公司安全生产管理的意见,督促落实本公司安全生产整改措施。 (10) 其他安全生产管理职责
		安委会办公室	起草成立安委会或调整安委会成员文件,经分管领导、总经理或总经理办公会审批后下发
2	组织安委会例会	总经理	主持安委会例会
		公司分管领导	负责安委会例会准备工作
		安委会办公室主任	1. 负责安委会例会准备工作; 2. 负责会议纪要起草工作:安全生产专题例会的会议内容及工作要求,以安全生产例会纪要的形式记录下来并保留存档; 3. 负责会同有关部门对安委会例会上提出的工作要求落实整改,整改结果向下次安委会例会报告
		安委会	每季度召开1次安全生产专题例会,协调解决当前存在的安全生产问题,并计划下一步的安全生产重点工作,研究部署安全生产决策事项;传达有关文件、事故通报及安全会议精神的学习等
		公司分管领导	审核安委会会议纪要
		总经理	审批安委会会议纪要
3	例行检查	公司分管领导	负责组织安全生产例行检查
		安委会办公室	具体负责安全生产例行检查,按相关制度和流程执行
		业务部门	配合安委会办公室开展安全生产例行检查,按相关制度和流程执行
		各项目部	做好安全生产自查自纠,对上级安全检查中指出的问题进行整改
4	召开临时会议	各项目部	按要求做好安全生产月报工作,发生突发事件立即汇报
		安委会办公室	做好安全生产临时会议准备工作
		公司分管领导	根据上级专项要求、安全生产月报、安全生产检查发现的隐患、各部门各项目部突发事件等情况,提议召开安全生产临时会议
		总经理	主持召开安全生产临时会议,制定安全生产措施
5	制定安全生产措施	安全质量部	1. 做好安全生产措施落实的计划、组织、协调、监督工作; 2. 做好安全生产台账管理工作
		业务部门	配合安全质量部制定安全生产措施
6	落实安全生产措施	各项目部	落实安全生产措施,按时上报落实情况;做好安全生产台账管理工作

3. 安全生产目标管理流程

迅翔公司安全生产目标管理流程图见图 6.10，迅翔公司安全生产目标管理流程说明见表 6.9。

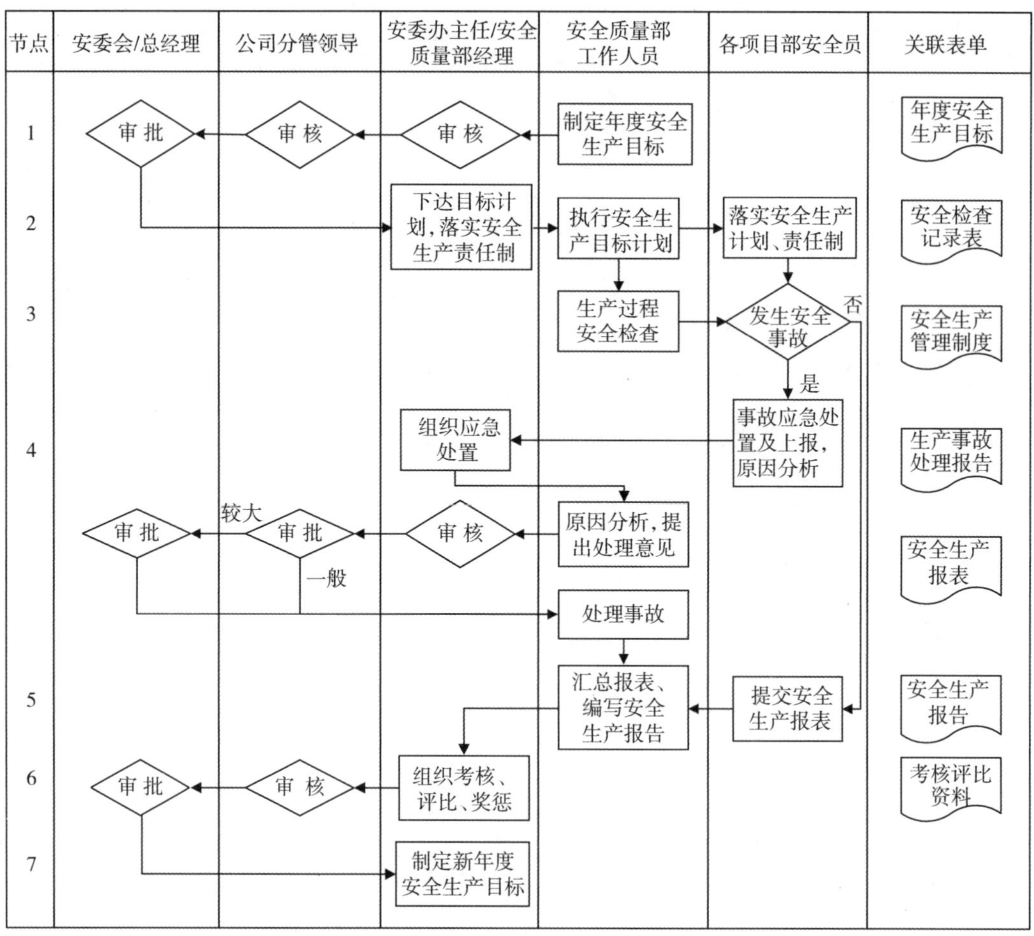

图 6.10　迅翔公司安全生产目标管理流程图

表 6.9　迅翔公司安全生产目标管理流程说明

序号	流程节点	责 任 人	工　作　要　求
1	制定年度安全生产目标	安全质量部工作人员	1. 起草安全生产目标管理制度，内容包括：总则、目标管理体系、目标的制定、目标内容与分解、目标监控与考评、评定与奖惩等； 2. 提出年度安全生产目标和计划设想
		安委办主任	审核安全生产目标管理制度；提出年度安全生产目标和计划建议
		公司分管领导	审核安全生产目标管理制度；审核年度安全生产目标和计划建议

续表

序号	流程节点	责任人	工作要求
1	制定年度安全生产目标	安委会/总经理	1. 审定安全生产目标管理制度，明确如下内容： (1) 安全生产目标管理工作采取部门主要负责人负责制，按照自主管理与公司监管相结合的原则开展。 (2) 公司下属各部门(项目部)主要负责人是所有工作业务范围安全生产第一责任人，对本部门的安全生产工作全面负责，承担本部门目标任务的组织实施。 (3) 部门副职按职责分工对本部门负责人负责，组织相关安全目标的落实；其中，分管安全生产的负责人是安全生产工作综合监督管理的责任人，对安全目标的组织实施负组织领导综合监督管理责任，运行养护项目部和维修服务项目部经理对各自分管工作范围内的安全生产负直接领导责任，并负责支持配合分管安全生产工作的负责人开展安全生产目标的组织实施工作。 (4) 其他运行养护人员对安全生产目标管理负岗位责任。 (5) 各部门要建立健全制度，落实机构和指定专人负责安全生产目标管理日常工作，及时研究解决安全生产目标管理中存在的问题。 2. 审定年度安全生产目标和计划建议，包括： (1) 控制目标：控制目标为当年安全生产工作的主要指标。 (2) 工作目标：工作目标为安全生产工作的要求和任务，包括安全生产标准化建设规定的安全生产组织保障、基础保障、管理保障和日常工作等方面的要求，以及公司安全生产目标管理考核标准要求
2	下达目标计划，落实安全生产责任制	安委办主任	负责抓好公司安全生产目标的分解、检查、考评等工作，其中控制目标以公司年度安全生产工作目标和落实安全生产责任制、签订安全生产责任书的方式予以公布；安全生产责任制内容包括： 1. 总则(目的、适用范围等)； 2. 岗位安全生产责任制(包括主要负责人、分管安全生产负责人、其他分管领导、部门及项目部负责人、安全员、班组长、一般员工安全生产职责)； 3. 部门、项目部安全生产职责； 4. 考核及奖惩(考核工作原则、考核办法、考核时间、奖惩标准及考核部门等)； 5. 附则(安全生产责任制实施时间等)
		安全质量部工作人员	具体负责抓好公司安全生产目标的分解、检查、考评等工作
		各项目部安全员	负责抓好本部门(项目部)安全生产目标的分解、检查、考评等工作
3	目标监控和安全生产检查	安全质量部工作人员	采取面上检查与点上抽查相结合、定期检查与适时抽查相结合的方式，对各部门(项目部)安全生产目标实施过程进行监控，随时了解情况，协调解决出现的问题，并及时向公司安委会报告目标完成情况
		各项目部安全员	1. 做好本部门(项目部)安全生产目标监控和检查工作； 2. 如发生安全生产事故，应按相关制度和流程立即上报，并组织处理和事故分析

续表

序号	流程节点	责任人	工作要求
4	事故应急处置及事故处理	安委办主任	接到事故报告，立即启动预案和应急处置方案，并上报
		安全质量部工作人员	接到事故报告，立即参与应急处置，并进行事故分析，提出事故处理意见
		安委办主任	执行事故应急处置流程，审核事故处理意见
		安委会/分管公司领导/总经理	执行事故应急处置流程，审批一般事故处置意见，较大事故和重大事故需上报
5	编写安全生产报告	各项目部安全员	按相关制度和流程，在经部门（项目部）负责人审批的基础上，提交月度（季度、年度）安全生产报表、月度（季度、年度）安全生产计划、安全生产专项报告
		安全质量部工作人员	按相关制度和流程，在经部门负责人审批的基础上，提交公司月度（季度、年度）安全生产报表、公司月度（季度、年度）安全生产计划、公司安全生产专项报告
6	考核、评比、奖惩	安委办/各部门/各项目部	1. 季度自查：每季度末月 25 日前，各部门对本季度安全生产目标完成情况进行自查并将自查报告报安委办，安委办会同有关部门适时进行抽查和检查。 2. 半年考评：每年 6 月 25 日前，各部门对半年安全生产目标完成情况进行自查，写出自查报告报安委办；安委办组织对目标责任单位安全生产目标完成情况进行抽查，并对未被抽查单位的自查报告进行集中审查，形成各单位半年安全生产目标管理考评结果并向安委会报告。 3. 年度总评：每年 12 月 25 日前，各部门对全年安全生产目标完成情况进行自查，写出自查报告报安委办，安委办将组织对目标责任单位安全生产目标完成情况进行审查，考核结果作为公司目标管理考核的重要依据
		公司分管领导	审核考核评比结果，提出奖惩意见
		安委会/总经理	审定考核评比结果，做出奖惩决定，包括： 1. 安全生产目标管理考核结果作为评先评优的重要依据； 2. 季度的考评与季度安全生产奖的发放挂钩，年终的考评与年终奖励性绩效挂钩； 3. 安全生产目标未完成的部门按考评分值递减当季安全生产奖和年终奖励性绩效，“一票否决”的部门取消评先评优资格并扣发当季安全生产奖和年终奖励性绩效
7	制定新年度安全生产目标	安委办	资料归档，并制订新一年度安全生产目标计划
		安全质量部工作人员	1. 起草安全生产目标管理制度，内容包括：总则、目标管理体系、目标的制定、目标内容与分解、目标监控与考评、评定与奖惩等； 2. 提出新年度安全生产目标和计划设想

4. 安全生产投入管理流程

迅翔公司安全生产投入管理流程图见图 6.11，迅翔公司安全生产投入管理流程说明见表 6.10。

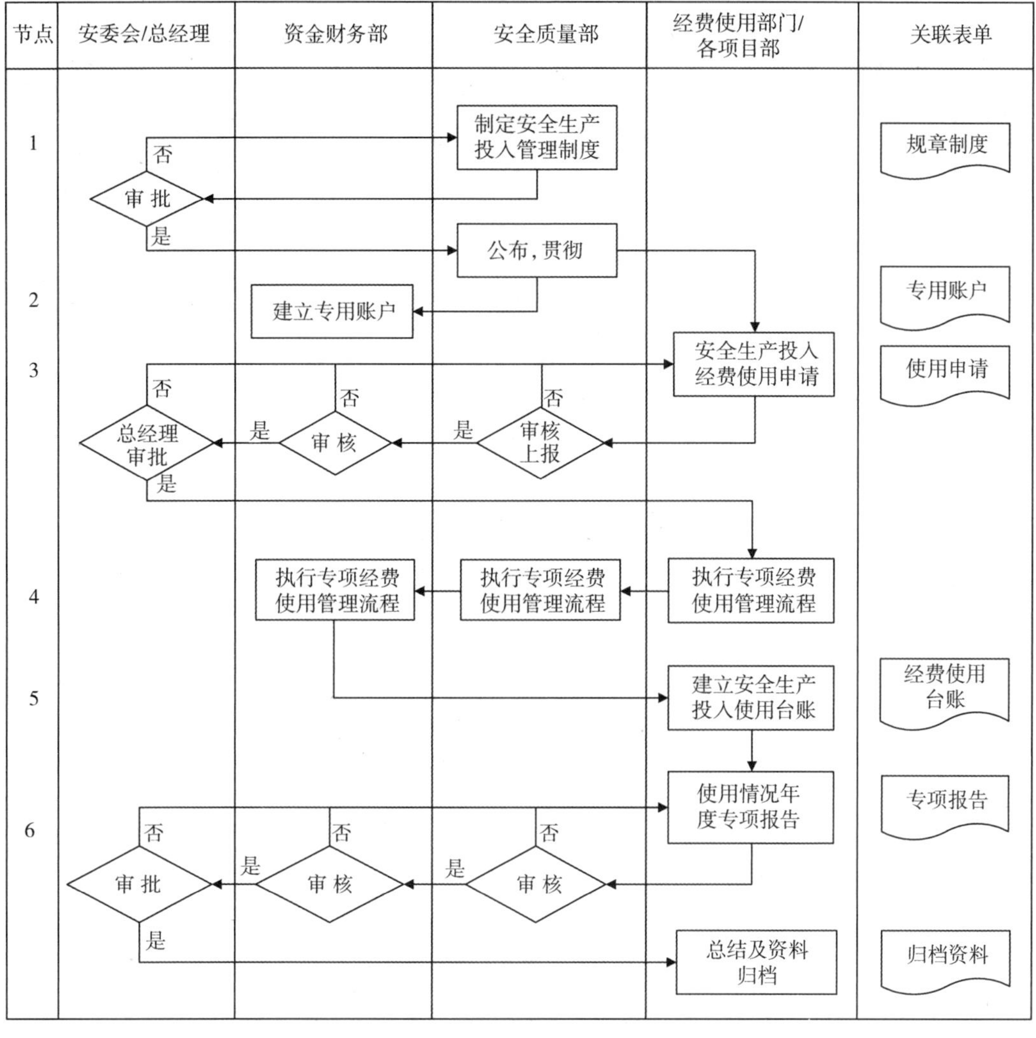

图 6.11　迅翔公司安全生产投入管理流程图

表 6.10　迅翔公司安全生产投入管理流程说明

序号	流程节点	责任人	工作要求
1	制定安全生产投入管理制度	安全质量部	起草公司安全生产投入管理制度
		安委会/总经理	1. 审定公司安全生产投入管理制度。 2. 明确职责： (1) 总经理对安全生产费用管理全面负责：审批安全生产费用提取、安全生产投入计划、经费使用报告、安全生产经费提取和使用情况年度报告； (2) 资金财务部负责对安全生产资金进行统一管理，审核安全生产费用提取、安全生产投入计划、安全生产经费使用等，根据年度安全生产计划，做好资金的投入落实工作，建立安全生产经费台账，确保安全生产投入迅速及时； (3) 安委会负责审核、汇总并编制公司安全生产投入计划，审核安全生产投入报告，监督检查安全生产投入落实情况，汇总并建立公司安全生产经费投入台账，编制年度安全生产经费提取和投入情况报告； (4) 各部门主管按照职责分工对有关专业安全生产费用计取、支付、使用实施监督管理

续表

序号	流程节点	责任人	工作要求
1	制定安全生产投入管理制度	综合事务部/安全质量部	公布并组织学习贯彻公司安全生产投入管理制度
2	建立专用账户	资金财务部	1. 将安全生产费用纳入公司财务计划，建立账户，保证专款专用，并督促其合理使用。 2. 费用台账记录安全生产费用的费率、数额、支付计划、使用要求、调整方式等条款；安全生产工作事项结束，结余的安全生产费用纳入财务，由主办会计管理。 3. 安全生产费用按规定范围安排使用，不得挪用或挤占，年度结余资金结转至下年度使用
3	安全生产投入经费申请及审批	经费使用部门/各项目部	根据本部门(项目部)实际，提出安全生产投入经费申请，安全生产投入费用包括： 1. 安全生产、职业卫生技术措施的研究和推广费用； 2. 安全生产、职业卫生设备、设施的建设、更新、改造和维护费用； 3. 安全生产宣传、教育和培训费用； 4. 劳动防护用品配备，保健品发放所需费用； 5. 安全生产检查与评价所需费用； 6. 配备必要的应急救援器材、设备和现场作业人员安全防护品费用支出； 7. 完善、改造和维护安全生产防护设备、设施，安全生产联锁、报警装置、安全生产通信设施，防触电、防雷、防噪声、防粉尘设施所需的费用，其中，泵闸工程运行维护安全设施配备包括： (1) 消防设施：灭火器(根据不同的灭火要求配备)、消防砂箱(含消防铲、消防箱、消防桶)、消防栓等； (2) 高空作业安全设施：升降机、脚手架、登高板、安全带等； (3) 水上作业安全设施：救生艇、救生衣、救生圈、白棕绳等； (4) 电气作业安全设施：绝缘鞋、绝缘手套、绝缘垫、绝缘棒、验电器、接地线、警告(示)牌、安全绳等，对移动电气设备配置隔离变压器或加装漏电开关，检修照明使用行灯；电气安全用具按规定周期定期检验，并且具有资质部门出具的报告； (5) 防盗设施：防盗窗、隔离栅栏、报警装置、视频监视系统等； (6) 防雷设施：避雷针、避雷器、避雷线(带)、接地装置等； (7) 助航设施：按《内河助航标志》(GB 5863—93)规定设置； (8) 拦河设施：通航河道上建有不通航节制闸时，在水闸上、下游河道警戒区外必须设拦河索，水闸工作桥正中上、下游侧装设阻航灯等。 8. 重大危险源、重大事故隐患评估、监控费用支出；事故隐患整改费用支出； 9. 应急救援设备、实施的投入，进行应急救援演练费用支出； 10. 其他与安全生产直接相关的费用支出
		安全质量部	负责审核安全生产投入申请报告，并汇总上报
		资金财务部	协同安全质量部审核安全生产投入申请报告
		安委会/总经理	审定安全生产投入申请报告
4	经费使用	经费使用部门/各项目部	按公司经费使用管理制度和流程等要求，加强经费使用管理
		安全质量部/资金财务部	按公司经费使用管理制度和流程等要求，加强经费使用检查和监督

续表

序号	流程节点	责任人	工作要求
5	安全生产投入使用台账	经费使用部门/各项目部	按公司安全生产投入管理制度和其他相关规定，建立安全生产投入使用台账
6	工作总结及资料归档	经费使用部门/各项目部	做好总结工作，向上级进行安全生产投入使用专项报告
		安全质量部/资金财务部	审核经费使用部门（项目部）提交的安全生产投入使用专项报告
		安委会/总经理	审定经费使用部门（项目部）提交的安全生产投入使用专项报告
		各相关部门	做好资料归档工作

5. 安全监察（检查）流程

迅翔公司安全监察（检查）流程图见图 6.12，迅翔公司安全监察（检查）流程说明见表 6.11。

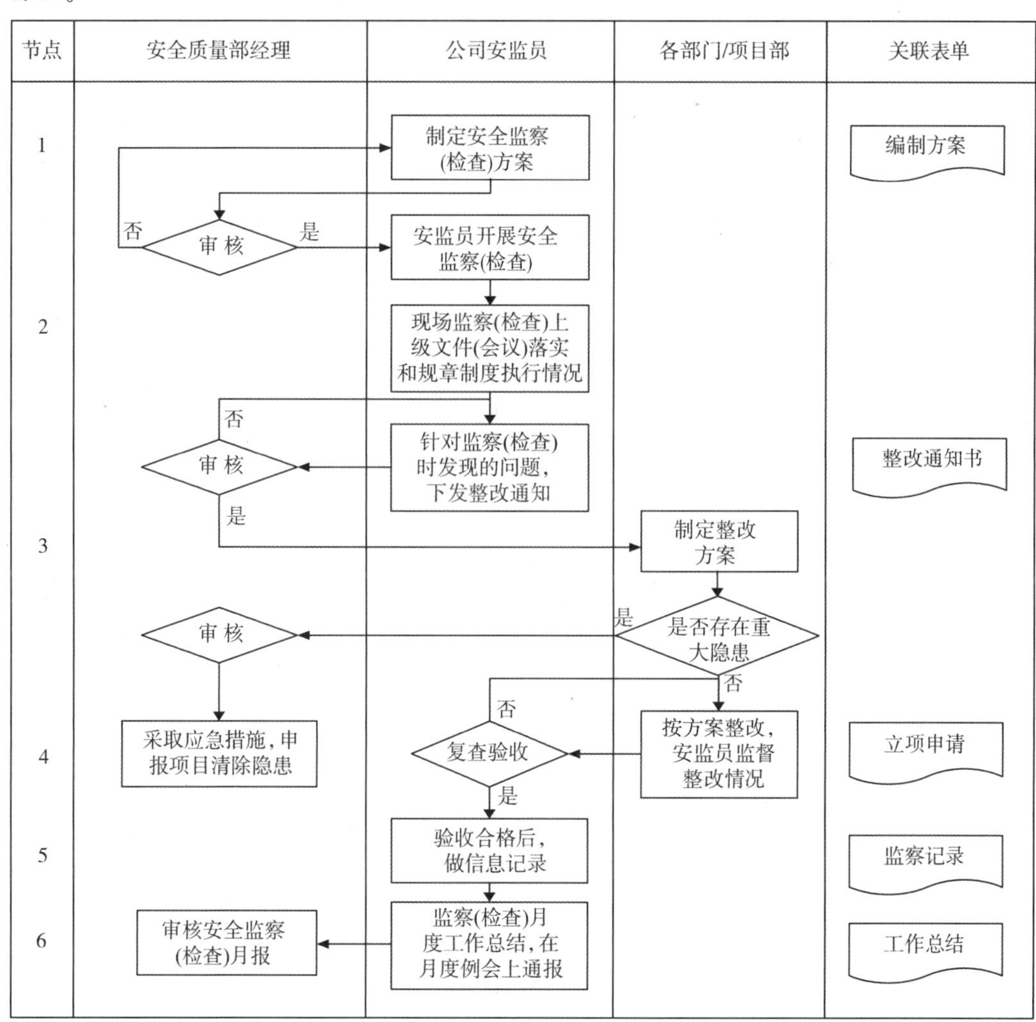

图 6.12　迅翔公司安全监察（检查）流程图

表 6.11　迅翔公司安全监察(检查)流程说明

序号	流程节点	责任人	工　作　要　求
1	制定安全监察(检查)方案	公司安监员	制定安全监察(检查)方案,内容包括: 1. 经常性(日常)检查,每月1次: (1) 生产或施工前安全措施落实情况; (2) 生产或施工中的安全情况,特别是检查用火管理情况; (3) 各种安全制度和安全注意事项执行情况,如安全操作规程、岗位责任制、用火和消防制度和劳动纪律等; (4) 设备装置开启、停工安全措施落实情况和工程项目施工执行情况; (5) 安全设备、消防器材及防护用具的配备和使用情况; (6) 检查安全教育和安全活动的工作情况; (7) 生产装置、施工现场、作业场所的卫生和生产设备、仪器用具的管理维护及保养情况; (8) 员工思想情绪和劳逸结合情况; (9) 根据季节特点制定的防雷、防火、防台、防汛、防暑降温等安全防护措施的落实情况; (10) 检修施工中防高空坠落及施工人员的安全护具穿戴情况。 2. 定期检查,每季度1次: (1) 电气设备安全检查内容:绝缘板、应急灯、防小动物网板、绝缘手套、绝缘胶鞋、绝缘棒、生产现场电气设备接地线、电气开关等; (2) 机械设备专业检查内容:转动部位润滑及安全防护罩情况,操作平台安全防护栏、设备地脚螺丝、设备刹车、设备腐蚀、设备密封部件等; (3) 消防安全检查内容:灭火器、消火栓、消防安全警示标志、应急灯、消防火灾自动探测报警系统、劳保用品佩戴、岗位操作规程的执行等情况。 3. 节假日检查在每年元旦、春节、“五一”劳动节、“十一”国庆节重大节假日前,检查内容为查思想、查纪律、查制度、查领导、查隐患。 4. 特别(专项)检查:及时发现由于夏季台风、暴雨、雷电、高温,冬季低温、寒风、雨水等季节性天气因素对厂房、生产设备、人员造成的危害,以便制定防范措施,以避免、减少事故损失。 (1) 夏季检查内容:每年夏季来临前,即“五一”劳动节左右,检查厂房结构的牢固程度,抗台风及暴雨能力;电气设备情况;机械设备的润滑情况;消防设施(防汛设施)情况;夏季劳动保护用品的准备工作。 (2) 冬季检查内容:每年冬季来临前,检查建筑物的牢固程度,抗击冬季寒风及雨水的能力;电气设备及电气线路情况;机械设备润滑情况;冬季劳动保护用品及防寒保暖的准备工作。 (3) 雷雨季节前重点检查防雷设施安全可靠程度
		安全质量部经理	审核安全监察(检查)方案

续表

序号	流程节点	责 任 人	工 作 要 求
2	开展安全监察(检查)	公司安监员	1. 开展生产和工作现场监察(检查),上级文件(会议)落实情况检查、规章制度执行情况检查,每月至少检查1次; 2. 针对监察(检查)监督过程中发现的问题,起草安全隐患整改通知书,报安全质量部经理审核后下发
		安全质量部经理	审核安全隐患整改通知书
3	制定整改方案	各部门/项目部	按照安全隐患整改通知书制定整改方案。重大安全隐患的整改方案,应报安全质量部经理审核
		安全质量部经理	审核重大安全隐患整改方案
4	按方案整改	各部门/项目部	按照安全隐患整改方案进行整改
		公司安监员	对安全隐患整改执行情况进行检查、监督
		安全质量部经理	对重大安全隐患采取应急处置措施,并申报整改项目清除隐患
5	整改验收	公司安监员	对整改项目进行复查验收,验收合格后,对各项监察(检查)工作做信息记录
6	安全监察(检查)月报	公司安监员	对安全监察(检查)工作进行月度小结,报安全质量部记录审核
		安全质量部经理	审核安全监察(检查)月报
		公司安监员	在公司月度安全工作会议上通报月度监察(检查)情况

6. 安全技术交底管理流程

迅翔公司安全技术交底管理流程图见图6.13,迅翔公司安全技术交底管理流程说明见表6.12。

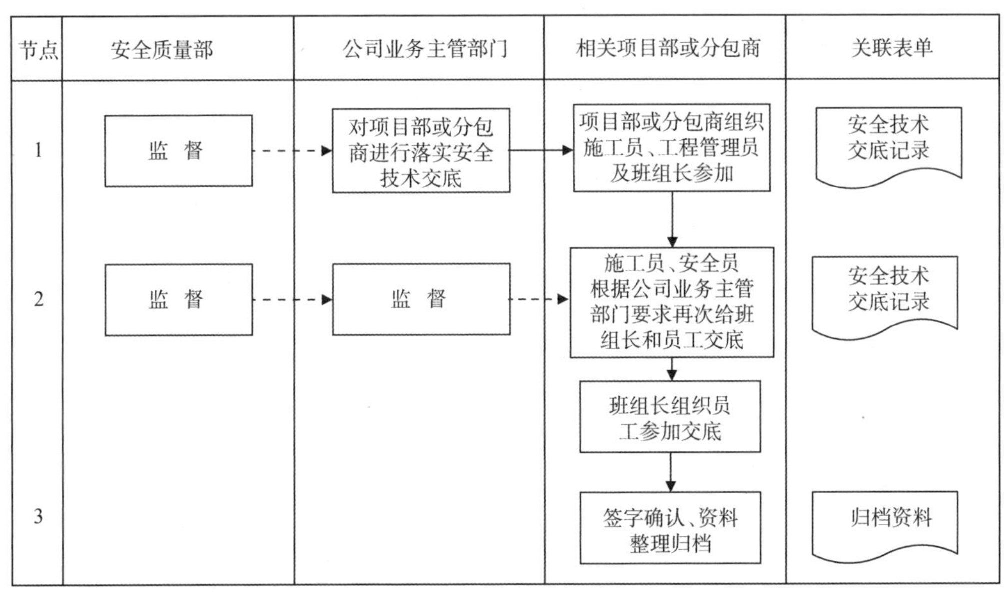

图6.13 迅翔公司安全技术交底管理流程图

表 6.12　迅翔公司安全技术交底管理流程说明

序号	流程节点	责任人	工作要求
1	对项目部或分包商进行安全技术交底	公司业务主管部门	1. 根据项目内容和工种，按批准的施工组织设计或专项安全技术措施方案，有针对性地进行安全技术交底，重点是对施工方案进行细化和补充；将操作者的安全注意事项讲清楚，保证作业人员的人身安全。 2. 对泵闸工程维修养护专项安全技术措施的技术交底，还应包括： (1) 根据掌握的工程概况、设计要求、工期要求、现场施工环境合理布置施工平面，临时生活、生产设施要避开周边重大危险因素并不得对周边环境造成安全影响，同时要对具有危险性的临时设施按有关规定进行布置并进行标识。 (2) 对维修养护或施工作业现场进行认真考察，确定对维修养护或施工作业有可能造成重大安全影响的周边危险因素，制定相应的安全技术措施；在无法消除的情况下要制定相应的监控措施，落实符合国家有关标准的安全防护设施；将危险因素影响降至最低程度。 (3) 根据设计文件、工期要求、施工环境，具体分析项目作业特点，找出作业过程中可能出现的不安全状态，制定相应的技术措施。 (4) 对作业过程进行作业流程分析，找出危险点，并制定相应的技术防范措施。 (5) 根据施工机械具体状况和使用条件，从技术角度考虑设备的使用应明确的相应规定，防止设备超负荷运行。 (6) 根据相关的安全操作规程和作业过程特点，规定作业程序，规范作业人员的作业行为。 (7) 在使用新工艺、新技术、新材料、新设备时，由于在一般情况下都是首次使用，因此要对作业过程进行认真分析，找出其薄弱点和还没完全掌握的危险点，并编制相应的安全技术措施，对作业人员进行专门培训，考核合格后方能上岗。 (8) 在进行有毒有害作业时，要根据作业特点从技术上对作业场所、防护设施、个人防护装备、作业时间进行具体规定，最大限度地降低对作业人员的危害。 (9) 对安全事故出现前的事故征兆、异常情况分析清楚并进行描述，制定出现事故征兆后应立即采取的应急措施，以避免安全事故的发生。 (10) 有针对性地明确安全事故隐患的具体处置方法
		相关项目部或分包商	组织施工员、安全员、工程管理员及班组长参加安全技术交底
		安全质量部	加强安全技术交底的指导和监督
2	相关项目部对班组长和员工进行安全技术交底	相关项目部或分包商施工员、安全员	各项目部或分包商施工员、安全员在生产作业前对直接生产作业人员进行该作业的安全操作规程和注意事项的培训，并通过书面文件方式予以确认
		班组长/员工	参加安全技术交底
		公司业务主管部门/安全质量部	加强安全技术交底指导和监督

序号	流程节点	责任人	工作要求
3	签字确认和资料归档	相关各方人员	安全技术交底工作完毕后,所有参加交底的人员应履行安全技术交底资料签字手续,施工负责人、生产班组、现场专职安全管理人员三方各执 1 份,并记录存档安全技术交底的内容

7. 施工队伍(分包商)入场管理流程

迅翔公司施工队伍(分包商)入场管理流程图见图 6.14,迅翔公司施工队伍(分包商)入场管理流程说明见表 6.13。

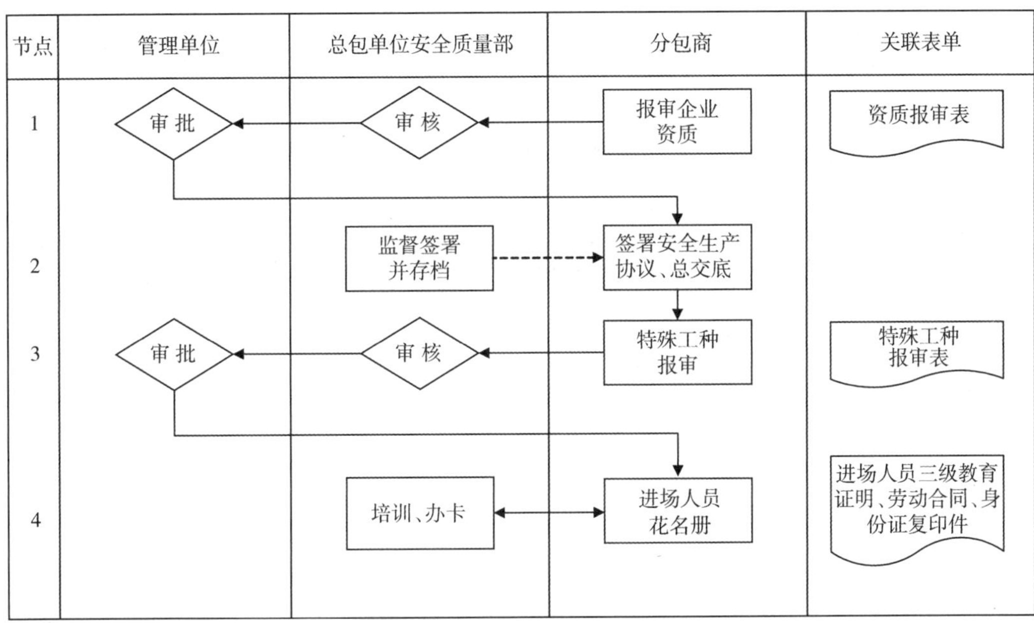

图 6.14　迅翔公司施工队伍(分包商)入场管理流程图

表 6.13　迅翔公司施工队伍(分包商)入场管理流程说明

序号	流程节点	责任人	工作要求
1	报审企业资质	分包商	提供企业营业执照、资质证书、安全生产许可证的复印件并加盖公章(红色)
			负责提供施工项目的项目经理建造师证及 B 证、专职安全员的 C 证复印件并加盖公章(红色)
		总包单位安全质量部	审核分包商的企业资质等证件
		管理单位	审核分包商的企业资质等证件

续表

序号	流程节点	责任人	工作要求
2	签订合同协议	总包单位/分包商	在签订合同时，签订总分包安全生产协议，主要内容包括： 1. 发包单位提出的确保施工安全的组织措施、安全措施和技术措施要求。 2. 分包商应遵照执行的有关安全文明生产、治安、防火等方面的规章制度。 3. 有关事故报告、调查、统计、责任划分的规定。 4. 分包商应按照生产经营单位的要求提供相关材料，接受安全资质和条件审查。 5. 分包商在施工过程中不得擅自更换工程技术人员、安全管理人员以及关系到施工安全及质量的特殊工种人员，特殊情况需要换人时应征得总包单位同意，并对新参加工作人员进行相应的安全教育、培训和考核，合格后方可使用。 6. 分包商制定的确保施工安全的组织措施、安全措施和技术措施；总包单位对现场实施奖惩的有关规定。 7. 对分包商人员进行安全教育、考试及办理施工人员进入现场应履行的手续等要求。 8. 分包商不得将工程转包；在工作中遇有特殊情况确需由生产经营单位配合完成的工作，应提出书面申请，需经总包单位领导批准
3	报审资料	总包单位/分包商	特种作业人员需持证上岗
4	人员培训	总包单位	提交培训人员花名册，培训人员培训结束后，拍照办理现场出入证
			进场施工人员办理胸卡

8. 施工临时用电验收管理流程

迅翔公司施工临时用电验收管理流程图见图6.15，迅翔公司施工临时用电验收管理流程说明见表6.14。

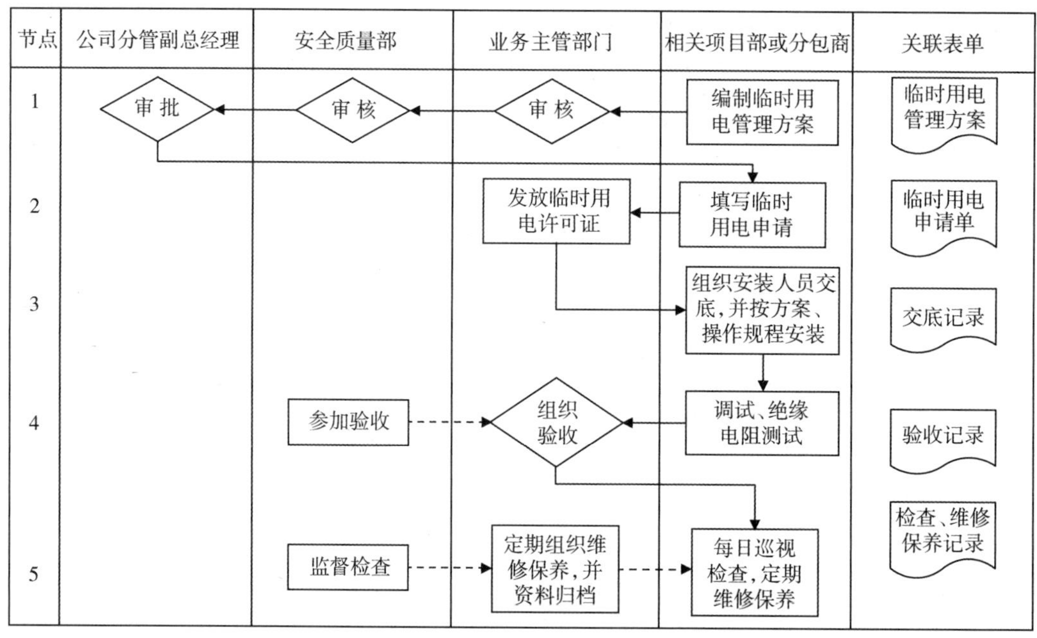

图6.15 迅翔公司施工临时用电验收管理流程图

表 6.14　迅翔公司施工临时用电验收管理流程说明

<table>
<tr><th>序号</th><th>流程节点</th><th>责 任 人</th><th>工 作 要 求</th></tr>
<tr><td rowspan="4">1</td><td rowspan="4">编制临时用电管理方案</td><td>用电部门</td><td>1. 相关项目部或分包商(用电部门)施工现场临时用电设备在5台及以上或设备总容量在50kW及以上的应编制临时用电管理方案,临时用电工程图纸单独绘制,经用电管理部门审核及批准后方可实施;
2. 施工现场临时用电技术要求遵循《施工现场临时用电安全技术规范》(JGJ 46—2005)、《建设工程施工现场供用电安全规范》(GB 50194—2014)、《手持式电动工具的管理、使用、检查和维修安全技术规程》(GB/T 3787—2017)、《特低电压(ELV)限值》(GB/T 3805—2008)、《剩余电流动作保护装置安装和运行》(GB/T 13955—2017)、《剩余电流动作保护电器(RCD)的一般要求》(GB/T 6829—2017)、《建筑施工安全检查标准》(JGJ 59—2011)等文件规定</td></tr>
<tr><td>业务主管部门</td><td>审核临时用电管理方案</td></tr>
<tr><td>安全质量部</td><td>审核临时用电管理方案</td></tr>
<tr><td>公司分管副总经理</td><td>审批临时用电管理方案</td></tr>
<tr><td rowspan="2">2</td><td rowspan="2">临时用电申请</td><td>用电部门</td><td>一般性临时用电填写临时用电申请,到所属业务主管部门办理“临时用电作业许可证”</td></tr>
<tr><td>业务主管部门</td><td>审批,发放“临时用电作业许可证”。临时用电应严格确定用电时限,超过时限要重新办理“临时用电作业许可证”的延期手续,同时办理继续用电作业许可手续</td></tr>
<tr><td rowspan="2">3</td><td rowspan="2">临时用电安装调试</td><td>业务主管部门/用电部门</td><td>对临时用电安全技术交底</td></tr>
<tr><td>用电部门电工</td><td>1. 从事电气作业的电工、技术人员持有特种行业操作许可证方可上岗作业。安装、维修、拆除临时用电设施应由持证电工完成,其他人员禁止接驳电源。
2. 临时用电设施安装完毕,进行调试、绝缘电阻测试,应符合规定要求</td></tr>
<tr><td>4</td><td>临时用电设施验收</td><td>相关各方</td><td>1. 临时用电设施经编制、审核、批准部门和使用单位共同验收合格后方可投入使用;
2. 用电结束后,临时施工用的电气设备和线路应立即拆除,由用电执行人所在生产区域的安全员、供电执行部门共同检查验收签字</td></tr>
<tr><td rowspan="2">5</td><td rowspan="2">临时用电设施维护</td><td>用电部门</td><td>1. 遵守公司的各种用电管理规定及相关的行业规定;使用电气设备时,服从公司相关部门安全员及管理人员的管理。
2. 每日巡查检查,定期维修保养。
3. 发生触电和火灾事故后,应立即组织抢救,确保人员和财产安全,并及时报告公司,必要时请求公安、消防等部门支援</td></tr>
<tr><td>业务主管部门</td><td>1. 定期维修保养,资料整理归档;
2. 接到发生触电和火灾事故报告后,应立即组织抢救</td></tr>
</table>

续表

序号	流程节点	责任人	工作要求
5	临时用电设施维护	安全质量部	1. 按照公司"临时用电安全管理制度"要求加强监督检查；督促公司相关部门管理人员、安全员采取定期检查和不定期抽查方式加强临时用电安全监督检查，定期检查按照班前检查、周检查及每月的全面检查方式进行；不定期抽查应贯穿整个施工过程。 2. 严禁擅自接用电源，对擅自接用电源的按严重违章和窃电处理，造成事故的由施工单位和施工人员负全部责任

9. "三违"查处流程

迅翔公司"三违"查处流程图见图6.16，迅翔公司"三违"查处流程说明见表6.15。

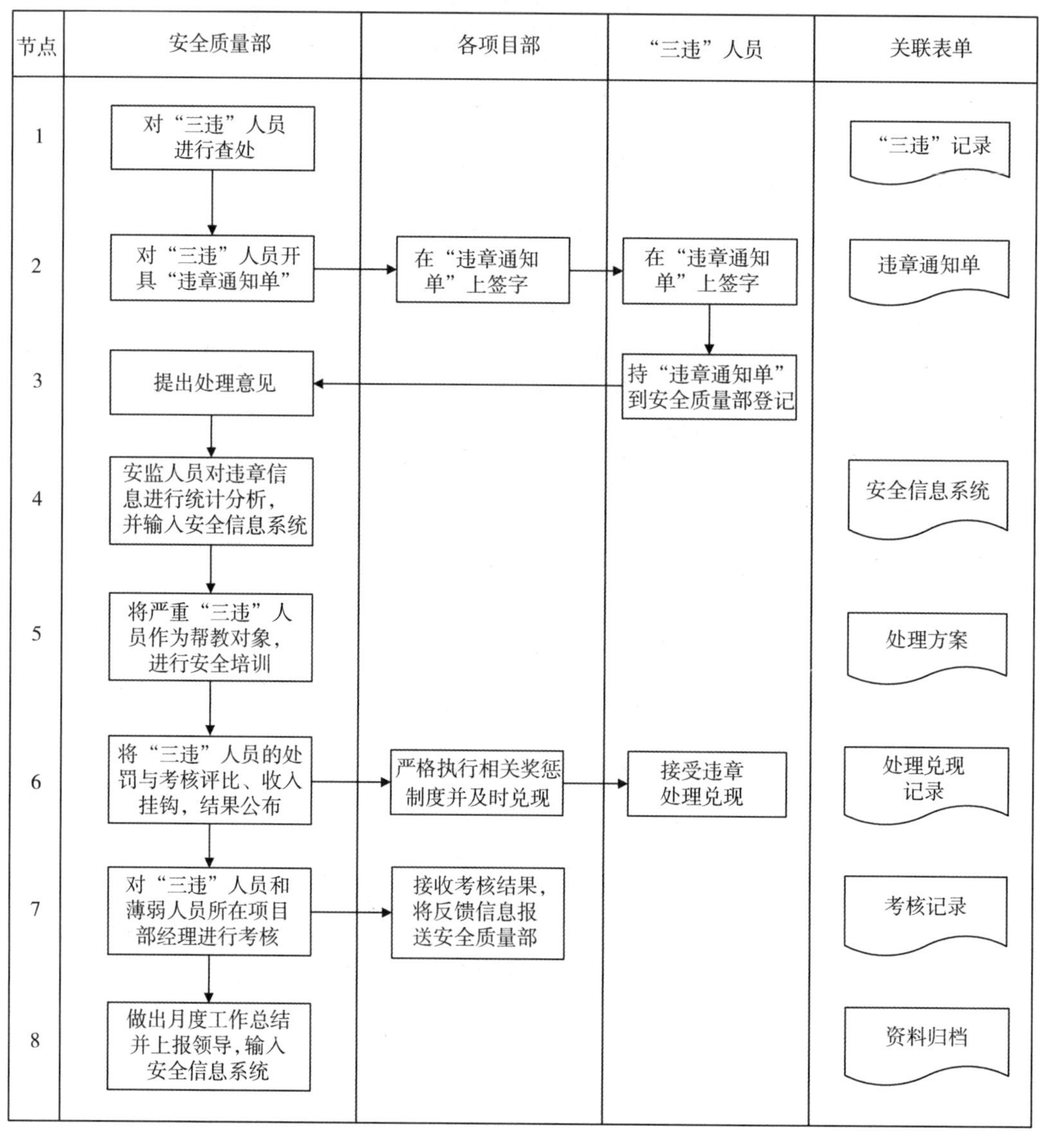

图6.16 迅翔公司"三违"查处流程图

表 6.15　迅翔公司"三违"查处流程说明

序号	流程节点	责任人	工作要求
1	对"三违"人员进行查处	安全质量部	对"三违"(违章指挥、违章作业、违反劳动纪律)人员进行检查,并记录
2	填写"违章通知单"	安全质量部	根据相关工作制度和工作标准,对"三违"人员开具"违章通知单"
		各项目部	在"违章通知单"上签字
		"三违"人员	在"违章通知单"上签字
3	提出处理意见	安全质量部	依照相关规章制度确定"三违"等级,并拿出处理意见
		"三违"人员	持"违章通知单"到安全质量部登记
4	输入系统	安全质量部	安监人员对违章信息进行统计分析,并输入安全信息系统
5	安全培训	安全质量部	将严重"三违"人员作为帮教对象,进行安全培训
6	对"三违"人员考评	安全质量部	将"三违"人员的处罚与考核评比、收入挂钩,结果公布
		各项目部	严格执行相关奖惩制度并及时兑现
		"三违"人员	接受违章处理兑现
7	对"三违"人员所在项目部经理考评	安全质量部	对"三违"人员和薄弱人员所在项目部经理进行考核
		各项目部	接收考核结果,将反馈信息报送安全质量部
8	总结上报	安全质量部	做出月度工作总结并上报领导,输入安全信息系统

10. 危险源辨识与界定管理流程

迅翔公司危险源辨识与界定管理流程图见图 6.17,迅翔公司危险源辨识与界定管理流程说明见表 6.16。

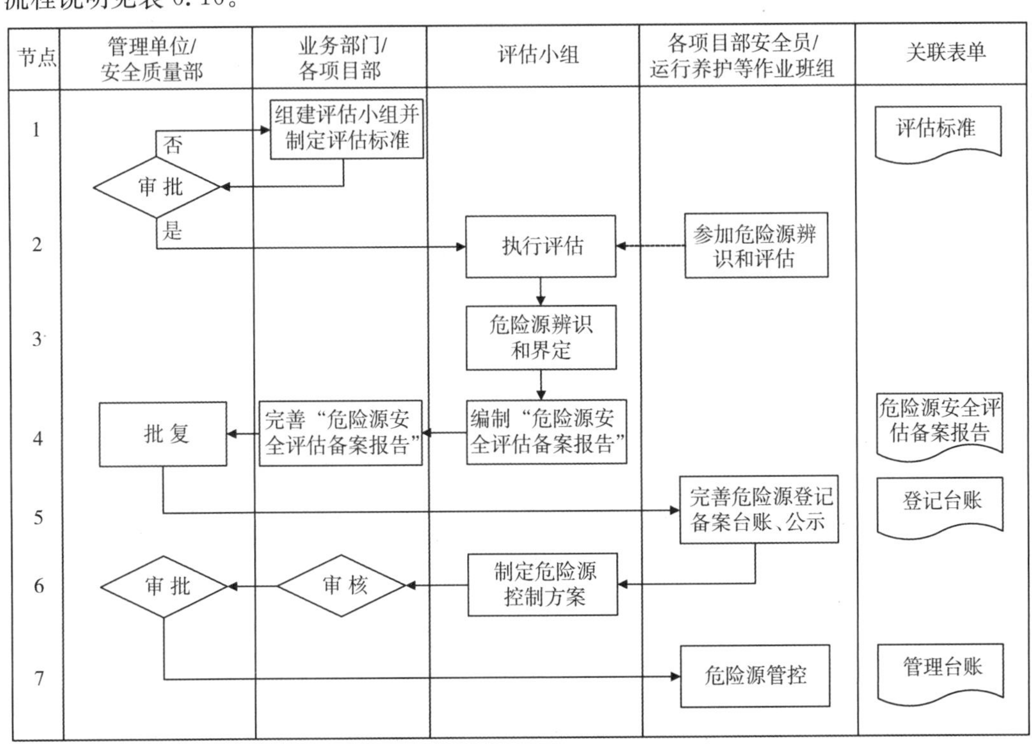

图 6.17　迅翔公司危险源辨识与界定管理流程图

表 6.16　迅翔公司危险源辨识与界定管理流程说明

序号	流程节点	责任人	工作要求
1	组建评估小组	业务部门/各项目部	根据相关规程制定安全评估标准，并组建评估小组，报安全质量部和管理单位审批
2	执行评估	评估小组	评估小组根据检查方案，合理分工，根据规程或相关规定开展评估
3	危险源辨识和界定	评估小组	1. 对照相关规程，查看工程中是否有国家规定的重大危险源，除国家规定的重大危险源，应根据《水利水电工程施工危险源辨识与风险评价导则(试行)》(办监督函〔2018〕1693 号)、《水利水电工程(水库、水闸)运行危险源辨识与风险评价导则(试行)》(办监督函〔2019〕1486 号)、《水利水电工程(水电站、泵站)运行危险源辨识与风险评价导则(试行)》(办监督函〔2020〕1114 号)、《上海市企业安全风险分级管控实施指南(试行)》(沪安监行规〔2017〕1 号)、《泵站技术管理规程》(GB/T 30948—2021)、《水闸技术管理规程》(SL 75—2014)等对生产区、办公区等不同地点危险源进行辨识评估。 2. 危险源辨识方法主要有直接判定法、安全检查表法、预先危险性分析法、因果分析法等；危险源辨识应优先采用直接判定法，采用科学、有效及相适应的方法进行辨识，对其进行分类和分级，汇总制定危险源清单，并确定危险源名称、类别、级别、事故诱因、可能导致的事故等内容，必要时可进行集体讨论或专家技术论证，不能用直接判定法辨识的危险源，应采用其他方法进行判定
4	编制“危险源安全评估备案报告”	评估小组	1. 将工程重大危险源的名称、地点、性质和可能造成的危害及有关安全措施、应急救援预案报管理单位/公司备案； 2. “危险源安全评估备案报告”应包括以下内容： (1) 安全评估的主要依据； (2) 重大危险源基本情况； (3) 可能发生的事故类型、严重程度； (4) 重大危险源等级； (5) 安全对策措施； (6) 应急救援措施； (7) 评估结论与建议
		业务部门/各项目部	审核“危险源安全评估备案报告”
		管理单位/安全质量部	审批“危险源安全评估备案报告”
5	完善登记备案台账	各项目部安全员/运行养护等作业班组	1. 对新辨识的泵闸重大危险源，各项目部应按照相关规定及时进行登记备案，建立台账；台账中应注明重要、重大危险源的名称、所属部门、所在地点、潜在的危险危害因素、发生严重危害事故可能性、发生事故后果的严重程度、危险源级别、应采取的主要监控措施、单位责任人、管理人员等；重大重要危险源台账由项目部负责人签字保存；对已不构成重大危险源的，应及时报告注销。 2. 泵闸现场重大危险源附近墙面增设重大危险源告知牌，内容包括危险源危险登记、评估事件、安全注意事项、责任人

续表

序号	流程节点	责 任 人	工 作 要 求
6	制定危险源控制方案	评估小组	制订危险源控制方案，对已辨识的泵闸重大危险源应采取技术措施、组织措施进行监控，技术措施包括设计、建设、运行、维护、检查等，组织措施包括明确人员职责、人员培训、防护器具配置、作业要求等
		业务部门/各项目部	审核危险源控制方案
		管理单位/安全质量部	审查危险源控制方案
7	危险源管控	各项目部安全员/各项目部/运行养护等作业班组	实施危险源管控：各项目部应编制专项安全技术交底内容，落实专项安全技术书面交底，组织技术人员、安全员、班组长及施工作业人员参加安全技术书面交底；安全技术书面交底工作完毕后，所有参加人员应履行签字手续，并记录存档安全技术交底的内容

11. 事故隐患排查治理流程

迅翔公司事故隐患排查治理流程图见图 6.18，迅翔公司事故隐患排查治理流程说明见表 6.17。

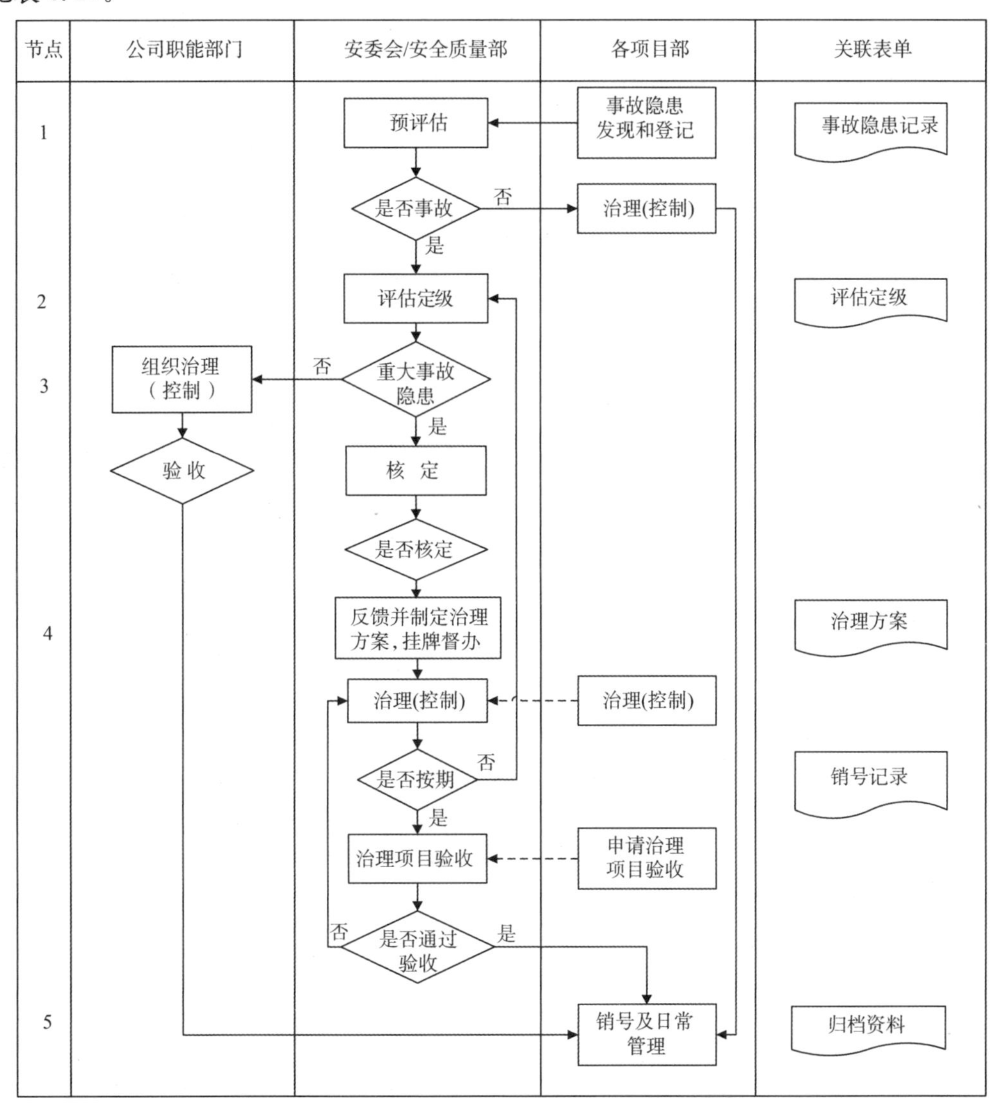

图 6.18 迅翔公司事故隐患排查治理流程图

表 6.17　迅翔公司事故隐患排查治理流程说明

序号	流程节点	责任人	工作要求
1	事故隐患发现和登记	各项目部	对本项目部排查出的或上级检查发现的各类事故隐患及时上报并登记
	预评估	安全质量部	进行事故隐患预评估
		各项目部	预评估为一般非事故类隐患，由各项目部负责治理并销号
2	评估定级	安全质量部	1. 事故隐患分为一般事故隐患和重大事故隐患：一般事故隐患是指危害和整改难度较小，发现后能够立即整改排除的隐患；重大事故隐患是指危害和整改难度较大，可能致使全部或者局部停业，并经过一定时间整改治理方能排除的隐患，或者因外部因素影响致使单位和项目部自身难以排除的隐患，具体指可能造成 3 人以上死亡，或者 10 人以上重伤，或者 1 000 万元以上直接经济损失的事故隐患。 2. 对排查出的重大事故隐患，要立即向安委会报告，同时应及时上报上级相关部门。 3. 重大事故隐患由公司主要负责人或分管领导组织技术人员和专家或委托具有相应资质的安全评价机构进行评估，确定事故隐患的类别和具体等级，并提出整改建议措施
		安委会	听取重大事故隐患汇报，并做出治理决策
3	一般事故隐患治理	公司业务部门（项目部）	1. 对一般事故隐患，由事故隐患所在部门（项目部）组织立即整改，制定整改方案，进行治理并验收、销号。 2. 安全质量部及业务部门领导、项目部负责人组织定期或不定期的安全检查，及时落实、整改事故隐患，使部门设备、安全装置处于良好状态。 3. 一般事故隐患治理的方法包括： (1) 消除与预防法：通过合理的计划、设计和科学管理，尽可能从根本上消除某种危险因素；当消除危险因素有困难时，可采取预防性技术措施。 (2) 替代隔离：当危险因素不能消除时，可用另一种设备或物质替代危险物体，或者采取措施将人员与危险因素隔开，尽量减少接触。 (3) 设置薄弱环节方法：在运行养护中的某个部位设置薄弱环节，使危害发生在所设置的薄弱部位。 (4) 错位布局法：在作业时间、空间上进行合理布置，尽量减少交叉干扰，利用位置、方位安排生产设备将职业危害作业远离人群。 (5) 联锁法：当操作者失误或设备运行一旦达到危险状态时，通过联锁装置，终止危险运行。 (6) 警告法：易发生故障或危险性较大的地方，配备醒目的识别标志；必要时，采用声、光或声光组合的报警装置

续表

序号	流程节点	责任人	工作要求
4	重大事故隐患治理	安全质量部	针对经核定后的重大事故隐患，反馈并督促事故隐患发生部门整改，对整改难度较大必须一定数量资金投入的重大事故隐患，由事故隐患发生部门（项目部）编制事故隐患整改方案，安全质量部挂牌督办
		事故隐患发生部门（项目部）	编制重大事故隐患整改方案并报批，方案应包括以下内容： 1. 事故隐患概况； 2. 治理的目标和任务； 3. 采取的方法和措施； 4. 经费和物资的落实； 5. 负责治理的机构和人员； 6. 治理的时限和要求； 7. 安全措施和应急预案
		安全质量部负责人/公司领导	审批事故隐患整改方案
		安全质量部/业务主管部门/各项目部	1. 严格按重大事故隐患治理方案认真组织实施，并在治理期限内完成。 2. 在事故隐患整改过程中，应采取相应的安全防范措施，防止事故发生；事故隐患排除前或者排除过程中无法保证安全的，应当从危险区域内撤出作业人员，并疏散可能危及的其他人员，设置警戒标志，暂时停产停业或者停止使用；对暂时难以停产停业或者停止使用的相关生产施工设施、设备，应当加强维护和保养，防止事故发生
		公司领导	对重大事故隐患组织落实整改，保证检查、整改项目的安全投入
5	治理项目验收	安委会/安全质量部/相关部门	组织事故隐患整改项目验收。重大事故隐患整改项目由安委会组织技术人员和专家或委托具有相应资质的安全生产评价机构对重大事故隐患治理情况进行评估，出具评估或验收报告
		各项目部	做好事故隐患整改项目验收准备工作
	销号及日常管理	安全质量部/各项目部	1. 事故隐患整改项目验收合格后销号； 2. 每月28日前，各项目部将事故隐患排查治理情况上报“水利安全生产信息上报系统”，公司审核后向上报； 3. 各项目部定期将事故隐患排查治理的报表、台账、会议记录等资料分门别类进行整理，汇编成册并妥善保存

12. 安全保卫管理流程

迅翔公司安全保卫管理流程图见图6.19,迅翔公司安全保卫管理流程说明见表6.18。

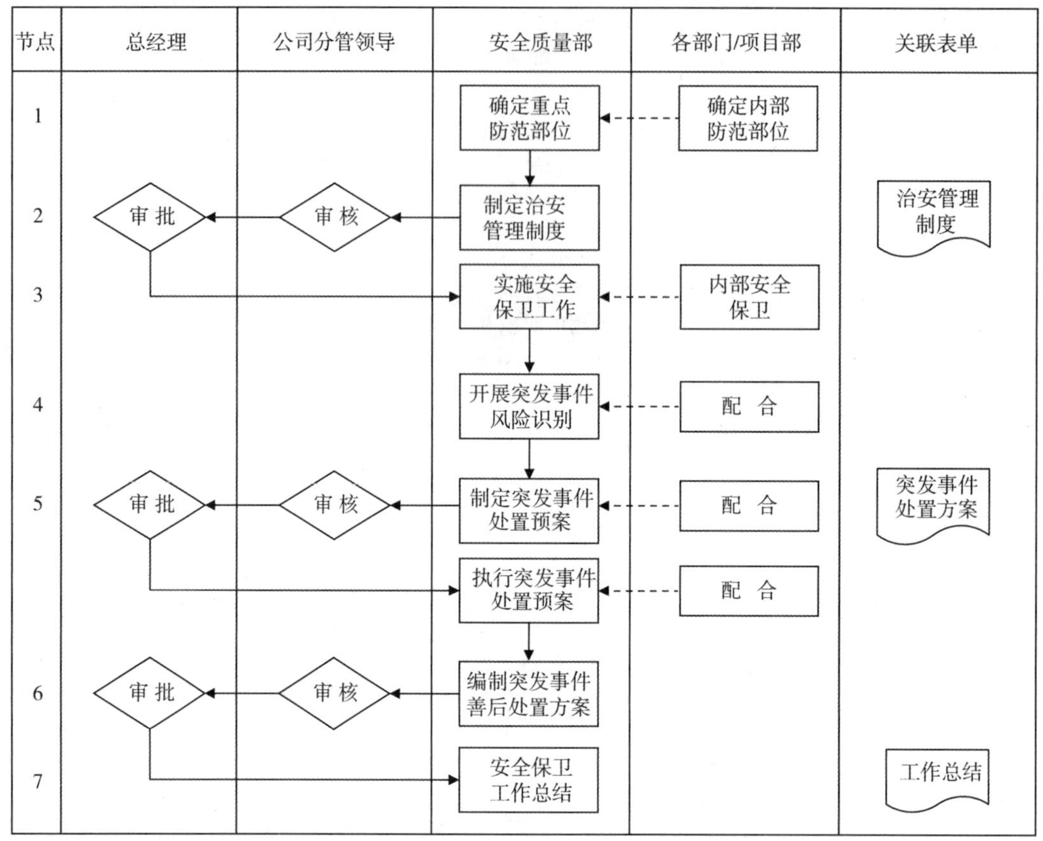

图6.19 迅翔公司安全保卫管理流程图

表6.18 迅翔公司安全保卫管理流程说明

序号	流程节点	责任人	工作要求
1	确定重点防范部位	相关部门/各项目部	确定各自部门/各自项目部的防范部位
		安全质量部	确定重点防范部位
2	制定治安管理制度	安全质量部	起草治安管理制度
		公司分管领导	审核治安管理制度
		总经理	审批治安管理制度

续表

序号	流程节点	责任人	工作要求
3	实施安全保卫工作	安全质量部	检查、监督各部门、各项目部安全保卫工作
		各部门/项目部	1. 坚持门卫值班制度：项目部门卫实行24 h值班制，做到坚守岗位、履行职责、热情服务、确保安全；对来往的陌生人员要主动查询，有效制止与工作无关的人员进入管理范围；发现可疑人员要主动盘问，发现可疑情况要及时向上级报告。 2. 做好内部防范工作：各项目部、各班组应在每天下班前整理好各自办公室内务，关好门窗、电灯、空调和办公自动化设备，妥善保管重要文件和印鉴、其他贵重物品；严格遵守现金管理制度，严禁现金留放在办公室；非工作人员不准配备办公室钥匙，调离人员应及时将钥匙交回班组负责人处；双休日、节假日、工作日下班后，工作人员和外来人员因公务需进入管理范围的实行登记制度；其他人员无特殊情况谢绝入内。 3. 严格管理区域的车辆停放：上班时间机动车辆、自行车等进入管理区域应按规定有序停放，严格控制外单位车辆乱停乱放。 4. 加强重点部位的安全管理：明确重点部位的安全管理责任，对内部治安事务进行日常检查，对安全漏洞落实整改，切实增强防火意识，注意安全用电、用气。 5. 双休日、节假日严格执行值班制度：带班领导和值班人员做好记录，落实日常安全措施和负责对意外事故的及时报告或处理；值班时间不准擅离职守，因玩忽职守造成重大损失的，要严肃查处；对损失现金的，由责任人个人全额赔偿；值班期间应保证值班电话和手机通信畅通。 6. 加强内部安全的硬件设施建设：完善管理区围墙、铁门等外部设施；对重要办公室、档案室完善防盗门窗、报警器材的设置；完善机密绝密文件、卷宗资料的保险设施；配备消防灭火器；及时检修、更换损坏或陈旧的用电线路、开关及照明灯具。 7. 加强横向体系：加强与地方综合治理办公室在治安工作上的协作，加强与地方公安派出所的工作联系，及时通报有关情况，严格执行案件和治安灾害事故的报告制度，协助公安机关查处与本部门(项目部)有关的案件和治安灾害事故
4	开展突发事件风险识别	安全质量部	组织开展公司治安突发事件风险识别工作
		各部门/项目部	开展部门(项目部)治安突发事件风险识别工作
5	制定并执行突发事件处置预案	安全质量部	制定公司相关突发事件处置预案，加强预案演练
		各部门/项目部	制定部门(项目部)相关突发事件处置预案，加强预案演练
6	编制突发事件善后处置方案	安全质量部	负责编制公司突发事件善后处置方案
		各部门/项目部	编制部门(项目部)突发事件善后处置方案
7	安全保卫工作总结	安全质量部	开展公司安全保卫工作总结
		各部门/项目部	开展部门(项目部)安全保卫工作总结

13. 消防管理流程

迅翔公司消防管理流程图见图 6.20,迅翔公司消防管理流程说明见表 6.19。

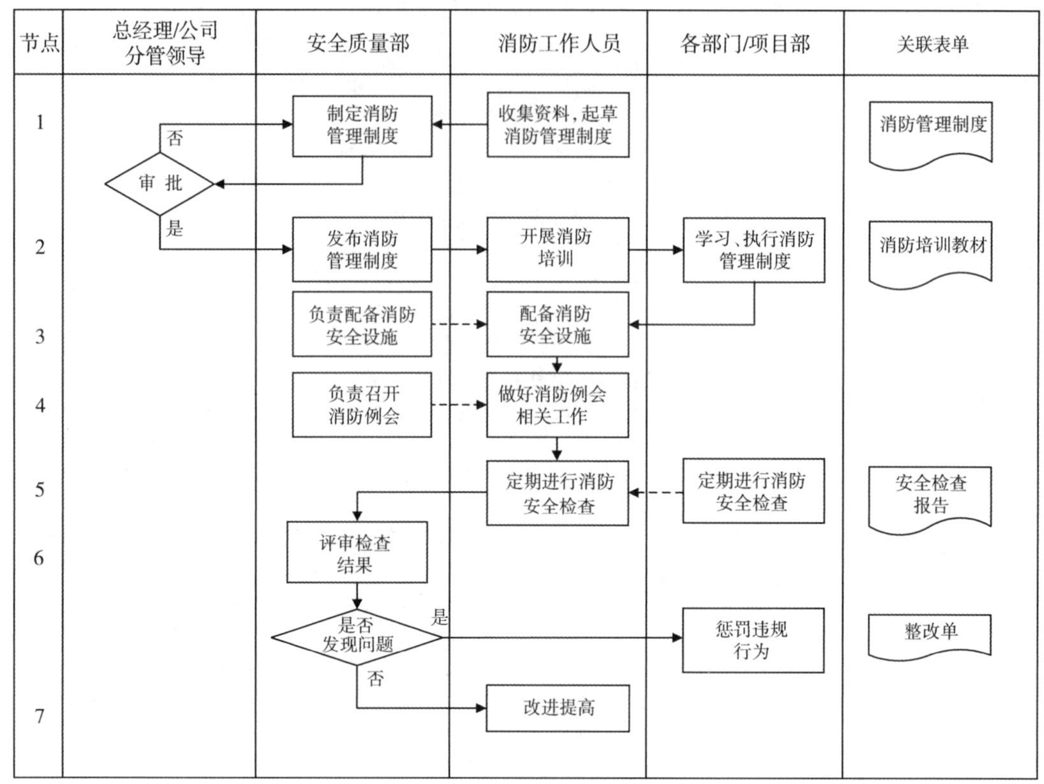

图 6.20 迅翔公司消防管理流程图

表 6.19 迅翔公司消防管理流程说明

序号	流程节点	责 任 人	工 作 要 求
1	制定消防管理制度	消防工作人员	收集资料,起草公司消防管理相关制度,包括:逐级消防安全责任制和岗位消防安全责任制、消防例会制度、防火巡查和防火检查制度、疏散设施管理制度、消防设施管理制度、火灾隐患整改制度、用火用电和动火安全管理制度、易燃易爆化学物品使用和管理制度、消防安全重点部位管理制度、消防档案管理制度
		安全质量部经理	审核消防管理制度
		总经理/公司分管领导	审批消防管理制度,必要时,其制度应经总经理办公会审定
2	学习、执行消防管理制度	消防工作人员	利用多种形式开展经常性的消防安全宣传、教育与培训,制定有针对性的灭火和应急疏散预案,并督促开展消防演练
		各部门/项目部	1. 学习公司消防管理制度,落实消防安全责任制,确定各级、各岗位的消防安全责任人,做到层层有人抓,处处有人管; 2. 开展消防业务培训和演练,落实本部门(项目部)消防措施

续表

序号	流程节点	责任人	工作要求
3	配备消防安全设施	消防工作人员/安全质量部	按公司消防器材管理制度和流程，配备消防安全设施，加强消防安全设施管理
4	召开消防例会	消防工作人员/安全质量部	定期召开消防例会，处理涉及消防安全的重大问题，研究、部署、落实公司（场所）的消防安全工作计划和措施
5	进行消防安全检查	消防工作人员	定期进行消防安全设施检查
		各部门/项目部	1. 定期进行消防安全设施检查，明确消防设施管理责任人、消防设施检查内容和管理要求、消防设施定期维护保养要求。 2. 落实疏散设施管理措施，明确消防安全疏散设施管理的责任人、定期检查维护要求，确保安全疏散设施的完好、有效、通畅。 3. 明确用火、用电、动火管理责任人，用火、用电、动火审批范围、程序和要求以及操作人员的岗位资格及其职责要求等内容。 4. 明确易燃易爆化学物品管理的责任人。 5. 确定消防安全重点部位，明确消防安全管理的责任人。 6. 明确消防档案管理的责任人，明确消防档案管理要求。 7. 制定火灾处置程序，火灾发生后应立即启动灭火和应急疏散预案，疏散建筑内所有人员，实施初期火灾扑救并报火警；明确保护火灾现场，接受火灾事故调查，总结事故教训，改善消防安全管理的工作程序及要求
		安全质量部	评审消防设施检查结果
6	惩罚违规行为	安全质量部/各部门/各项目部	对检查发现的问题督促整改；按相关制度规定惩罚违规行为
7	改进提高	消防工作人员/安全质量部	提出改进消防设施管理措施
		各部门/项目部	落实改进消防设施管理措施

14. 预案及应急处置方案演练流程

迅翔公司预案及应急处置方案演练流程图见图 6.21，迅翔公司预案及应急处置方案演练流程说明见表 6.20。

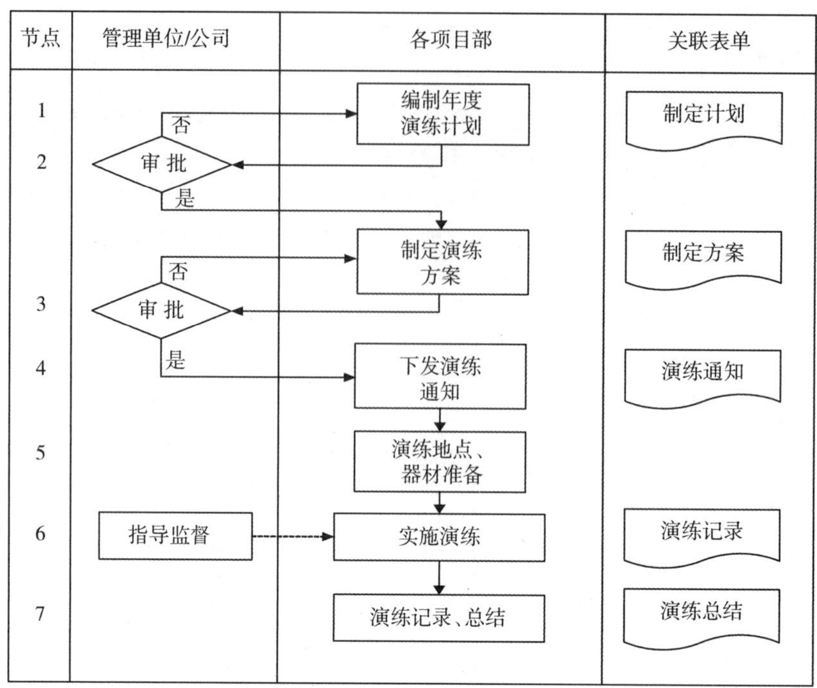

图 6.21 迅翔公司预案及应急处置方案演练流程图

表 6.20 迅翔公司预案及应急处置方案演练流程说明

序号	流程节点	责 任 人	工 作 要 求
1	编制年度演练计划	各项目部安全员	编制年度防汛、应急预案演练计划:防汛演练计划1年1次,在汛期前完成;其他预案或应急处置方案演练每半年1次
2	审批年度演练计划	各项目部经理	组织人员对防汛、反事故预案年度演练计划进行审核并批复;演练需较大经费投入的,按公司安全生产投入管理制度和流程进行
		公司相关部门/公司领导/管理单位	负责较大防汛、应急预案演练项目计划的审批
3	制定演练方案	安全员	根据防汛、应急演练计划和要求、制定防汛、应急演练方案,内容包括演练人员、事件、地点、项目等
		各项目部经理	审批防汛、应急演练方案
		安全质量部	负责较大防汛、应急预案演练项目实施方案的审查
4	下发演练通知	安全员	按防汛、应急预案演练方案时间、地点进行通知,参加防汛、应急预案演练人员做好准备工作
5	演练地点器材准备	安全员	按防汛、应急演练方案内容,为演练挑选合适的地点和相关工器具

续表

<table>
<tr><th>序号</th><th>流程节点</th><th>责 任 人</th><th>工 作 要 求</th></tr>
<tr><td rowspan="2">6</td><td rowspan="2">实施演练</td><td>各项目部经理</td><td>按防汛、应急演练方案及时进行演练，情景假设务求合理、完整，对参与人员严格要求</td></tr>
<tr><td>管理单位/安全质量部</td><td>对预案及应急处置方案演练进行指导和监督</td></tr>
<tr><td>7</td><td>演练记录、总结</td><td>安全员</td><td>及时做好对防汛、应急预案演练过程的文字和影像记录，并编写防汛、应急预案演练总结</td></tr>
</table>

15. 一般安全事故调查处理流程

迅翔公司一般安全事故调查处理流程图见图 6.22，迅翔公司一般安全事故调查处理流程说明见表 6.21。

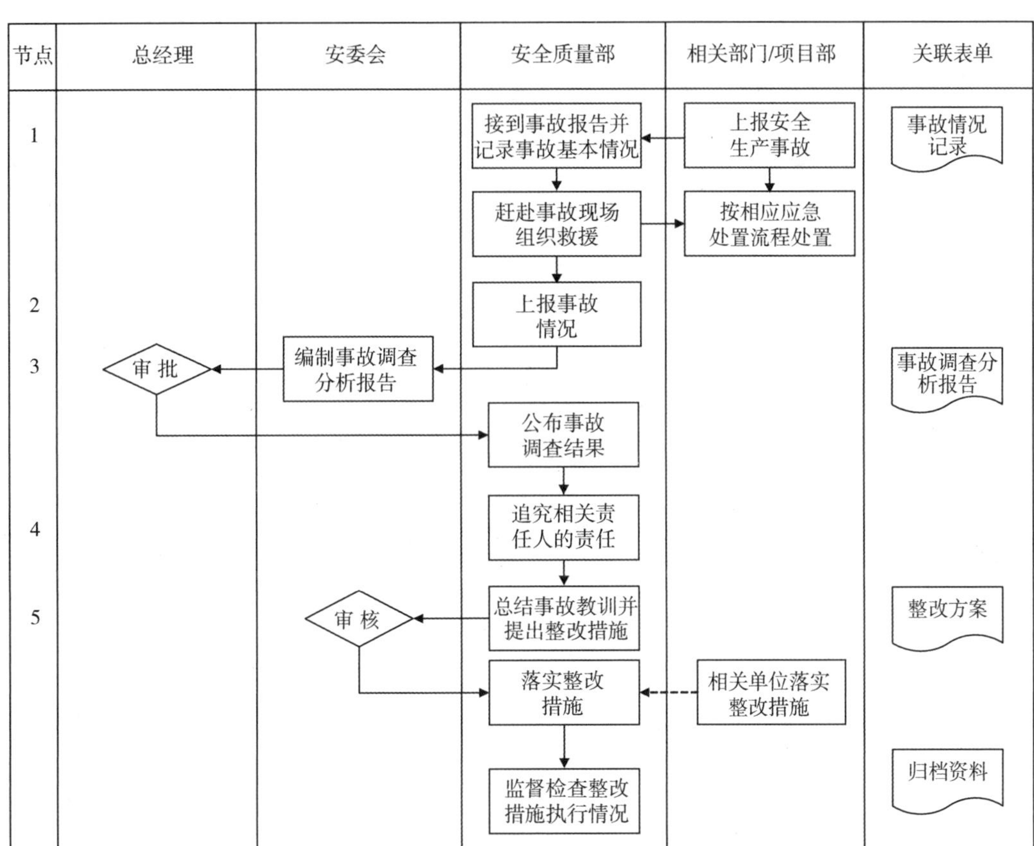

图 6.22 迅翔公司一般安全事故调查处理流程图

表 6.21 迅翔公司一般安全事故调查处理流程说明

序号	流程节点	责任人	工作要求
1	上报生产安全事故	相关部门/各项目部	1. 事故发生后，事故现场有关人员应立即向本部门(项目部)负责人报告，部门(项目部)负责人接到报告后，应当于 1 h 内向公司汇报。公司根据事故等级，逐级上报。较大事故还应向事故发生地人民政府安全生产监督管理部门和负有安全生产监督管理职责的有关部门报告。 2. 情况紧急时，事故现场有关人员可以直接向公司、事故发生地人民政府安全生产监督管理部门和负有安全生产监督管理职责的有关部门报告。 3. 事故报告内容包括：事故发生单位概况；事故发生的时间、地点以及事故现场情况；事故的简要经过；事故已经造成或可能造成的伤亡人数(包括下落不明的人数)和初步估计的直接、间接损失；已经采取的措施；其他应报告的情况。 4. 事故发生后，应当妥善保护事故现场以及相关证据，任何单位和个人不得破坏事故现场，毁灭相关证据
2	事故现场救援	安全质量部/相关部门/各项目部	接到事故报告后，应当立即启动事故响应应急预案及应急处置流程，或者采取有效措施组织抢救，防止事故扩大，减少人员伤亡和财产损失
3	编制事故调查分析报告	安全质量部	1. 未造成人员伤亡的一般事故由公司负责调查，或委托有关部门组织事故调查组进行调查。 2. 事故调查组成员应有事故调查所需要的某一方面的专长，与所发生的事故没有直接的利害关系。 3. 事故调查组的职责： (1) 查明事故发生的经过、原因、人员伤亡情况及直接经济损失； (2) 认定事故的性质和事故责任； (3) 提出对事故责任者的处理建议； (4) 总结事故教训，提出防范和整改措施； (5) 提交事故调查分析报告。 4. 事故调查组有权向相关人员了解与事故相关的情况，并要求其提供相关文件、资料，有关单位和个人不得拒绝。 5. 部门(项目部)负责人和有关人员在事故调查期间不得擅离职守，并应当随时接受事故调查组的询问，如实提供有关情况
		安委会	讨论审查"事故调查分析报告"
		总经理	审批"事故调查分析报告"
4	追究相关责任人的责任	安全质量部	1. 进行事故原因及责任者分类。 (1) 直接原因：指直接导致事故发生的原因； (2) 间接原因：指间接导致事故发生的原因； (3) 直接责任者：凡对导致事故发生的直接原因负有责任的人员，均属事故直接责任者；

续表

序号	流程节点	责任人	工作要求
4	追究相关责任人的责任	安全质量部	(4) 间接责任者:凡对导致事故发生的间接原因负有责任的人员,均属事故间接责任者(一般包括领导责任者); (5) 主要责任者:在事故过程中,起主要作用的事故责任者(直接或间接),均属事故主要责任者。 2. 进行事故责任的划分。 (1) 安全管理实行行政首长负责制:正职分配的工作,副职不执行或拖延未办而造成事故的,由副职负责;副职向正职反映、建议,得不到重视和支持或不研究解决而造成事故的,由正职负责。 (2) 已发现缺陷,领导不采取措施而造成事故的,由领导承担责任;已制定措施,由于不执行而酿成事故的,由违反者承担责任。 (3) 由于有章不循违反操作规程而发生事故的,由责任人和责任部门负责;由于规章制度不健全而导致事故发生的,由其管理部门负责;已制定规章制度,但由于领导不颁发或不组织实施的,由领导负责。 (4) 因管理不善、纪律涣散、违章违纪严重而发生事故的,应追究主要领导者责任。 (5) 特殊工种操作人员应经过考核合格取得特种作业操作证和职业资格证书才能独立操作,无证独立操作发生事故的,由委托其操作者负责;已取得特种作业操作证,但不认真履行职责,不执行各项规程、操作法、操作指导书而违章作业发生事故的,由其本人负责。 (6) 下达任务,不制定安全措施或措施制定不当而发生事故的,由任务下达者负主要责任;不按措施执行而发生事故的,由违反者负主要责任
5	落实整改措施	安全质量部	总结事故教训,提出并落实整改措施;检查监督整改情况
		安委会	审核防止事故发生的整改措施
		相关部门/各项目部	落实防止事故发生的整改措施

第 7 章

泵闸工程运行管护流程

水利部在《关于推进水利工程标准化管理的指导意见》(水运管〔2022〕130 号)中针对水利工程运行管护,明确指出:工程巡视检查、监测监控、操作运用、维修养护和生物防治等管护工作制度齐全、行为规范、记录完整,关键制度、操作规程上墙明示;及时排查、治理工程隐患,实行台账闭环管理;调度运用规程和方案(计划)按程序报批并严格遵照实施。

本章依据水利部《水利工程标准化管理评价办法》要求,参照“上海市市管水闸(泵站)工程标准化管理评价标准”(总分 1 000 分),以迅翔公司负责运行维护的上海市市管泵闸组合式工程实例,阐述泵闸工程运行管护流程的设计和优化要点。

本章阐述的泵闸工程运行管护流程是水利工程标准化管理评价的重要内容,共 6 大项 240 分,包括技术管理细则、工程巡查、安全监(观)测、维修养护管理、控制运用、操作运行等。

7.1 技术管理细则

7.1.1 评价标准

结合泵闸工程具体情况,及时制订完善水闸、泵站工程技术管理细则(如工程巡视检查和安全监测制度、工程调度运用制度、水泵运行操作规程、闸门启闭机操作规程、船舶过闸操作规程、工程维修养护制度等),内容清晰,要求明确。

7.1.2 赋分原则(30 分)

(1) 未编制技术管理实施细则,此项不得分。

(2) 技术管理细则内容不完善,扣 10 分。

(3) 未及时修订技术管理实施细则,扣 10 分。

(4) 技术管理细则针对性、可操作性不强,扣 10 分。

7.1.3 管理和技术标准及相关规范性要求

《中华人民共和国水法》;

《中华人民共和国防洪法》;

《中华人民共和国防汛条例》(国务院令第86号,2022年修订);

《上海市防汛条例》(2021年11月25日上海市第十五届人民代表大会常务委员会第三十七次会议修正);

《泵站技术管理规程》(GB/T 30948—2021);

《水闸技术管理规程》(SL 75—2014);

《上海市水闸维修养护技术规程》(SSH/Z 10013—2017);

《上海市水利泵站维修养护技术规程 》(SSH/Z 10012—2017);

《水利工程标准化管理评价办法》(水运管〔2022〕130号);

《水利工程运行管理监督检查办法(试行)》(办监督〔2020〕124号);

《大中型灌排泵站标准化规范化管理指导意见(试行)》(办农水〔2019〕125号);

《上海市水闸管理办法(修订)》(2018年1月4日实施);

《上海市水利工程标准化管理评价细则》(沪水务〔2022〕450号);

泵闸工程相关设计、建设文件,设备厂家提供的技术资料。

7.1.4 技术管理细则编制(修订)流程

1. 泵闸工程技术管理细则的内容

泵闸工程技术管理细则应包括:总则、工程概况、调度管理、运行管理、工程检查与评级、工程观测、维修养护、安全管理、技术档案管理、其他工作、附录。

(1) 总则,包括编制目的、适用范围、引用标准等。

(2) 工程概况,包括工程基本情况、主要技术指标、管理范围、水工建筑物、泵站主机组、闸门启闭机、电气工程、辅助设备与金属结构,以及管理主要工作内容、管理体制及管理分工、主要管理制度等。

(3) 调度管理,包括一般规定、泵站调度方案、节制闸调度方案、控制运用要求、操作指令执行流程图、冰冻期的运用与管理等。

(4) 运行管理,包括一般规定、泵站设备运行、节制闸设备运行、运行巡查、运行突发故障处理等。

(5) 工程检查与评级,包括工程检查一般规定、泵闸工程检查(经常检查、定期检查、特别检查)、泵站设施设备评级、节制闸设备评级等。

(6) 工程观测,包括一般规定、观测目的和基本要求、观测任务、观测资料收集整编分析。

(7) 维修养护,包括一般规定、水工建筑物维修养护、机电设备维修养护、自动监控设施维护、其他设施维修养护、维修养护项目管理。

(8) 安全管理,包括一般规定、管理组织网络、管理制度和教育培训、安全检查、隐患排查治理和重大危险源监控、设施设备安全和运行安全、安全作业、信息化系统安全、安全台账管理和安全生产信息上报、防汛工作、应急管理、水行政管理、职业健康和劳动保护、事故报告与处理、安全鉴定、安全生产标准化建设等。

(9) 技术档案管理,包括总体要求、档案分类、职责分工、档案收集、档案整理归档、档案移交验收、档案保管等。

(10) 其他工作,包括信息化管理、环境管理、资产管理、员工教育与培训、科技创新、考核管理等。

(11) 附录,包括相关图纸及表单等。

2. 编制(修订)要求

(1) 上海市市管泵闸工程以及大型泵闸工程的技术管理细则需报上海市水利主管部门审批,其他中小型泵闸工程的技术管理细则需报管理单位上级主管部门审批。

(2) 当泵闸工程主要设备更换、功能变化、水位组合变化、新技术应用等较大技术改造后,或上级规范性文件更新后,管理单位应按照"论证充分、各方认可、试验验证、审批完备、落实到位"的原则,对技术管理细则进行修订。

(3) 管理单位应结合工程实际情况编制技术管理细则,内容齐全,针对性、可操作性强;技术管理细则应按单个工程进行编制。

(4) 泵闸运行维护企业具体负责所管泵闸工程技术管理细则的编制起草工作。

3. 泵闸工程技术管理细则编制(修订)流程图

上海市市管泵闸工程技术管理细则编制(修订)流程图见图 7.1,上海市市管泵闸工程技术管理细则编制(修订)流程说明见表 7.1。

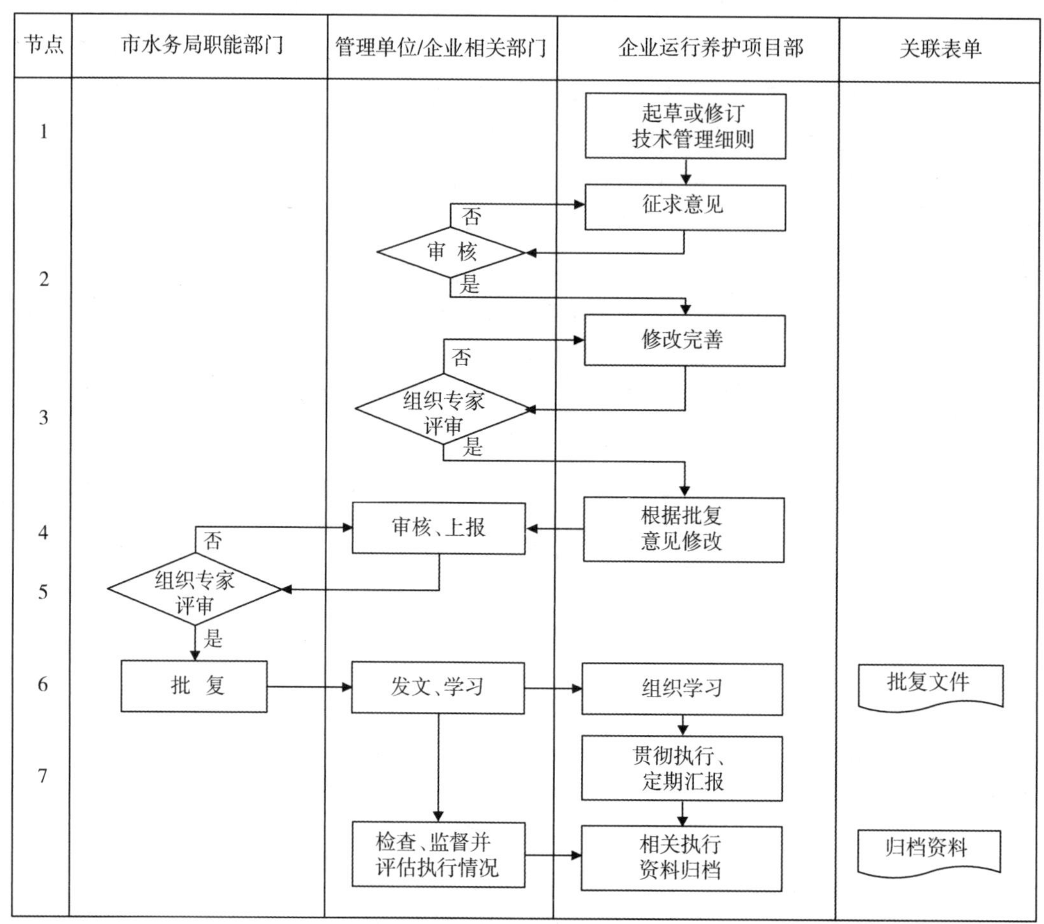

图 7.1 上海市市管泵闸工程技术管理细则编制(修订)流程图

表 7.1　上海市市管泵闸工程技术管理细则编制(修订)流程说明

序号	流程节点	责任人	工作要求
1	起草初稿	企业运行养护项目部	1. 依据规范性文件，结合泵闸工程现状，起草或修订泵闸工程技术管理细则； 2. 讨论、征求相关方意见
2	组织审核	企业运行管理部/技术管理部/管理单位	组织讨论，提出审核意见
	修改完善	企业运行养护项目部	根据公司职能部门、管理单位意见进行修改，提出泵闸工程技术管理细则(初稿)
3	专家评审	管理单位	组织相关专家对泵闸工程技术管理细则(初稿)进行评审
4	材料上报	企业运行养护项目部	根据专家意见，对泵闸工程技术管理细则(初稿)进行修改
		管理单位	审核修改内容，并整理上报上海市水务局职能部门
5	专家评审	市水务局职能部门	按照审批程序，委托专家对管理单位报审的泵闸工程技术管理细则(初稿)再次进行评审。评审前听取管理单位情况汇报，评审中管理单位接受质询，评审后管理单位再次根据专家意见修改完善管理细则，并报送
		评审委员会	评审前，听取管理单位情况汇报，评审中管理单位接受质询，评审委员会讨论并形成专家意见
		管理单位	管理单位再次根据专家意见修改完善善管理细则，并上报
6	批复文件下达	市水务局职能部门	负责下达泵闸工程技术管理细则批复文件
		管理单位	发文、组织学习泵闸工程技术管理细则
		企业运行养护项目部	组织学习泵闸工程技术管理细则
7	贯彻执行	企业运行养护项目部	贯彻执行泵闸工程技术管理细则，相关贯彻资料定期归档
		管理单位/企业相关部门	检查、监督并评估泵闸工程技术管理细则的执行情况

7.2　工程检查

7.2.1　评价标准

按照《泵站技术管理规程》(GB/T 30948—2021)、《水闸技术管理规程》(SL 75—2014)开展日常检查、定期检查和专项检查，巡视检查路线、频次和内容符合要求，记录规范，发现问题后处理及时到位。

7.2.2　赋分原则(40 分)

(1) 未开展工程巡视检查，此项不得分。

(2) 工程检查不规范，巡视检查路线、频次和内容不符合规定，扣 15 分。

(3) 工程检查记录不规范、不准确，扣 10 分。

(4) 工程检查发现问题后处理不及时到位，扣15分。

7.2.3 管理和技术标准及相关规范性要求

《泵站技术管理规程》(GB/T 30948—2021)；

《电力安全工作规程 发电厂和变电站电气部分》(GB 26860—2011)；

《计算机场地通用规范》(GB/T 2887—2011)；

《泵站现场测试与安全检测规程》(SL 548—2012)；

《水利信息系统运行维护规范》(SL 715—2015)；

《水闸技术管理规程》(SL 75—2014)；

《水工钢闸门和启闭机安全检测技术规程》(SL 101—2014)；

《水工钢闸门和启闭机安全运行规程》(SL/T 722—2020)；

《电力变压器运行规程》(DL/T 572—2021)；

《继电保护和安全自动装置运行管理规程》(DL/T 587—2016)；

《电力系统继电保护及安全自动装置运行评价规程》(DL/T 623—2010)；

《电力系统用蓄电池直流电源装置运行与维护技术规程》(DL/T 724—2021)；

《互感器运行检修导则》(DL/T 727—2013)；

《高压并联电容器使用技术条件》(DL/T 840—2016)；

《电力设备预防性试验规程》(DL/T 596—2021)；

《电力安全工器具预防性试验规程》(DL/T 1476—2015)；

《上海市水闸维修养护技术规程》(SSH/Z 10013—2017)；

《上海市水利泵站维修养护技术规程》(SSH/Z 10012—2017)；

泵闸工程技术管理细则。

7.2.4 管理流程

1. 概述

(1) 泵闸工程检查分为日常检查、定期检查和专项检查。

(2) 泵闸工程日常检查包括日常巡视和经常检查。

①日常巡视是指对泵闸管理范围内的建筑物、设备、设施、工程环境进行巡视、查看。日常巡视分为运行期巡视、非运行期巡视；

②经常检查是指经常对泵闸建筑物各部位、主机组、闸门启闭机、机电设备、观测设施、通信设施、管理范围内的河道、堤防和水流形态等进行巡视检查。

(3) 泵闸工程定期检查由管理单位和运行维护公司组织专业人员进行，对检查中发现的问题应及时进行处理并上报。

①汛前检查着重检查建筑物、设备和设施的最新状况，维修养护工程和度汛应急工程完成情况，防汛工作准备情况，安全度汛存在的问题及措施；汛前检查应结合保养工作同时进行。

②汛后检查着重检查建筑物、设备和设施度汛后的变化和损坏情况；冰冻期还应检查防冻措施落实及其效果。

③其他季度的定期检查着重检查工程设施、设备完备和运行情况。

(4) 泵闸工程专项检查包括水下检查和特别检查。

①水下检查:泵闸工程水下检查一般每年汛前进行,主要检查拦污栅是否变形,拦污栅、检修门槽部位是否存在杂物卡阻,根据工程情况适时安排检查进水池底板完好情况。

②特别检查:管理单位应根据遭受的特大洪水、风暴潮、强烈地震或发生重大工程事故的实际情况,分析对工程可能造成的损坏,参照定期检查内容和要求,进行有侧重性或全面性的检查。

(5) 泵闸工程检查应填写记录,及时整理检查资料。定期检查和专项检查应编写检查报告并按规定上报。

(6) 泵闸工程检查流程包括非运行期巡视检查流程、运行期巡视检查流程、经常检查流程、汛前检查流程、汛后检查流程、建筑物水下检查流程、特别检查流程、电力设备预防性试验流程、仪表校验流程、电力安全工器具预防性试验流程、油品检测流程等。本节分别以运行期巡视检查流程、汛前检查流程、汛后检查流程、建筑物水下检查流程、特别检查流程、电力设备预防性试验流程为例加以阐述。

2. 运行期巡视检查流程

迅翔公司运行期巡视检查流程图见图 7.2,迅翔公司运行期巡视检查流程说明见表 7.2。

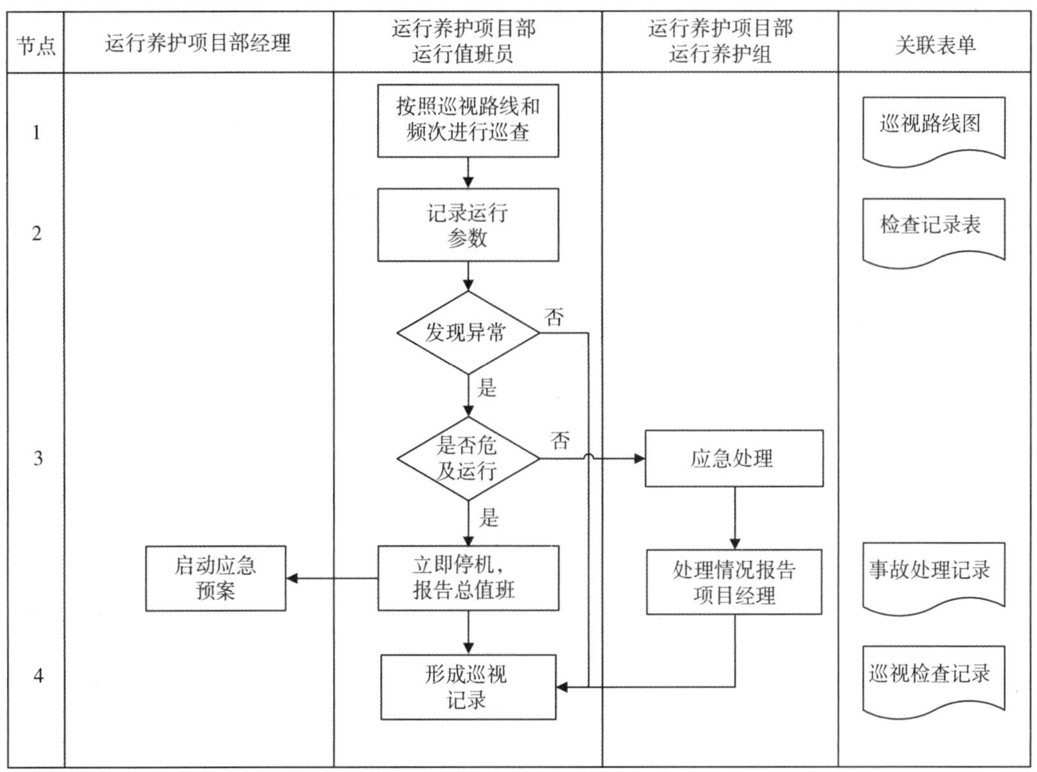

图 7.2　迅翔公司运行期巡视检查流程图

表 7.2　迅翔公司运行期巡视检查流程说明

序号	流程节点	责任人	工　作　要　求
1	巡视检查	运行养护项目部运行值班员	值班员按照指定的巡查路线、频次进行巡视检查。 1. 运行巡视检查频次需满足下列要求： (1) 泵站工程运行期间现场机电设备每 2 h 巡视检查 1 次，运行结束后需巡视检查 1 次； (2) 水闸运行每天巡视检查不少于 1 次（超标准运行每 2 h 巡视检查 1 次），交接班时巡视检查 1 次，运行结束后需巡视检查 1 次； (3) 遇大风、暴雨等恶劣气候后及时检查； (4) 对于过负荷或负荷有显著变化，缺陷有恶化的趋势，新安装设备的投入运行，经过检修或改造的、长期停用的设备重新投入运行，有异常迹象，有发生事故跳闸修复后运行的设备，投入运行多次发生同类故障的设备，巡视检查人员应根据情况适当增加检查次数。 2. 由运行班长带领值班人员检查，检查时如设备正在运行，中控室应留有人员；高压电气设备巡视检查应由经过安全规程学习并经考试合格的人员进行，其他人员不得单独巡视检查。 3. 巡视检查高压电气设备时，不得进行其他工作，不得移开或越过遮拦；在不设警戒线的地方，应保持足够的安全距离。 4. 雷雨天气需要巡视室外高压设备时，应穿绝缘靴，并不得靠近避雷器和避雷针。 5. 高压设备发生接地时，室内不得接近故障点 4 m 以内，室外不得接近故障点 8 m 以内。进入上述范围内的人员应穿绝缘靴，接近设备的外壳和架构时，应戴绝缘手套。 6. 巡视检查方式： (1) 观察设备旋转方向、是否有异物干扰运行等运行状态；听旋转机械是否噪声异常，是否有卡阻现象等；嗅运行场所是否有烧焦气味，是否有臭氧气味等。 (2) 记录仪器显示屏数字。 (3) 用手持仪器进行轴温、噪声等测量
2	记录运行参数	运行养护项目部运行值班员	巡视检查应按照专用记载簿做好详细记录；巡视检查中发现设备缺陷或异常运行情况时，应及时处理并详细记录在运行日志上，对重大缺陷或严重情况需向上级汇报
3	应急处理	运行养护项目部运行值班员	1. 分析异常情况，及时判断严重程度，如影响人身安全或可能造成设备损坏事故应立即停机（关闸），并报告项目部经理。 2. 主机事故跳闸后，应立即查明原因，排除故障后再行启动。 3. 在故障或事故处理时，运行人员应留在自己的工作岗位上，集中注意力保证运行设备的安全运行，只有在接到运行班长的命令或者在对人身安全或设备有直接危险时，方可停止设备运行或离开工作岗位。 4. 值班人员应把故障或事故发生及处理经过记录并归档，以便事后分析和总结
		运行养护项目部经理	对影响人身安全或可能造成设备损坏事故做出立即停机（关闸）决定，并启动应急预案；对需应急处置的事件，落实应急处置方案

续表

序号	流程节点	责任人	工作要求
3	应急处理	运行养护项目部运行养护组	总值班及时按照突发故障应急处置方案处理： 1. 故障发生时，运行班长应组织运行人员进行处理，尽快排除故障，如无法自行排除应马上通知检修班进行处理，并及时向上级汇报；故障排除前应加强对该工程设备的监视，确保工程和设备继续安全运行；如故障对安全运行有重大影响可立即停止故障设备或泵闸运行，再向上级汇报。 2. 当发生事故时，运行班长应立即组织运行人员进行处理，限制事故的扩大，消除事故的根源，解除对人身及设备的危害，并及时向上级汇报。 3. 在故障或事故不致扩大的情况下，尽一切可能保证设备继续运行
4	资料归档	运行养护项目部运行值班员	整理巡视检查记录并归档

3. 汛前检查流程

迅翔公司汛前检查流程图见图 7.3，迅翔公司汛前检查流程说明见表 7.3。

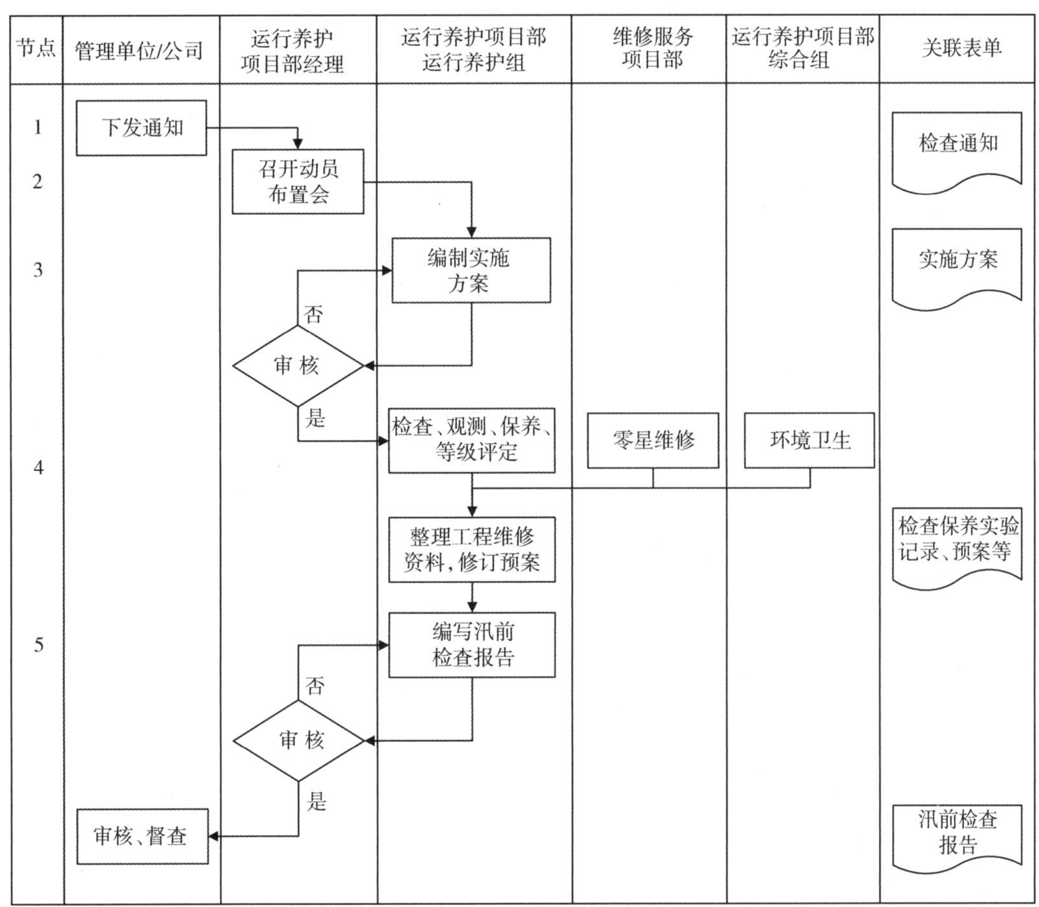

图 7.3 迅翔公司汛前检查流程图

表 7.3　迅翔公司汛前检查流程说明

序号	流程节点	责 任 人	工 作 要 求
1	下发通知	管理单位/公司	1. 管理单位/公司每年 2—3 月份下达汛前检查通知，明确检查内容、要求等； 2. 汛前检查由管理单位和运行养护项目部组织专业人员进行
2	动员部署	运行养护项目部经理	运行养护项目部召开动员部署会，落实检查保养责任
3	编制实施方案	运行养护项目部运行养护组	1. 编制汛前检查工作实施方案，分解检查保养任务，落实责任人、时间节点，明确工作标准、资料模板等要求；汛前检查实施方案编制按工程检查评级指导书规定的内容和要求进行，着重检查维修养护工程和度汛应急工程完成情况、安全度汛措施的落实情况；要对泵闸建筑物、设备和设施进行详细检查，对泵站主机组、辅助设备、闸门、启闭机、备用电源、监控系统等进行检查和试运行，对电力设备进行预防性试验。 2. 汛前检查除了对工程及设备现场检查以外，还应对软件资料进行检查，包括： (1) 规章制度资料； (2) 工程技术档案管理资料； (3) 安全生产台账； (4) 工程控制运用资料； (5) 工程及设备维修资料； (6) 度汛应急措施资料； (7) 环境卫生资料； (8) 员工技术素质资料
		运行养护项目部经理	审核汛前检查工作实施方案
4	汛前检查保养	运行养护项目部各班组/维修服务项目部	各项目部运行养护、维修、综合等各班组根据任务分工开展检查、观测、保养、试验、评级、预案修订、物资清点等各项软硬件工作，完善工作资料和台账
5	形成报告	运行养护项目部运行养护组	1. 汛前检查范围广、内容全，应包括工程土建、机电、资料、制度、预案执行等各方面，应形成详细的检查资料、检查报告(格式、内容)并存档和上报，同时，要结合检查情况对设备进行维修养护。 2. 汛前检查报告一般包括以下内容： (1) 检查日期； (2) 检查目的和任务； (3) 检查结果(包括文字说明、表格、略图、照片等)； (4) 与以往检查结果的对比、分析和判断； (5) 异常情况及原因分析； (6) 检查结论及建议； (7) 检查组成员签名
		运行养护项目部经理	审核汛前检查报告
		管理单位	审核汛前检查报告，组织督查、复查并报上级主管部门

4. 汛后检查流程

迅翔公司汛后检查流程图见图 7.4，迅翔公司汛后检查流程说明见表 7.4。

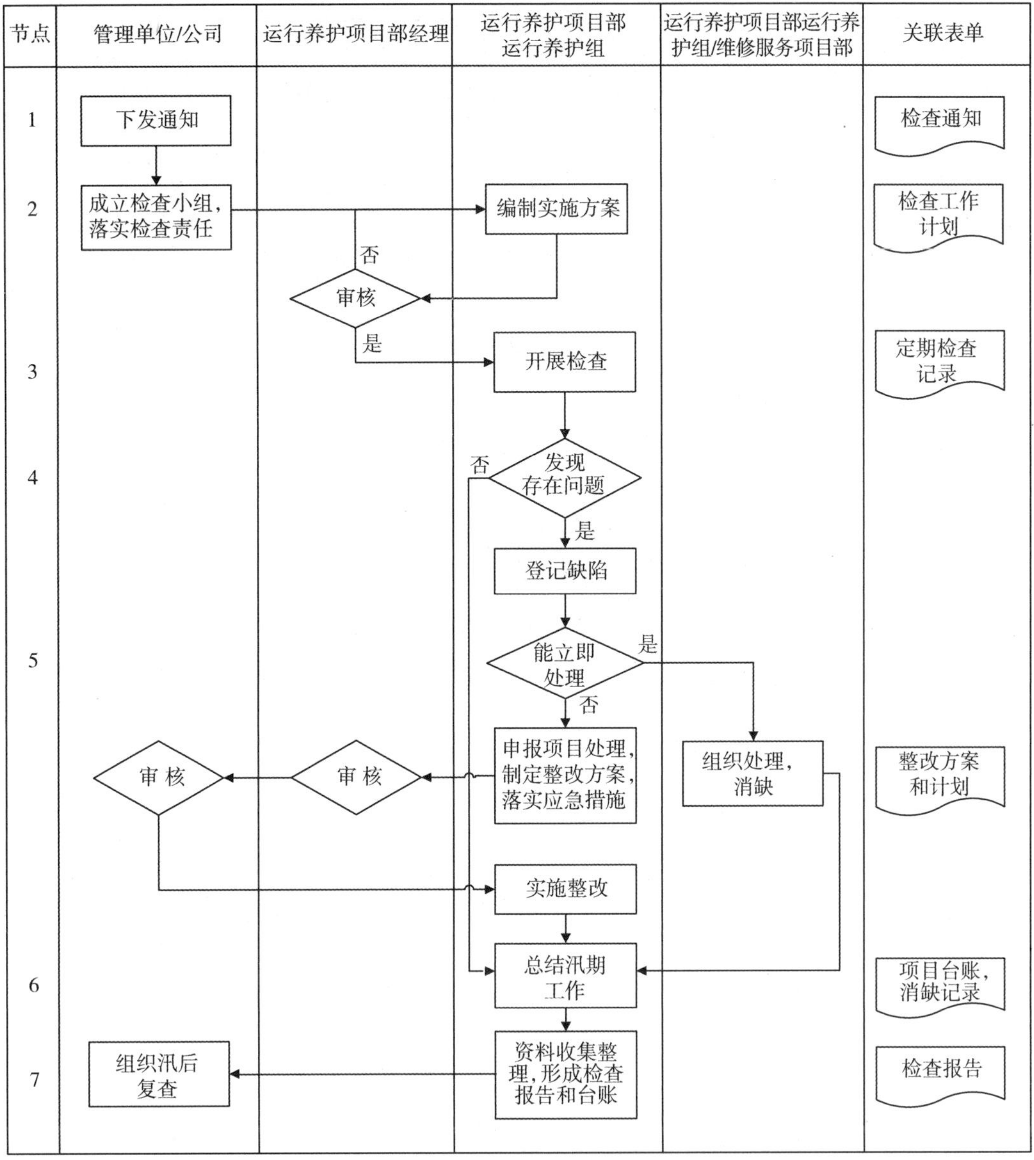

图 7.4 迅翔公司汛后检查流程图

表 7.4 迅翔公司汛后检查流程说明

序号	流程节点	责任人	工 作 要 求
1	下发通知	管理单位/运行养护项目部	1. 管理单位每年 9 月底下达汛后检查通知; 2. 运行养护项目部成立汛后检查小组,明确检查负责人、检查内容、要求等
2	编制实施方案	运行养护项目部	1. 编制汛后检查实施方案,层层分解各项工作任务:汛后检查着重检查工程和设备度汛后的变化和损坏情况;对检查中发现的问题应及时组织人员修复或作为下一年度的维修项目上报,并为下一年维修做准备。 2. 管理单位审核实施方案

续表

序号	流程节点	责任人	工作要求
3	开展检查	运行养护项目部	组织人员对照实施方案开展检查保养工作，查清工程存在的问题，填写汛后检查记录。 1. 汛后检查按管理单位审定的工作计划和公司“泵闸工程检查作业指导书”规定的内容和要求进行，主要是对泵闸建筑物、设备和设施进行详细检查，对泵站主机组、辅助设备、闸门、启闭机、备用电源、监控系统等进行检查。 2. 汛后检查除了对工程及设备现场检查以外，还应对软件资料进行检查，包括： (1) 规章制度资料； (2) 工程技术档案管理资料； (3) 安全生产台账； (4) 工程控制运用资料； (5) 工程及设备维修资料； (6) 度汛应急措施资料； (7) 环境卫生资料； (8) 员工技术素质资料
4	发现问题	运行养护项目部	针对工程发现的问题，分析原因，登记缺陷
5	问题处理	运行养护项目部/维修服务项目部	1. 能处理的问题立即处理，各项目部立即组织人员投入项目处理工作； 2. 不能立即处理的问题，运行养护项目部应及时上报管理单位，制订整改计划和方案，申报项目处理，并制定落实应急措施
		管理单位/公司	根据项目审批流程，对项目进行审核批复
6	台账整理	各项目部	各项目部对汛后检查资料进行收集整理，形成定期检查报告和台账，总结汛期工作，形成汛期工作总结，每年在10月底前完成，并于11月初上报管理单位。 1. 汛后检查范围广、内容全，应包括工程土建、机电、资料、制度、预案执行等各方面，应形成详细的检查资料、检查报告并存档和上报，同时，要结合检查情况对设备进行维修养护。 2. 汛后检查报告一般包括以下内容： (1) 检查日期； (2) 检查目的和任务； (3) 检查结果(包括文字说明、表格、略图、照片等)； (4) 与以往检查结果的对比、分析和判断； (5) 异常情况及原因分析； (6) 检查结论及建议； (7) 检查组成员签名
7	汛后复查	管理单位/公司	对各项目部汛后检查情况进行复查，编写汛后检查报告报上级

5. 建筑物水下检查流程

迅翔公司建筑物水下检查流程图见图 7.5，迅翔公司建筑物水下检查流程说明见表 7.5。

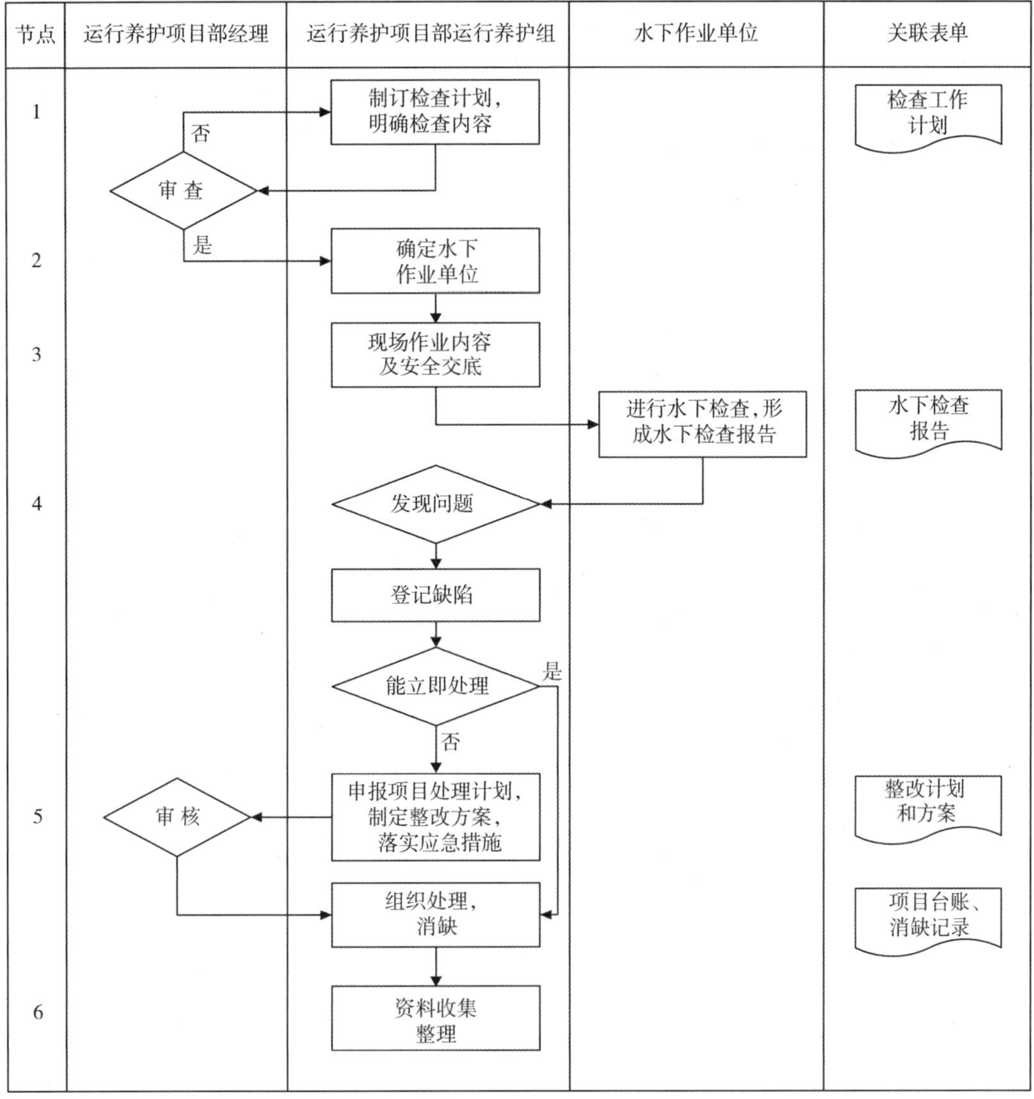

图 7.5　迅翔公司建筑物水下检查流程图

表 7.5　迅翔公司建筑物水下检查流程说明

序号	流程节点	责任人	工作要求
1	制订计划	运行养护项目部	制订检查工作计划
		管理单位	明确检查周期，审核工作计划
2	确定水下作业单位	运行养护项目部	确定水下作业单位
3	水下检查	运行养护项目部	组织水下作业单位作业，明确检查内容和安全交底，重点检查水下工程的门槽、门底预埋件有无损坏，有无块石、树枝等杂物影响闸门启闭；底板、翼墙等部位表面有无裂缝、异常磨损、混凝土剥落、露筋，拦污栅是否变形，拦污栅、检修门槽部位是否存在杂物卡阻等
		水下作业单位	对照检查内容要求，开展水下工程检查，形成检查报告

续表

序号	流程节点	责任人	工作要求
4	发现问题	运行养护项目部	针对水下工程发现的问题,分析原因,登记缺陷
5	问题处理	运行养护项目部	1. 能立即处理的问题,项目部立即组织处理; 2. 不能立即处理的问题,项目部应及时上报管理单位,制定整改方案,申报项目处理计划,并制定落实应急措施
6	资料整理	运行养护项目部	收集整理消缺台账资料

6. 特别检查流程

迅翔公司特别检查流程图见图 7.6,迅翔公司特别检查流程说明见表 7.6。

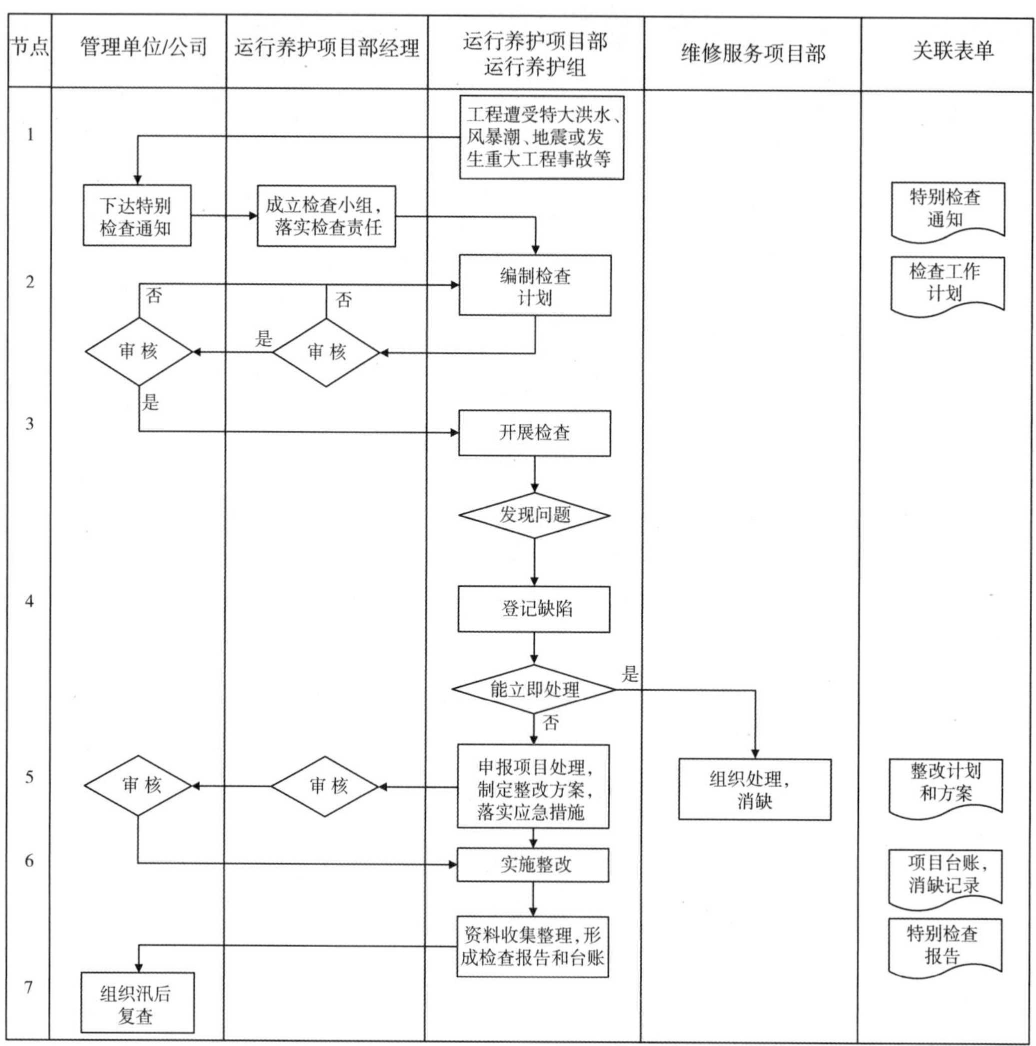

图 7.6 迅翔公司特别检查流程图

表 7.6　迅翔公司特别检查流程说明

序号	流程节点	责任人	工作要求
1	落实责任	管理单位/公司	当工程遭受特大洪水、风暴潮、强烈地震或发生重大工程事故时，运行养护项目部应会同管理单位组织对工程进行特别检查，管理单位/公司下达特别检查通知
		运行养护项目部	成立检查小组，落实检查责任
2	制订计划	运行养护项目部	1. 运行养护项目部制订检查工作计划，层层分解各项工作任务，根据管理单位要求按时报送； 2. 管理单位审核工作计划
3	开展检查	运行养护项目部	组织人员对照工作计划开展检查工作，查清工程存在的问题，填写特别检查记录。检查内容要全面，数据要准确。若发现安全隐患或故障，应在检查后汇总地点、位置、危害程度等详细信息
4	发现问题	运行养护项目部	针对工程发现的问题，分析原因，登记缺陷
5	问题处理	运行养护项目部/维修服务项目部	1. 能立即处理的问题，各项目部应立即组织处理； 2. 不能立即处理的问题，运行养护项目部应及时上报管理单位，制定整改计划和方案，申报项目处理，并制定落实应急措施
		管理单位/公司	根据项目审批流程，对项目进行审核批复
6	资料整理	运行养护项目部	运行养护项目部对检查资料进行收集整理，形成特别检查报告和台账，上报管理单位/公司
7	汛后复查	管理单位/公司	对运行养护项目部特别检查情况进行汛后复查，编写特别检查报告报管理单位上级主管部门，特别检查报告一般包括以下内容： (1) 检查日期； (2) 检查目的和任务； (3) 检查结果(包括文字说明、表格、略图、照片等)； (4) 检查结果的分析和判断； (5) 异常情况及原因分析； (6) 检查结论及建议； (7) 检查组成员签名

7. 电力设备预防性试验流程

迅翔公司电力设备预防性试验流程图见图 7.7，迅翔公司电力设备预防性试验流程说明见表 7.7。

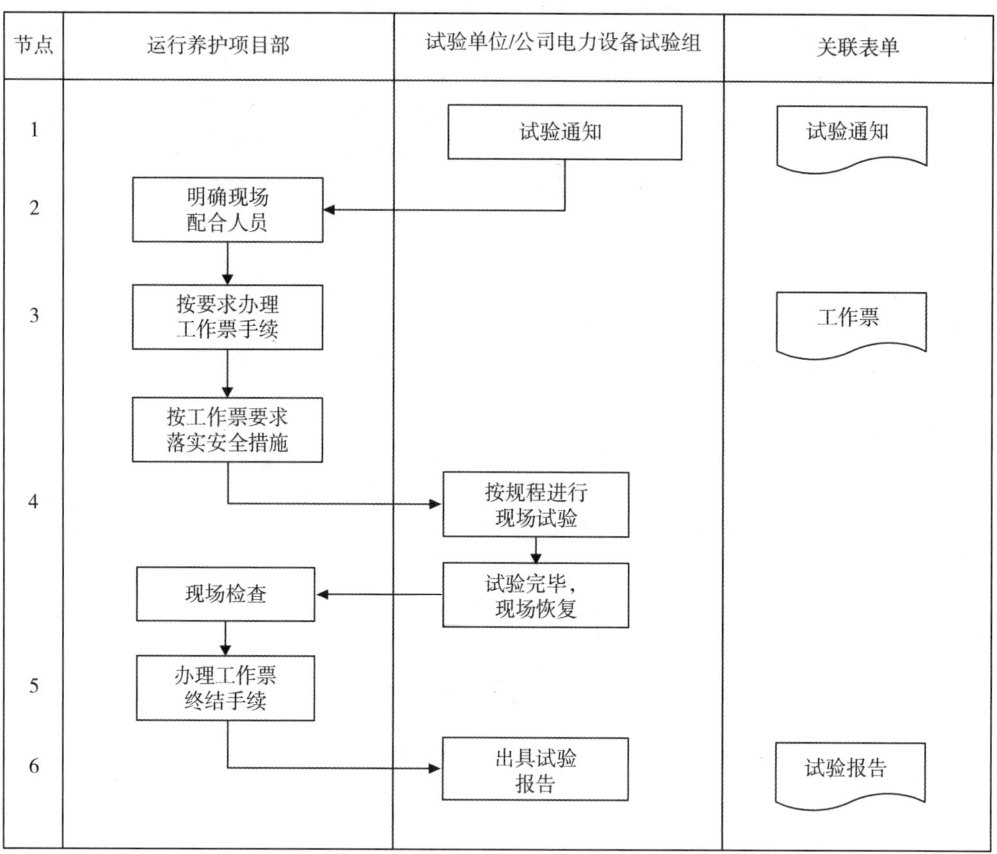

图 7.7　迅翔公司电力设备预防性试验流程图

表 7.7　迅翔公司电力设备预防性试验流程说明

序号	流程节点	责任人	工作要求
1	试验通知	试验单位/公司电力设备试验组	试验单位于计划试验前 1 周通知运行养护项目部，并提交试验方案
2	明确现场配合人员	运行养护项目部经理	接到试验通知后，运行养护项目部经理明确现场配合班组和人员
3	准备工作	运行养护项目部	1. 按规范办理工作票手续； 2. 做好设备断电； 3. 落实安全措施
4	现场试验	试验单位/公司电力设备试验组	按《电力设备预防性试验规程》(DL/T 596—2021)、《电力安全工器具预防性试验规程》(DL/T 1476—2015)和试验方案中规定的内容、项目、频次开展试验，完毕后及时恢复现场，试验项目包括： 1. 电动机定子绕组绝缘电阻测量； 2. 热键电器、电动机保护器保护动作检测； 3. 电力设备、电缆桥架、配电房等接地电阻检测；

续表

序号	流程节点	责任人	工作要求
4	现场试验	试验单位/公司电力设备试验组	4. 大修后或必要时，变压器、避雷器、过电压保护器、高压母线绝缘电阻检测； 5. 变压器测温装置及其二次回路试验； 6. 变压器交流耐压试验； 7. 变压器温控器装置送厂进行检测与标定； 8. 高压电流、电压互感器定期试验； 9. 避雷器电气特性试验； 10. 过电压保护器工频放电电压测量； 11. 高压母线交流耐压试验； 12. 高压真空断路器、开关柜定期试验； 13. 绝缘子、电缆定期试验； 14. 交流电动机定期试验； 15. 微机继电保护装置试验； 16. 中间继电器试验； 17. 自控系统防静电定期检测； 18. 手动与自动切换定期检测； 19. 泵站机电设备按规程进行联动试验并提交报告
5	工作终结	运行养护项目部	撤出现场试验采取的安全措施，办理工作票终结手续
6	出具试验报告	试验单位/公司电力设备试验组	在规定时间内出具试验报告

7.3 安全监(观)测

7.3.1 评价标准

按照《水闸安全监测技术规范》(SL 768—2018)等要求开展工程安全监测，监测项目、频次符合要求；数据可靠，记录完整，资料整编分析有效；定期开展监测设备校验和比测。

7.3.2 赋分原则(40分)

(1) 未开展工程安全监测，此项不得分。

(2) 安全监测项目、频次、记录等不规范，扣15分。

(3) 安全监测缺测严重，数据可靠性差，整编分析不及时，扣15分。

(4) 安全监测设施考证资料缺失或不可靠，未定期开展监测设备校验，未定期对自动化监测项目进行人工比测，扣10分。

7.3.3 管理和技术标准及相关规范性要求

《泵站技术管理规程》(GB/T 30948—2021)；

《工程测量标准》(GB 50026—2020)；

《水位观测标准》(GB/T 50138—2010)；

《国家一、二等水准测量规范》(GB/T 12897—2006)；

《测绘成果质量检查与验收》(GB/T 24356—2009)；

《水闸安全监测技术规范》(SL 768—2018)；

《水电工程测量规范》(NB/T 35029—2014)；

《卫星定位城市测量技术标准》(CJJ/T 73—2019)；

《水闸技术管理规程》(SL 75—2014)；

《水利水电工程施工测量规范》(SL 52—2015)；

《泵站现场测试与安全检测规程》(SL 548—2012)；

《水利水电工程安全监测设计规范》(SL 725—2016)；

《上海市水闸维修养护技术规程》(SSH/Z 10013—2017)；

《上海市水利泵站维修养护技术规程》(SSH/Z 10012—2017)；

《归档文件整理规则》(DA/T 22—2015)；

泵闸工程技术管理细则。

7.3.4 管理流程

1. 概述

(1) 泵闸工程目前开展的常规监(观)测项目包括上、下游水位，流量，垂直位移，水平位移，扬压力，闸下流态，河床变形，裂缝等监(观)测项目。当工程发生异常变化时，应开展其他专门性监(观)测项目，如伸缩缝、混凝土碳化、钢筋应力、水文、混凝土应变、混凝土温度、水质、泥沙等监(观)测。泵闸管理单位应根据监(观)测规程编制工程监(观)测任务书并确定监(观)测项目。监(观)测任务书应经上级主管部门批准后执行。迅翔公司泵闸工程监(观)测任务参见表 7.8。

表 7.8 迅翔公司泵闸工程监(观)测任务参考表

序号	监(观)测项目	监(观)测时间与频次	监(观)测方法与精度	监(观)测成果要求
一	一般性监(观)测			
1	垂直位移观测	1. 工作基点考证：埋设5年内，每年2次，6～10年每年1次，以后每3年1次； 2. 垂直位移标点观测：工程竣工后，前5年每季度观测1次，竣工后5～10年汛前、汛后各1次，竣工10年后每年1次	要求符合SL 725—2016等	1. 观测标点布置示意图； 2. 垂直位移工作基点考证表(变动时)； 3. 垂直位移工作基点高程考证表(3年1次)； 4. 垂直位移观测标点考证表(变动时)； 5. 垂直位移观测标点高程考证表(变动时)； 6. 垂直位移观测成果表； 7. 垂直位移量横断面分布图； 8. 垂直位移量变化统计表(5年1次)； 9. 垂直位移过程线(5年1次)

续表

序号	监(观)测项目	监(观)测时间与频次	监(观)测方法与精度	监(观)测成果要求
2	水平位移观测	1. 工作基点考证：埋设5年内，每年2次，6～10年每年1次，以后3年1次； 2. 水平位移标点观测：工程竣工后，前5年每季度观测1次，竣工后5～10年汛前、汛后各1次，竣工10年后每年1次	要求符合SL 725—2016等	1. 观测标点布置示意图； 2. 水平位移工作基点考证表(变动时)； 3. 水平位移工作基点高程考证表(3年1次)； 4. 水平位移观测标点考证表(变动时)； 5. 水平位移观测标点高程考证表(变动时)； 6. 水平位移观测成果表； 7. 水平位移量横断面分布图； 8. 水平位移量变化统计表(5年1次)； 9. 水平位移过程线(5年1次)
3	河床变形观测	1. 引河过水断面观测：上、下游工程竣工后5年内每年汛前、汛后各1次，以后每年汛前或汛后1次； 2. 水下地形观测：5年1次，断面桩顶高程考证：3年1次	要求符合SL 725—2016等	1. 河床断面桩顶高程考证表(每3年1次)； 2. 河床断面观测成果表； 3. 河床断面冲淤量比较表； 4. 河床断面比较图； 5. 水下地形图(每5年1次)
4	扬压力监测	泵闸在新建投入使用后，每月观测15～30次；运用3个月后，每月观测4～6次；运用5年以上，且工程垂直位移和地基渗透压力分布均无异常情况下，可每月观测1～3次	要求符合SL 725—2016等	1. 渗压计考证表； 2. 测点渗流压力水位统计表； 3. 测点的渗流压力水位过程线图，渗流压力水位与水位(或上、下游水位差)相关关系图； 4. 渗流压力(含浸润线位置)分布图及渗流压力平面等势线分布图
5	裂缝观测	1. 混凝土或浆砌石建筑物的裂缝发现初期应每半月观测1次，基本稳定后每月观测1次，当发现裂缝加大时应增加观测次数，必要时应持续观测； 2. 裂缝发现初期应每天观测，基本稳定后每月观测1次，遇到大暴雨时，应随时观测； 3. 凡出现历史最高、最低水位，历史最高、最低气温，发生强烈震动，超标准运用或裂缝有显著发展时，应增加测次	要求符合SL 725—2016等	1. 建筑物裂缝观测记录表； 2. 建筑物裂缝观测标点考证表； 3. 建筑物裂缝观测成果表； 4. 建筑物裂缝位置分布图； 5. 建筑物裂缝变化曲线图

续表

序号	监(观)测项目	监(观)测时间与频次	监(观)测方法与精度	监(观)测成果要求
6	上、下游水位监测	1. 上、下游水位观测时间和观测次数要适应1日内水位变化的过程,在一般情况下,日测1～2次; 2. 水尺应定期进行校测,每年至少1次	符合相关规程要求	1. 水位记录表; 2. 水位统计表; 3. 水尺校测记录表
7	流量观测	与水位观测同步测算	符合相关规程要求	通过水位监测,根据水位与流量的关系,推求相应的流量
8	闸下流态观测	水闸运行过流时,每天2次	符合相关规程要求	闸下流态观测应绘制水流平面形态分布图及水跃形态示意图,分析水流平面形态及水跃对泄流过程的影响
二	专项监(观)测			
1	混凝土碳化深度观测	根据需要,不定期进行	符合相关规程要求	混凝土碳化深度观测成果表
2	伸缩缝观测	建筑物伸缩缝观测每年2次	符合相关规程要求	1. 建筑物伸缩缝观测标点考证表; 2. 建筑物伸缩缝观测记录表; 3. 建筑物伸缩缝观测成果表; 4. 建筑物伸缩缝宽度与混凝土温度、气温过程线图
3	水文观测	1. 水文观测由水文测站按现行国家有关规定进行; 2. 在工程控制运用发生变化时,应将有关情况,如时间,上、下游水位,流量,孔数,流态等详细记录核对	执行相关专业规范	水文观测除按有关规定整理成果外,还应填写以下表格: 1. 工程运用情况统计表; 2. 水位统计表; 3. 流量、引(排)水量、降水量统计表
4	其他监(观)测	根据需要,委托专业观测单位不定期进行,包括: 1. 钢筋应力观测; 2. 混凝土应变观测; 3. 混凝土温度观测; 4. 水质观测; 5. 泥沙观测等	执行相关专业规范	1. 其他观测项目由专业观测单位按规范要求整理观测资料,并提交观测报告; 2. 其他相关自动监测项目由运行养护项目部按规范要求整理自动监测资料,并提交监测报告
三	其他			

续表

序号	监(观)测项目	监(观)测时间与频次	监(观)测方法与精度	监(观)测成果要求
1	其他	监(观)测资料整编	符合相关规程要求	1. 工程监(观)测说明; 2. 工程运用情况统计表; 3. 水位统计表; 4. 流量统计表; 5. 观测成果初步分析

注:1. 当发生地震、工程超设计标准运用、超警戒水位等可能影响工程安全的情况或发现工程异常时,应增加监(观)测频次;
2. 工程监(观)测资料成果经管理单位审核并根据审核意见进行完善整理后,按整编要求装订成册存档。

2. 外业观测流程

迅翔公司外业观测流程图见图7.8,迅翔公司外业观测流程说明见表7.9。

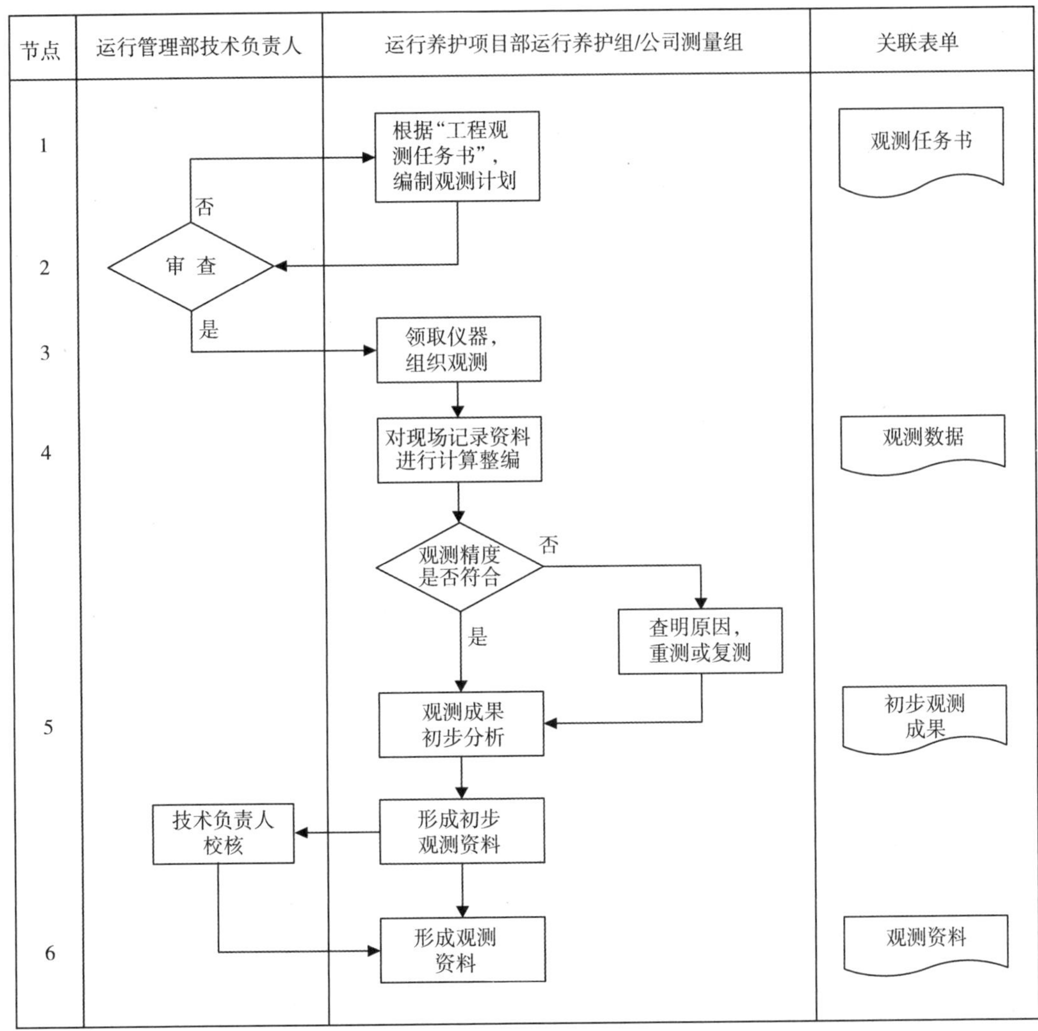

图7.8 迅翔公司外业观测流程图

表 7.9 迅翔公司外业观测流程说明

序号	流程节点	责任人	工作要求
1	编制观测计划	运行养护项目部运行养护组/公司测量组	计划包括观测项目、观测人员、配合人员、经费预算等。观测人员应具备工程观测专业技术能力
2	审查观测计划	运行管理部技术负责人	审查观测计划
3	外业观测	观测员	观测员按照管理单位批复的“工程观测任务书”和公司“泵闸工程观测作业指导书”测量、记录观测数据，做到观测记录、成果表签字齐全、复核规范
4	发现问题	观测技术负责人	发现数据异常情况，及时重测或者复测
5	成果分析及设备维护	观测员	有疑问，将问题报告观测技术负责人
		观测技术负责人	1. 负责现场处理设备等其他问题。 2. 观测设备、设施应定期检查确保完好，观测仪器按规定定期校核；自动化观测设施应由专人负责管理，定期校核，必要时委托专业队伍进行维修养护
6	形成观测资料并且归档	观测员	形成初步观测资料，报运行管理部技术负责人审核
		运行管理部技术负责人	提出审核意见
		观测员	观测资料报管理单位和公司并存档

3. 垂直位移观测流程要点

(1) 泵闸垂直位移一般每年观测 2 次，分别在汛前和汛后进行。若发生超过设计水位标准或其他影响建筑物安全的情况时，应增加测次。

(2) 工程采用二等水准观测。水准工作基点的高程由邻近的水准基点引测，每 5 年考证 1 次，并定期校测，垂直位移量以向下为正，向上为负。

(3) 在进行垂直位移观测时，应同时观测、记录上、下游水位，工程运用情况及气温等。

(4) 各位移观测点的监测，参照《国家一、二等水准测量规范》(GB/T 12897—2006)要求，采用精密水准仪、水准尺、尺垫等，以二等水准精度要求施测。由水准工作基点引测各沉降点高程，最终回到水准工作基点，形成闭合水准线路，经过闭合差分配改正后计算出高差，再推算出测站高程，监测点初始高程取 2 次测量平均值。

(5) 观测工作准备：

①检查设置观测现场，检查工作基点及观测标点的现状，对被杂物掩盖的标点及时清理，观测标点编号示意牌应清晰明确；

②观测设备应定期检查，确保其性能良好：观测用电子水准仪应在检测有效期内，相关检测资料齐全，皮尺、地垫应完好，铟瓦尺上、下圆水准泡应一致，脚架完好、开合正常；

③观测队伍应配有观测员 1 人、扶尺员 2 人，使用电子水准仪观测时不需要记录人员。观测人员、观测路线需固定，不得中途更换；

④确定观测线路：观测人员在工程观测前，应进行垂直位移观测线路的设计，并绘制垂直位移观测线路图；线路图中应标明工作基点、垂直位移标点及测站和转点位置，以及观测路线和前进方向；线路图一经确定，在地物、地貌未变的情况下不得变动，并在每次测

量前复制 1 份附于记录手簿的第一页；观测前，观测人员应按照观测线路图检查工程测点是否完好，有障碍物阻挡立即现场清理，保证观测工作顺利进行。

4. 观测资料整编分析流程

迅翔公司观测资料整编分析流程图见图 7.9，迅翔公司观测资料整编分析流程说明见表 7.10。

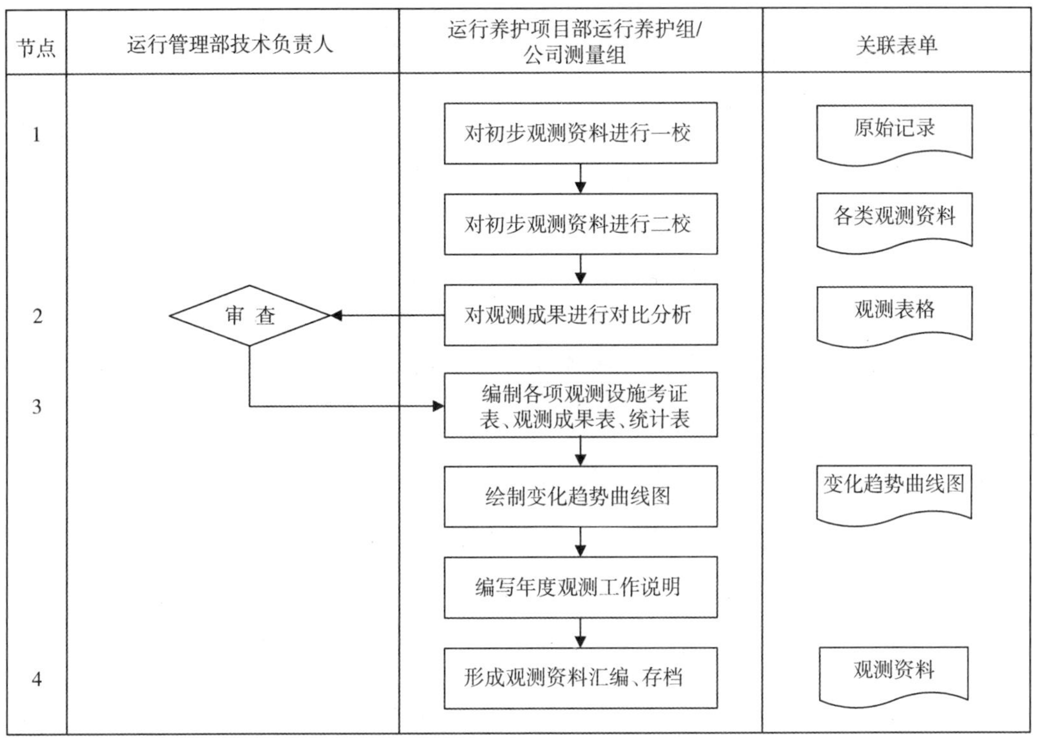

图 7.9 迅翔公司观测资料整编分析流程图

表 7.10 迅翔公司观测资料整编分析流程说明

序号	流程节点	责 任 人	工 作 要 求
1	资料整编	观测员	观测员按照批复的“工程观测任务书”测量精度，对原始资料进行检查，并对观测资料进行分析。应力求使用计算机整编观测成果
2	资料整编	运行管理部技术负责人	对原始资料和分析进行审查
3	资料整编	运行养护项目部/公司测量组	绘制各类表格、曲线，编写观测说明。 1. 平时资料整理重点是查证原始观测数据的正确性，计算观测物理量，填写观测数据记录表格，点绘观测物理量过程线，考查观测物理量的变化，初步判断是否存在变化异常值。 2. 在平时资料整理的基础上进行观测统计，填制统计表格，绘制各种观测变化的分布相关图表，并编写编印说明书。 3. 在整个观测过程中，应及时对各种观测数据进行检验和处理，并结合巡视检查资料进行复核分析。有条件的应利用计算机建立数据库，并采用适当的数学模型对工程安全做出评价
4	资料成册	运行养护项目部/公司测量组	工程观测资料成果经上级主管部门考核评审合格，并根据评审意见进行完善整理后，按整编要求装订成册存档

7.4 维修养护管理

7.4.1 评价标准

按照有关规定开展维修养护，制订维修养护计划，实施过程规范，维修养护到位，工作记录完整；加强项目实施过程管理和验收，项目资料齐全。

7.4.2 赋分原则(40 分)

(1) 未开展维修养护，此项不得分。

(2) 维修养护不及时、不到位，扣 15 分。

(3) 未制订维修养护计划，实施过程不规范，未按计划完成，扣 10 分。

(4) 维修养护工作验收标准不明确，过程管理不规范，扣 5 分。

(5) 大修项目无设计、无审批，验收不及时，扣 5 分。

(6) 维修养护记录缺失或混乱，扣 5 分。

7.4.3 管理和技术标准及相关规范性要求

《建设工程项目管理规范》(GB/T 50326—2017)；

《水利工程工程量清单计价规范》(GB 50501—2007)；

《水利泵站施工及验收规范》(GB/T 51033—2014)；

《建筑工程施工质量验收统一标准》(GB 50300—2013)；

《混凝土结构工程施工质量验收规范》(GB 50204—2015)；

《屋面工程质量验收规范》(GB 50207—2012)；

《建设工程监理规范》(GB/T 50319—2013)；

《建设项目工程总承包管理规范》(GB/T 50358—2017)；

《质量管理体系　要求》(GB/T 19001—2016)；

《地下防水工程质量验收规范》(GB 50208—2011)；

《电气装置安装工程　低压电器施工及验收规范》(GB 50254—2014)；

《电气装置安装工程　电力变流设备施工及验收规范》(GB 50255—2014)；

《电气装置安装工程　高压电器施工及验收规范》(GB 50147—2010)；

《沥青路面施工及验收规范》(GB 50092—96)(2008 年修订)；

《水泥混凝土路面施工及验收规范》(GBJ 97—87)(2008 年修订)；

《混凝土强度检验评定标准》(GB/T 50107—2010)；

《自动化仪表工程施工及质量验收规范》(GB 50093—2013)；

《电气装置安装工程　盘、柜及二次回路接线施工及验收规范》(GB 50171—2012)；

《水利工程施工质量检验与评定标准》(DG/TJ 08—90—2021)；

《泵站设备安装及验收规范》(SL 317—2015)；

《水利水电工程施工质量检验与评定规程》(SL 176—2007)；

《水利水电建设工程验收规程》(SL 223—2008);

《水利工程施工监理规范》(SL 288—2014);

《水利水电工程招标文件编制规程》(SL 481—2011);

《上海市水闸维修养护定额》(DB31 SW/Z 003—2020);

《上海市水利泵站维修养护定额》(DB31 SW/Z 004—2020);

《上海市水利工程预算定额》(SHR 1—31—2016);

《上海市园林工程预算定额》(SHA 2—31—2016);

上海市水利工程维修养护及防汛专项资金财务管理相关规定;

泵闸工程技术管理细则。

7.4.4 管理流程

1. 概述

(1) 泵闸工程的维修养护按工作类型可分为养护和维修。维修根据实际维修量和紧迫性又分为经常性修复(也称为零星维修,包括小修、一般性抢修)、年度专项维修(包括大修和应急抢险,不涉及除险加固及改扩建工程施工)。

①养护是指日常保养工作,即为保持工程及设备完整、清洁、操作灵活、运行可靠,对经常检查发现的缺陷和问题,及时进行预防性保养和轻微损坏部分的修补,其所产生的费用中还包括材料消耗等工程日常维护费用,日常养护属于运行维护企业日常工作内容。工程的养护一般结合汛前、汛后检查等定期进行。设备清洁、润滑、调整等应视使用情况经常进行。

②经常性修复(零星维修)指根据检查中发现的设施设备损坏和运行中存在的问题,对设施设备进行必要的修复、修补和改善,不改变泵闸设施设备安全使用功能的修复工程,其所产生的费用中还包括检测、更换配件、消耗性物料补充等维修过程发生的费用。其中,当发生设施设备损坏,危及工程安全或者影响正常运用的一般性突发故障或事件时,应立即采取抢修措施;经常性修复属于运行维护企业工作内容。设施设备小修主要包括除运行中发生的设备缺陷修理;对易磨易损部件进行清洗检查、维护修理,或必要的更换调试。机电设备一般每年小修1次,对运用频繁的机电设备应酌情增加小修次数。设备小修应全面细致,泵闸每次停运后,都应对设备进行全面检查保养,对主机组、闸门启闭机、各辅助系统进行养护维修,更换易损部件,确保机组随时投入运行。

③年度专项维修是根据汛后全面检查发现的工程损坏和运行中存在的问题,对工程设施设备按年度有计划地进行必要的整修和局部改善;年度专项维修由管理单位按规定要求上报主管部门批准后实施。

(2) 维修养护应坚持"经常养护,及时维修,养修并重"的原则,对检查发现的缺陷和问题,应及时进行养护和维修,以保证工程及设备处于良好状态。

日常养护及经常性修复工程,应以恢复原设计标准或局部改善工程原有结构为原则制定修理方案。相关部门应根据检查和观测成果,结合工程特点、运用条件、技术水平、设备材料和经费承受能力等因素综合确定。

(3) 管理单位对工程维修养护项目统一组织实施和管理,管理单位及运行维护企业应明确单项维修项目和工程养护项目部经理、技术负责人，按相关水利工程维修养护项目管理办法等要求，全面负责项目的质量、安全、经费、工期、资料档案管理。

(4) 维修养护单位对维修养护项目实行项目负责制。

(5) 泵闸工程维修养护流程涉及维修、养护、保洁、抢险等多方面，同时，水工建筑物、机电设备、信息化系统、配套管理设施等项目，由于其作业事项、作业资源配置、技术工艺、质量标准、安全要求以及管理表单的要求不同，其管理流程或作业流程也不同。本节重点对维修养护中的项目管理涉及的相关流程加以阐述，包括：维修养护设计方案编审流程、维修养护项目申报流程、维修项目实施流程、维修项目验收流程、养护项目实施流程、养护项目完工验收流程等。

2. 维修养护设计方案编审流程

迅翔公司维修养护设计方案编审流程图见图 7.10，迅翔公司维修养护设计方案编审流程说明见表 7.11。

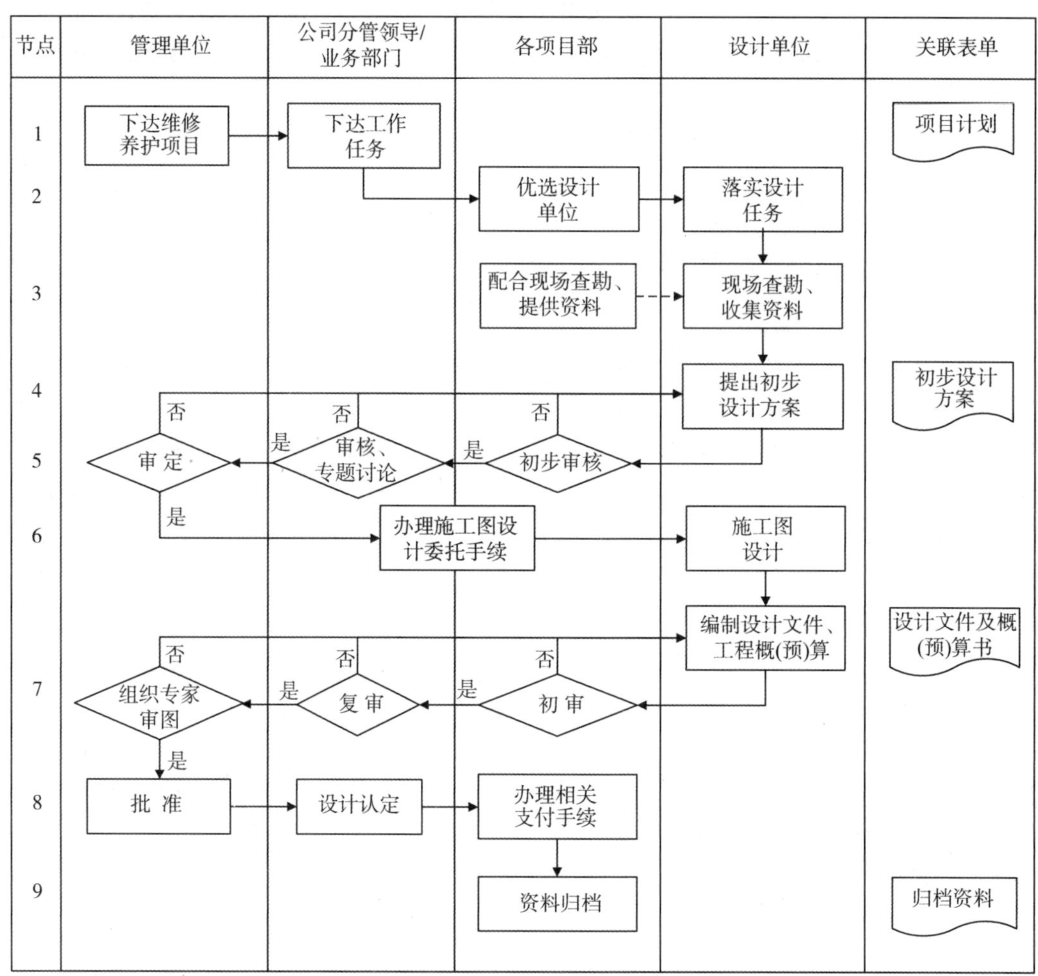

图 7.10　迅翔公司维修养护设计方案编审流程图

表 7.11　迅翔公司维修养护设计方案编审流程说明

序号	流程节点	责任人	工作要求
1	下达维修养护项目	管理单位	根据发展规划年度计划和合同要求,下达维修养护项目
		公司分管领导/业务部门	根据管理单位下达的维修项目和时间要求,提前安排计划,下达任务,对较大维修养护项目,应委托专业设计部门编制设计文件
2	优选设计单位	各项目部	优选设计单位,提出设计需求: 1. 从设计单位的资质范围、业绩、时间安排可能性、价格合理性等方面考虑,必要时,委托2家以上单位,编制设计方案,择优选定设计方案; 2. 应根据项目的范围、内容、重要程度、经费控制、时间要求、设计深度等,对设计单位提出设计需求
		设计单位	按委托方要求,落实设计任务
3	现场查勘、收集资料	设计单位	现场查勘、收集资料
		各项目部	配合现场查勘,提供必要的工程资料
4	提出初步设计方案	设计单位	按设计规范、委托方要求,编制设计方案,必要时,应提供比选方案
5	设计方案审定	各项目部	提出初审意见
		公司业务部门	专题讨论审查和比选,从设计的理念、原则、目标、定位、布局、风格、节点、经济等方面综合评价,包括: 1. 合规性审核:是否符合流域水利规划、区域水利规划和城市总体规划要求,符合国家和上海市规定的防汛、除涝标准以及其他有关技术规定;同时注重与国土规划、区域规划、土地利用总体规划相互衔接和协调,处理好局部利益与整体利益、近期建设与远期发展、需要与可能、经济发展与社会发展、现代化建设与水工程、水文化保护等一系列关系。 2. 安全性审核:应达到设计标准,包括达到相应建筑物等级;达到规定的防汛墙顶设防高程,满足强度要求,满足抗倾、抗滑和地基整体稳定性要求,满足抗渗要求和渗透稳定性要求;与生态、景观、文化规划设计相协调。 3. 功能性审核:在确保防汛安全的前提下,统筹考虑景观、生态、文化、智能等功能。 4. 经济性审核:造价是否突破控制价。 5. 美观性审核:景观类设计应明确美学导向,依据各种自然、人文条件,将工程要素、自然要素、人文要素和动态要素有机结合,建立与环境协调,有地域特色的景观系统。 6. 保护性审核:改造内项目是否对原有工程和周边设施、资源进行必要的保护。 7. 闭合性审核:是否统筹兼顾,与内部、外部各方协调
		管理单位	审查、审定设计方案
6	施工图设计	公司业务部门	办理委托设计手续
		设计单位	开展施工图设计,编制设计文件和工程概(预)算书

续表

序号	流程节点	责任人	工作要求
7	施工图审查	公司业务部门/管理单位	1. 审查是否从安全性、技术性和观赏性等角度优化设计，体现工程项目细节文化与尺度、现代的功能与技术； 2. 审查是否符合工程设计规程、工程管理设计规程； 3. 审查工程概(预)算是否合理等
8	设计认定	公司业务部门/管理单位	经审查批准认定后，办理相关支付手续，并按设计文件和项目报审，实施流程推进
9	资料归档	各项目部	资料归档

3. 维修养护项目申报流程

迅翔公司维修养护项目申报流程图见图7.11，迅翔公司维修养护项目申报流程说明见表7.12。

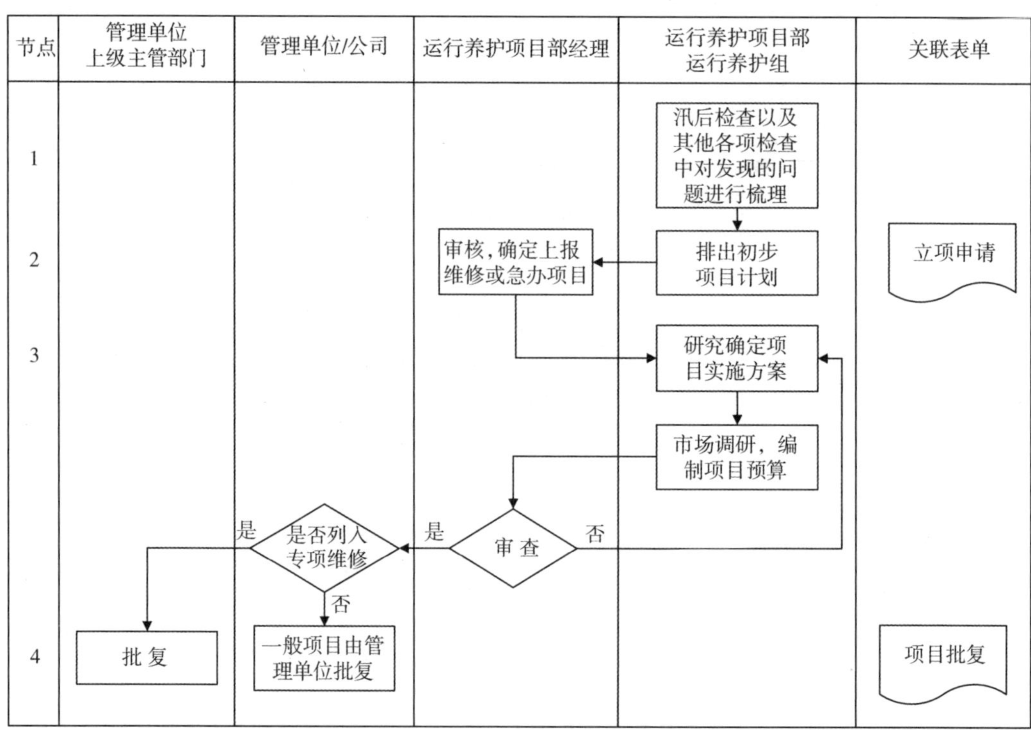

图7.11　迅翔公司维修养护项目申报流程图

表7.12　迅翔公司维修养护项目申报流程说明

序号	流程节点	责任人	工作要求
1	问题梳理	运行养护项目部运行养护组	收集整理日常检查、运行及管理中发现的问题和缺陷，根据汛期设施设备运行状况、技术状态、工程检查评估情况以及相关技术要求，编制下年度维修工程计划

续表

序号	流程节点	责任人	工作要求
2	排出计划	运行养护项目部技术负责人	运行养护项目部技术负责人根据问题排出初步项目计划
3	立项申请	运行养护项目部技术负责人	1. 运行养护项目部技术负责人研究制定项目实施方案，编制预算，根据要求形成立项申请。 2. 实施方案编制： (1) 开工前，由运行养护项目部技术负责人组织，项目部各班组配合，结合项目工程特点、主要工作内容以及现场施工调查情况，综合汇编实施方案。 (2) 实施方案编制原则： ①应满足工期和质量目标，符合施工安全、环境保护等要求； ②要体现科学性、合理性，管理目标明确，指标量化、措施具体、针对性强； ③积极采用新技术、新材料、新工艺、新设备，保证施工质量和安全，加快施工进度，降低工程成本。 (3) 实施方案编制依据： ①有关政策、法规和条例、规定； ②现行设计规范、施工规范、验收标准； ③设计文件； ④现场调查的相关资料； ⑤其他相关依据。 (4) 实施方案编制内容包括： ①项目概况。 ②总体工作计划。 ③项目组织，括项目组织结构图，职能分工表，运行养护项目部的人员安排等。 ④进度计划，包括总工期、节点工期，主要工序时间安排等；与进度计划相应的人力计划、材料计划、机械设备计划。 ⑤技术方案，包括施工方法，关键技术，采用的新工艺、新技术；施工用电、用水；试验等。 ⑥质量计划。 ⑦文明施工。 ⑧风险管理计划，包括根据合同文件及现场情况分析项目实施过程中存在的风险因素，列出风险清单，对风险进行识别，制定风险防范措施，落实风险防范管理责任人，含危险源辨识、控制措施、高危风险项目安全专项方案及应急预案等。 ⑨需附的图表
		运行养护项目部经理	运行养护项目部经理对立项申请进行审核，要求在每年10月底前报送公司审核并报管理单位
4	批　复	管理单位/公司	管理单位在每年11月底前完成项目初审，报上级主管部门审核

4. 维修项目实施流程

迅翔公司维修项目实施流程图见图7.12，迅翔公司维修项目实施流程说明见表7.13。

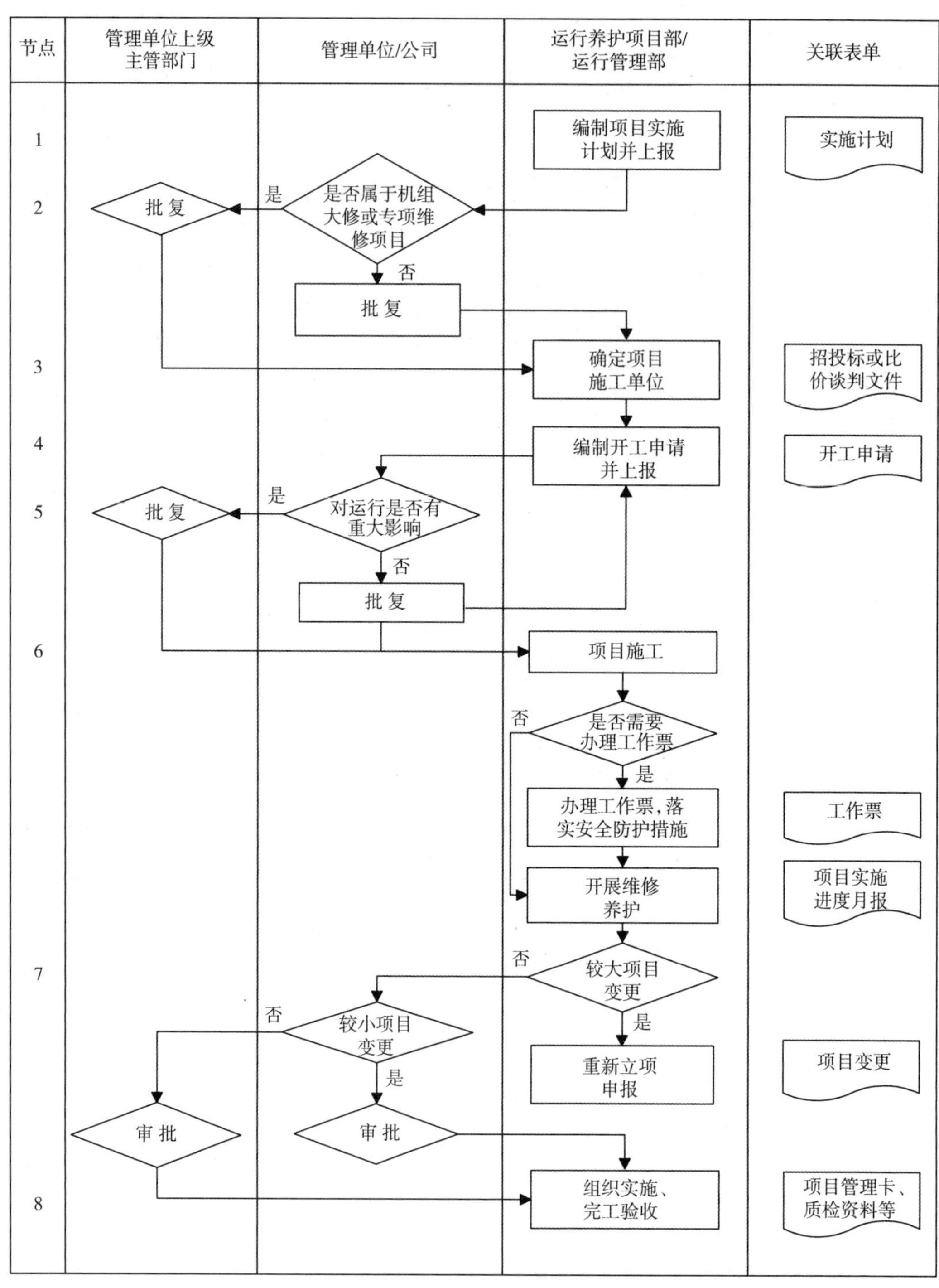

图 7.12 迅翔公司维修项目实施流程图

表 7.13　迅翔公司维修项目实施流程说明

序号	流程节点	责 任 人	工 作 要 求
1	编制项目实施计划	运行养护项目部/运行管理部	1. 维修项目下达后 15 个工作日，运行养护项目部根据工程设施设备状况和维护要求编制维修项目计划、实施方案和预算费用，经项目有关负责人审批后上报； 2. 运行养护项目部应根据投标承诺足额使用工程维修费用； 3. 设备小修的主要内容包括： (1) 消除运行中发生的设备缺陷； (2) 对易磨易损部件进行清洗检查、维护修理或必要的更换调试。 4. 设备大修的主要工作内容包括： (1) 进行全面的检查、清扫和修理； (2) 消除设备缺陷； (3) 按技术标准进行相关试验
2	批复项目实施计划	管理单位/公司	1. 负责机组大修、专项维修项目的初审； 2. 负责一般维修项目的审批
		管理单位上级主管部门	负责机组大修、专项维修项目实施计划的审核，审核内容包括：检修项目、进度、技术措施和安全措施、质量标准等
3	确定项目施工单位	运行养护项目部/运行管理部	1. 一般维修项目，由各项目部组织实施，或由维修服务项目部组织实施； 2. 重要维修项目由运行管理部等业务部门会同市场经营部等部门，通过内部采购招标制度和流程选择施工单位
4	编制项目开工申请并上报	各项目部	1. 开工应具备的条件：项目实施计划已批复；工程实施合同已签订；施工组织设计（施工方案）及图纸已完备；合同工期内工程运行应急措施已确定。 2. 在开工前应向管理单位提交开工申请，待批准后方可开工
5	批复项目开工申请	管理单位/公司	一般维修项目由管理单位/公司审批
		管理单位上级主管部门	对工程有重大影响的项目，需报管理单位上级主管部门审批
6	项目施工	运行养护项目部/施工单位	1. 运行养护项目部及施工单位应加强安全、进度、质量管理和文明施工，参照《水利工程施工质量检验与评定标准》(DG/TJ 08—90—2021) 等相关验收标准进行质量检验。 2. 对需要办理工作票作业的维修养护项目，应及时填写工作票，落实现场安全防护措施。

续表

序号	流程节点	责任人	工作要求
6	项目施工	运行养护项目部/施工单位	3. 维修服务项目部或施工单位应成立维修养护质量工作小组，项目部经理为组长，项目部副经理或技术负责人为副组长，各班组长为组员。项目部主要质量管理工作内容为： (1) 制订项目质量目标，建立健全维修养护质量保障体系； (2) 设置项目质量管理部门，配备专职质量员，明确现场各班组负责人、技术负责人和质量负责人，建立质量岗位责任制，明确质量责任； (3) 根据设计文件和现场实际情况，对质量控制的关键点进行排查，编制项目质量控制计划，经项目技术负责人审查后，报公司职能部门审批； (4) 建立健全各项质量管理制度； (5) 做好技术交底工作，指导作业人员执行好操作规程和作业要点，实现作业标准化； (6) 编制关键工序施工应急处理技术方案，报公司审批，落实必要的应急救援器材、设备，加强应急救援人员的技能培训，保证充分的应急救援能力； (7) 运行维护公司职能部门定期组织管理人员对项目进行质量检查，发现问题指定专人进行整改并做好记录； (8) 事故发生后按规定程序如实上报，并全力开展救援抢险工作，积极配合有关部门进行事故后续调查、安置等工作。 4. 外包项目按合同约定及时进行阶段验收，支付合同经费。 5. 每月按时向管理单位/公司上报本月项目实施进度
		管理单位	开展日常检查、监督管理和业务指导工作；负责项目的建设管理、具体推进实施。明确专人加强检查监督，并将维修养护实施情况作为月度、季度、年度运行养护考核的主要内容
7	项目变更	管理单位	1. 如遇特殊情况确需变更项目内容或调整资金的，应严格履行报批手续； 2. 较大项目的变更按相关规定，重新进行立项申报
		管理单位上级主管部门	较大项目的变更按相关规定由管理单位上级主管部门审批
8	项目完工	管理单位/公司/运行养护项目部	1. 应对维修项目的进度、质量、安全、经费及资料档案进行管理，按工程项目建立工程维修管理台账，记载维修日志，填写质量检查表格，并留下影像资料； 2. 项目完工（竣工）后，按相关工程验收管理流程进行验收，并做好资料归档工作

5. 维修项目验收流程

迅翔公司维修项目验收流程图见图 7.13，迅翔公司维修项目验收流程说明见表 7.14。

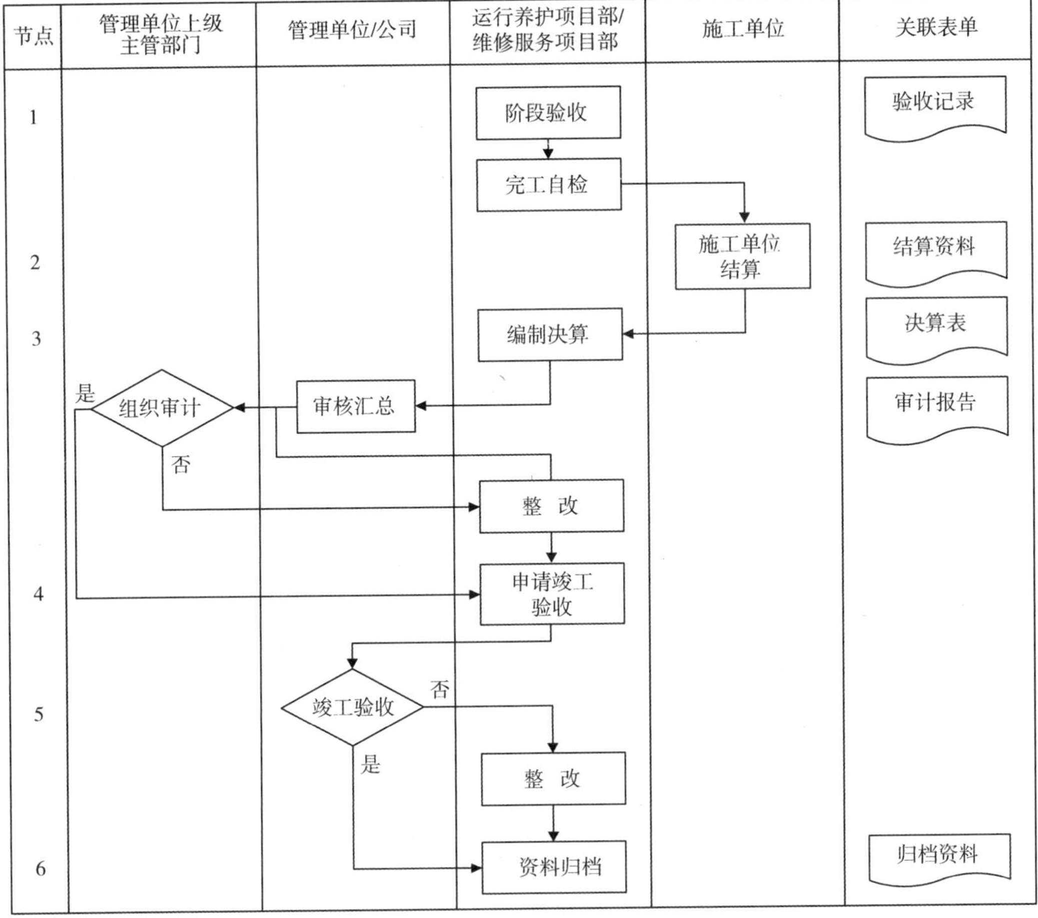

图 7.13　迅翔公司维修项目验收流程图

表 7.14　迅翔公司维修项目验收流程说明

序号	流程节点	责任人	工作要求
1	阶段验收及完工自检	运行养护项目部/维修服务项目部（或受委托的施工单位）	1. 维修项目阶段验收及完工后，运行养护项目部应会同维修服务项目部在工序管理、质量管理、安全管理、进度管理、投资管理等方面组织自检，对完工工程量进行计量，评定工程质量等级。 2. 专项维修工程重点是加强关键工序、关键部位和隐蔽部位的质量检测管理，必要时可委托第三方检测。维修项目应通过单元工程、分部工程、单位工程质量验收，符合上海市《水利工程施工质量检验与评定标准》(DG/TJ 08—90—2021)以及其他行业相关质量检测评定标准。维修服务项目部或受委托的施工单位应认真提交质量报审报告，内容包括： (1) 施工准备工作； (2) 施工进度计划及保证措施； (3) 平面布置； (4) 保证质量措施； (5) 保证安全措施； (6) 文明施工现场措施； (7) 劳动力安排计划； (8) 主要材料、构件用量计划； (9) 主要机具使用安排

续表

序号	流程节点	责任人	工作要求
2	施工结算	施工单位/维修服务项目部	施工单位提出结算申请，提供相应的价款结算手续及合法票据，填写结算单，报维修服务项目部审核批准后，办理结算手续
3	编制决算	运行养护项目部/维修服务项目部	运行养护项目部/维修服务项目部根据财务规范要求编制维修项目决算
4	申请竣工验收	运行养护项目部/维修服务项目部	1. 专项维修工程竣工验收前应进行质量评定、财务审计、完工验收、档案验收等； 2. 运行养护项目部/维修服务项目部向管理单位/公司提交竣工验收申请
5	竣工验收	运行养护项目部/维修服务项目部	对竣工验收发现的问题，管理单位及时组织运行养护项目部/维修服务项目部整改
		管理单位/公司	管理单位组织项目竣工验收，公司业务部门做好协调工作；竣工验收应按期完成
6	资料归档	运行养护项目部/维修服务项目部	运行养护项目部/维修服务项目部将项目管理资料及时收集整理归档。专项维修工程档案验收应符合管理单位上级相关水利工程建设项目档案管理办法要求

6. 养护项目实施流程

迅翔公司养护项目实施流程图见图 7.14，迅翔公司养护项目实施流程说明见表 7.15。

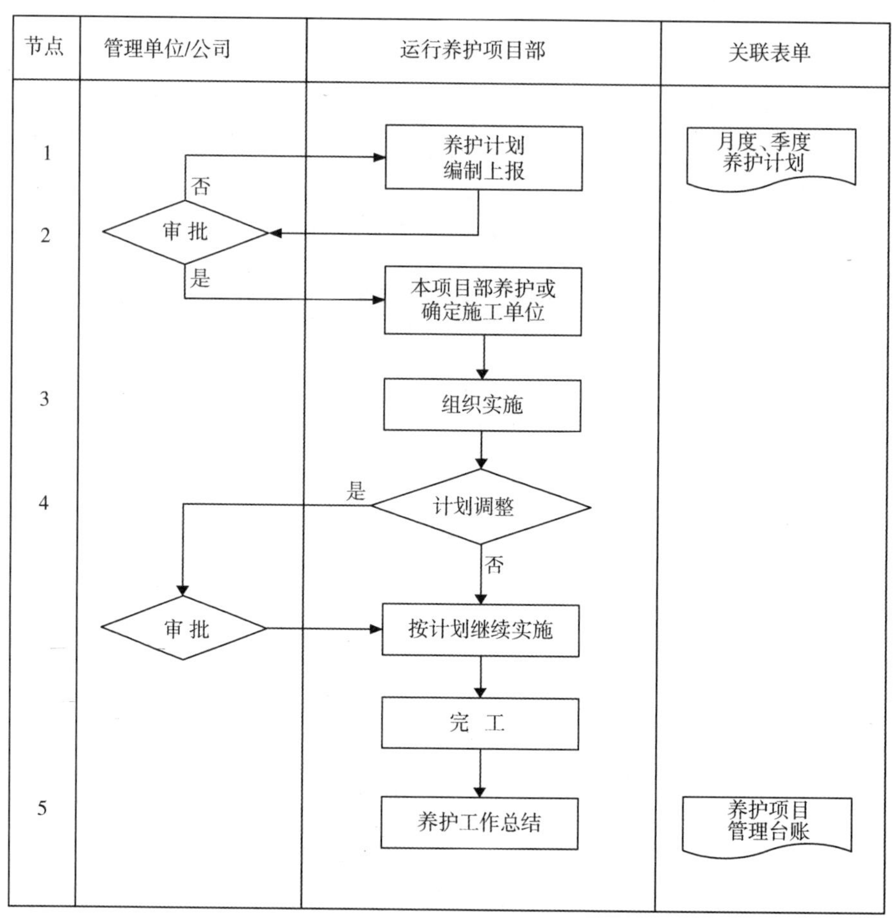

图 7.14　迅翔公司养护项目实施流程图

表 7.15　迅翔公司养护项目实施流程说明

序号	流程节点	责任人	工作要求
1	养护计划编制	运行养护项目部	1. 运行养护项目部每季度最后一个月的 20 号之前，根据工程设施设备状况和维护要求，编制完成并上报下一季度的养护计划； 2. 养护费用应根据投标承诺足额使用； 3. 养护计划经运行养护项目部经理审核后上报
2	计划审批	管理单位/公司	管理单位/公司应在 5 个工作日内完成养护计划审批
3	组织实施	运行养护项目部	1. 运行养护项目部参照维修项目相关规定，确定施工单位组织实施或自行养护； 2. 应对养护项目的进度、质量、安全、经费及资料档案进行管理
4	计划调整	运行养护项目部	养护计划如需调整，运行养护项目部应上报公司审核，并经管理单位批准后进行调整，如有必要，重新申报养护计划
		管理单位/公司	对调整后的养护计划进行审核批复
5	完工总结	运行养护项目部	1. 按工程建立工程养护管理台账，记载养护日志，填写质量检查表格，并留下影像资料； 2. 养护工作完成后，运行养护项目部组织收集项目实施资料，整理归档

7. 养护项目完工验收流程

迅翔公司养护项目完工验收流程图见图 7.15，迅翔公司养护项目完工验收流程说明见表 7.16。

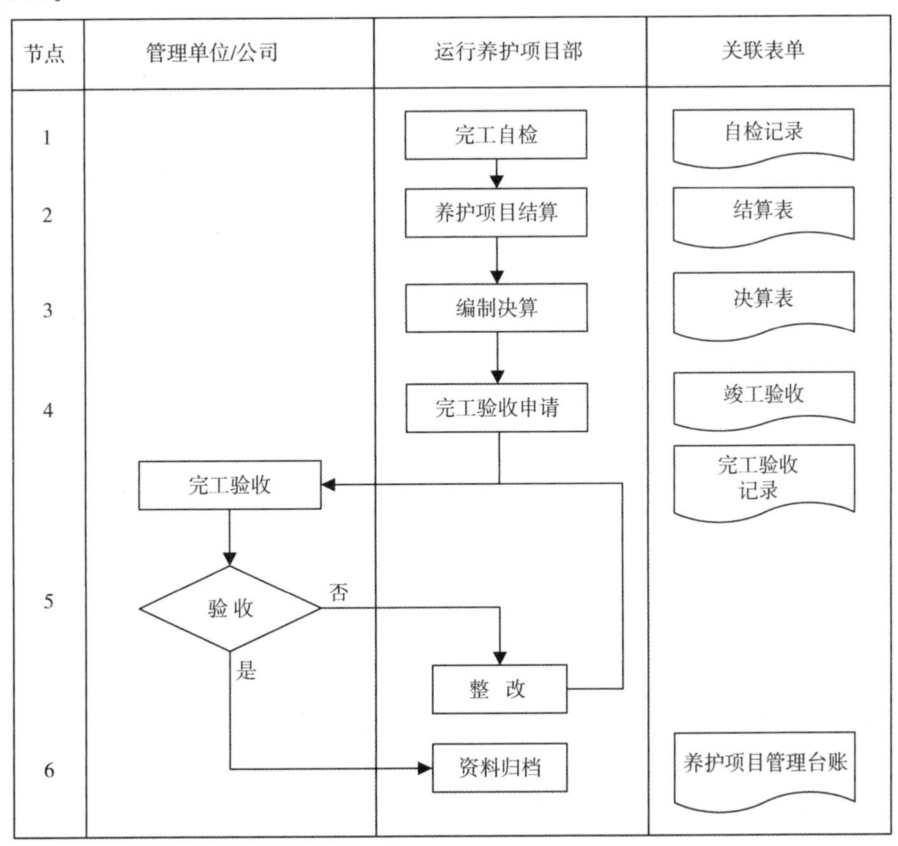

图 7.15　迅翔公司养护项目完工验收流程图

表 7.16 迅翔公司养护项目完工验收流程说明

序号	流程节点	责任人	工作要求
1	完工自检	运行养护项目部	养护项目完工后，运行养护项目部组织进行自检，对完工工程量进行计量，评定工程质量等级
2	项目结算	施工单位、运行养护项目部	运行养护项目部提出结算申请，提供相应的价款结算手续及合法票据，填写结算单，报管理单位审核批准后，办理结算手续
3	编制决算	运行养护项目部	运行养护项目部根据财务规范要求编制养护项目决算
4	完工验收申请	运行养护项目部	运行养护项目部向管理单位提交养护项目验收申请
5	完工验收	运行养护项目部	对养护项目验收发现的问题，运行养护项目部及时组织整改
		管理单位/公司	养护项目验收由管理单位组织实施
6	资料归档	运行养护项目部	运行养护项目部将项目管理资料及时收集整理归档

7.5 控制运用

7.5.1 评价标准

有水闸、泵站控制调度方案并按规定申请批复或备案；按控制调度方案或上级主管部门的指令组织实施并做好记录。

7.5.2 赋分原则(50 分)

(1) 无水闸、泵站控制运用计划或调度方案，此项不得分。

(2) 调度方案未按规定报批或备案，扣 15 分；调度方案编制质量差，调度原则、调度权限不清晰，扣 5 分；调度方案修订不及时，调度指标和调度方式变动未履行程序，扣 10 分。

(3) 未按调度方案或指令实施泵闸控制运用，扣 15 分；调度过程记录不完整、不规范等，扣 5 分。

7.5.3 管理和技术标准及相关规范性要求

《泵站技术管理规程》(GB/T 30948—2021)；

《水闸技术管理规程》(SL 75—2014)；

《变电站运行导则》(DL/T 969—2005)；

《上海市水闸维修养护技术规程》(SSH/Z 10013—2017)；

《上海市水利泵站维修养护技术规程》(SSH/Z 10012—2017)；

《通航建筑物运行管理办法》(中华人民共和国交通运输部令 2019 年第 6 号)；

《上海市水利控制片水资源调度方案》(沪水务〔2020〕74 号)；

《上海市市管泵闸水资源调度实施细则》(沪堤防〔2020〕143 号)；

泵闸工程技术管理细则。

7.5.4 管理流程

1. 概述

(1) 上海市市管泵闸的控制运用，由管理单位根据《上海市水利控制片水资源调度方案》(沪水务〔2020〕74 号)及《上海市市管泵闸水资源调度实施细则》(沪堤防〔2020〕143 号)进行统一调度，运行维护公司遵照执行，不得接受其他任何单位或个人指令。

(2) 船闸的调度按管理单位编制并报上级主管部门审定的"船闸通航调度规则"执行。

(3) 上海市市管泵闸控制运用应坚持"防汛优先调度、坚持活水畅流调度、坚持专项协同调度、坚持局部服从全局"的原则。

(4) 泵闸工程如超标准运用，应进行分析论证和安全复核，提出可行的运用方案和保护措施，报上级主管部门批准后实施。

(5) 运行维护公司对工程运用调度指令接收、下达和执行情况应认真记录，记录内容包括发令人、受令人、指令内容、指令下达时间、指令执行时间及指令执行情况等；执行完毕后，应及时向上级报告。

(6) 本节重点对泵闸工程调度指令执行及反馈流程、船舶通航调度运行流程加以阐述。

2. 泵闸工程调度指令执行及反馈流程

迅翔公司泵闸工程调度指令执行及反馈流程图见图 7.16，迅翔公司泵闸工程调度指令执行及反馈流程说明见表 7.17。

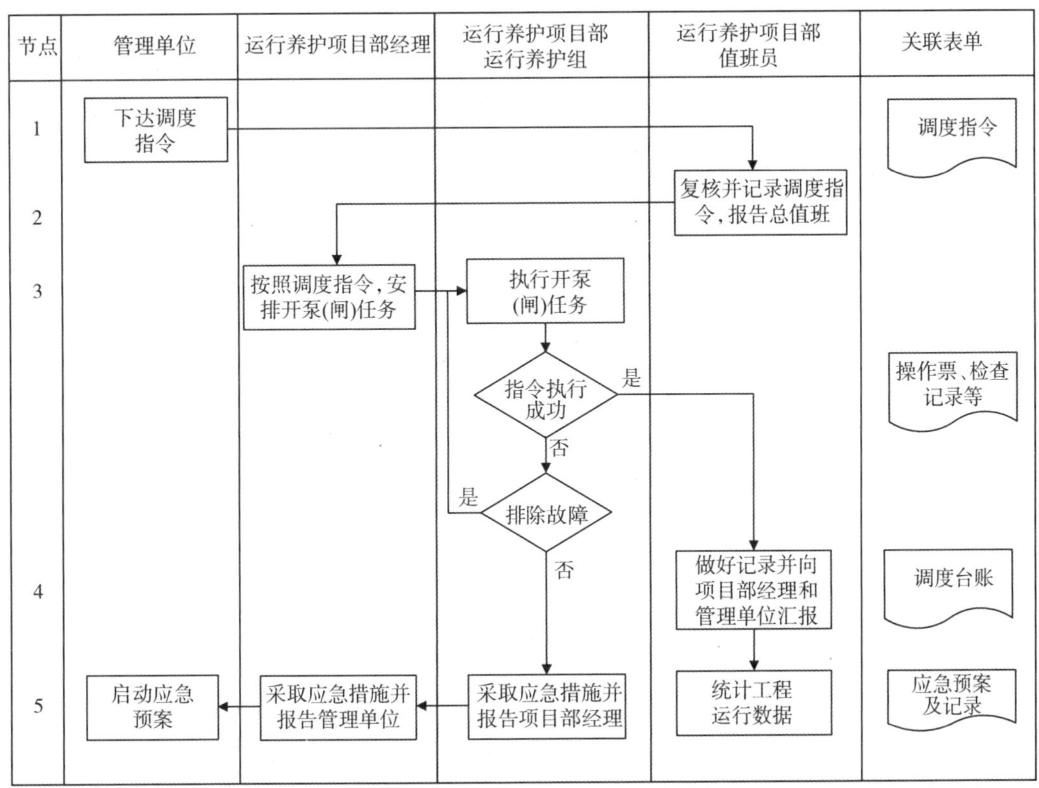

图 7.16 迅翔公司泵闸工程调度指令执行及反馈流程图

表 7.17　迅翔公司泵闸工程调度指令执行及反馈流程说明

序号	流程节点	责 任 人	工 作 要 求
1	下达调度指令	管理单位有权调度人员	管理单位有权调度人员根据上级批准的调度方案下达调度指令，明确开停泵（闸）台数（孔数）、执行时间、总流量等
2	复核并记录调度指令	运行养护项目部值班员	复核并记录调度指令，填写工程调度运用记录，报告运行养护项目部经理，并传达给运行值班人员
3	执行调度指令	运行养护项目部经理	根据调度指令，安排开泵（闸）任务，落实用电申请、人员组织、工程检查、运行值班、后勤保障等相关工作
		运行养护项目部运行养护组	按照开泵（闸）方案，进行开泵（闸），如需填写操作票则按规定填写操作票
4	反馈执行指令情况	运行养护项目部值班员	1. 开泵（闸）后，向运行养护项目部经理和管理单位汇报指令执行情况； 2. 统计工程运行数据
5	问题处理	运行养护项目部运行养护组	如果开泵（闸）过程中发生故障导致开泵（闸）不成功，应及时采取应急措施，防止事故扩大造成设备受损、人员伤害等，同时立即报告运行养护项目部经理
		运行养护项目部经理	组织现场应急处理，及时将故障及处理情况报告给管理单位
		管理单位	及时将故障及应急处理情况上报主管部门，并到现场组织处理，启动应急预案

3. 船舶通航调度运行流程

迅翔公司船舶通航调度运行流程图见图 7.17，迅翔公司船舶通航调度运行流程说明见表 7.18。

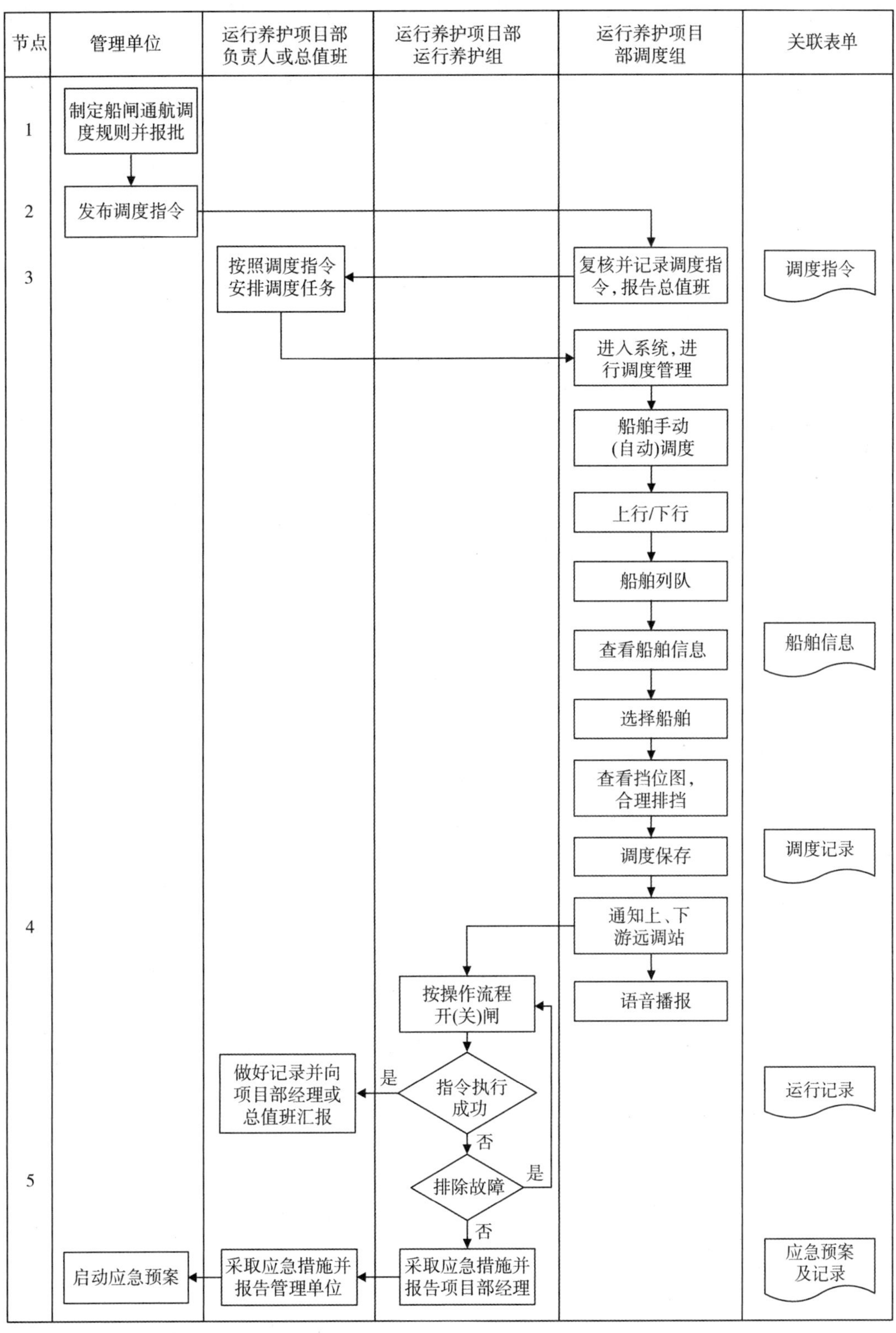

图 7.17 迅翔公司船舶通航调度运行流程图

表 7.18　迅翔公司船舶通航调度运行流程说明

序号	流程节点	责任人	工作要求
1	制定船闸通航调度规则	管理单位	根据《通航建筑物运行管理办法》(中华人民共和国交通运输部令 2019 年第 6 号)等规定,结合船闸承担任务和工程条件,制定“船闸通航调度规则”,并报批后执行。内容包括: 1. 调度原则。 2. 船闸控制运用的依据。 3. 船舶过闸前应提出过闸申请规定。 4. 船舶具有下列情况之一,不准通过船闸: (1) 船体受损、设备故障等影响通航建筑物运行安全的; (2) 最大平面尺度、吃水、水面以上高度等不符合通航建筑物运行限定标准的; (3) 交通运输部规定的禁止船舶过闸的其他情形。 5. 过闸船舶在船闸内不得有下列行为: (1) 不服从调度指挥,抢挡超越; (2) 从事上、下旅客,装卸货物,水上加油,船舶维修,捕鱼等活动; (3) 从事烧焊等明火作业; (4) 载运危险货物的船舶进行洗(清)舱作业; (5) 丢弃物品、倾倒垃圾、排放油污或者生活污水等行为。 6. 遇有下列情形之一,应停止开放船闸,并及时报告船闸主管部门: (1) 因防汛、泄洪等情况,有关防汛指挥机构依法要求停航的; (2) 遇有大风、大雾、暴雨、地震、事故或者其他实发事件,可能危及通航建筑物安全的; (3) 通航水域流量、水位等不符合运行条件的; (4) 按照运行方案进行养护或者应急抢修需要停航的; 7. 载运危险货物的船舶应当在过闸前报告危险货物的名称、危险特性、包装等事项。危险货物船舶不得与客船同一闸次通过。 8. 船闸大修停航规定。 9. 在防汛期间,船闸的运行管理应当服从防汛指挥部的统一安排,并做好船闸防汛安全、设备保护工作;在冰冻期间,应做好防冻、防滑、破冰工作。 10. 负责航道管理的部门应当协调航道及其上游支流上的水工程运行和管理等单位,统筹考虑航道及通航建筑物通航所需的最小下泄流量和满足航道及通航建筑物通航条件允许的水位变化,以保障航道及通航建筑物运行所需的通航水位
		管理单位上级主管部门	审批“船闸通航调度规则”
		海事/相关部门	参与审查“船闸通航调度规则”
2	发布调度指令	管理单位或授权调度运行养护项目部	1. 根据“船闸通航调度规则”和水情、工情变化等发布调度指令。 2. 船闸大修或因其他修理需停航 3 天以上的,船闸主管部门或授权单位,应提前发出停航公告;船闸抢修应及时通知海事部门。 3. 按防汛要求做出相应调度

续表

序号	流程节点	责 任 人	工 作 要 求
3	船闸调度	管理单位调度值班人员	复核并记录调度指令，填写工程调度运用记录。报告运行养护项目部经理或总值班
		运行养护项目部经理或总值班	根据调度指令，安排通航（停航）调度和运行任务，落实人员组织、工程检查、运行值班、后勤保障等相关工作
		现场调度组	船闸通航按船闸调度流程进行，包括： 1. 按本船闸实际情况，采取自动或手动调度方式。 2. 针对船舶上行或下行，采取相应的调度程序。 3. 引导船舶有序列队：船舶过闸，应按到闸先后次序安排；抢险救灾船、军事运输船、客运班轮、重点急运物资船、执行任务的公务船等优先过闸；货船与船队应分别调度。 4. 检查船舶信息，要求船舶过闸前提出过闸申请，并按照规定如实提供船名、船舶类型、最大平面尺度、吃水、货种、实际载货（客）量等相关信息；对信息不完整的船舶，应查询或要求补充信息。 5. 选择船舶合理调配。 6. 对符合调度条件的船舶，查看挡位图合理排挡。 7. 调度记录
4	船舶过闸运行	现场调度组	将调度排挡情况通知上、下游远调站，语音播报相关信息
		船闸运行组	1. 根据调度排挡信息，按船闸运行操作规程和相应流程进行操作； 2. 做好运行记录，并向运行养护项目部经理或总值班汇报运行情况
5	故障处理	运行养护项目部	当运行出现故障时，及时采取应急措施，防止事故扩大造成设备受损、人员伤害等，同时立即报告运行养护项目部经理
		运行养护项目部经理	组织现场应急处理，较大故障应及时将故障及应急处理情况报告管理单位和相关部门，做好船闸突发事件的应急处置
		管理单位	管理单位及时到现场组织处理，启动应急预案；较大故障应将故障及应急处理情况上报主管部门

7.6 操作运行

7.6.1 评价标准

按规范要求编制闸门、水泵及启闭设备操作规程并明示；根据工程实际，编制详细的操作手册，内容应包括泵站主机组、闸门启闭机、机电设备等操作流程等；操作严格按规程和调度指令执行，操作人员固定，定期培训；无人为事故；操作记录规范。

7.6.2 赋分原则(40 分)

(1) 无闸门、水泵及设备操作规程，此项不得分。

(2) 操作规程未明示，扣 5 分；未按规程进行操作，扣 15 分；操作人员不固定，不能定期培训，扣 5 分。

(3) 记录不规范,无负责人签字或别人代签,扣 5 分;操作完成后,未按要求及时反馈操作结果,每发现 1 次扣 1 分,最多扣 5 分。

(4) 未编制详细操作手册,扣 5 分。

7.6.3 管理和技术标准及相关规范性要求

《泵站技术管理规程》(GB/T 30948—2021);

《电力安全工作规程　发电厂和变电站电气部分》(GB 26860—2011);

《水利信息系统运行维护规范》(SL 715—2015);

《水闸技术管理规程》(SL 75—2014);

《水工钢闸门和启闭机安全运行规程》(SL/T 722—2020);

《电力变压器运行规程》(DL/T 572—2021);

《继电保护和安全自动装置运行管理规程》(DL/T 587—2016);

《电力系统继电保护及安全自动装置运行评价规程》(DL/T 623—2010);

《高压并联电容器使用技术条件》(DL/T 840—2016);

《电力系统用蓄电池直流电源装置运行与维护技术规程》(DL/T 724—2021);

《互感器运行检修导则》(DL/T 727—2013);

《电力系统通信站过电压防护规程》(DL/T 548—2012);

《电力设备预防性试验规程》(DL/T 596—2021);

《电力安全工器具预防性试验规程》(DL/T 1476—2015);

《变电站运行导则》(DL/T 969—2005);

《通航建筑物运行管理办法》(中华人民共和国交通运输部令 2019 年第 6 号);

《上海市水闸维修养护技术规程》(SSH/Z 10013—2017);

《上海市水利泵站维修养护技术规程》(SSH/Z 10012—2017);

《上海市水利控制片水资源调度方案》(沪水务〔2020〕74 号);

《上海市市管泵闸水资源调度实施细则》(沪堤防〔2020〕143 号);

泵闸工程技术管理细则;

船闸通航调度规则。

7.6.4 管理流程

1. 概述

泵闸工程运行操作流程涉及面较广,本节先阐述泵站工程和水闸运行操作流程中的一般规定,在此基础上,分别对泵站设备操作流程、闸门启闭机操作流程、船闸运行操作流程、泵闸工程运行期值班和交接班管理流程加以阐述。

2. 泵站工程运行操作流程中的一般规定

(1) 泵站工程应在设计工况范围内运行。

(2) 应根据泵站定期检查和检修结果按工程设备评级标准评定类别,泵站主要设备的评级应符合《泵站技术管理规程》(GB/T 30948—2021)规定。建筑物完好率不应低于 85%,其中主要建筑物的工程评级等级不应低于二类建筑物标准。设备完好率不应低于

90%，其中与水泵机组安全运行密切相关的主要设备评级不应低于二类设备标准。安全运行率不应低于98%。

(3) 设备铭牌、编号、涂色、旋转方向、液位指示、设备管理责任卡应按规定在现场标示。同类设备按顺序编号，其中电气设备标有名称，且编号、名称固定在明显位置；油、气、水管道、阀门和电气线排等有符合相关规定的颜色标识；需要显示液位的有液位指示线；旋转机械有旋转方向标识，辅机管道有介质流动方向标识；电力电缆有符合相关规定的起止位置和型号规格等标识；按相关规定设置安全警示标识。同时，根据有关规定，完善本工程的其他机电设备和管路的标识。运行管理图表、操作流程及相关制度应醒目地悬挂在工作场所。

(4) 电气设备外壳接地应明显可靠，接地电阻应符合相关规定。

(5) 泵站如长期停用，或大修，或更新改造后，在机组投入运行前，应进行相关检查和试验，再进行试运行。

(6) 泵站工程在更新改造期间，新旧设备需联合运行时，应制定安全运行方案。

(7) 泵站工程运行操作一般应在上位机监控系统中进行，按上位机操作票进行操作。操作人员接到命令后，打开操作票界面，并根据现场和操作票的要求进行操作。如上位机自动化系统故障，应由值班人员现场操作时，运行操作应由运行养护项目部经理命令，必要时项目部经理或技术负责人应到场，操作票由操作人员填写，监护人复核，并按运行操作制度认真执行。

每次泵站启闭上位机操作不得少于2人，其中1人检查观察。

(8) 开泵需满足一定水位条件，进水池水位不得低于最低运行水位，净扬程大于零。

(9) 应加强泵站经济运行管理，提高泵站效率，试泵和运行尽量在水位差较小的情况下进行，以减少能耗。

(10) 开泵应做到设备异常不启动；水位超限不启动。

(11) 泵站工程运行应确保与上级运行调度和上级供电调度的通信畅通。

(12) 泵站工程运行应具备必要的运行备品、器具和技术资料。

(13) 主水泵、主电动机、变压器等主要设备在投入运行前应按照《泵站技术管理规程》(GB/T 30948—2021)规定进行检查，确保设备符合投入运行条件。设备运行期间，运行人员应按规定程序操作。

(14) 高低压电气设备运行应按《电力安全工作规程 发电厂和变电站电气部分》(GB 26860—2011)的规定执行。

(15) 电容器运行应按《高压并联电容器使用技术条件》(DL/T 840—2016)的规定执行；互感器运行应按《互感器运行检修导则》(DL/T 727—2013)的规定执行。

(16) 泵站和变电站的防雷装置运行应按《电力系统通信站过电压防护规程》(DL/T 548—2012)和《变电站运行导则》(DL/T 969—2005)的规定执行。

(17) 继电保护和自动装置运行应按《电力系统继电保护及安全自动装置运行评价规程》(DL/T 623—2010)的规定执行；微机保护装置运行应按《继电保护和安全自动装置运行管理规程》(DL/T 587—2016)的规定执行。

(18) 直流装置运行应按《电力系统用蓄电池直流电源装置运行与维护技术规程》(DL/T 724—2021)的规定执行。

(19) 高压断路器、高低压开关柜、电缆线路等其他电气设备，油、气、水等辅助设备以及金属结构的运行应按照《泵站技术管理规程》(GB/T 30948—2021)的规定执行。

(20) 起重设备的运行应按《起重机械安全规程　第 1 部分：总则》(GB/T 6067.1—2010)的规定执行。所有起重设备、安全阀及其他特种设备应按规定定期进行检测，未按规定检测或检测不合格的，不应投入运行。

(21) 启闭机的运行应执行《水工钢闸门和启闭机安全运行规程》(SL/T 722—2020)的规定。

(22) 油、气、水系统中的安全装置、自动装置及压力继电器等应定期检验，控制设定值应符合安全运行要求。

(23) 排涝运行应根据水位情况或上级指令执行，在发布防汛预警后，项目部应及时做好泵组开启准备，以便指令发出后，能及时启泵。

(24) 泵组开启前应检查上、下游水位，检查上、下游有无船只、漂浮物和其他行水障碍，检查拦污栅前是否有垃圾堆积，若拦污栅前垃圾堆积较多，应及时开启清污机清理。

(25) 主要设备的操作，应执行操作票制度，每张操作票只能填写 1 个工作任务。

(26) 操作人员在设备启动、运行过程中，应同时注意倾听主机组运行是否正常，有无异常响声，注意监视设备和系统的电气参数、温度、声音、振动以及摆度等情况，并做好运行记录。

(27) 机电设备操作、运行过程中如发生故障，应查明原因，立即处理，并详细记录，当发生危及人身安全或损坏设备的故障时，应立即停止运行并及时上报。

(28) 操作结束后，应将开关泵时间、操作次序，开关泵前后上、下游水位及水流情况，开关泵巡视、操作过程中的问题、故障、事故及处理等情况及时做好详细记录并存档。

(29) 在严寒冰冻季节，泵站停用期间，应排净设备及管道内积水，必要时应对设备及管道采取保温防冻措施。电气设备和自动化装置等应在最低环境温度限值以上运行。

3. 水闸运行操作流程中的一般规定

这里以节制闸为例介绍闸门运行操作流程中的一般规定。

(1) 节制闸启闭操作应遵循“落平潮开闸”“涨平潮关闸”的原则。运行养护项目部接管理单位指令后，应根据闸下安全水位与开度关系确定分次闸门开度，或者根据运行经验确定分次闸门开度；分次开启闸门的间隔时间，视下游水位趋向稳定所需时间而定，较小流量时，一般可 1 次完成。

(2) 闸门启闭前应检查上、下游水位和有无船只、漂浮物以及其他行水障碍，并利用扩音机或报警器发出喊话或警报。停泊船只应退出警戒区，以防止发生意外。

(3) 闸门启闭前还应检查启闭设备，闸门，上、下游水位，动力设备，仪表及润滑系统等是否正常，待检查正常后方可进行相关操作。应做到设备异常不启动、水位超限不启动、闸下有船不启动。

(4) 过闸流量应与下游水位相适应，使水跃发生在消力池内，水流应平稳，避免发生折冲水流、集中水流、漩涡、回流等不正常现象。水流如果发生折冲水流、集中水流、漩涡、回流情况，应及时适当调整闸门开启高度，以消除不正常现象。

(5) 闸门启闭过程中应避免河边水流降落过快，以防影响岸坡稳定和船只安全。

(6) 当闸门发生振动时，应适当调整其开启高度，避开发生振动的位置，发现闸门或启闭机有不正常响声时,应立即停机检查,待故障排除后方可继续运行。

(7) 运行班组应根据潮位预报表编制启闭闸时间预测表,并按时间表做好闸门启闭前的准备工作。

(8) 节制闸操作和监护应由持有上岗证的闸门运行工或熟练掌握闸门运行操作技能的技术人员进行。

(9) 节制闸操作人员应集中思想,谨慎操作。闸门在启闭过程中,应同时注意倾听启闭机械运行是否正常、有无异常响声,注意观察电压、电流读数并做好运行记录。

(10) 闸门启闭后,应认真核对闸门开度,观察上、下游水位流态。

(11) 闸门运用应填写启闭记录。

(12) 水闸操作分自动化监控系统操作和现地控制柜操作两种情况。正常情况下采用自动化监控系统启闭闸,特殊情况下采用现地控制柜启闭闸。

4. 泵站设备操作流程

迅翔公司泵站设备操作流程图见图 7.18,迅翔公司泵站设备操作流程说明见表 7.19。

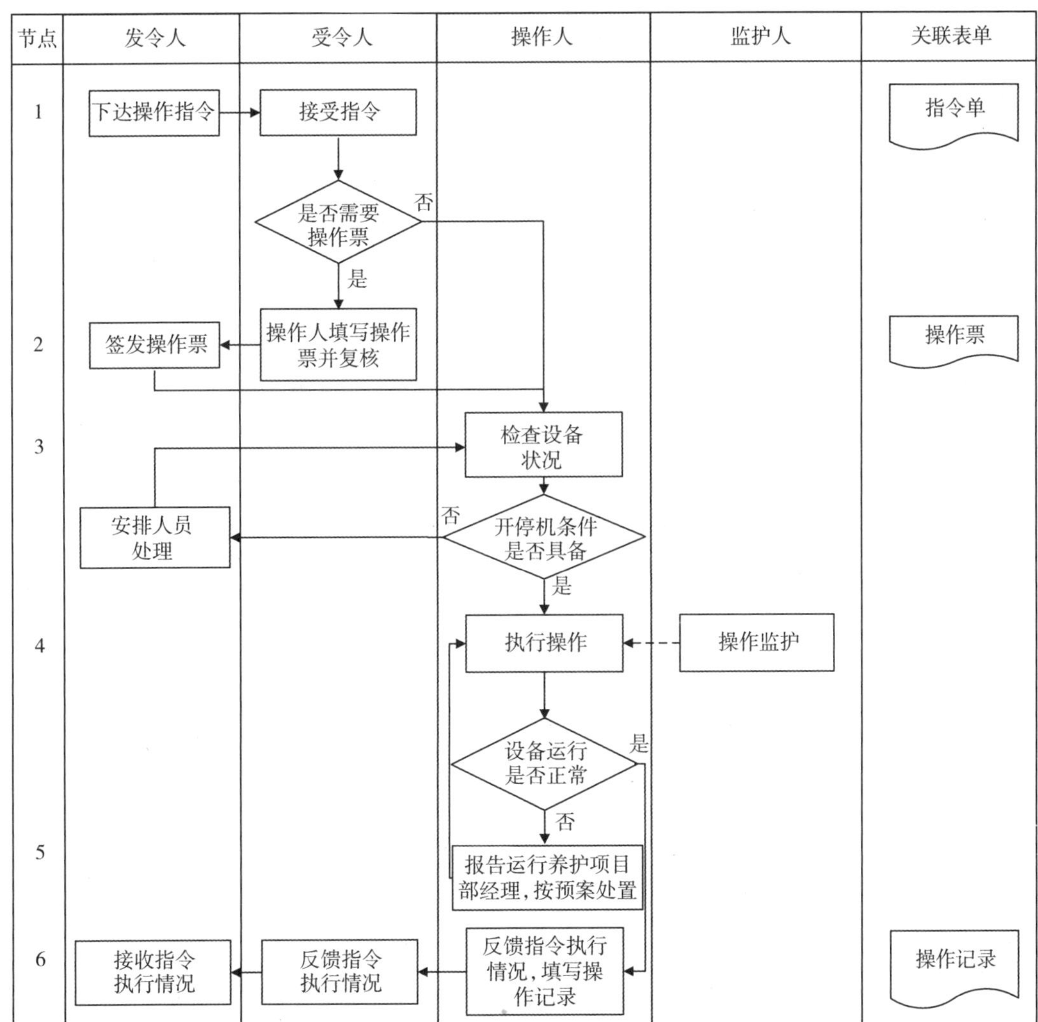

图 7.18　迅翔公司泵站设备操作流程图

表 7.19　迅翔公司泵站设备操作流程说明

<table>
<tr><th>序号</th><th>流程节点</th><th>责任人</th><th>工作要求</th></tr>
<tr><td rowspan="2">1</td><td rowspan="2">操作指令下达和接受</td><td>发令人</td><td>下达详细的操作指令,包括操作内容、完成时间等</td></tr>
<tr><td>受令人</td><td>准确接受操作指令并向操作人员转述完整</td></tr>
<tr><td rowspan="5">2</td><td rowspan="5">填写、复核、签发、接受操作票</td><td>受令人</td><td>若该次操作需填写操作票,安排操作人员先行填写操作票</td></tr>
<tr><td>操作人</td><td>填写操作票</td></tr>
<tr><td>受令人</td><td>复核操作票</td></tr>
<tr><td>发令人</td><td>签发操作票</td></tr>
<tr><td>受令人</td><td>接受操作票须受令人当面向操作人下达详细的操作指令,包括操作内容、完成时间等</td></tr>
<tr><td>3</td><td>检查设备</td><td>操作人</td><td>1. 准备工器具应按操作票内容或检查作业指导书要求,准备好操作用具和安全工器具;
2. 检查设备状况,判断是否具备操作条件(如不具备操作条件,应向发令人报告),例如:
(1) 变压器检查:
①主变压器、线路(电缆)和所有高压设备上应无人工作,接地线应拆除,具备投入运行条件。
②主变压器、站用变压器应工作正常。
③主变压器进线隔离手车、主变压器中性点接地刀闸应处于分闸位置;主变压器出线、站用变压器、主电动机高压断路器的手车应处于试验位置。
④变压器外壳应完好无损坏,冷却风机工作正常。
⑤变压器绝缘值应合格,长期停用的变压器在投运前,应使用 2 500 V 或 5 000 V 兆欧表测量绝缘电阻,其数值在同一温度下不应小于上次测得值的 70%,否则应进行干燥或处理,合格后方可投运。
(2) 其他电气设备检查:
①高压断路器外观完好,标志清楚,防护、互锁装置可靠;高压断路器操作的直流电源电压应在规定范围内;高压断路器操作的弹簧机构、液压机构的压力应在规定范围内。
②高压软启动器投入运行除了要符合厂家规定以外,还应符合以下规定:软启动柜内无杂物、灰尘,各连接螺栓紧固;主回路绝缘满足要求;控制电源可靠,通信信号正常;柜体接地可靠,接地电阻满足要求;真空断路器分闸和接地刀闸合闸(软启动装置电源侧高压开关柜)。
③对与所有设备安全防护措施相关的接地线等进行检查,应接地良好。
④高压开关柜母线绝缘值应大于等于 10 MΩ,柜体应完好,柜门应关闭,高压断路器的手车应在试验位置。
⑤低压开关柜柜体完好,各开关应按开机要求在合上或断开位置;高低压开关柜仪器、仪表等元器件完好,二次接线及接地线牢固可靠,标识清晰完整。
⑥隔离开关、高压熔断器本体无破损变形,瓷瓶清洁,无裂纹及放电痕迹。</td></tr>
</table>

续表

序号	流程节点	责任人	工 作 要 求
3	检查设备	操作人	⑦互感器二次侧及铁芯应接地可靠，瓷瓶清洁，无裂纹、破损及放电痕迹。 ⑧直流电源装置应运行正常（蓄电池、对地绝缘电阻、控母电压等运行正常）。 ⑨保护装置自检正常，无异常报警显示。 ⑩高压补偿电容器及放电设备外观检查良好，接地可靠，连接线可靠紧固，无渗漏油现象，外壳无膨胀变形，套管应清洁、无裂纹，绝缘电阻应符合要求；电容器在工作状态，电容器室通风正常。 （3）主机组（含齿轮箱）及辅机检查： ①主机组电源三相电压对称度经检测符合要求。 ②主机组运行前，应先检查水泵电动机的绝缘电阻，绝缘电阻值及吸收比均应符合规定要求，绝缘电阻值不符合要求时应查明原因并处理；检查电动机接地应牢固可靠，且电阻不应大于 4Ω。 ③主水泵轴承、填料函完好；主机组各部位的连接螺栓紧固；安全防护设施完好。 ④电动机进出线连接正确、牢固、可靠，无短接线和接地线。电动机转动部件与固定部件之间的间隙符合要求，电动机转动部件和空气间隙内无杂物。 ⑤技术供水工作正常；油质、油位正常，稀油站运行正常；进出水管路、流道畅通，进水水位应高于水泵最低运行水位；通风设施，抽湿、制冷系统工作正常。 （4）闸门及启闭机检查及准备： ①各处闸位显示应一致，且与当前闸门实际位置相吻合； ②启闭机应正常、无卡阻现象。 （5）拦污栅及回转式清污机检查： ①运转无异常声响； ②减速机油位正常； ③防护罩安全、完好； ④清污机运行平稳； ⑤栅条无弯曲、无大的垃圾堵塞。 （6）监测装置检查： ①参与运行控制的水位计、温度检测等数据传输应稳定，读数应准确； ②泵站进出水池水位应满足运行要求。 （7）进水闸门应完全开启。 （8）泵站开启前应提前通知上、下游管理范围水域内的船只、人员等及时撤到安全区域；提示上、下游河道管理范围外的船只密切注意水位及流态变化，及时收网或系好缆绳，以避免不必要的损失
		发令人	当检查发现不具备开机条件时，应安排人员处理

续表

序号	流程节点	责任人	工作要求
4	执行操作	操作人	按"操作作业指导书"进行设备操作。在执行操作票时,主要步骤如下: 1. 监护人唱票; 2. 操作人复诵并模拟操作; 3. 监护人再次确认设备; 4. 监护人下达操作命令; 5. 操作人执行; 6. 操作人检查设备状态; 7. 操作人汇报; 8. 监护人再次检查设备状态; 9. 监护人在操作票上打"√"; 10. 记录主要操作项目时间
	操作监护	监护人	对设备操作进行全面监护,确保安全。在操作设备过程中,操作人需面对设备,监护人面对操作设备站在操作人右后方,监护操作过程
5	设备运行检查	操作人	操作设备完成后,观察设备运行是否正常,若不正常应立即停机,排除故障,并反馈故障信息。 (1) 泵站发现下列任何一个条件时,需进入紧急停机程序: ①泵站上、下游水位和扬程超泵站设计工况时; ②泵组在运行过程中出现强烈振动或泵内有金属撞击声; ③振动、温度、电流等数据超过设计极限; ④水泵运行过程中节制闸闸门开启、工作闸门关闭; ⑤辅助系统发生故障,短时间内无法修复或影响系统安全运行; ⑥泵站工程上、下游河道发生意外事故; ⑦其他意外情况。 (2) 当出现事故停泵条件时,按突发故障应急处置方案进行处置。 (3) 对停机流程和各项观察数据进行记录,并注明紧急停泵的原因。 (4) 填写操作记录,开、关设备操作完成后要对操作人员、操作时间、水位、开泵台数等信息进行认真记录
6	完成操作	操作人、监护人、受令人	完成操作,填写操作记录,如有操作票,执行操作票完结程序(包括盖"已执行"或"作废"章),向发令人反馈操作时间、水位、开泵台数、开泵序号等情况
		操作人	将操作使用的工器具收拾整齐放回原位
		发令人	向管理单位反馈操作时间、水位、开泵台数、开泵序号等情况

5. 闸门启闭机操作流程

迅翔公司闸门启闭机操作流程图见图7.19,迅翔公司闸门启闭机操作流程说明见表7.20。

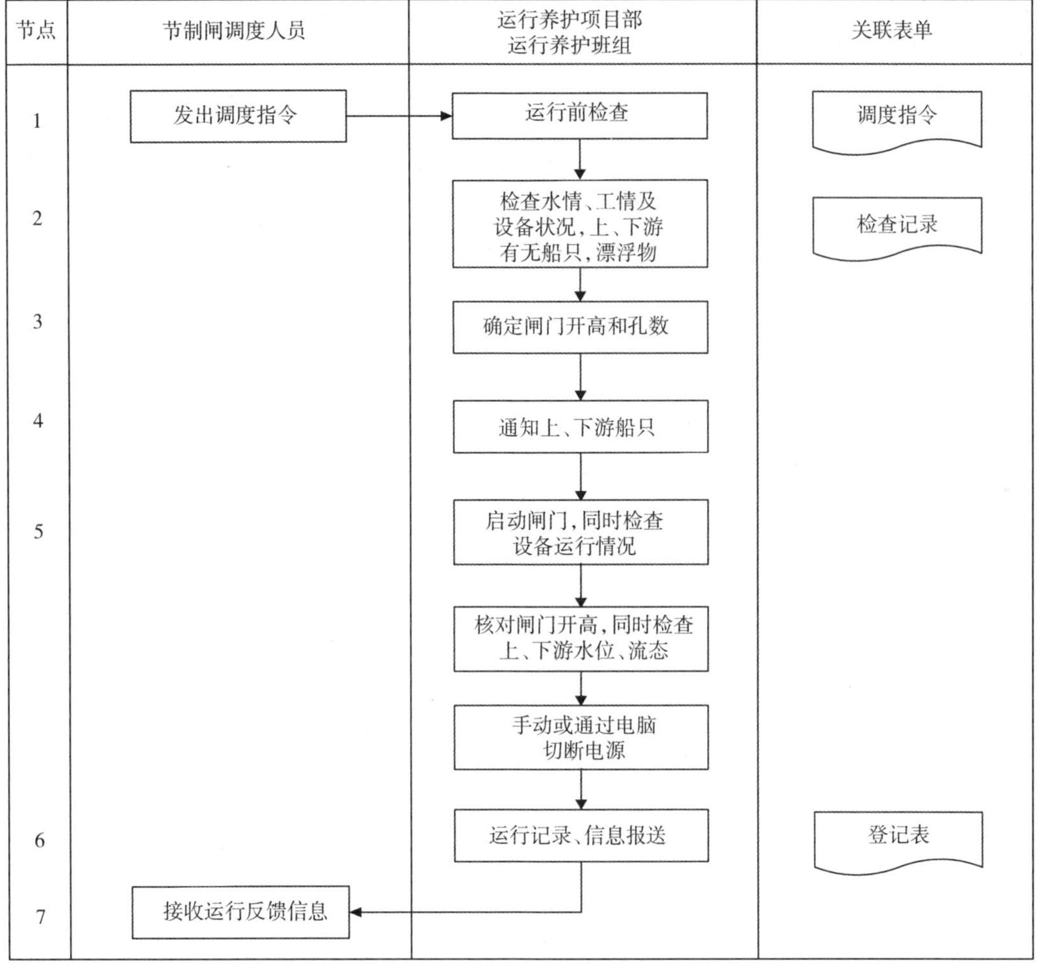

图 7.19　迅翔公司闸门启闭机操作流程图

表 7.20　迅翔公司闸门启闭机操作流程说明

序号	流程节点	责 任 人	工　作　要　求
1	发出调度指令	节制闸调度人员	1. 闸门启闭机控制运用应根据《上海市水利控制片水资源调度方案》(沪水务〔2020〕74 号)及《上海市市管泵闸水资源调度实施细则》(沪堤防〔2020〕143 号)进行统一调度，运行养护项目部遵照执行，不得接受其他任何单位或个人的指令。 2. 控制运行应坚持“防汛优先调度、活水畅流调度、专项协同调度、局部服从全局”的原则。 3. 运行养护项目部经理接收上级工程调度指令，安排运行班组，做好操作准备
2	运行前检查	运行养护项目部运行养护班长	1. 负责检查水情、工情及设备状况，上、下游有无船只，漂浮物，并利用扩音机或报警器发出喊话或警报；停泊船只应退出警戒区，以防止发生意外。 2. 闸门启闭前，负责对启闭设备，仪表，指示信号，上、下游水位，闸内外船只停靠与航行情况仔细检查，确保无误后闸门方能启动；应做到设备异常不启动，水位超限不启动，闸下有船不启动

续表

序号	流程节点	责任人	工作要求
3	确定闸门开高和孔数	运行养护项目部运行养护班长	1. 查始流曲线和水位-流量关系曲线，确定闸门开高和孔数，或根据闸下安全水位与开度关系确定分次闸门开度，或根据运行经验确定分次闸门开度；分次开启闸门的间隔时间，视下游水位趋向稳定所需时间而定；较小流量一般可 1 次完成。 2. 过闸流量应与下游水位相适应，使水跃发生在消力池内，水流要平稳，避免发生折冲水流、集中水流、漩涡、回流等不正常现象；如果发生这种情况，要及时适当调整闸门开启高度，以消除不正常现象。 3. 节制闸与船闸并联时的控制运用需兼顾船闸通航，避免节制闸水流过大对船舶航行造成不利影响
4	通知上、下游船只	运行养护项目部运行养护班组	拉警报或用扩音器喊话，通知上、下游船只和人员避让
5	启动闸门	运行养护项目部运行养护班组	1. 手动或自动启闭闸门，同时检查设备运行情况；每次闸门启闭操作不得少于 2 人，另外须有 1 人检查观察。 2. 核定闸门开高，检查上、下游水位和流态。 3. 手动或通过自动程序切断电源。 4. 闸门泄流时，应密切观察河道上、下游情况，避免发生船舶或漂浮物影响闸门启闭或危及闸门、建筑物安全。 5. 当闸门发生振动时，应适当调整开启高度，避开发生振动的位置；发现闸门或启闭机有不正常响声时，应立即停机检查，待故障排除后方可继续启闭。 6. 应根据潮位预报表编制开关闸时间预测表，并按时间表做好闸门启闭前的准备工作。 7. 若因机电设备突发故障一时难以启闭闸门，应立即向上级汇报并及时组织抢修。 8. 运行养护项目部经理、技术负责人、工程管理员、运行值班人员应随时检查电话、网络等通信设施，保持 24 h 通信畅通，若遇故障应及时修复
6	运行记录	运行养护项目部运行养护班组	1. 工程运用调度指令接收、下达和执行情况应认真记录，记录内容包括：发令人、受令人、指令内容、指令下达时间、指令执行时间及指令执行情况等；执行完毕后，应及时向运行养护项目部经理报告。 2. 闸门启闭过程中应同时注意倾听启闭机械运行是否正常，有无异常响声，注意观察电压、电流读数并做好运行记录。 3. 闸门启闭后，应认真核对闸门开度，观察上、下游水位和流态，切断电源。 4. 闸门启闭操作结束后，应将启闭时间、操作次序、开度、启闭前后上、下游水位、水流情况、开关闸操作巡视人员、启闭过程中的问题等做好详细记录。 5. 向上级反馈工程运行情况
7	接收反馈信息	节制闸调度人员	向管理单位和公司职能部门反馈闸门启闭情况

6. 船闸运行操作流程

迅翔公司船闸运行操作流程图见图 7.20，迅翔公司船闸运行操作流程说明见表 7.21。

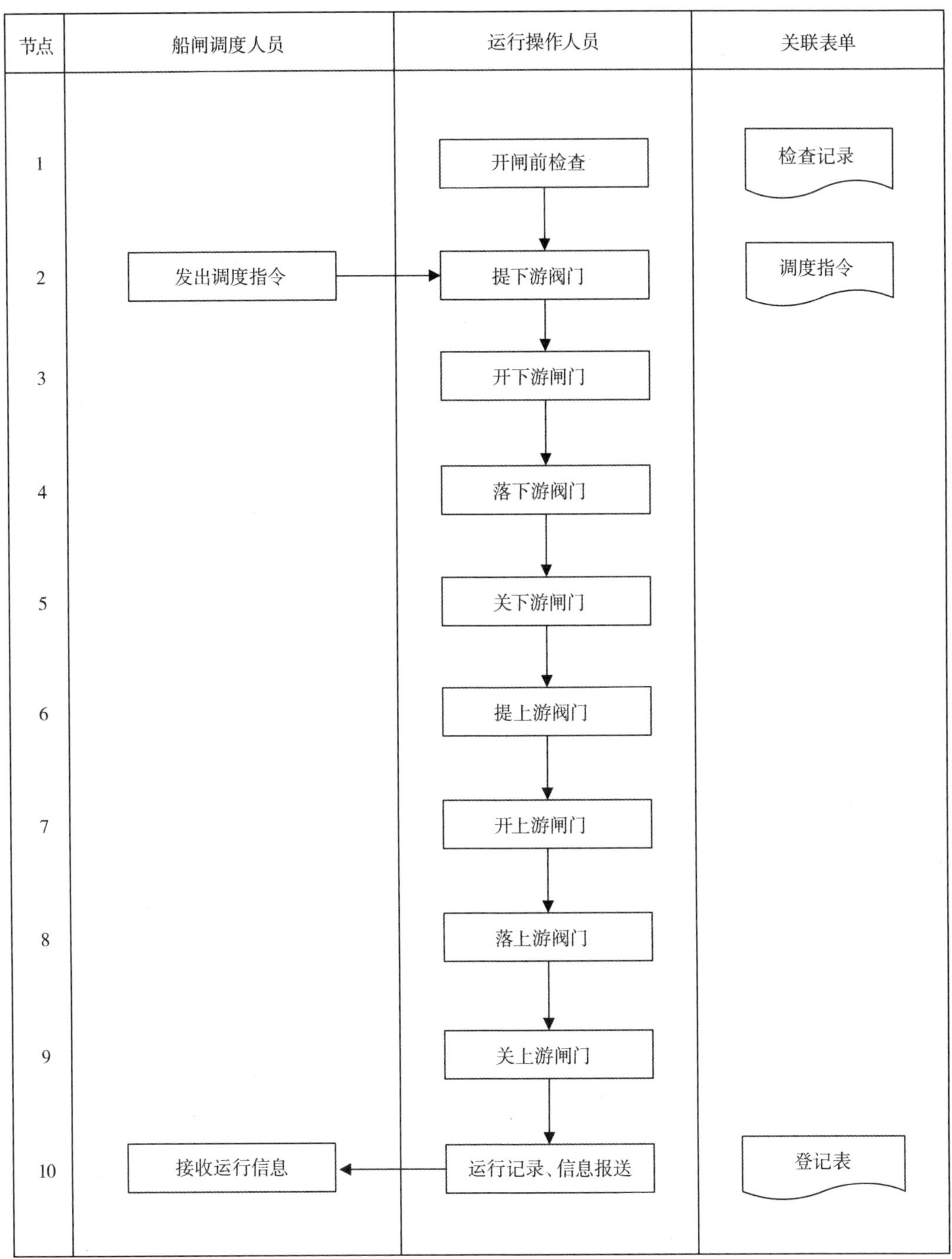

图 7.20　迅翔公司船闸运行操作流程图

表 7.21　迅翔公司船闸运行操作流程说明

序号	流程节点	责任人	工作要求
1	开闸前检查	运行操作人员	1. 检查船闸是否具备安全通航首要条件(流量,上、下游水位应符合安全通航要求); 2. 检查上、下游船舶是否处于安全停泊范围; 3. 检查电源电压、相序是否正常,闭合各操作电源; 4. 检查上、下游通航信号灯是否正常
2	发出调度指令及提下游阀门	船闸调度人员	根据船闸调度规则和调度流程,发布调度指令
		运行操作人员	1. 了解本闸次进闸船舶数量、基本尺度; 2. 提前做好宣传,提醒待进闸船舶注意水流变化; 3. 接到船闸调度船舶上行进闸命令,开始操作
3	开下游闸门	运行操作人员	1. 待水流平稳,检查闸门无行人后,开闸门; 2. 转换进闸通航指示灯为绿灯,进行进闸宣传,通知进闸; 3. 及时制止抢挡进闸,要求第一条船舶在安全线内停靠
4	落下游阀门	运行操作人员	在程控状态下阀门自落,关注阀门运行情况
5	关下游闸门	运行操作人员	1. 最后1条船在界限标内停靠,缆绳系好后检查闸门上无行人后,关闸门; 2. 关注闸门运行情况
6	提上游阀门	运行操作人员	1. 进行输水宣传,检查观察闸室船舶状况,防止夹挡吊缆; 2. 如果水位差过大,分级输水,即闸门先提一部分,达到缓慢输水目的
7	开上游闸门	运行操作人员	1. 待水流平稳,检查闸门无行人后,开闸门; 2. 进行出闸宣传,通知船舶等闸门开到位后再出闸; 3. 及时制止抢挡出闸现象
8	落上游阀门	运行操作人员	在程控状态下,阀门自落,关注阀门运行情况
9	关上游闸门	运行操作人员	1. 最后1条船在界限标内停靠,缆绳系好后检查闸门上无行人后,关闸门; 2. 关注闸门运行情况
10	运行记录与反馈信息	运行操作人员	1. 记录闸门运行情况; 2. 向调度人员反馈闸门运行信息
		船闸调度人员	记录闸门调度、运行情况

7. 泵闸工程运行期值班和交接班管理流程

迅翔公司泵闸工程运行期值班和交接班管理流程图见图 7.21,迅翔公司泵闸工程运行期值班和交接班管理流程说明见表 7.22。

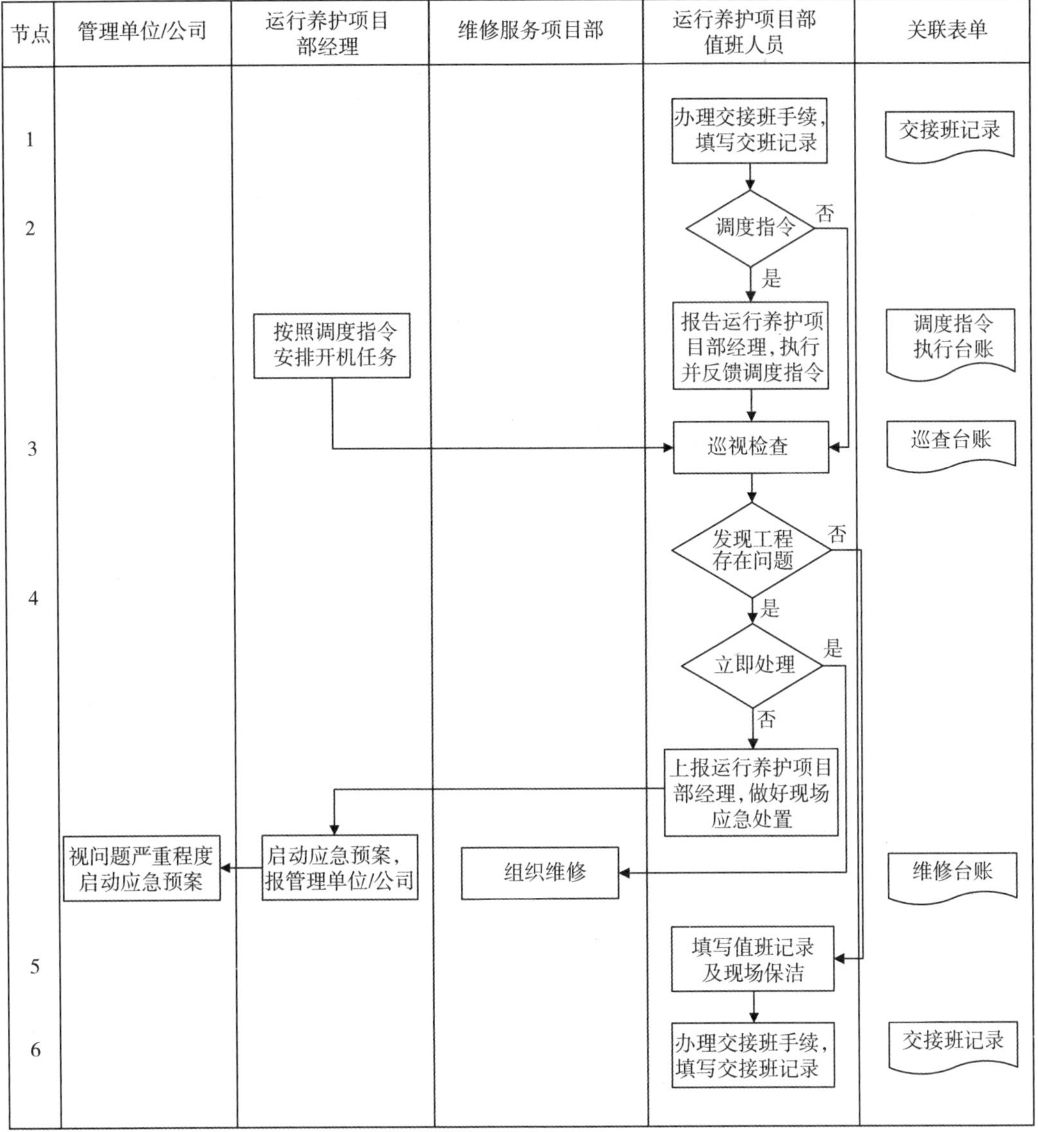

图 7.21　迅翔公司泵闸工程运行期值班和交接班管理流程图

表 7.22　迅翔公司泵闸工程运行期值班和交接班管理流程说明

序号	流程节点	责任人	工作要求
1	交接班	运行养护项目部值班人员	运行养护项目部值班人员办理交接班手续，填写交班记录。 1. 交班人员应提前 15 min 完成以下工作，做好交班准备：对工程及设备进行 1 次全面检查；清点公物用具，搞好清洁卫生；整理值班记录，填好运行值班日志。 2. 接班人员应提前 15 min 进入值班现场，准备接班。 3. 交班人员应向接班人员移交值班记录、运行值班日志、相关技术资料、工器具及钥匙等，并向接班人员详细介绍以下内容： (1) 开、停机(开、关闸)情况；

续表

序号	流程节点	责任人	工作要求
1	交接班	运行养护项目部值班人员	(2) 工程及设备运行状况； (3) 设备操作情况； (4) 在班时发生的故障及处理情况； (5) 进行的维修项目及人员、机械情况； (6) 人员到访情况。 4. 接班人员初步熟悉和掌握运行情况后，接班人员和交班人员共同对工程及设备进行1次巡视。 5. 交班人员应待交接班工作完成并经交接班双方签字后方能离开值班现场，若接班人员没有按时接班，应联系运行养护项目部进行处理，不得擅自脱离岗位。 6. 交接班时间内，如出现设备故障或事故，应由交班人员负责，接班人员协助共同排除，恢复正常后履行交接班手续。一时不能排除的事故应由运行养护项目部相关负责人认可，再进行交接班。 7. 交接班时段内进行重要操作，应等待操作完成后再履行交接班手续。 8. 交接班工作如不符合要求，接班运行班长有权延迟接班时间，并请求相关负责人处理。由于交接不清而造成工程及设备事故的应追究交接班人员的责任
2	接收、执行调度指令	运行养护项目部有权限调度人员	运行养护项目部有权限调度人员在接到管理单位调度指令后填写工程调度运用记录，报告运行养护项目部经理，执行调度指令并向管理单位反馈指令执行情况
3	巡视检查	运行养护项目部值班人员	1. 运行养护项目部值班人员按巡查路线、周期、频次、巡查内容及要求进行巡查，填写泵闸工程日常巡视检查记录； 2. 巡查发现异常情况立即报告； 3. 泵站机电设备每2h巡查1次，水工建筑物每班巡查1次；水闸运行每天巡查不少于1次； 4. 巡检工器具包括但不限于验电笔、手电筒、安全帽、对讲机、点温仪等； 5. 运行养护项目部值班人员应通过眼、耳、手、鼻对机电设备的振动、噪声、表面温度、渗漏、变形、显示仪表的数据以及运行场所的气味、烟雾等情况进行全面查看、记录，并判断是否有异常情况； 6. 巡查应做到“六到一不漏”，即：该走到的地方要走到，该看到的地方要看到，该听到的地方要听到，该摸到的地方要摸到，该闻到的地方要闻到，不漏任何一个可疑点； 7. 高压设备巡视检查应符合安全规程要求； 8. 每次巡视检查，应填写巡视记录表，巡视结束后将巡视检查情况及发现的问题详细记录在运行值班日志中，并签名

续表

<table>
<tr><th>序号</th><th>流程节点</th><th>责 任 人</th><th>工 作 要 求</th></tr>
<tr><td rowspan="3">4</td><td rowspan="3">组织维修</td><td>运行养护项目部值班人员</td><td>1. 设备巡查发现异常时应认真执行“三比较”，即与规程比较、与同类设备比较、与前次设备巡查情况比较。
2. 如发生故障等，能立即处理的问题，应立即自行处理或报告维修服务项目部处理；不能立即处理的问题，应及时上报运行养护项目部经理，并根据要求做好现场应急处置。
3. 故障排除前应加强对该工程设备的监视，确保设备和泵站（水闸）继续安全运行；如故障对安全运行有重大影响可立即停止故障设备或泵站（水闸）的运行，再向上级汇报。
4. 在故障或事故不致扩大的情况下，尽可能保证设备继续运行。
5. 泵站主机因事故跳闸后，应立即查明原因，排除故障后再行启动。
6. 在故障或事故处理时，值班人员应留在自己的工作岗位上，集中注意力保证运行设备的安全，只有在接到运行班长的命令或者在对人身安全或设备有直接危害时，方可停止设备运行或离开工作岗位。
7. 值班人员应把故障或事故发生及处理经过记录并归档，以便事后分析和总结。
8. 若发生人身伤亡事故时，应保护现场并及时上报上级主管部门和安全监督部门</td></tr>
<tr><td>运行养护项目部经理</td><td>启动运行养护项目部相关应急预案或现场应急处置方案</td></tr>
<tr><td>维修服务项目部</td><td>1. 及时进行抢修并做好记录；
2. 检修工作完毕后，检修人员应把检修场地、设备打扫干净，恢复到检修前的整洁状况</td></tr>
<tr><td>5</td><td>填写值班记录及现场保洁等工作</td><td>运行养护项目部值班人员</td><td>1. 运行养护项目部应编制值班表，并通知值班人员，值班人员未经批准不得擅自调换。
2. 值班人员应持证上岗，并明确岗位职责。
3. 值班人员值班时应着装整洁，精神饱满，严禁酒后上班，应严格按照以下要求：
(1) 不得穿着拖鞋、凉鞋、高跟鞋等进入工作场所；
(2) 应穿着公司统一的识别服，佩戴工作牌上岗；
(3) 不得在工作场所抽烟；
(4) 巡视检查时应按规定穿戴好劳动保护用品。
4. 负责值班期间安全运行与环境管理工作，随班对保洁责任区进行保洁，严禁无关人员进入值班场所干扰工程正常运行。
5. 及时接听值班电话，并做好来电来访记录。
6. 认真准确填写值班和巡查记录</td></tr>
<tr><td>6</td><td>交接班</td><td>运行养护项目部值班人员</td><td>办理交接班手续，填写交接班记录</td></tr>
</table>

第 8 章

泵闸工程管理保障流程

水利部在《关于推进水利工程标准化管理的指导意见》(水运管〔2022〕130 号)中针对水利工程管理保障明确要求:管理体制顺畅,工程产权明晰,管理主体责任落实;人员经费、维修养护经费落实到位,使用管理规范;岗位设置合理,人员职责明确且具备履职能力;规章制度满足管理需要并不断完善,内容完整、要求明确、执行严格;办公场所设施设备完善,档案资料管理有序;精神文明和水文化建设同步推进。

本章依据水利部《水利工程标准化管理评价办法》要求,参照"上海市市管水闸(泵站)工程标准化管理评价标准"(总分 1 000 分),以迅翔公司负责运行维护的上海市市管泵闸组合式工程实例,阐述泵闸工程管理保障流程的设计和优化要点。

本章阐述的泵闸工程管理保障流程是水利工程标准化管理评价的重要内容,共 6 大项 180 分,包括管理体制、标准化工作手册、规章制度、经费保障、精神文明、档案管理等。

8.1 管理体制

8.1.1 评价标准

管理体制顺畅,权责明晰,责任落实;管养机制健全,岗位设置合理,人员满足工程管理需要;管理单位有职工培训计划并按计划落实。

8.1.2 赋分原则(35 分)

(1) 管理体制不顺畅,扣 10 分。

(2) 管理机构不健全,岗位设置与职责不清晰,扣 10 分。

(3) 运行管护机制不健全,未实现管养分离,扣 10 分。

(4) 未开展业务培训,人员专业技能不足,扣 5 分。

8.1.3 管理和技术标准及相关规范性要求

国务院和上海市关于水管体制改革的相关规定;

《水利工程管理单位定岗标准(试点)》(水办〔2004〕307 号);

《水闸设计规范》(SL 265—2016);

《泵站设计标准》(GB 50265—2022);

《堤防工程管理设计规范》(SL/T 171—2020);

委托管理招投标文件。

8.1.4 管理流程

1. 概述

(1) 按照水管体制改革要求,水利工程管理单位应管理顺畅,管理职责明确,分类定性清晰,人员定岗定编,经费合理测算。水利工程管理单位应持续推进内部改革,建立岗位竞争机制,公开竞聘,择优录用;建立合理有效的分配激励机制,充分调动各方面的积极性,提高工作效率。

(2) 水利工程管理单位应实行管养分离,向社会公开招标,选择有资质、有经验的运行养护队伍,实行社会化管理。

(3) 实行管养分离的队伍,应加强监管。运行养护队伍应设置现场运行养护项目部,并加强后方技术服务支撑。运行养护项目部的岗位设置应符合科学合理、精简效能的原则,坚持按需设岗,竞聘上岗,按岗聘用,合同管理,技术人员配备应满足工程管理的需要;特殊工种、财务人员、档案管理人员等岗位,应通过专业培训获得具备发证资质的机构颁发的合格证书。

(4) 运行养护项目部员工应进行岗前培训,单位应制订年度员工培训计划。培训计划针对工种需要,应具体且应明确培训内容、人员、时间、奖惩措施、组织考试(考核)等。

(5) 管理体制涉及相关流程包括机构设置申报流程、委托管理招标流程、委托管理投标流程、委托合同签订流程、合同考核编审流程、运行维护企业管理机制完善流程、运行维护企业项目管理基本流程、项目部人员编制及岗位设置流程、项目部经理聘任流程、员工竞聘上岗流程、劳动合同管理流程、员工运行维护培训管理总体流程及分项流程等。

(6) 管理体制涉及相关台账资料(表单)主要包括:水利工程管理单位成立批复文件;工程管理体制改革实施方案及批复文件;工程"管养分离"实施方案及批复文件;委托管理招投标及合同管理文件;运行维护企业组织架构、管理机制、资源配置(包括项目部定员情况、人员配置、持证上岗情况)、岗位职责、员工培训管理相关资料等。

(7) 本节仅以运行维护员工培训管理总体流程为例进行阐述。

2. 运行维护员工培训管理总体流程

迅翔公司运行维护员工培训管理总体流程图见图 8.1,迅翔公司运行维护员工培训管理总体流程说明见表 8.1。

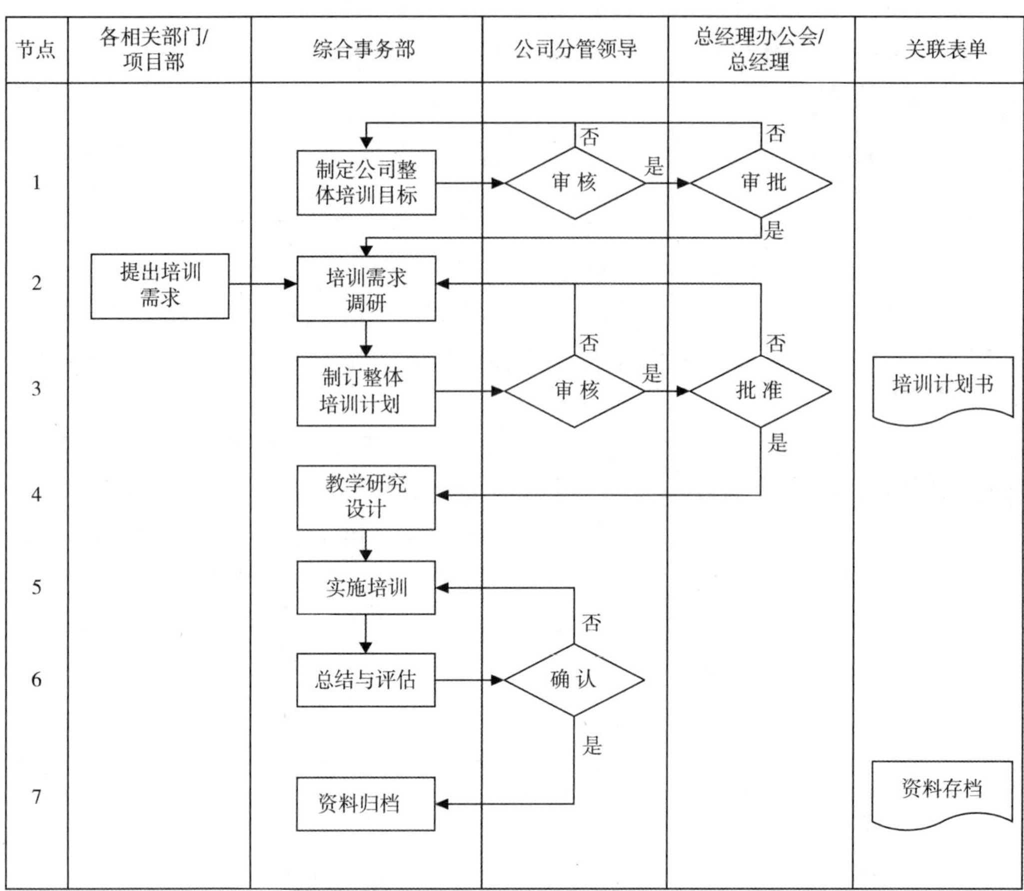

图 8.1　迅翔公司运行维护员工培训管理总体流程图

表 8.1　迅翔公司运行维护员工培训管理总体流程说明

序号	流程节点	责任人	工　作　要　求
1	制定公司整体培训目标	综合事务部	根据公司发展规划，起草公司整体培训目标
		公司分管领导	审核公司整体培训目标
		总经理办公会/总经理	审定公司整体培训目标
2	培训需求调研	综合事务部	1. 综合各部门培训需求，进行年度培训需求调研或专项培训需求调研，提交年度或专项培训计划书； 2. 年度培训计划应包括新员工岗位、法律法规、安全生产、规章制度、专业技能、新技术、新知识等培训
		各相关部门/项目部	根据本部门、本项目部实际或员工申请，提出培训需求。个人要求参加相关业务知识培训的，由本人提出书面申请，经部门同意后，报公司总经理批准。考试合格的，由公司报销培训费用
3	制订整体培训计划	综合事务部	制订整体培训计划
		公司分管领导	审核年度或专项培训计划
		总经理办公会/总经理	审定年度或专项培训计划

续表

序号	流程节点	责任人	工 作 要 求
4	教学研究设计	综合事务部	进行教学研究设计或委托相关部门进行
		各相关部门/项目部	根据综合事务部委托进行教学研究设计
5	实施培训	综合事务部	按培训计划和教学设计方案组织实施,或委托相关部门组织实施
		各相关部门/项目部	根据综合事务部委托,按培训计划和教学设计方案组织实施
6	总结与评估	综合事务部	做好年度或专项培训总结与评估工作
		各相关部门/项目部	按要求做好专项培训总结与评估工作
7	资料归档	综合事务部/各相关部门/项目部	做好资料归档工作

8.2 标准化工作手册

8.2.1 评价标准

按照有关标准及文件要求,编制标准化管理工作手册,细化到管理事项、管理程序和管理岗位,针对性和执行性强。

8.2.2 赋分原则(20分)

(1) 未编制标准化管理工作手册,此项不得分。

(2) 标准化管理工作手册编制质量差,不能满足相关标准及文件要求,扣10分。

(3) 标准化管理工作手册未细化,针对性和可操作性不强,扣5分。

(4) 未按标准化管理工作手册执行,扣5分。

8.2.3 管理和技术标准及相关规范性要求

《标准化工作导则　第1部分:标准化文件的结构和起草规则》(GB/T 1.1—2020);

《标准体系构建原则和要求》(GB/T 13016—2018);

《泵站技术管理规程》(GB/T 30948—2021);

《水闸技术管理规程》(SL 75—2014);

《上海市水闸维修养护技术规程》(SSH/Z 10013—2017);

《上海市水利泵站维修养护技术规程》(SSH/Z 10012—2017);

《水利标准化工作管理办法》(水国科〔2022〕297号);

《大中型灌排泵站标准化规范化管理指导意见(试行)》(办农水〔2019〕125号);

《水利工程标准化管理评价办法》(水运管〔2022〕130号);

《上海市水利工程标准化管理评价细则》(沪水务〔2022〕450号);

设计文件、设备类型与型号、设备说明书;

泵闸工程技术管理细则、泵闸调度运行方案、缺陷管理等技术性文件要求。

8.2.4 管理流程

1. 概述

(1) 泵闸运行维护企业要依据有关泵站(水闸)管理的法律法规、规章和规程规范、水利主管部门制定的标准化工作手册示范文本,编制所辖工程的标准化工作手册。工作手册要针对工程特点,完善管理制度,厘清管理事项、确定管理标准、规范管理程序、科学定岗定员、建立激励机制、严格考核评价,将管理标准细化到每项管理事项、每个管理程序,落实到每个岗位,做到事项、岗位、人员、制度相匹配。

(2) 标准化管理工作手册分为管理手册、制度手册、操作手册以及其他相关性技术和管理手册。管理手册主要包括工程概况、单位概况、管理事项及“人员—岗位—事项”对照表;制度手册主要包括安全管理、运行管护、综合管理等管理制度;操作手册主要包括管理事项的工作流程、工作要求及相关记录等内容。运行管护类操作手册及相应制度可分岗位形成“口袋本”,人手一册随时查看。

(3) 标准化管理工作手册编制和执行涉及的流程、表单很多,本节拟通过泵闸工程运行维护操作手册编制和管理流程、泵闸工程技术文件制定和分级审批流程加以阐述。

2. 泵闸工程运行维护操作手册编制和管理流程

迅翔公司泵闸工程运行维护操作手册编制和管理流程图见图 8.2,迅翔公司泵闸工程运行维护操作手册编制和管理流程说明见表 8.2。

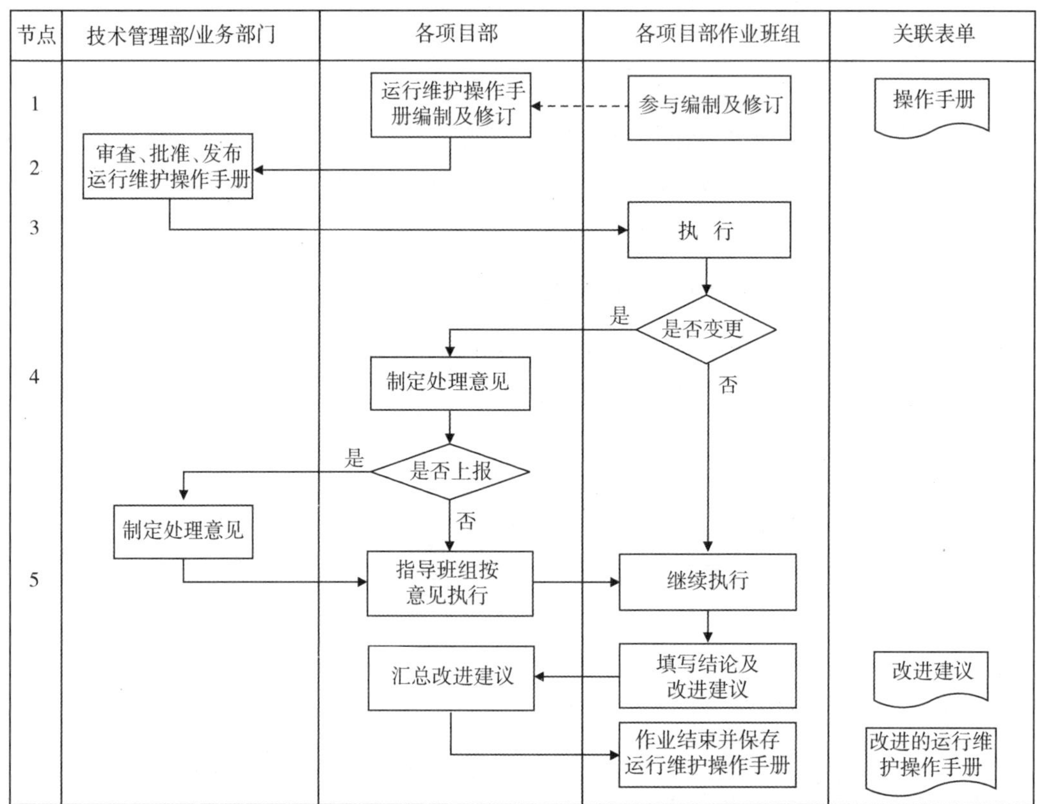

图 8.2 迅翔公司泵闸工程运行维护操作手册编制和管理流程图

表 8.2 迅翔公司泵闸工程运行维护操作手册编制和管理流程说明

序号	流程节点	责任人	工作要求
1	编制及修订运行维护操作手册	各项目部	根据公司“泵闸工程标准化运行维护操作手册编制导则”,结合所管泵闸工程实际情况,编制或修订泵闸工程运行维护操作手册。 1. 泵闸工程运行维护操作手册应按照管理事项逐一编制,分解管理事项的操作步骤,明确每个环节的操作要求,制定工作流程。 2. 泵闸工程运行维护操作手册应涵盖泵闸工程所有的管理事项。工作内容要简明扼要,表述清晰;工作流程要科学合理,闭环管理;工作要求要符合规程规范;台账记录要准确完整。管理事项一般应编制工作流程图,简单文字能表述清楚的可不编制工作流程图
		各项目部作业班组	参与编制泵闸工程运行维护操作手册
2	审核、批准、发布运行维护操作手册	技术管理部/运行管理部	按各部职能,分别负责泵闸工程运行维护操作手册的审核、批准和发布
3	执行运行维护操作手册	各项目部作业班组	1. 泵闸工程运行维护操作手册可分岗位形成“口袋本”,人手一册随时查看;组织各类人员专题学习泵闸工程运行维护操作手册,岗位作业人员应熟练掌握工作程序和要求。 2. 现场作业应严格按泵闸工程运行维护操作手册要求执行,并做好记录,不得漏项。 3. 泵闸工程运行维护操作手册执行过程如发现不符合实际、图纸及有关规定等情况,应立即停止工作,作业负责人可根据现场实际情况及时修改操作手册,履行审批手续并做好记录后,按修改后的泵闸工程运行维护操作手册继续工作。 4. 维修养护过程如发现设备缺陷或异常,应立即向作业负责人汇报,并进行详细分析,制定处理意见后,方可进行下一项工作。设备缺陷或异常情况及处理结果应做详细记录。 5. 运行及巡视检查时应对照泵闸工程运行维护操作手册的内容和工作要求,逐项进行运行操作和巡视检查;巡视检查完毕,应进行缺陷汇总与汇报,并录入微机管理系统。遇有紧急缺陷和设备异常时,须立即终止巡视,进行汇报处理
4	变更运行维护操作手册	各项目部/公司职能部门	设备发生变更时,应根据现场实际情况修改泵闸工程运行维护操作手册,并履行审批手续。新设备投运应提前编制设备运行、巡视和维护操作手册
5	执行与改进	各项目部作业班组	组织学习和贯彻执行修改后的泵闸工程运行维护操作手册
		各项目部/公司职能部门	1. 各项目部应明确技术负责人等人员负责泵闸工程运行维护操作手册全过程的推广应用和监督检查。 2. 使用过的泵闸工程运行维护操作手册,经公司业务主管部门审核后存档。 3. 泵闸工程运行维护操作手册实施动态管理,应及时进行检查总结,补充完善泵闸工程运行维护操作手册;作业人员应填写使用评估报告,对泵闸工程运行维护操作手册的针对性、可操作性进行评价;对可操作项、不可操作项、修改项、遗漏项、存在问题做出统计并提出改进意见;工作负责人和公司职能部门应对泵闸工程运行维护操作手册执行情况进行监督检查及评估,将评估结果及时反馈编写人员,指导泵闸工程运行维护操作手册以后的编写工作

3. 泵闸工程技术文件制定和分级审批流程

迅翔公司泵闸工程技术文件制定和分级审批流程图见图 8.3,迅翔公司泵闸工程技术文件制定和分级审批流程说明见表 8.3,迅翔公司泵闸工程技术文件制定和分级审批清单见表 8.4。

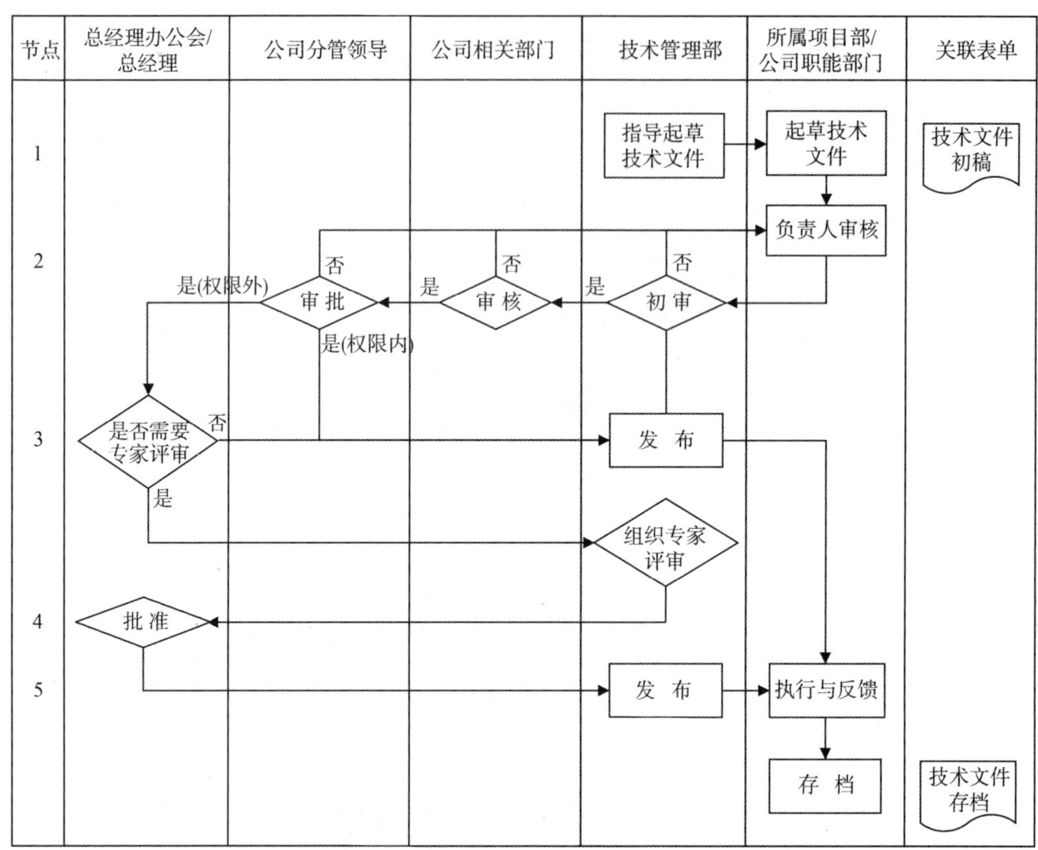

图 8.3 迅翔公司泵闸工程技术文件制定和分级审批流程图

表 8.3 迅翔公司泵闸工程技术文件制定和分级审批流程说明

序号	流程节点	责 任 人	工 作 要 求
1	起草技术文件	所属项目部/公司职能部门	依据国家和行业法律法规、上级或管理单位指导性文件,结合公司“技术文件编制和分级审批管理办法”,负责收集、起草(或委托专业机构起草)、整理本部门、本项目部所管工程、所管技术业务相关文件,包括: 1. 技术标准(包括国家标准、行业标准、地方标准、企业标准、各级图集等)的采集及入库方案、采标目录的发布及动态管理方案; 2. 制度类文件(制度手册、法律法规清单、运行维护指导性文件); 3. 所管泵闸工程技术管理细则、安全管理细则; 4. 委托公司编制的发展规划、专项规划、管理规程、管理流程、建设和管理导则或指南;

续表

序号	流程节点	责任人	工作要求
1	起草技术文件	所属项目部/公司职能部门	5. 公司发布的企业标准(含技术标准、管理标准、工作标准); 6. 委托本公司组织的设计方案; 7. 公司承接项目中的施工组织设计、较大项目的施工维修养护方案、较大项目的技术交底方案、泵组大修方案、变压器大修方案、启闭机大修方案; 8. 泵闸工程调度运行、检查、评级、观测、试验、设备大修、信息化系统维护、工程附属设施维护、绿化养护、工程保洁、危险源辨识与风险控制等操作手册或作业指导书; 9. 各类预案及其演练方案、应急处置方案及其演练方案、安全操作规程; 10. 公司参与投标的较大项目的技术标书; 11. 公司内部招标采购项目中的招标技术文件、实施过程中产生较大变更的技术文件; 12. 公司委托专业机构承揽业务中提交的检验、试验、检测与计量报告; 13. 科技创新项目(含专利申请)上报文件,包括: (1) 科技进步奖申报材料; (2) 工程建设工法申报材料; (3) 科技推广奖申报材料; (4) 专利申报材料; (5) 五小成果申报材料:以开发新产品、创造新工艺、推广新技术、转化新成果为主要内容,开展小发明、小革新、小改造、小设计、小建议等活动所取得的成果经实践证明具有一定的经济效益和社会效益; 14. 新技术、新材料、新工艺、新设施;成果设备技术交底文件; 15. 应归入公司技术档案的资料整编送审材料,其中技术图表的收集整理是一项基础工作,技术图表包括: (1) 泵闸工程技术图表统计汇总表; (2) 泵闸工程平、立、剖面图; (3) 泵闸工程电气主接线图; (4) 泵闸工程启闭机控制原理图; (5) 水闸工程流量-水位-开度关系曲线; (6) 水泵性能曲线; (7) 泵站油、气、水系统图; (8) 泵闸工程主要设备检修情况揭示表及主要工程技术指标表; (9) 工程日常巡视检查路线图等。 16. 其他重要技术规定

续表

序号	流程节点	责任人	工作要求
2	审核技术文件	主要起草人所属部门、各项目部	组织对起草的技术文件进行讨论,必要时邀请相关部门人员或专家参加讨论
		主要起草部门、各项目部经理	审核,提出指导性意见
		技术管理部	1. 依据国家和行业法律法规、上级或管理单位指导性文件对起草的技术文件进行审核,必要时,邀请相关部门人员或专家参加。 2. 对照国家标准要求和其他技术文件编写规定,提出统一的章节、文字编排等要求。 3. 根据公司"技术文件编制和分级审批管理办法",做好批转、会审、会签相关工作;经部门会签后的技术文件初稿在5个工作日内报公司分管领导
		公司相关部门	依据国家和行业法律法规、上级或管理单位指导性文件,提出本部门对起草的技术文件的审核意见
3	审批技术文件	公司分管领导	根据公司"技术文件编制和分级审批管理办法",在权限范围内,负责审批各类技术文件,必要时应征求技术专家意见,或组织专家委员会评审
		总经理	根据公司"技术文件编制和分级审批管理办法",负责公司重要技术文件的审批,必要时,应征求技术专家意见,或组织专家委员会评审
4	专家评审及文件批准、发布	技术管理部	做好专家委员会评审的各项服务工作;负责公司主要技术文件的发布、存档
		专家委员会	按国家和行业法律法规、规范性文件要求,提出结论性意见
		总经理办公会/总经理	负责对经专家委员会评审认定的技术文件的审批
5	执行、反馈与存档	所属项目部/公司职能部门	1. 组织学习、贯彻技术文件,按相应的制度和流程,做好实施工作,提高执行力; 2. 及时向业务部门和技术管理部反馈技术文件执行情况
		技术管理部	1. 做好跟踪指导、协调和监督工作; 2. 公司技术文件下发后,由起草部门(项目部)和技术管理部各保存1份,每年底根据公司"泵闸运行维护技术档案管理作业指导书"要求整理归档

表 8.4 迅翔公司泵闸工程技术文件制定和分级审批清单

序号	分类	项目	审批分级													
			上级	总经理办公会	安委会	总经理	公司分管领导	专家评审组	技术管理部	安全质量部	综合事务部	资金财务部	市场经营部	运行管理部	运行养护项目部	维修服务项目部
1	信息发布	国家标准、行业标准、地方标准				√	√		√	√						
		企业标准		√		√	√	√	√		√	√	√	√		
2	制度手册	项目部规章制度					√		√	√	√	√	√	√	√	√
		部门层级规章制度		√	√	√	√		√	√	√	√	√	√		
		公司层级规章制度	√	√	√	√	√		√	√	√	√	√	√		
3	管理细则	泵闸工程技术管理细则	√			√	√	√	√					√	√	
		船闸运行方案	√			√	√	√	√	√				√	√	
		安全管理细则			√	√	√	√	√	√				√	√	√
4	发展规划	工程管理现代化规划	√	√		√	√		√	√		√	√			
		泵闸工程运行维护规划	√	√		√	√	√	√	√				√		
		人力资源规划	√	√		√	√				√					
		安全生产规划		√	√	√	√		√		√	√	√	√		
		泵闸智慧管理规划	√	√		√	√	√	√	√				√		
5	技术标准	安全类标准		√	√	√	√		√	√		√		√		
		泵闸类标准		√		√	√		√	√				√		
		项目管理类标准		√		√	√		√	√				√		
		工程造价类标准		√		√	√		√	√		√	√	√		
6	管理事项	公司层级	√	√		√	√		√	√	√					
		部门层级	√	√		√	√		√	√	√	√	√	√		
		运行养护项目部		√		√	√		√	√			√	√	√	
		维修服务项目部		√		√	√		√	√			√	√		√
7	管理组织	管理体制机制	√	√		√	√		√	√	√		√	√		
		项目管理组织架构	√	√		√	√		√	√	√		√	√		
		岗位职责、责任制		√		√	√		√	√	√			√	√	√
8	管理流程	公司层级流程		√		√	√		√	√	√	√	√	√		
		部门层级流程		√		√	√		√	√	√	√	√	√		
		项目部层级流程					√		√	√	√	√	√	√	√	√
		单项操作类流程							√	√				√	√	√

续表

序号	分类	项目	审批分级													
			上级	总经理办公会	安委会	总经理	公司分管领导	专家评审组	技术管理部	安全质量部	综合事务部	资金财务部	市场经营部	运行管理部	运行养护项目部	维修服务项目部
9	管理表单	通用类管理表单				√	√		√	√	√	√	√	√		
		部门类管理表单					√		√	√	√	√	√	√		
		项目部管理表单							√	√	√	√	√	√	√	√
10	考核办法	部门考核办法		√		√	√		√	√	√	√	√	√		
		用工考核办法		√		√	√				√	√	√	√	√	√
		汛前检查考核办法		√		√	√		√	√				√	√	
		安全生产考核办法		√	√	√	√		√	√	√	√	√	√	√	√
11	工程造价	企业定额		√		√	√	√	√		√	√	√	√		√
		项目预(结)算				√	√					√	√	√		
		招标控制价及标底				√	√					√	√	√		
12	工程投标					√	√		√		√	√	√	√	√	√
13	采购发包	部分专业性较强的施工项目		√		√	√		√	√			√	√		√
		水下探摸项目		√		√	√		√				√	√		√
		电力设备预防性试验及仪表检测		√		√	√		√				√	√		√
		特种设备检测		√		√	√		√				√	√		√
		车船维修				√	√		√				√	√		√
		泵闸设备大修				√	√		√				√	√		√
		设备租赁				√	√		√				√	√		√
		劳务分包				√	√		√		√		√	√	√	√
		物资采购				√	√		√				√	√	√	√
		规划、设计、预(结)算、咨询		√		√	√		√				√	√	√	√
		科技研发		√		√	√		√				√	√		
14	施工维修方案	施工方案或施工作业指导书				√	√		√	√				√	√	√
		维修项目技术方案				√	√		√	√				√		√
		运行养护操作手册或作业指导书				√	√		√	√				√	√	
		施工项目和较大项目技术方案				√	√	√	√	√				√		√
		检验、试验、检测与计量报告审查				√	√		√	√				√		√

续表

序号	分类	项目	审批分级													
			上级	总经理办公会	安委会	总经理	公司分管领导	专家评审组	技术管理部	安全质量部	综合事务部	资金财务部	市场经营部	运行管理部	运行养护项目部	维修服务项目部
14	施工维修方案	工程观测报告审查				√	√		√	√				√		√
		机电设备大修方案				√	√	√	√	√				√		√
		技术、安全及变更交底文件				√	√		√	√				√		√
15	应急预案	公司层级综合预案		√	√	√	√		√	√			√	√		
		公司层级预案演练方案			√	√	√		√	√			√	√		
		项目部应急预案				√	√		√	√			√	√	√	√
		项目部预案演练方案				√	√		√	√			√	√	√	√
		“四新”应用预案				√	√	√	√	√				√	√	√
16	风险管理	公司本部危险源辨识与风险控制方案			√	√	√		√	√				√		
		所管工程危险源辨识与风险控制方案			√	√	√		√	√				√	√	√
		突发事故(故障)应急处置方案			√	√	√		√	√				√	√	√
17	科技创新	“四新”应用方案		√		√	√	√	√	√				√	√	√
		承接的科研课题报告审查		√		√	√	√	√	√				√		
		管理信息系统建立与软件技术集成		√		√	√	√	√	√				√		
		软科学研究成果		√		√	√	√	√	√				√		
		“五小”活动项目审查		√		√	√	√	√	√				√	√	√
		科技进步奖审查		√		√	√	√	√	√				√		
		科技推广奖申报		√		√	√	√	√	√				√		
		专利申报材料		√		√	√	√	√	√				√		
18	档案资料整编送审						√		√	√	√	√	√	√	√	√

注:图中“√”表示审核或审定。

8.3 规章制度

8.3.1 评价标准

建立健全并不断完善各项管理制度,内容完整,要求明确,按规定明示关键制度和规程。

8.3.2 赋分原则(30分)

(1) 管理制度不健全,扣10分。

(2) 管理制度针对性和操作性不强,落实或执行效果差,扣10分。

(3) 闸门(水泵)操作等关键制度和规程未明示,扣10分。

8.3.3 管理和技术标准及相关规范性要求

《泵站技术管理规程》(GB/T 30948—2021);

《水闸技术管理规程》(SL 75—2014);

泵闸工程运行维护涉及的其他相关法律法规、技术和管理标准、其他规范性文件、管理单位及上级主管部门制定的规章制度。

8.3.4 管理流程

1. 概述

(1) 泵闸工程运行维护制度管理事项包括建立制度体系、识别并公布泵闸工程运行维护和安全管理法律法规清单、技术管理细则编制或修订完善、规章制度编制或修订、操作规程引用(编制)或修订完善、规章制度执行及评估等内容。

(2) 泵闸工程运行维护规章制度应进行分类,并汇编成册,员工人手一册。运行维护企业应以正式文件批复规章制度。泵闸工程运行维护规章制度包括控制运用管理制度、工程检查及监(观)测管理制度、维修养护管理制度、安全生产管理制度、综合管理制度、相关预案等,详见表8.5。

表8.5 泵闸工程运行维护规章制度目录(摘要)

序号	制 度 名 称	序号	制 度 名 称
一	综合管理制度	3	操作票及工作票制度
1	管理人员技术岗位制度	4	运行值班制度、防汛值班制度
2	计划管理制度	5	运行现场管理制度
3	请示报告和工作总结制度	6	运行巡视检查制度
4	员工教育与培训制度	7	交接班制度
5	目标考核与奖惩制度	三	工程检查及监(观)测管理制度
6	工作大事记制度	1	运行期巡视检查制度
7	内控制度汇编	2	非运行期巡视制度
8	岗位责任制	3	经常检查制度
9	档案管理制度汇编	4	汛前检查制度
二	控制运用管理制度	5	汛后检查制度
1	泵闸调度管理制度	6	电力设备定期预防性试验轮换制度
2	船闸调度管理制度	7	电力工器具试验制度

续表

序号	制度名称	序号	制度名称
8	水下检查制度	10	设备仪器试验、校验规定
9	特别检查制度	六	安全生产管理制度
10	水行政管理制度	1	安全目标管理制度
11	涉水项目配合监管制度	2	安全生产责任制、防汛责任制
12	工程监(观)测制度	3	安全生产投入管理制度
四	维修养护管理制度	4	安全教育培训管理制度
1	维修项目管理制度	5	法律法规标准规范管理制度
2	养护项目管理制度	6	重大危险源辨识与管理制度
3	项目管理卡制度	7	安全风险管理、隐患排查治理制度
4	维修项目申报及方案编制规定	8	特种作业人员管理制度
5	维修养护项目采购及合同管理制度	9	泵闸运行维护作业活动管理制度
6	维修养护项目施工质量管理制度	10	危险物品管理制度
7	维修养护项目过程安全管理规定	11	消防安全管理制度
8	维修养护项目进度管理规定	12	用电安全管理制度
9	维修养护项目资金管理规定	13	安全保卫制度
10	维修养护项目结算及造价审计规定	14	职业病危害防治制度
11	维修养护项目验收制度	15	劳动防护用品管理制度
12	维修养护项目绩效评定相关规定	16	应急管理制度
13	信息化系统(含管理平台)维护制度	17	事故管理制度
五	建筑物、设备、物资管理制度	18	相关方管理制度
1	设备安全操作规程汇编	19	网络安全管理制度汇编
2	岗位安全操作规程汇编	20	安全生产报告制度
3	防汛物资管理制度	21	相关预案及其编制(修订)、演练规定
4	备品备件管理制度	七	考核评价管理制度
5	内部招标(比选)管理办法	1	项目合同考核管理办法
6	设备可视化规定	2	部门、项目部、班组及员工考核管理办法
7	设备缺陷管理制度	3	安全生产目标管理考核办法
8	设备日常养护规定	4	安全生产标准化达标考核自评管理办法
9	建筑物及设备等级评定办法	5	泵闸工程标准化管理评价自评管理办法

(3)运行维护企业应制订泵闸工程运行养护年度工作计划,分解年度管理事项,编制年度管理事项清单。对工程管理事项应按周、月、年等时间段进行细分,各时间段的工作任务应明确,内容应具体详细,针对性强。每个管理事项需明确责任对象,逐条逐项落实到岗位、人员。各项目部应建立管理事项落实情况台账资料。管理制度可以是对较重要管理事项的原则性要求,内容上可宏观,但应符合泵闸工程的特点和运行管理工作的实际情况。一项管理制度可仅涉及一个管理事项,也可涉及多个管理事项。只有这样,各项制度和流程才能得到很好的执行。

(4) 构建基于流程的精度绩效考核体系，是落实规章制度的重要举措。精度绩效考核体系包括以下内容：

①确立绩效考核目标、考核办法和考核标准，有利于各项目部和员工将精力放到工作上来，并在工作中及时评估。

②制定合理的分配制度，通过有效的奖励制度，引导各项目部全力抓好业务工作，同时培养员工对企业的忠诚度，调动其工作积极性。奖惩要有依据，要及时、严格、公平公正。

③明确行为导向和职业规范。

④建立良好的沟通机制。

(5) 涉及泵闸规章制度的台账资料包括规章制度汇编、修订及批复文件，关键规章制度上墙资料，重要规章制度内容，规章制度执行效果支撑资料。

(6) 本节以迅翔公司泵闸工程运行维护规章制度编制(修订)流程、泵闸工程运行维护年度工作计划编制及执行流程、泵闸工程运行养护项目部月度工作计划编制及执行流程、员工绩效考核流程、管理单位对运行养护项目部考核管理流程作为参考示例加以阐述。

2. 泵闸工程运行维护规章制度编制(修订)流程

迅翔公司泵闸工程运行维护规章制度编制(修订)流程图见图 8.4，迅翔公司泵闸工程运行维护规章制度编制(修订)流程说明见表 8.6。

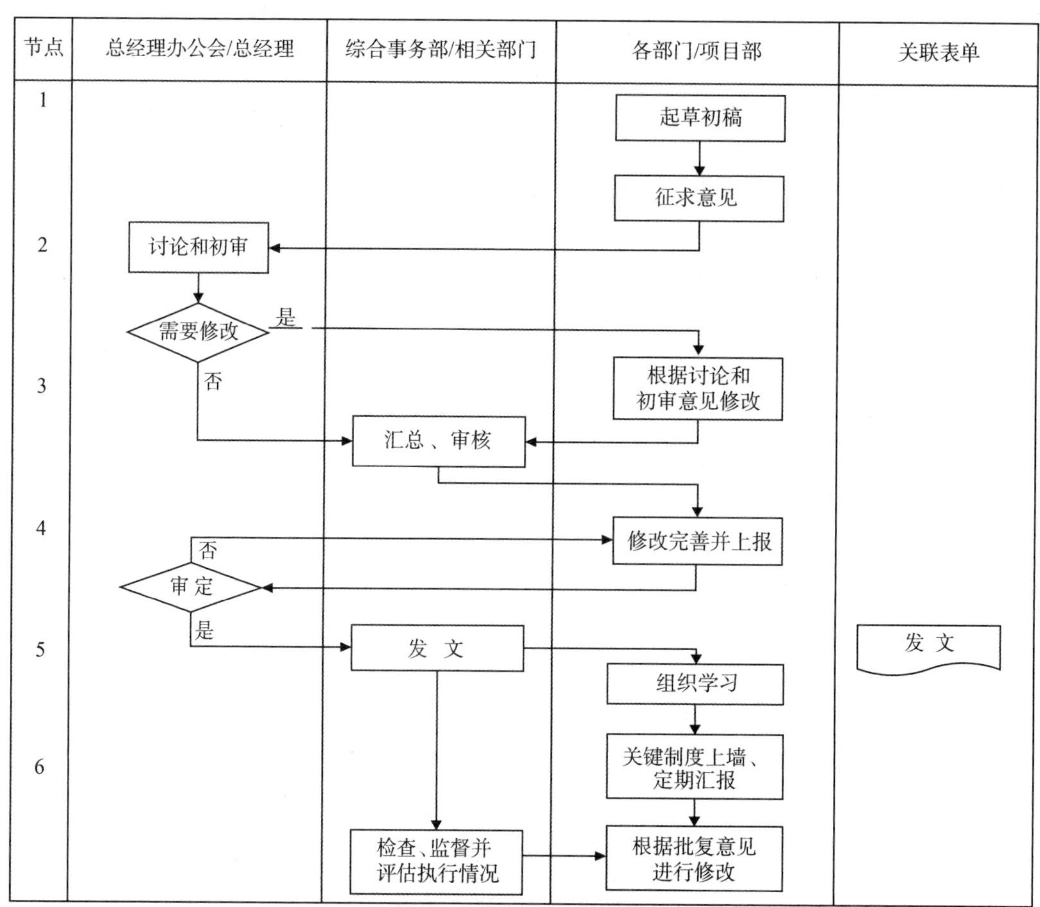

图 8.4　迅翔公司泵闸工程运行维护规章制度编制(修订)流程图

表 8.6　迅翔公司泵闸工程运行维护规章制度编制(修订)流程说明

序号	流程节点	责 任 人	工　作　要　求
1	起草初稿	各部门/项目部	1. 起草或修订制度初稿； 2. 此处所指制度包括公司涉及泵闸工程的规章制度、预案、办法、决议、规定、公约、守则、准则等； 3. 对起草的初稿征求相关部门、相关人员的意见后，形成送审稿； 4. 收集整理适用本公司泵闸工程运行维护的法律法规及上级规范性文件
2	讨论和初审	总经理办公会/总经理	对送审制度进行讨论和初审
3	修改完善	各部门/项目部	根据讨论和初审意见修改完善
		综合事务部/相关部门	汇总、审核修改的制度
4	报总经理办公会批准	总经理办公会	1. 对修改后的送审制度进行审定； 2. 审核适用本公司的法律法规及上级规范性文件目录
5	发　文	综合事务部	1. 根据审查结果发文修订或废止相关制度； 2. 公布适用本单位的法律法规及上级规范性文件目录，每年1次
6	组织学习、贯彻执行	各部门/项目部	1. 组织人员对制度进行学习、贯彻； 2. 关键制度应上墙明示； 3. 制度执行按制度闭环管理办法要求，实行“有计划、有布置、有落实、有检查、有反馈、有改进”的闭合环式管理
		综合事务部/相关部门	1. 负责对制度执行情况检查、监督； 2. 每年对公司规章制度评估1次，并根据相关规范性文件要求、内外部环境变化、组织结构变更、日常管理和现场操作应增补的制度、制度管理中出现的新问题、各部门和各项目部反馈的意见及建议等组织增补或修订

3. 泵闸工程运行维护年度工作计划编制及执行流程

迅翔公司泵闸工程运行维护年度工作计划编制及执行流程图见图 8.5，迅翔公司泵闸工程运行维护年度工作计划编制及执行流程说明见表 8.7。

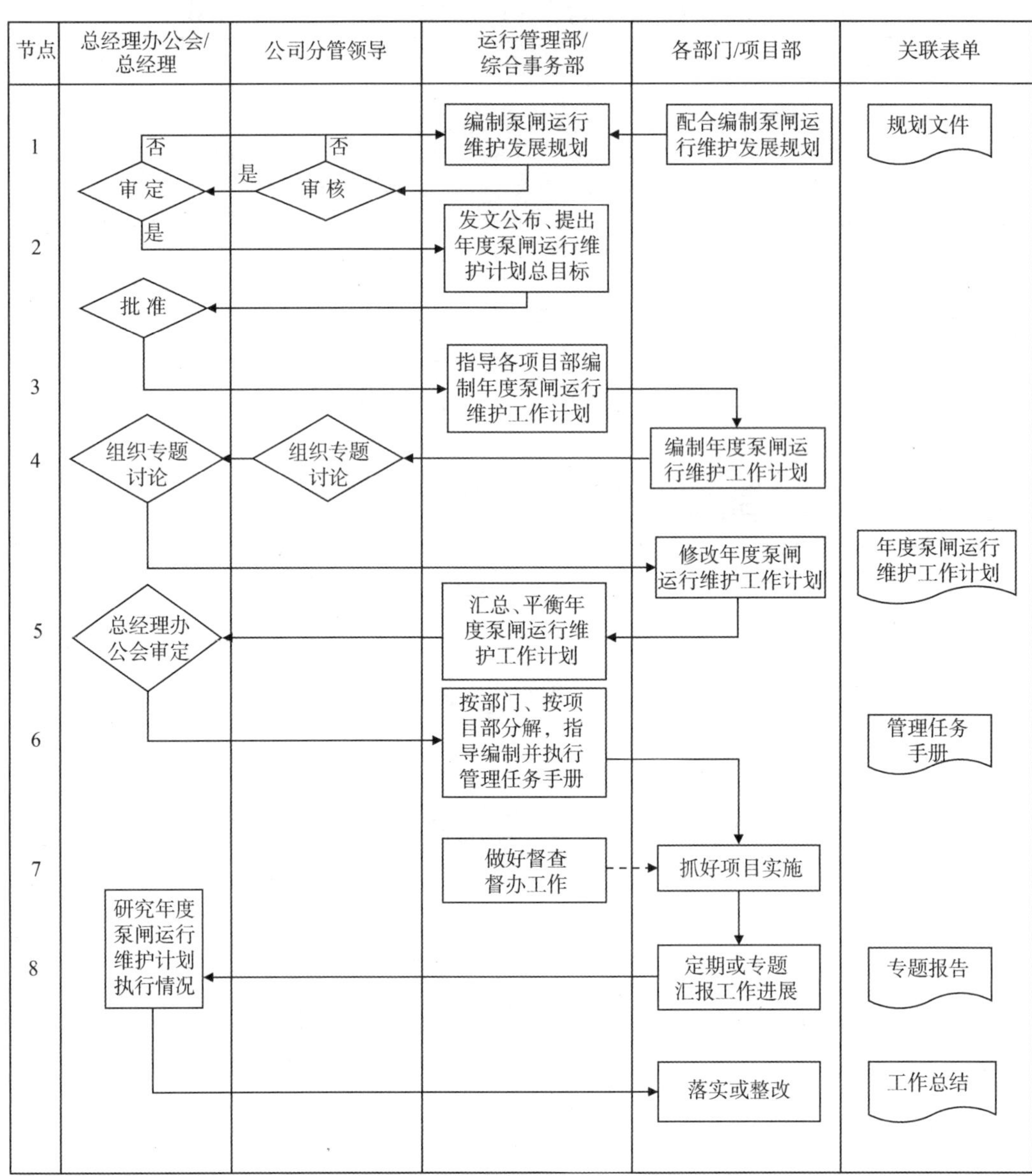

图 8.5　迅翔公司泵闸工程运行维护年度工作计划编制及执行流程图

表 8.7　迅翔公司泵闸工程运行维护年度工作计划编制及执行流程说明

序号	流程节点	责 任 人	工　作　要　求
1	编制泵闸运行维护发展规划	运行管理部/综合事务部	起草公司泵闸工程运行维护发展规划
		各部门/项目部	配合起草公司泵闸工程运行维护发展规划
		公司分管领导	审核公司泵闸工程运行维护发展规划
		总经理办公会/总经理	审定公司泵闸工程运行维护发展规划并上报

续表

序号	流程节点	责任人	工作要求
2	提出年度泵闸运行维护计划总目标	运行管理部/综合事务部	根据公司泵闸工程运行维护发展规划、上年度工作总结、上级提出的目标要求,结合本单位实际,提出公司年度泵闸工程运行维护计划总目标
		相关部门	配合制订公司年度泵闸工程运行维护计划总目标
		总经理办公会/总经理	审查公司年度泵闸工程运行维护计划总目标
3	编制年度泵闸运行维护工作计划	各项目部	根据公司年度泵闸工程运行维护计划总目标,结合上级(管理单位)要求和本项目部实际,编写年度泵闸工程运行维护工作计划
4	审核年度泵闸运行维护工作计划	各部门负责人	审核各项目部编写的年度泵闸工程运行维护工作计划,提出修改意见
		运行管理部/综合事务部	汇总各项目部编写的年度泵闸工程运行维护工作计划
		公司分管领导/总经理	以专题形式组织讨论年度泵闸工程运行维护工作计划,提出修改意见
		各部门/项目部	按上级要求,做好年度泵闸工程运行维护工作计划修订工作
5	汇总、平衡年度泵闸运行维护工作计划	综合事务部	汇总、平衡各部门/项目部经修订的年度泵闸工程运行维护工作计划
	审定计划	总经理办公会/总经理	审议并批准公司年度泵闸工程运行维护工作计划
		运行管理部/综合事务部	公布公司年度泵闸工程运行维护工作计划,做好其推进的相关工作,包括落实责任制、签订承诺书等
6	督促计划执行	运行管理部/综合事务部	按相关制度、流程监督公司年度泵闸工程运行维护工作计划的执行,督促各项目部编制并执行管理任务手册。 1. 管理任务手册应详细说明每个管理任务的名称,具体内容,实施的时间或频率,工作要求及形成的成果、责任人等; 2. 对工程管理任务可按周、月、季、年等时间段进行细分,各时间段的工作任务应明确,内容应具体详细,针对性强; 3. 每个管理任务应明确责任对象,逐条逐项落实到岗位、人员; 4. 岗位设置应符合相关要求,人员数量及技术素质满足工程管理要求; 5. 各项目部应建立管理任务落实情况台账资料,定期进行检查和考核; 6. 当管理要求及工程状况发生变化时,应对管理任务清单及时进行修订完善

续表

序号	流程节点	责任人	工作要求
7	执行计划	各部门/项目部	按相关制度、流程，认真实施年度工作计划。加强计划实施中的检查、监督，包括： 1. 各部门有责任对部门内部及下属项目部负责运行的设施设备定期和不定期检查和报告，对擅自处理或隐瞒不报而造成严重后果的，将视情给予相应的处罚；发现问题及时向领导报告。 2. 现场项目部要负责泵闸(含船闸)运行维护、泵闸年度维修等具体事项的检查工作。 3. 对重大事项随时报告，一般事项定期报告。 4. 公司定期对各部门/项目部的计划执行情况进行检查、监督，各部门/项目部应积极配合
		运行管理部/综合事务部	做好督查督办工作
8	执行计划中的相关决策	总经理办公会	总经理办公会定期或不定期通过集体讨论，对公司年度事项(计划)执行情况做出决策
		各部门/项目部	认真落实总经理办公会议精神，做好执行和整改工作

4. 泵闸工程运行养护项目部月度工作计划编制及执行流程

迅翔公司泵闸工程运行养护项目部月度工作计划编制及执行流程图见图 8.6，迅翔公司泵闸工程运行养护项目部月度工作计划编制及执行流程说明见表 8.8。

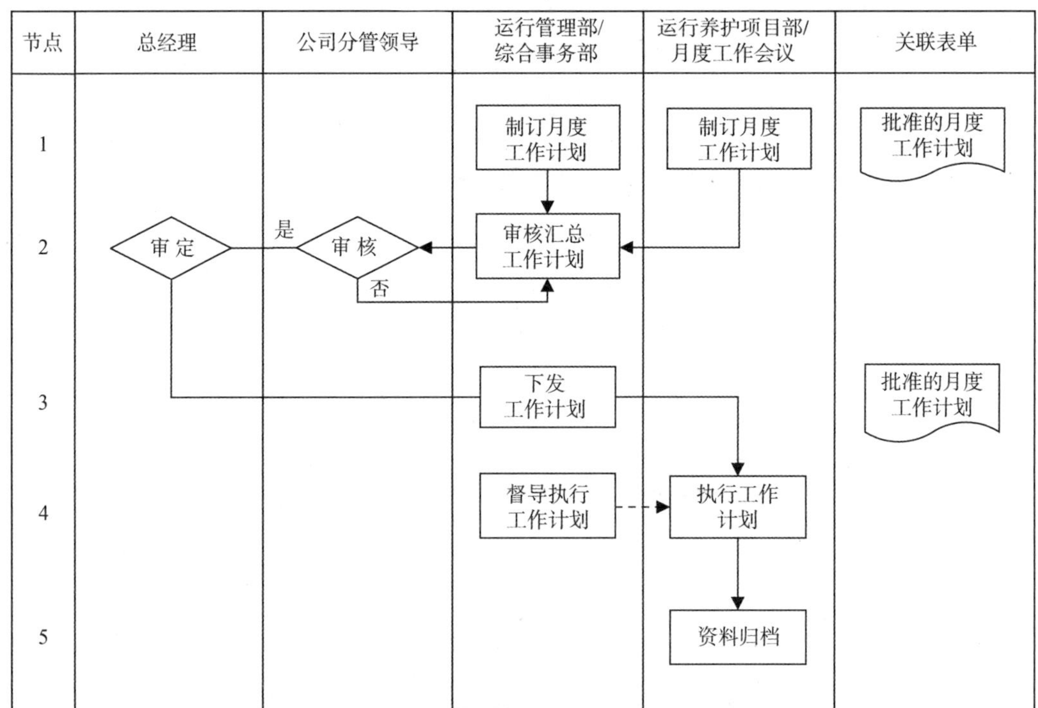

图 8.6　迅翔公司泵闸工程运行养护项目部月度工作计划编制及执行流程图

表 8.8　迅翔公司泵闸工程运行养护项目部月度工作计划编制及执行流程说明

序号	流程节点	责任人	工作要求
1	制订月度工作计划	运行养护项目部	1. 根据公司年度工作计划、本项目部上月工作完成情况，制订本项目部月度工作计划，工作计划应包含各项常规性工作及重点专项工作，计划应详细说明每个管理任务的名称、具体内容、实施的时间或频率、工作要求及形成的成果和责任人等； 2. 每周由项目部负责人对本周工作进行小结，找出薄弱环节、存在的难点及需要协调处理的问题； 3. 专项工作应制订专项工作计划
		运行管理部/综合事务部	制订本部门工作计划，并汇总各项目部月度工作计划
2	审核工作计划	公司分管领导	审核分管部门的月度工作计划
		总经理	审定月度工作计划
3	下发工作计划	运行管理部/综合事务部	下发月度工作计划，并跟踪督查
4	执行工作计划	各项目部	1. 将各项计划任务分解落实到具体的工作岗位、工作人员，实行目标管理、闭环管理。对工作执行情况进行监督检查，并在每周工作例会和部门例会上通报重点工作执行情况。 2. 项目部例会由各项目部经理负责召集并主持，由项目部经理指定人员进行会议记录，每月 1 次，参加人员为各项目部管理人员、班组长、骨干。会议包括以下内容： (1) 总结本月度工作目标及泵闸工程运行维护完成情况，分析及提出存在的各类问题，提出整改措施，制定下月度工作计划； (2) 参会人员汇报上月工作任务完成情况，着重介绍在任务执行过程中出现的问题； (3) 全体与会人员就工作中所遇到的问题进行发言、讨论。 3. 专项工作结束后，由负责执行该项工作的项目部对工作开展情况与执行效果做出书面总结等。 4. 工作总结应当实事求是，真实反映工作情况，总结成绩，反思不足，提出改进措施和工作规划。 5. 建立工作任务落实情况台账资料，客观反映工作任务的责任对象、工作内容、完成时间、实际成效等
		月度工作会议	会议每月 1 次，通过月度工作会议将上情下达、部署阶段性计划工作和对公司月度完成计划全面进行汇总、讨论、处理和决定。行政工作会议由公司总经理或分管领导主持，出席范围为公司领导班子成员、各职能部门负责人、项目部经理。内容包括： 1. 传达管理单位和上级、公司相关决策和重要会议精神； 2. 布置泵闸工程运行维护各项工作任务，传达上级重要文件或会议精神，讨论研究贯彻措施； 3. 各部门(项目部)报告、交流上月工作情况和本月工作计划； 4. 对工作中的重要问题进行讨论、协调，形成意见和方案； 5. 其他需要研究讨论的问题和布置的行政工作
		工作专题会议	根据工作需要，不定期召开泵闸工程运行维护工作专题会议。 1. 讨论、落实泵闸工程运行、检查、维修、养护、安全生产等方面的工作进展、实施方案及问题意见，为总经理办公会的研究决策做准备。 2. 贯彻落实总经理办公会的决策事项，部署工作措施和步骤，明确职责，抓好具体落实。 3. 工作专题会议由公司总经理、党支部书记和分管领导根据工作需要提出和召集。

续表

序号	流程节点	责任人	工作要求
4	执行工作计划	工作专题会议	4. 工作专题会议出席范围根据议题需要确定，至少包括公司分管领导、相关职能部门和项目部人员；专题会议按工作分工由公司分管领导主持，特殊情况下公司分管领导可授权相关职能部门负责人主持。 5. 工作专题会议的会务工作由综合事务部负责
		运行管理部/综合事务部	督导工作计划按督查督办相关制度和流程执行，确保计划落到实处；做好泵闸工作例会和工作专题会议的会务工作。 1. 在会议召开前1日发出通知；负责会议纪要起草，经总经理审阅后发布；负责对会议决议进行督办。 2. 提前1日发出工作专题会议通知，负责会议纪要起草，经公司主要领导审阅后发布；负责对会议决议进行督办
5	资料归档	相关部门/各项目部	所有书面计划和总结材料均由综合事务部或相关部门整理保存，并按档案管理制度在规定时间内移交归档

5. 员工绩效考核流程

迅翔公司员工绩效考核流程图见图8.7。

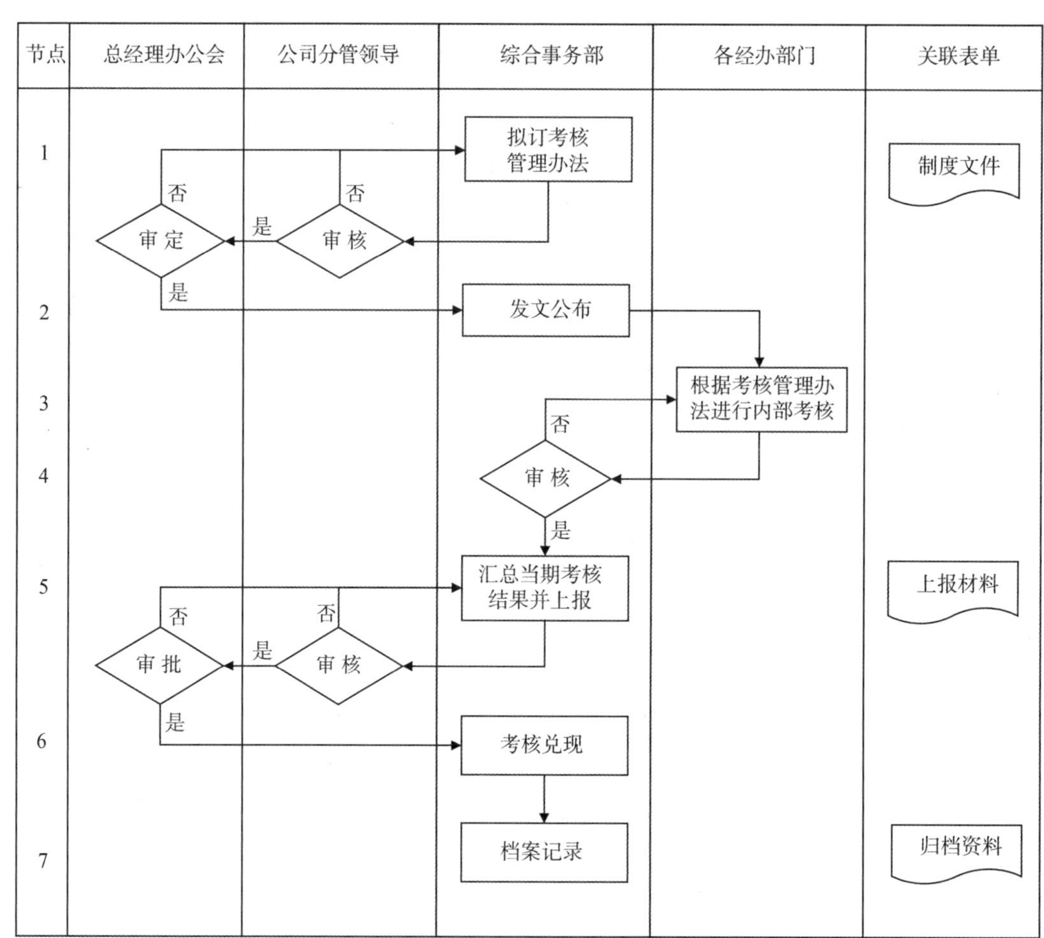

图8.7 迅翔公司员工绩效考核流程图

6. 管理单位对运行养护项目部考核管理流程

管理单位对迅翔公司运行养护项目部考核管理流程图见图 8.8。

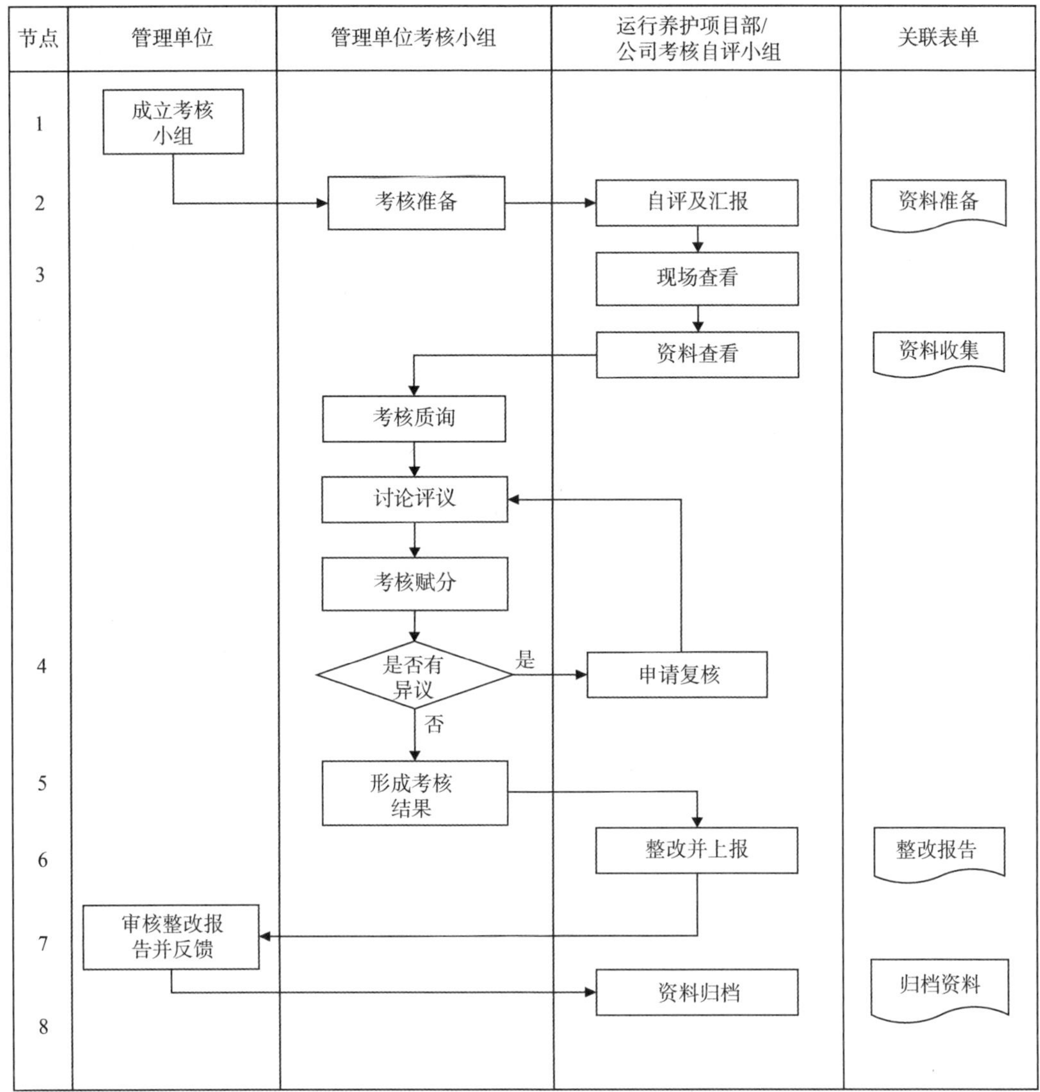

图 8.8 管理单位对迅翔公司运行养护项目部考核管理流程图

8.4 经费保障

8.4.1 评价标准

管理单位运行管理经费和工程维修养护经费及时足额保障，满足工程管护需要，来源渠道畅通稳定，财务管理规范。人员工资按时足额兑现，福利待遇不低于当地平均水平，按规定落实职工养老、医疗等社会保险。

8.4.2 赋分原则(45分)

(1) 运行管理、维修养护等费用不能及时足额到位,扣20分。

(2) 运行管理、维修养护等经费使用不规范,扣10分。

(3) 人员工资不能按时发放,福利待遇低于当地平均水平,扣10分。

(4) 未按规定落实职工养老、医疗等社会保险,扣5分。

8.4.3 管理和技术标准及相关规范性要求

《中华人民共和国会计法》;

《中华人民共和国审计法》;

《企业会计准则——基本准则》(中华人民共和国财政部令第33号);

《事业单位财务规则》(中华人民共和国财政部令第108号);

《关于贯彻实施政府会计准则制度的通知》(财会〔2018〕21号);

《上海市水闸维修养护定额》(DB31 SW/Z 003—2020);

《上海市水利泵站维修养护定额》(DB31 SW/Z 004—2020);

《上海市水利工程预算定额》(SHR 1—31—2016);

《上海市园林工程预算定额》(SHA 2—31—2016);

上海市水利工程维修养护及防汛专项资金财务管理相关规定;

上海市现行工程定额相关的取费标准。

8.4.4 管理流程

1. 概述

(1) 管理单位运行管理经费和工程维修养护经费应及时足额到位,运行管理经费包括人员及公用经费,应按同级财政部门核定的运行管理人员及公用经费标准核定;工程维修养护经费是指财政部门或主管部门下达或安排的维修养护经费,以保证工程安全运行。在相关流程中,应有编制部门预算、报上级审批、上级下达审批单等节点,应通过财务收入、支出账和有关报表,以及按照规定标准测算的有关资料做出说明。

(2) 维修养护经费是专项资金,应专款专用,不得截留、挤占、挪作他用,不得弄虚作假,虚列支出。维修养护项目实行专账核算,按照下达的明细项目设置明细账,独立反映资金的收、支、余情况。实行财政报账制的项目,报账和核算时应提供支出明细原始凭证。泵闸工程维修养护经费应实行项目管理,报账和核算时应通过银行转账进行,不得以大额现金预付及结算施工工程款、材料设备和劳务价款。项目实施单位应按有关规定建立健全资金支付流程和手续,加强合同流程管理,按实际工程进度申请支付资金。管理单位和项目实施单位应严格按照规定用途使用专项资金,未经批准,不得擅自调整或改变项目内容,执行中确需调整的,应按照相关流程报批。

(3) 泵闸运行维护企业和专项维修项目实施单位应按照《中华人民共和国会计法》的规定，合理设置财务机构，内部岗位责任制明确，财务管理制度健全；会计信息真实可靠、内容完整，基础工作规范；独立编制预算，独立核算；银行印鉴、密钥等实行分置，主办会计对银行存款按月逐笔核对，定期核对库存现金，有核对记录、国库集中支付制度和流程；所有费用支出必须提供合法票据，不得以白条抵库；加强票据管理；建立材料验收、领用、登记制度和流程；加强经济合同管理，建立完善的合同管理流程；加强采购管理，遵守政府采购法律法规，对已经达到公开招标规模的项目应实行公开招标采购。要杜绝各类违规违纪现象发生，税务、财务审计报告中无挤占专项款、虚列支出、“小金库”等各种违规违纪行为。

(4) 资产管理制度和流程齐全。对购置的资产及时进行验收登记，录入资产信息管理系统，并进行账务处理。对固定资产应按照相关流程要求，及时做好资产登记造册入账工作；按相关流程定期对资产进行清查盘点，做到账、卡、实相符。

(5) 人员工资、福利发放，以及为员工办理各种社会保险，均应按照相关流程执行。

(6) 经费保障流程包括：运行管理经费编报及审批流程、工程维修养护经费编报及审批流程、管理单位运行管理经费实施总流程、管理单位工程维修养护经费实施总流程、运行养护委托管理招标投标及合同管理流程、工程专项维修招标投标及合同管理流程、运行维护企业维修养护计划及项目实施流程、运行维护企业成本核算流程、运行维护企业执行财务制度相关流程[含泵闸工程年度工程维修项目预(结)算编审流程、费用报销管理流程、管理费用控制流程、记账凭证会计核算流程、泵闸工程运行养护合同审计自检流程、经济合同管理流程]、防汛物资及备品备件管理相关流程、运行维护企业劳动用工及员工福利发放管理流程(含薪酬方案审批流程、员工考勤管理流程、员工工资发放流程、员工奖励管理流程)、项目审计流程、税务管理流程、固定资产管理相关流程等。

(7) 本节以迅翔公司泵闸工程年度维修项目预(结)算编审流程、费用报销管理流程、管理费用控制流程、记账凭证会计核算流程、泵闸工程运行养护合同审计自检流程、经济合同管理流程、薪酬发放方案审批流程、员工考勤管理流程、员工工资发放流程、员工奖励管理流程为例进行阐述。

2. 泵闸工程年度维修项目预(结)算编审流程

迅翔公司泵闸工程年度维修项目预(结)算编审流程图见图 8.9，迅翔公司泵闸工程年度维修项目预(结)算编审流程说明见表 8.9。

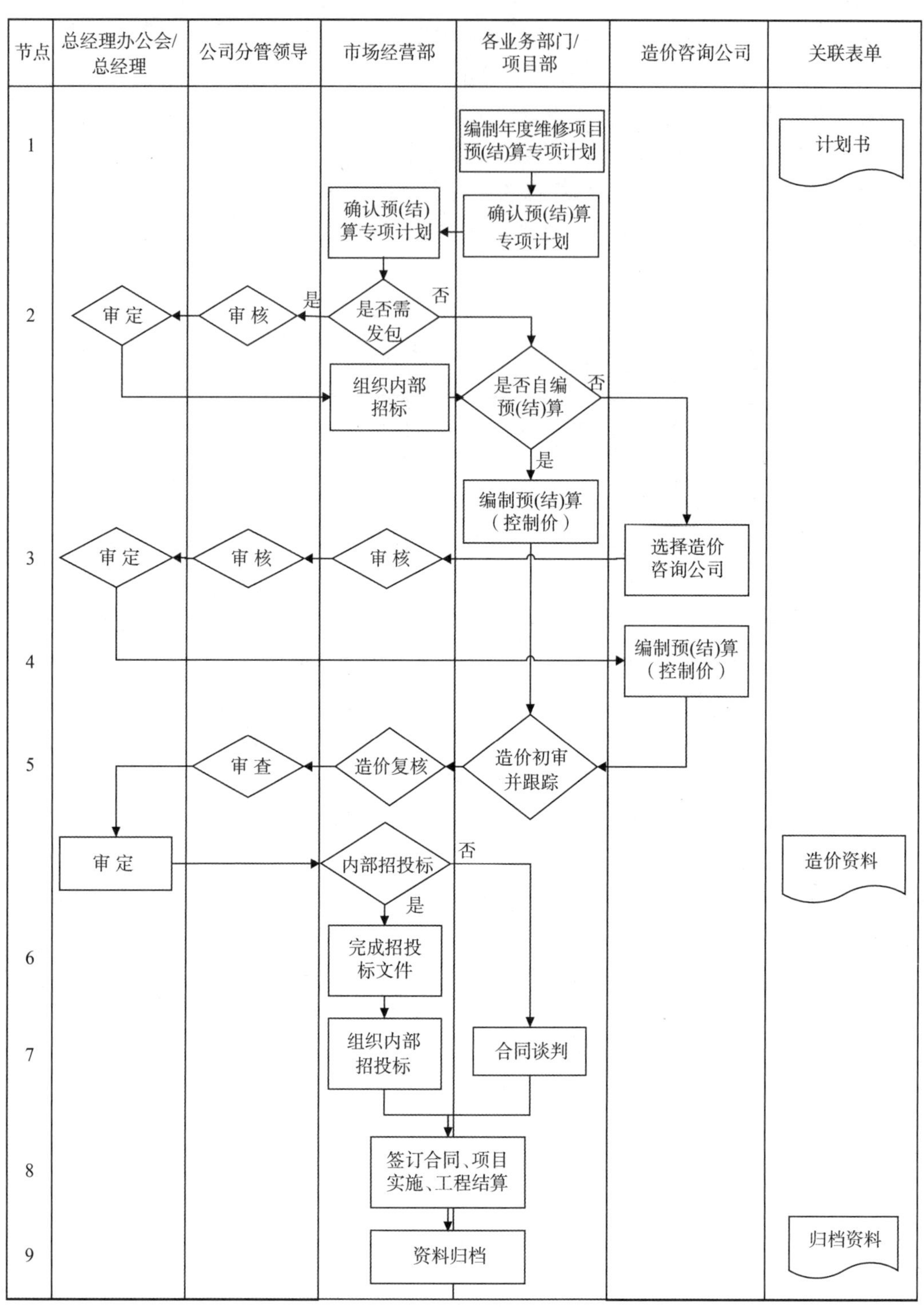

图 8.9　迅翔公司泵闸工程年度维修项目预(结)算编审流程图

表 8.9　迅翔公司泵闸工程年度维修项目预(结)算编审流程说明

序号	流程节点	责 任 人	工 作 要 求
1	编制年度维修项目预(结)算专项计划	维修服务项目部	合同运行养护项目部编制年度维修项目预(结)算专项计划
		运行管理部	负责审核年度维修项目预(结)算专项计划
		市场经营部	协同审核和确认年度维修项目预(结)算专项计划
2	确认是否需采购发包	市场经营部	根据年度泵闸工程维修项目预(结)算专项计划,对照公司"采购招标(比选)管理办法",分别对泵闸工程年度维修项目提出是否采购招标的建议
		公司分管领导	根据公司"采购招标(比选)管理办法"审核采购招标事项
		总经理办公会/总经理	根据公司"采购招标(比选)管理办法"审定采购招标事项
3	选择造价咨询公司	业务部门	判断自己是否具备编制年度泵闸工程维修项目预(结)算(包括招标控制价或标底)的能力。对自己不具备编制预(结)算(包括招标控制价或标底)的年度维修项目,提请市场经营部选择造价咨询公司编制预(结)算(包括招标控制价或标底)
		市场经营部	提出选择造价咨询公司的建议;受委托的造价咨询公司必须具有已经过政府有关部门认可的造价资质证书
		公司分管领导	对造价咨询公司的选择提出审核意见
		总经理办公会/总经理	选定造价咨询公司
4	编制预(结)算(包括招标控制价或标底)	造价咨询公司/业务部门	按泵闸工程维修项目预(结)算(包括招标控制价或标底)编制相关规定,编制预(结)算(包括招标控制价或标底),经部门编制人、复核人签字后,提交业务部门初审。 1. 制订泵闸工程维修项目预(结)算编制计划,统筹安排,分清轻重缓急,做到早做、快审、准确。 2. 编制泵闸工程维修项目预(结)算(包括招标控制价或标底)应遵循以下原则: (1) 廉洁奉公原则:工程预(结)算工作中,应始终以公司利益为最高利益,遵守法律法规,恪守职业道德,严禁主动索要或被动接受财物,如出现损公肥私性质的不正当计价行为,将按照有关规定给予处罚。 (2) 多级审核原则:工程预(结)算应建立起预(结)算人员之间、部门之间编制及审核控制体系;工程预(结)算皆须经过多级审核,各级在审核过程中应认真仔细,有关手续资料的签字、盖章等务必齐全、有效,否则不得办理预(结)算。 (3) 准确高效原则:工程预(结)算中的各项计算应准确、清晰、合理,具有很高的准确度,体现出较高的专业水平;同时工程预(结)算工作应保持较高的工作效率,以适应工程招标、成本核算、工期等多方面的要求。 (4) 可复查性原则:工程预(结)算工作的全过程应有详细、真实的记录及完善的资料管理制度,量价计算过程、审批记录等文件、资料应具备完全的可复查性。

续表

序号	流程节点	责任人	工作要求
4	编制预(结)算(包括招标控制价或标底)	造价咨询公司/业务部门	(5) 合理低价原则:工程预(结)算工作应以客观事实、工程合同等为依据,充分理解、灵活运用当地工程造价管理规定,并利用市场竞争、品牌资源等因素,处理好质量、工期与成本的关系,追求以合理、较低价格确定工程造价。 3. 项目主体工程确因工期紧张需采用费率招标的,应严格按公司"采购招标(比选)管理办法"有关内容办理;当施工图齐备后,业务部门应立即要求承包单位编制施工图预算,同时业务部门应对施工图预算进行编审或委托造价咨询机构编审,而后业务部门应督促并始终参与施工图预算的核对工作,按核定的预算价签订补充工程合同。 4. 费率招标中为防止承包商高估冒算而增加工程预算的核对难度,招标文件中应约定控制办法。 5. 造价编制人员应根据工程量计算规则,按详细的施工图、确定的施工方案并结合现场实际情况计算工程量。 6. 造价编制人员应主动发现施工图中标注不清、前后矛盾、缺项、漏项等问题,并明确标注,落实调整,以减少或避免设计变更及签证,同时准确掌握工程动态成本
		业务部门	配合造价咨询公司做好预(结)算(包括招标控制价或标底)工作,及时整理齐全工程预(结)算工作所需的必备资料,资料必须完整、签章齐备、编号准确,并指定专人负责进行分类、装订、存档
5	造价初审并跟踪	业务部门	跟踪、了解造价咨询机构的编制或审核情况,督促造价咨询机构履行造价咨询职责,仔细审查造价咨询机构的编制结果;同时要求各有关部门做好必要的保密工作:要求所有工程在发标工作完成之前,委托编制预算的造价咨询机构必须对投标人保密;在实行费率招标的情况下,在编制预算阶段,编制预算的造价咨询机构必须对投标人保密,同时也不应向造价咨询机构告知投标人的具体名称等情况
	造价复核	业务部门/市场经营部	业务部门负责对造价咨询公司或本部门预算人员编制的预(结)算进行初审。市场经营部负责对需要发包的项目预(结)算(招标控制价或标底)组织复审。 1. 复审人员应坚持预(结)算工作遵循的原则(见前项)。 2. 受委托的造价咨询公司编制工程预(结)算,应提供计算底稿及与本公司业务部门核对后的预算资料。 3. 组织人员在咨询公司编审工程量清单过程中,依据施工图、采购招标文件及造价咨询公司提供的计算底稿集中对造价咨询公司提供的工程量清单阶段性成果分工挑选复核。 4. 业务部门应参加工程的图纸会审工作,对施工图中标注不清、前后矛盾、缺项、漏项等问题提出建议。 5. 复(审)核人员应根据工程量计算规则,按详细的施工图、已确定的施工方案并结合现场实际情况计算工程量,按照合同规定的计价要求套用定额。 6. 复(审)核工作要检查工程资料的完整性、真实性与时效性。

续表

序号	流程节点	责 任 人	工 作 要 求
5	造价复核	业务部门/市场经营部	7. 复核内容还包括： (1) 复核编审范围的内容，是否将不是本预算合同范围内的项目计入，有无重复计算； (2) 复核编审方法、计价依据和编审程序(包括定额、费用标准、综合价格的确定和调整方法等)是否符合合同约定，补充定额和价格的价格水平、内容组成、编制原则应与招标文件规定相吻合，不得脱离招标文件规定而自定标准； (3) 复核工程量计算是否正确，是否根据有效设计图纸、工程量计算规则和施工组织设计的要求计算，有无多算和重算，尤其对工程量大、造价高的项目应重点复核； (4) 工程量复核重点采用类似工程对比审查法和分组计算审查法计算复核； (5) 复核材料、设备的使用和价格，是审查主要材料、设备是否与施工图和现场实际使用相一致，材料、设备价格是不是我方限价或合同规定价格，无限价和规定的是否已经核实； (6) 复核人应对工程结算中有疑问的地方进行现场勘查、测量，并召集经办人员和知情人员问明情况
	审　查	公司分管领导	审查泵闸工程年度维修项目预(结)算(包括招标控制价或标底)
	审　定	总经理办公会/总经理	审定泵闸工程年度维修项目预(结)算(包括招标控制价或标底)
6	完成招投标文件	市场经营部	完成泵闸工程年度维修项目采购招标(比选)文件
		业务部门	配合完成泵闸工程年度维修项目采购招标(比选)文件
7	组织内部招投标	市场经营部	按公司“供应商管理办法”和“采购招标(比选)管理办法”及相关管理流程，开展泵闸工程年度工程维修项目采购招标(比选)工作
		业务部门	配合完成泵闸工程年度维修项目采购招标(比选)工作
8	签订合同、项目实施、工程结算	市场经营部/业务部门/中标人	1. 按公司合同管理办法和管理流程签订采购合同； 2. 项目实施执行公司年度维修项目管理办法； 3. 工程结算编审参照预(结)算编审要求进行
9	资料整理归档	市场经营部/业务部门	1. 及时总结成本管理的经验和教训，做好各项目的成本分类汇总，分析各项技术经济指标并写出专题总结分析报告； 2. 负责公司工程造价资料的调查、收集、整理、分析，形成工程造价资料信息库供公司采用

3. 费用报销管理流程

迅翔公司费用报销管理流程图见图 8.10，迅翔公司费用报销管理流程说明见表 8.10。

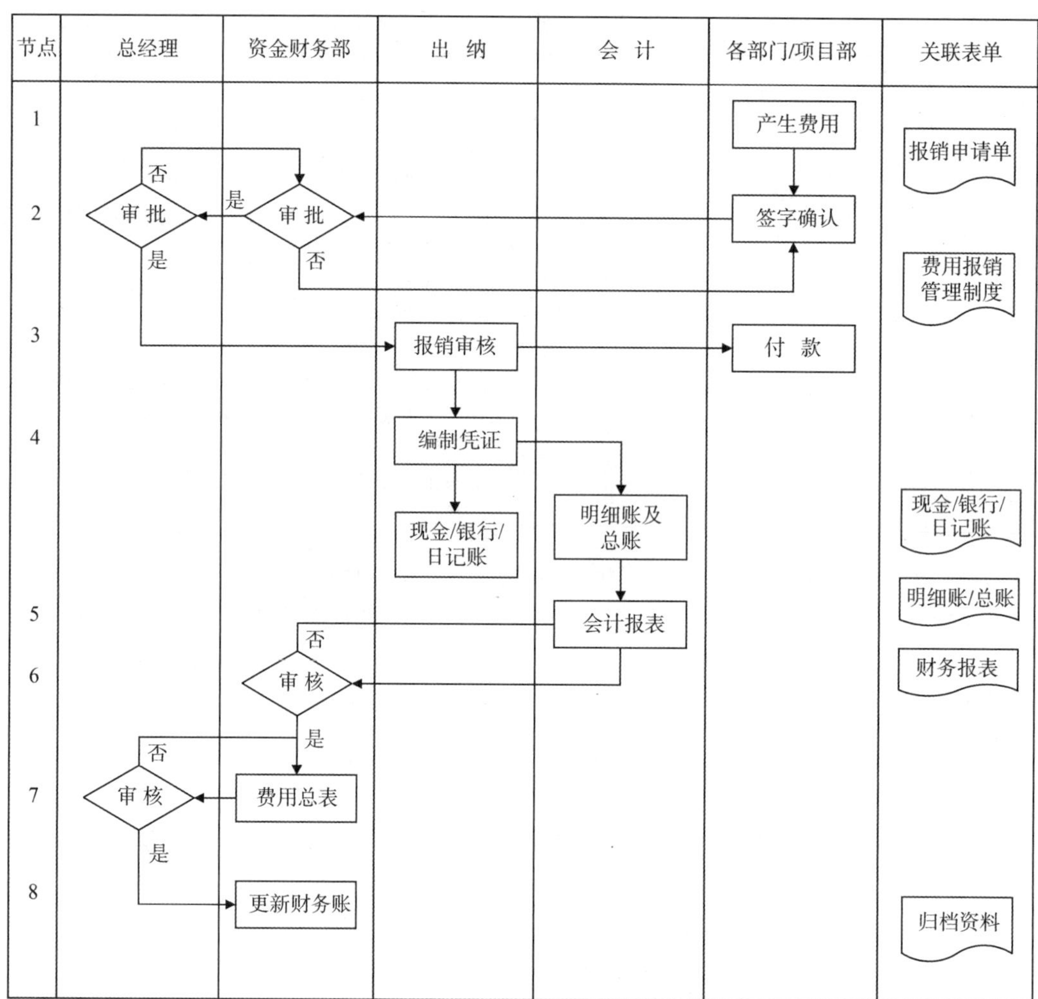

图 8.10 迅翔公司费用报销管理流程图

表 8.10 迅翔公司费用报销管理流程说明

序号	流程节点	责任人	工作要求
1	产生费用	各部门/项目部	因出差、招待、采购等产生的费用，报销人员必须取得完整真实、合法的原始凭证
2	签字确认	各部门/项目部	1. 员工个人在凭单上签字确认，所有签名均应附注日期； 2. 部门负责人确认签字
	审 批	资金财务部	对员工上交的报销申请及原始凭证进行核对、审批，通过则提交总经理审批，未通过则根据实际情况做出处理，包括退回报销单(注明退回原因)；剔除部分不合格、不合理、说明不全的金额后付款(附剔除原因)，要求报销人员补充说明或补必要单证
		总经理	主要对预算外的费用进行审批，看其是否真实、合理；同意则交出纳审核报销，然后付款；不同意则通知财务经理及资金财务部再次确认审核
3	报销审核	出 纳	核对员工上交的报销相关票据是否齐全，填写是否正确，发票是否合规，报销是否符合相关标准，是否符合报销审批签字程序等，通过则办理报销业务(依据现金收付凭证收款/付款报销人签字)以及其他相关手续

续表

序号	流程节点	责任人	工作要求
4	编制凭证	出纳	编制登记现金/银行/日记账
		会计	编制汇总费用明细账及总账
5	会计报表	会计	按照公司规定周期汇总编制会计报表并上报资金财务部审核
6	审核	资金财务部	财务部工作人员对报表的准确、合理、正确性等进行审核，财务经理负责复核
7	费用总表	资金财务部	按照公司规定周期汇总编制费用总表，为企业管理提供财务支持，并报总经理审批
		总经理	审核费用总表，同意则签章，并通知资金财务部
8	更新财务账	资金财务部	及时更新财务账

4. 管理费用控制流程

迅翔公司管理费用控制流程图见图 8.11，迅翔公司管理费用控制流程说明见表 8.11。

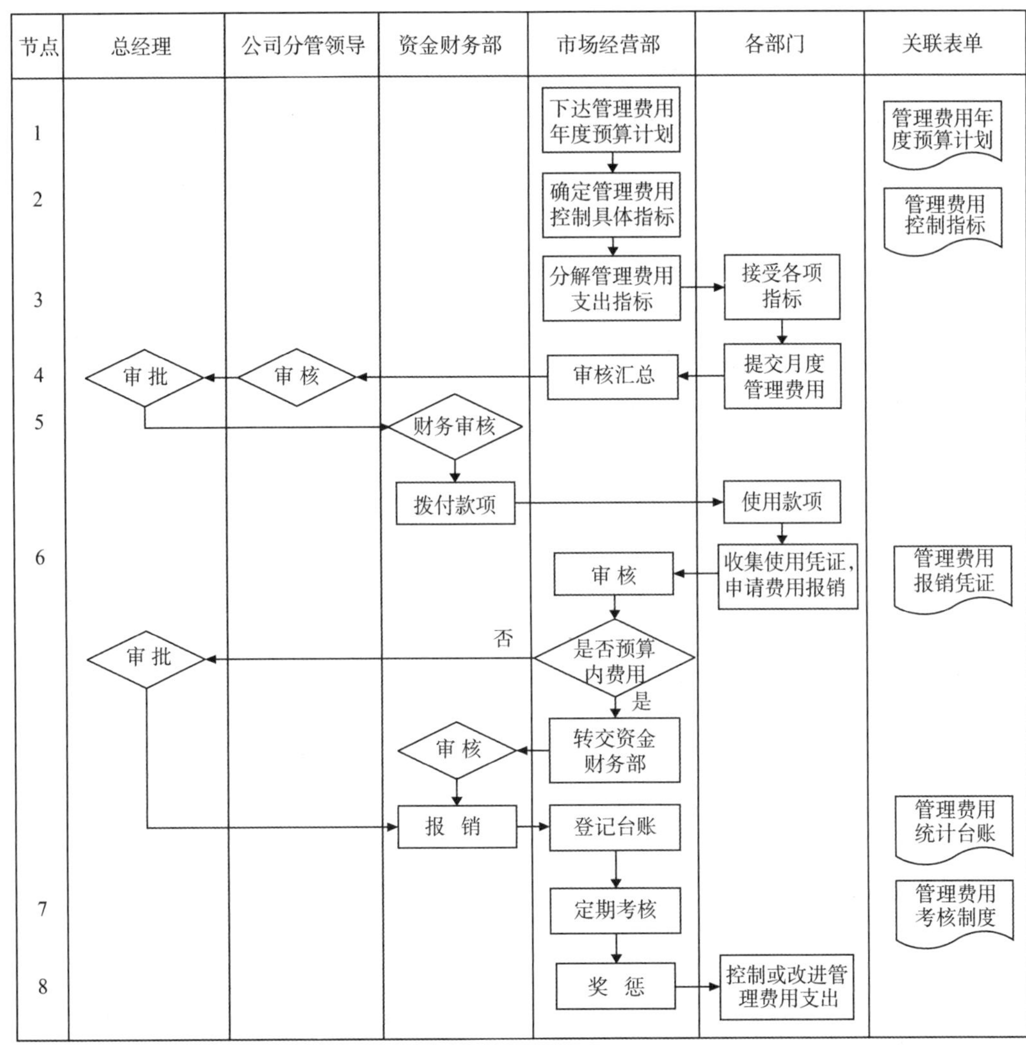

图 8.11 迅翔公司管理费用控制流程图

表 8.11 迅翔公司管理费用控制流程说明

序号	流程节点	责任人	工作要求
1	下达管理费用年度预算计划	市场经营部	下达公司管理费用年度预算计划
2	确定管理费用控制具体指标	市场经营部	根据全年计划，确定管理费用的具体指标（包括项目明细、金额、比例等）
3	分解管理费用支出指标	市场经营部	将总体指标分解至各部门，包括项目明细、金额、比例等
	接受各项指标	各部门	接受市场经营部分解的管理费用各项指标，并严格执行
4	提交月度管理费用	各部门	每月末编制下月度的管理费用用款计划，并提交至市场经营部审核
	审核汇总	市场经营部	对各部门提交的月度管理费用预算的合理性进行审核，并汇总至各分管领导审核
	审　核	公司分管领导	对市场经营部提交的部门月度管理费用预算进行审核，通过则交至总经理审批，未通过则提出意见交市场经营部修改
	审　批	总经理	对月度管理费用预算进行审批
5	财务审核	资金财务部	对审批的月度管理费用做好登记，以备查用
6	填制费用报销单	各部门	业务经办人取得合法的原始凭证，填制报销单交市场经营部
	审　核	市场经营部	对各部门提交的费用报销单的时间、金额、收款账号、发票等信息进行初步审核，对于预算内费用，公司分管领导、总经理签字后交至资金财务部报销；对于预算外费用，业务经办人提交预算外申请并报总经理审批后方可报销
	审核报销	资金财务部	审核原始报销单据，无异议后报销，有异议则提出建议并交业务部门修改
7	登记台账	市场经营部	月末对当月发生费用进行核对并登记
	定期考核		依照考核内容，根据实际执行情况，对各部门考核评分
	进行奖惩		依照公司相关制度，参考考核评分，对部门进行奖惩
8	控制或改进管理费用支出	各部门	对考核结果进行总结，并在下一阶段加以控制或改进

5. 记账凭证会计核算流程

迅翔公司记账凭证会计核算流程图见图 8.12，迅翔公司记账凭证会计核算流程说明见表 8.12。

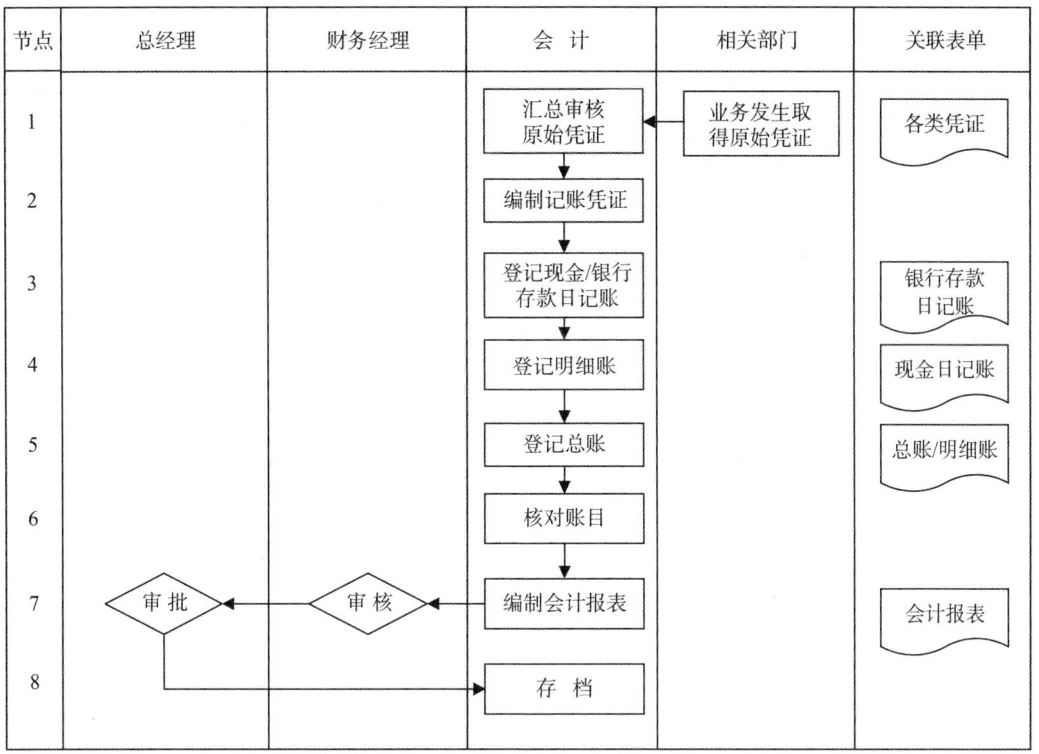

图 8.12　迅翔公司记账凭证会计核算流程图

表 8.12　迅翔公司记账凭证会计核算流程说明

序号	流程节点	责任人	工作要求
1	业务发生取得原始凭证	相关部门	业务经办人取得合法的原始凭证，通过特定程序传递给资金财务部
	汇总审核原始凭证	会　计	审核原始凭证并汇总。一般来说，原始凭证有外来原始凭证，即由业务经办人在业务发生或者完成时从外单位取得的凭证，如供应单位发货票、银行收款通知等；自制原始凭证，即单位自行制定并由有关部门或人员填制的凭证，如收料单、领料单、工资结算单、收款收据、销货发票、成本计算单等
2	编制记账凭证	会　计	每月底汇总同类的原始凭证填制记账凭证
3	登记现金/银行存款日记账	会　计	根据收、付款凭证登记现金日记账、银行存款日记账等
4	登记明细账	会　计	根据记账凭证和原始凭证登记明细分类账
5	登记总账	会　计	根据记账凭证逐笔登记总账
6	核对账目	会　计	每期期末，将日记账、明细账分别与总账核对
7	编制会计报表	会　计	每期期末根据总账、明细账和其他有关资料编制会计报表，同时要核查登记簿记录。会计报表附注中的某些资料需要根据备查登记簿中的记录编制
	审　核	财务经理	审核会计报表，同意则上报总经理审批，有异议则返回会计处修正
	审　批	总经理	对会计报表进行查阅审批
8	存　档	会　计	将有关凭证、资料、报表等存档，以备查用

6. 泵闸工程运行养护合同审计自检流程

迅翔公司泵闸工程运行养护合同审计自检流程图见图 8.13，迅翔公司泵闸工程运行养护合同审计自检流程说明见表 8.13。

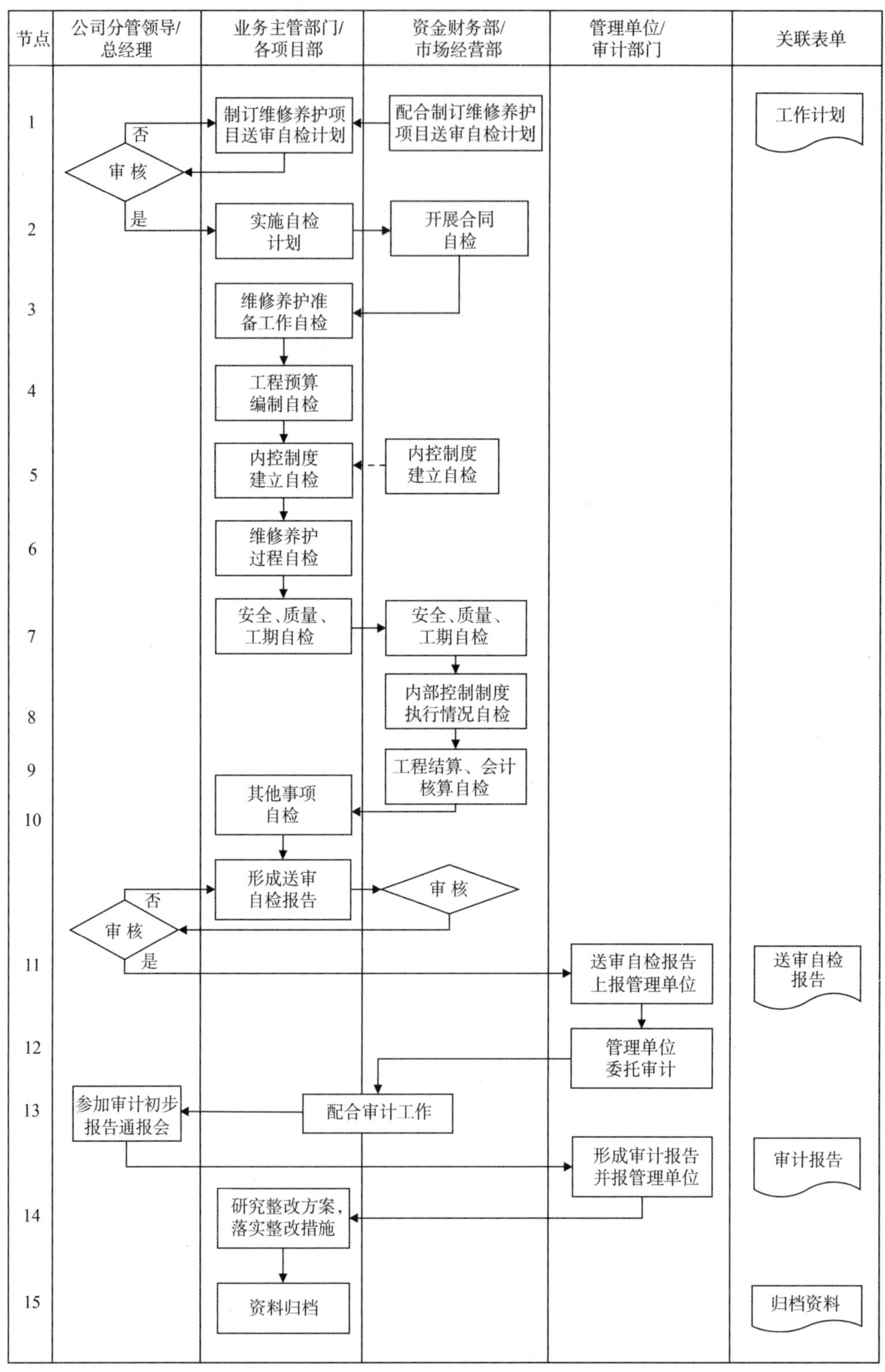

图 8.13　迅翔公司泵闸工程运行养护合同审计自检流程图

表 8.13 迅翔公司泵闸工程运行养护合同审计自检流程说明

序号	流程节点	责任人	工作要求
1	制订维修养护项目送审自检计划	业务主管部门/项目部	根据运行养护合同要求和延伸审计相关规定，结合受审项目实际，制订维修养护项目送审自检计划，明确自检的组织、自检内容、工作要求，必要时，成立自查自检工作小组
		资金财务部/市场经营部	会同业务主管部门、项目部做好维修养护项目送审自检计划编制工作
		公司分管领导/总经理	审核维修养护项目送审自检计划
2	实施自检计划	业务主管部门/项目部/资金财务部/市场经营部	按维修养护项目送审自检计划组织自检，业务主管部门牵头负责，相关部门、项目部配合
	开展合同自检	资金财务部/市场经营部	检查是否签订了项目承包合同，合同双方是否具有法人资格和相应的履约能力，内容是否合规完整；责、权、利划分是否明确。如有分包工程，还应审查工程分包合同
3	维修养护准备工作自检	业务主管部门/项目部	检查施工方案是否先进，现场施工队伍和机械设备的配置能否满足需要，指挥部的设置、定员、人员素质能否符合管理要求
4	工程预算编制自检	业务主管部门/项目部/资金财务部/市场经营部	检查是否编制了工程项目成本预算、费用预算、资金预算，编制依据是否充分，内容是否完整，预算定额是否合理
5	内部控制制度建立自检	业务主管部门/项目部/资金财务部/市场经营部	检查是否建立工程预算管理、合同管理、工资管理、成本管理、设备材料管理、安全质量管理、财务管理、分包工程管理等一系列管理制度，各项制度是否完善、严密
6	维修养护过程自检	业务主管部门/项目部/资金财务部/市场经营部	通过对人工费、材料费、机械使用费、其他直接费和间接费等构成成本五大要素的逐一审查，找出薄弱环节，提出对策和建议。 1. 人工费的审查：审查工时统计资料是否真实、准确，是否按劳动定额核算人工费，工资、奖金是否与效益和劳动生产率挂钩，有无不按规定多发工资，有无巧立名目发奖金，有无违反规定将其他费用列入人工费，使人工费超支加大。 2. 材料费审查：材料费是工程成本的主要组成部分，控制了材料支出，就有效控制了成本。审查材料物资消耗是否按定额控制，是否实行限额发料，材料实际消耗与预算定额的差额是否合理，材料的采购、管理、消耗手续是否齐备，有无损失浪费现象，余料是否盘点，料差和周转材料是否按规定分摊。 3. 机械使用费的审查：机械台班统计资料是否完整、真实，机械使用是否充分，有无因操作失误而造成机械使用费超耗浪费，费用分摊是否准确、合理。 4. 直接费和间接费的审查：审查直接费、间接费的开支是否有严格控制，有无违反规定随意扩大开支范围、提高开支标准、乱挤乱列成本的现象，费用摊销是否合理

续表

序号	流程节点	责 任 人	工 作 要 求
7	安全、质量、工期自检	业务主管部门/安全质量部	检查施工进度是否按计划进行，是否存在只抓进度而放松工程安全和质量管理的现象，有无违规操作导致安全质量事故发生而造成经济损失
8	内部控制制度执行情况自检	业务主管部门/项目部/资金财务部/市场经营部	内部控制制度的自检须检查各项内部控制制度是否贯彻实施，有无流于形式而造成管理失控，对分包工程是否进行有效管理，是否存在只包不管或以包代管现象，有无因管理不善而造成返工窝工等现象，影响工期和效益
9	工程结算、会计核算自检	资金财务部/市场经营部	工程价款收入、支出是否真实，工程结算是否符合规定，验工计价是否及时，手续资料是否完备，有无拖欠工程款现象，成本核算是否符合会计制度
10	其他事项自检	业务主管部门/项目部/资金财务部/市场经营部	1. 是否完成工程承包合同规定的各项指标，有无违反国家财经纪律的行为； 2. 工程期间有无发生安全质量事故，若有应分析原因责任； 3. 是否按国家规定及时全部缴纳了各种税金，有无拖、漏、少缴行为
11	形成送审自检报告	业务主管部门	起草送审自检报告
		资金财务部/市场经营部	审核送审自检报告
		公司分管领导/总经理	审批送审自检报告，并报管理单位
12	管理单位委托审计	管理单位	接收报告并委托审计部门进行审计
		审计部门	按管理单位要求进行专项审计
13	配合审计工作	业务主管部门/项目部/资金财务部/市场经营部	1. 配合对现场维修养护实际工作量进行检查； 2. 提供维修养护等人员从事活动的情况； 3. 做好审计部门要求的书面报告或口头方式询问
14	整 改	审计部门	起草审计报告初稿
		公司分管领导/业务部门/审计部门	必要的审计事项可见面沟通
		审计部门	形成正式审计报告，上报管理单位
		管理单位	根据审计报告提出整改要求
		业务主管部门/项目部	按要求落实整改措施，并反馈整改信息
15	资料归档	业务主管部门/项目部	资料归档

7. 经济合同管理流程

迅翔公司经济合同管理流程图见图 8.14，迅翔公司经济合同管理流程说明见表 8.14。

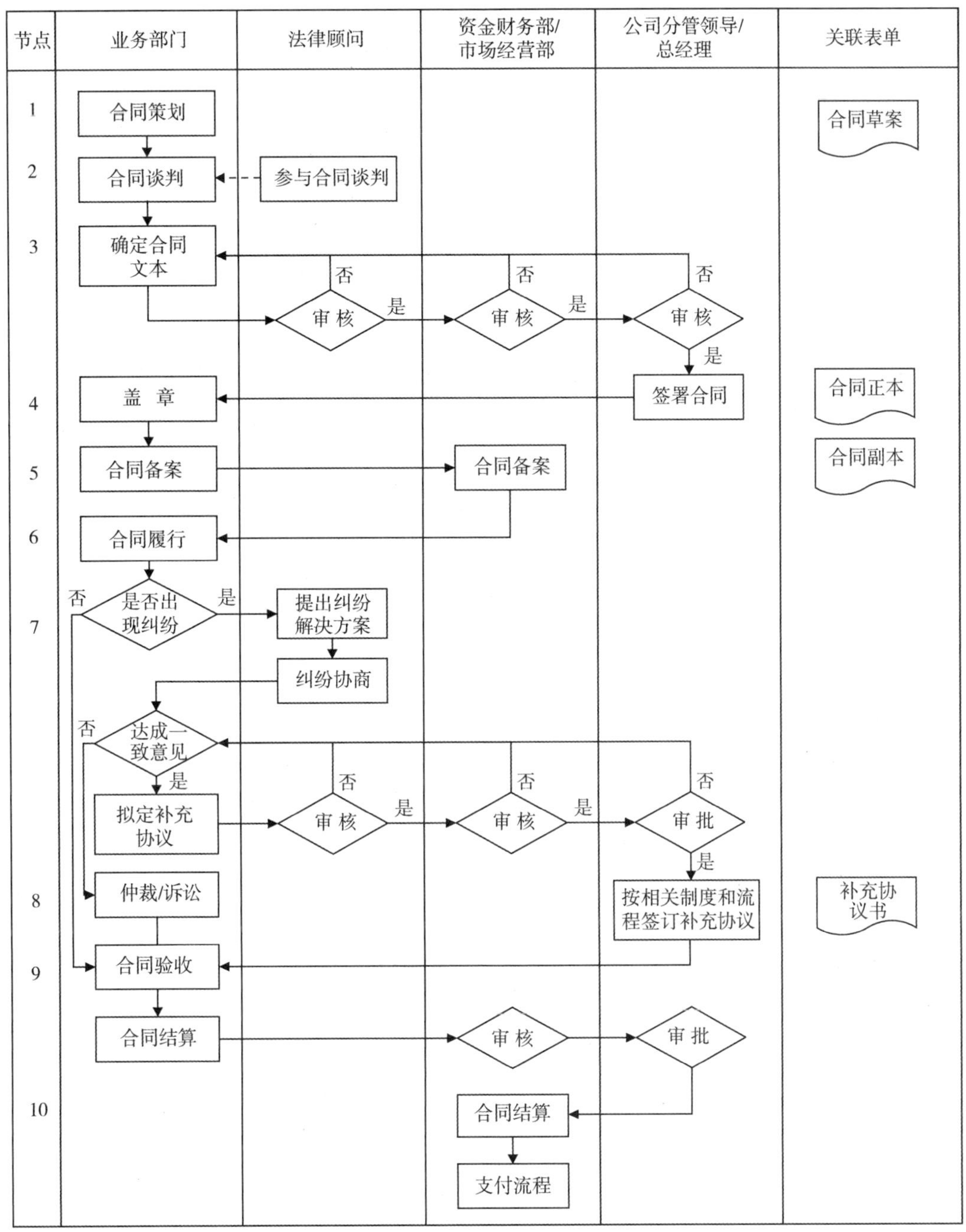

图 8.14　迅翔公司经济合同管理流程图

表 8.14　迅翔公司经济合同管理流程说明

序号	流程节点	责 任 人	工　作　要　求
1	合同策划	业务部门	业务部门组织谈判并负责整理谈判记录，根据谈判的结果起草合同文本，并由本部门负责人审核
2	合同谈判	业务部门/法律顾问	分析判断合同风险与法律相关内容，包括但不限于变更、解除、违约、索赔、不可抗力、诉讼等条款
3	确定合同文本	资金财务部/市场经营部	资金财务部/市场经营部相关人员负责审核合同协议中价款支付方式、违约金的赔偿和经济计算等相关条款
4	签署合同	公司分管领导/总经理	公司分管领导/总经理审批合同文本，审批否决则返回业务部门，审批通过则对合同文本表示意见并签署或授权签署
5	合同备案	业务部门	合同经办人持审批完整的合同审批表和签署后的合同，送至合同归口管理部门登记备案，然后到综合事务部印章管理员处申请加盖印章，将合同 1 份存档，1 份给资金财务部，作为合同结算的依据之一
6	合同履行	业务部门	1. 业务部门根据合同条款履行合同规定的责任与义务，同时对合同双方的合同履行情况进行监督与审核，如无纠纷则根据合同履行阶段进行验收并向资金财务部提出结算申请；如有纠纷则提请法律顾问协助解决。 2. 合同履行有异议，经双方协商达成一致意见后拟定补充协议，审核和审批流程与开始起草合同文本相同；如没有达成一致意见则进入仲裁或诉讼程序
7	纠纷处理	法律顾问	外聘法律顾问对纠纷提出解决方案 ，进行纠纷协商
8	签订补充协议	资金财务部/市场经营部/公司分管领导/总经理	1. 签订补充协议； 2. 资金财务部/市场经营部和公司分管领导/总经理对补充协议的审核和审批流程与起草合同文本一样
9	合同内容验收	业务部门	合同履行结束后，业务部门及资产管理部门对订立合同的内容进行验收，进入验收子流程环节，验收合格后提出结算申请
10	合同结算	资金财务部/市场经营部	1. 资金财务部和市场经营部在所属权限内根据合同条款审核业务部门提出的结算申请，按照合同约定条款办理财务手续，支付款项或履行赔偿责任；若合同双方未按照合同条款履约的，或应签订书面合同而未签订的，或验收未通过的合同，资金财务部有权拒绝付款。 2. 资金财务部和市场经营部应当根据合同编号，分别设立台账，对合同进展情况进行一事一记，以便上级主管部门进行检查和备案。 3. 财务审核通过后提交给公司分管领导/总经理进行审批，通过后进行合同结算，进入支付子流程

8. 薪酬发放方案审批流程

迅翔公司薪酬发放方案审批流程图见图 8.15，迅翔公司薪酬发放方案审批流程说明见表 8.15。

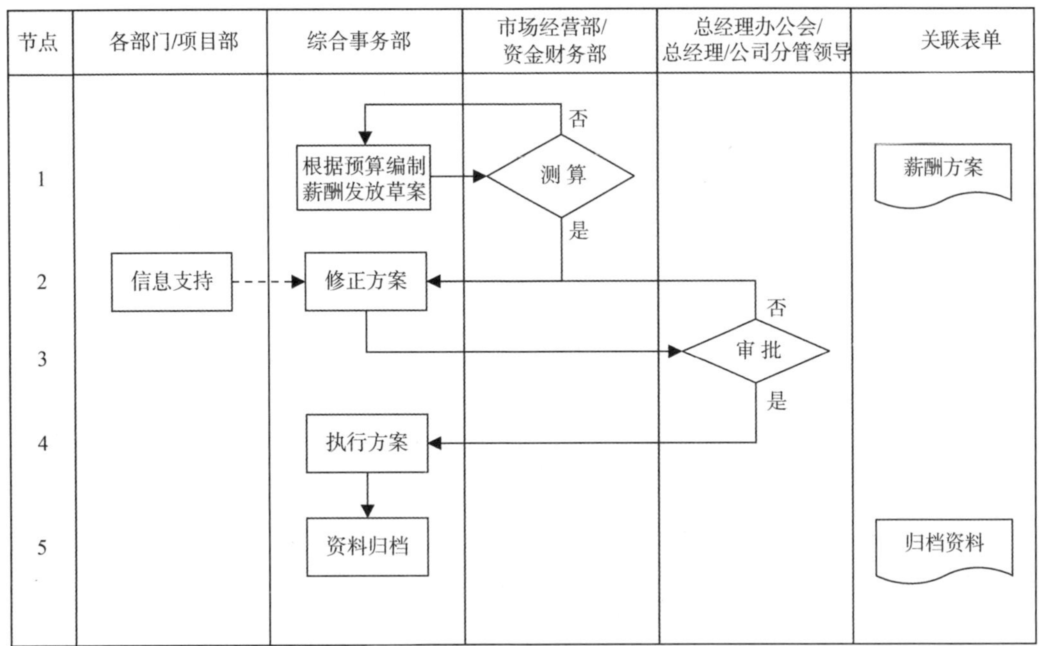

图 8.15　迅翔公司薪酬发放方案审批流程图

表 8.15　迅翔公司薪酬发放方案审批流程说明

序号	流程节点	责任人	工作要求
1	编制薪酬发放草案	综合事务部	1. 薪酬指根据员工的岗位职级、技能、职称、工作年限等情况，并在员工完成全年工作目标且工作业绩综合考评合格的基础上方可获得的税前总收入，包括基本工资、绩效工资、季度考核奖、年终考核奖、其他奖金（工程奖、质量奖、安全奖、先进奖励、重大活动保障奖励等）、津补贴（技能补贴、工龄补贴、高温费、节日补贴、交通费、通信费等），综合事务部根据公司薪酬管理办法、部门和员工考核办法、经济责任制，会同市场经营部及资金财务部编制薪酬发放草案。 2. 编制薪酬发放草案应坚持市场导向原则，根据行业的市场薪酬发放水平和企业实际情况确定员工薪酬发放标准；坚持绩效优先原则，员工薪酬分配以岗位为基础，以绩效为核心，在岗在薪，岗变薪变；坚持集中审批原则，员工薪酬发放标准由公司综合事务部统一管理，调整方案经公司总经理办公会审批同意后执行，任何个人不得核定员工的薪酬发放标准，未经发放批准，不得多方获取薪酬
		市场经营部/资金财务部	做好测算工作，其中经济责任考核兑现事项由市场经营部牵头测算和考核
2	修正方案	各部门/项目部	提供信息支持，包括部门（项目部）工作业绩、员工工作表现、季度和年度考核情况等
		综合事务部	负责修正薪酬发放方案，其中员工初次定岗定薪、应届毕业生确定基本年薪（月薪）、引进人才及特殊贡献人才薪酬，以及岗位、职称、学历等变动后员工薪酬调整按公司相关制度执行

续表

序号	流程节点	责任人	工作要求
3	方案审批	总经理办公会/总经理/公司分管领导	1. 审批薪酬发放方案； 2. 审批薪酬发放调整建议：综合事务部根据员工的岗位变动、职级升降、职称技能变化等评定因素，对薪酬的调整提出书面建议，报公司分管领导审核、总经理审批； 3. 经济责任制兑现方案应经总经理办公会审批
4	执行方案	综合事务部/资金财务部	按审批的薪酬发放方案执行：每月 10 日预发当月基本工资、绩效工资和津补贴，并根据公司绩效考核和奖惩管理办法进行考核，相应奖励和惩处在次月月薪计发时兑现
		各部门/项目部	做好发放和教育引导工作
5	资料归档	综合事务部/资金财务部	做好资料归档工作

9. 员工考勤管理流程

迅翔公司员工考勤管理流程图见图 8.16，迅翔公司员工考勤管理流程说明见表 8.16。

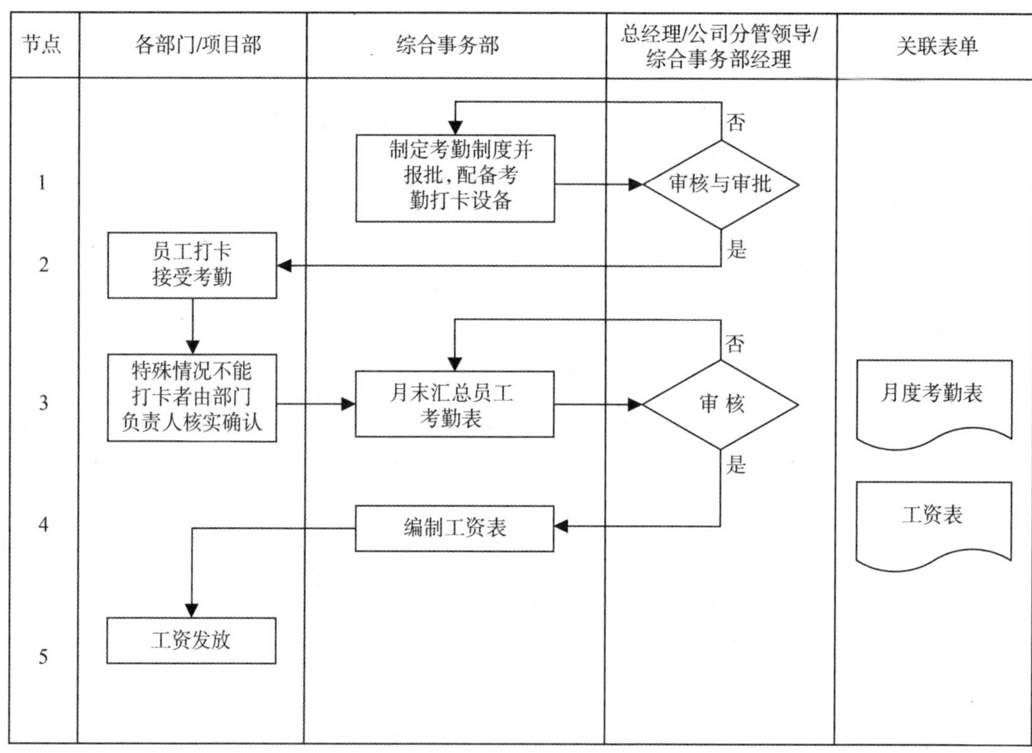

图 8.16　迅翔公司员工考勤管理流程图

表 8.16　迅翔公司员工考勤管理流程说明

序号	流程节点	责任人	工作要求
1	制定考勤管理制度并报批，配备考勤打卡设备	综合事务部	起草考勤管理制度，明确考勤管理要求、工作时间、迟到早退规定、请假管理制度
		公司分管领导	审核考勤管理制度

续表

序号	流程节点	责任人	工 作 要 求
1	制定考勤管理制度并报批,配备考勤打卡设备	总经理	审批考勤管理制度
		综合事务部	配备考勤打卡设备,员工上下班考勤采用手机 APP 方式打卡
2	打 卡	员 工	打卡考勤
		各部门经理/项目部经理	特殊情况下不能打卡者,由部门(项目部)负责人核实确认。 1. 外勤人员打卡需备注外出事由,报部门经理,经获批后可不按迟到早退处理; 2. 因公共交通、突发事件等特殊情况造成迟到早退、脱岗的,应及时请假,经部门经理批准后可不按迟到早退处理,并事后提交相关证明材料
3	月末汇总员工考勤表	综合事务部	月末汇总员工考勤表
		各部门/项目部	配合月末汇总员工考勤表
		综合事务部经理	审核员工考勤汇总表
		各部门经理/项目部经理	审核本部门(项目部)员工考勤表
4	编制工资表	综合事务部	根据考勤和其他依据编制员工工资表并报批
5	工资发放	各部门/项目部	按工资发放流程发放员工工资

10. 员工工资发放流程

迅翔公司员工工资发放流程图见图 8.17,迅翔公司员工工资发放流程说明见表 8.17。

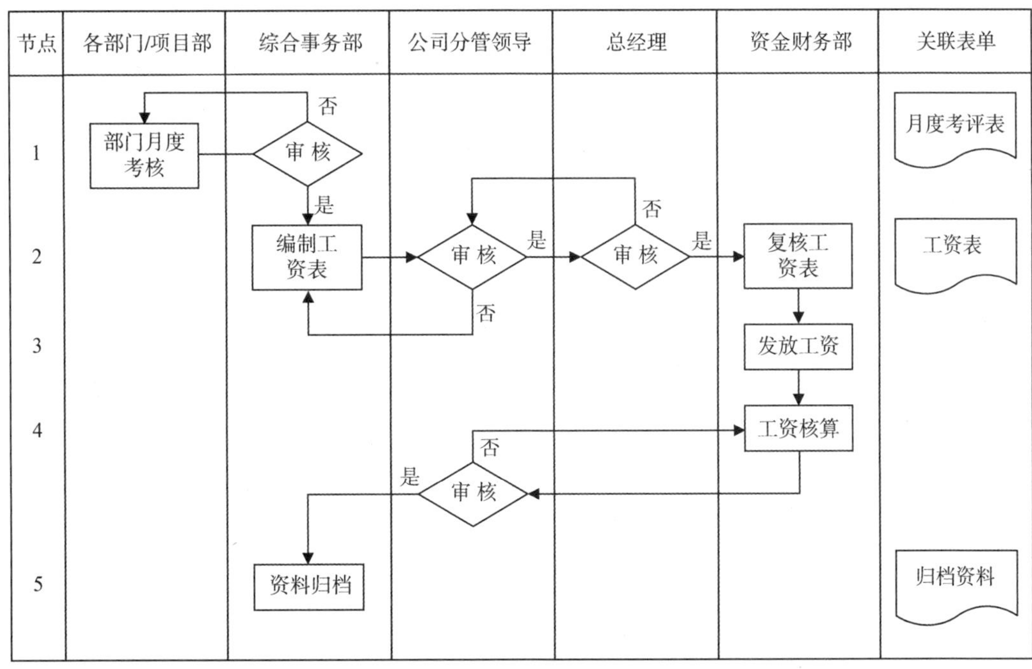

图 8.17 迅翔公司员工工资发放流程图

表 8.17　迅翔公司员工工资发放流程说明

序号	流程节点	责任人	工作要求
1	部门月度考核	各部门/项目部	按员工绩效考核办法对员工进行月度考核
		综合事务部	负责对员工月度考核的工资进行审核
2	编制工资表	综合事务部	1. 员工工资按公司员工薪酬制度执行。 2. 员工工资按照员工的岗位技术复杂程度、工作繁简程度和工作责任大小等因素确定，以岗定薪，岗变薪变。 3. 员工的月工资不得低于本市企业员工最低工资标准，病假、工伤等特殊情况的工资待遇，按上海市有关规定执行。 4. 员工工资包括基本工资、效益工资，公司每月 10 日按时支付员工基本工资；效益工资作为月收入考核部分，公司在对员工工作表现考核后，每月 10 日以货币形式支付给员工，遇法定节假日、休息日提前发放工资，不得克扣或者无故拖欠
		公司分管领导/总经理	审核工资表
		资金财务部	复核工资表
3	发放工资	资金财务部	发放工资
4	工资核算	资金财务部	对工资进行核算，报公司分管领导审核
5	资料归档	综合事务部	资料归档

11. 员工奖励管理流程

迅翔公司员工奖励管理流程图见图 8.18，迅翔公司员工奖励管理流程说明见表 8.18。

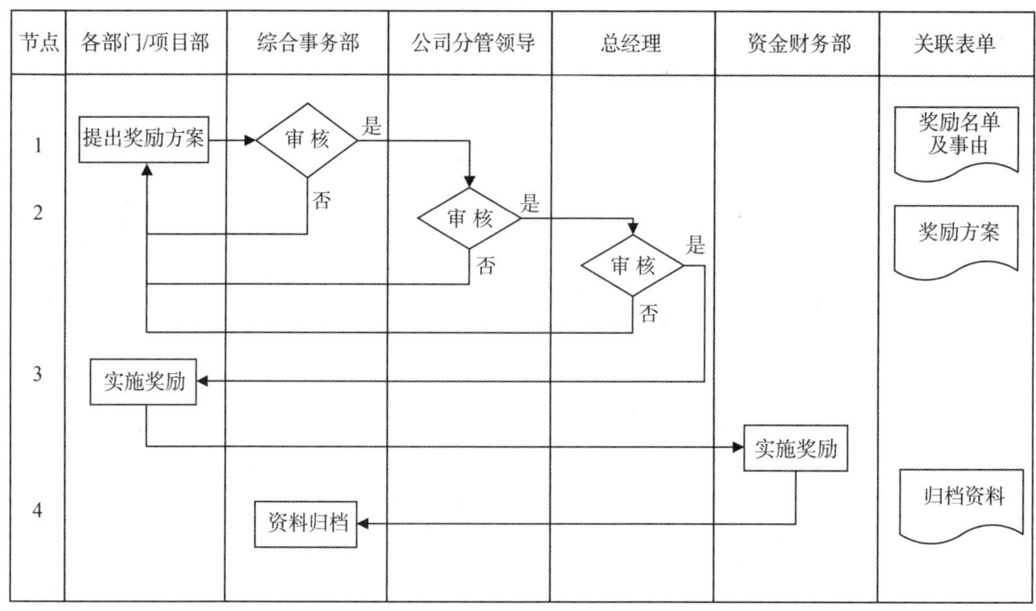

图 8.18　迅翔公司员工奖励管理流程图

表 8.18　迅翔公司员工奖励管理流程说明

序号	流程节点	责任人	工作要求
1	提出奖励方案	各部门/项目部	呈报奖励员工名单和事由，提出奖励方案，奖励方案包括： 1. 绩效工资：根据公司的效益情况和员工的日常表现进行考核后发放的工资； 2. 季度考核奖：根据公司经营状况，结合季度综合考评结果而确定的浮动薪资； 3. 年度考核奖：综合上级集团对公司的年度绩效考评结果、运行养护合同考核结果及企业利润情况而确定的年终奖励，结合部门、项目部和员工 4 次季度考核结果、出勤天数，于年底一次性发放的奖励； 4. 经济责任制兑现奖； 5. 其他奖金：结合工程建设、运行管理、重大活动保障、引进项目奖及招投标奖等情况而确定的一次性奖励
2	审核方案	综合事务部	提出审核意见，其中： 1. 季度考核奖的计发结合出勤天数和季度考核结果核发；季度考核主要是对岗位职责设定的工作任务完成情况进行考核。 2. 年度考核奖的确定和计发：根据公司年度营收和利润情况、集团对公司年度考核、管理单位合同考评以及公司对部门和员工考核结果确定；员工因个人原因中途离职或辞职的，不予发放年终奖励。 3. 经济责任制兑现奖：按经济责任制落实流程执行，综合事务部会同市场经营部、资金财务部审核。 4. 其他奖金的确定和计发：结合重大工程完成、重大活动保障、安全质量考核评优、引进项目及招投标等情况，对做出贡献的集体或个人发放特殊奖励，发放标准依据贡献和工资总额使用情况以及公司相关规定执行
		各部门/项目部	配合审核有关奖励方案
		公司分管领导/总经理	审定有关奖励方案，其中，经济承包责任制兑现奖需总经理办公会审定
3	实施奖励	各部门/项目部	做好奖励方案实施中的相关工作
		资金财务部	做好奖金发放工作
4	资料归档	综合事务部	做好资料归档工作

8.5 精神文明

8.5.1 评价标准

重视党建工作，注重精神文明和水文化建设；管理单位内部秩序良好，领导班子团结，员工爱岗敬业，文体活动丰富。

8.5.2 赋分原则(20分)

(1) 领导班子成员受到党纪政纪处分，且在影响期内，此项不得分。

(2) 上级主管部门对单位领导班子的年度考核结果不合格，扣10分。

(3) 单位秩序一般，精神文明和水文化建设不健全，扣6分。

(4) 未参加行业服务品牌、服务明星等创建活动，扣4分。

8.5.3 管理和技术标准及相关规范性要求

《关于深化群众性精神文明创建活动的指导意见》(中央精神文明建设指导委员会2017年3月发布)；

《全国文明单位测评体系》(中央精神文明建设指导委员会2020年6月发布)；

《水利行业岗位规范　水利工程管理岗位》(SL 301.5—93)。

8.5.4 管理流程

1. 概述

(1) 泵闸精神文明建设主要考核评价管理单位和运行维护企业及其运行养护项目部精神文明建设情况，包括精神文明建设创建计划与实施、加强党的建设和党风廉政建设、培育和践行社会主义核心价值观、理想信念教育、爱国主义教育、公民道德建设、弘扬中华优秀传统文化和水文化以及法治文化、加强诚信建设、学习先进典型等活动计划与实施、做好信访工作、发挥职代会和工会作用、丰富员工文体活动等内容；包括创建“工人先锋号”、“青年文明号”、项目部立功竞赛、行业服务品牌、服务明星、评选文明班组和个人、为民服务、学雷锋志愿服务、精神文明共建、建立党建联盟等多种方式。要通过加强精神文明建设，单位形成一系列创建成果，形成遵纪守法、热爱集体、团结友善、爱岗敬业、争先创优的良好氛围。以上内容和方式的实施均应编制相应的业务流程。

(2) 精神文明考核评价资料涉及各类创建计划和总结及其活动实施台账资料、政治理论和业务学习资料、党建及党风廉政建设台账资料、职代会和工会以及共青团工作台账资料、各类文体活动资料等。

(3) 本节以“平安泵闸”党建联盟工作流程和运行养护项目部立功竞赛创建流程为例进行阐述。

2. “平安泵闸”党建联盟工作流程

“平安泵闸”党建联盟工作流程图见图 8.19，“平安泵闸”党建联盟工作流程说明见表 8.19。

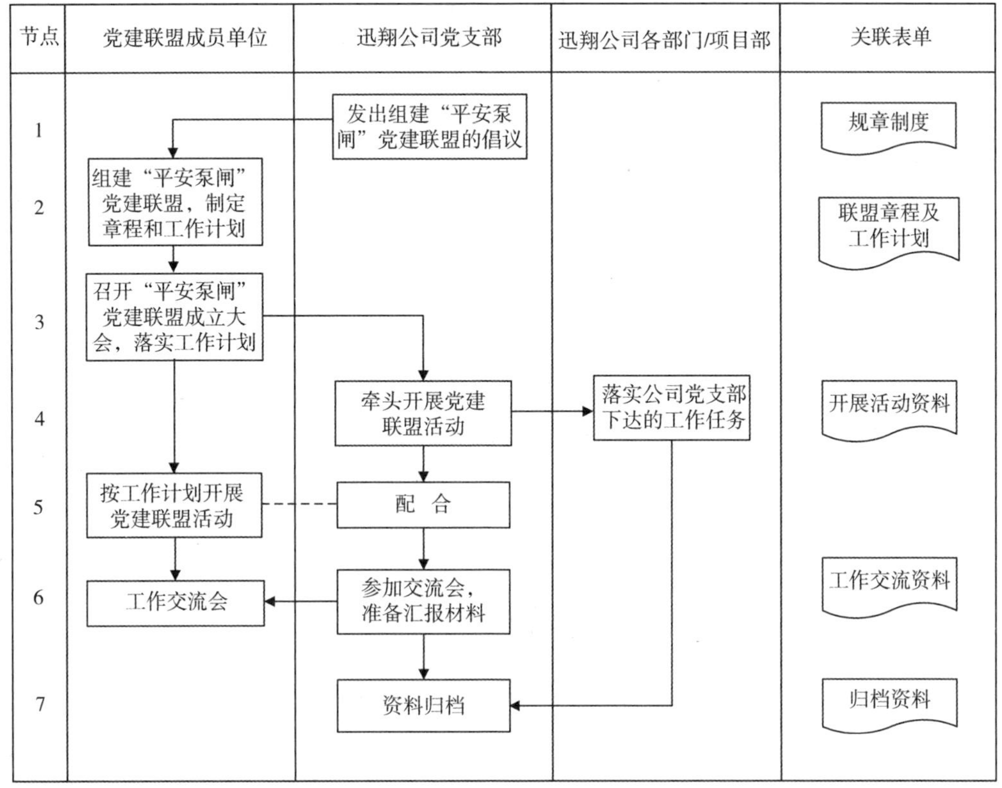

图 8.19 “平安泵闸”党建联盟工作流程图

表 8.19 “平安泵闸”党建联盟工作流程说明

序号	流程节点	责任人	工作要求
1	发出组建“平安泵闸”党建联盟倡议	迅翔公司党支部	迅翔公司党支部发出倡议，同泵闸管理行业主管部门市水利中心、各泵闸管理单位、各泵闸运行维护单位、城投公路集团等相关所属党支部自愿组成“平安泵闸”党建联盟，优化机制、凝聚合力，努力形成党建资源集聚共享、优势互补、联动赋能的新格局
2	组建“平安泵闸”党建联盟，制定章程和工作计划	迅翔公司党支部	起草“平安泵闸”党建联盟章程和工作计划，从防汛防台工作要求出发，主动适应城市建设和管理新形势、新要求，夯实党建联盟工作基础，推进基层党组织建设，不断激发党组织和党员队伍活力，持续提升泵闸运维管理精细化水平，为城市防汛安全、活水畅流做出更大的贡献，其工作任务包括：

续表

序号	流程节点	责任人	工作要求
2	组建"平安泵闸"党建联盟，制定章程和工作计划	迅翔公司党支部	1. 完善组织体系，建立党建联盟常态运行机制。 (1) 建立联盟组织网络； (2) 完善联系沟通机制。 2. 强化政治引领，推进党建联盟发展共促共赢。 (1) 开展特色活动； (2) 加强人才建设。 3. 强化发展意识，争做党建创新的率先实践者。 (1) 加强联盟品牌建设； (2) 加强精神文明建设
		党建联盟成员单位	审核"平安泵闸"党建联盟章程和工作计划
3	召开成立大会，落实工作计划	党建联盟成员单位	适时召开"平安泵闸"党建联盟成立大会，通过"平安泵闸"党建联盟章程，落实"平安泵闸"党建联盟工作计划
4	牵头开展	迅翔公司党支部	执行"平安泵闸"党建联盟工作计划，牵头组织开展系列党建联盟活动和品牌建设，力求活动出精品，品牌有特色
5	组织实施党建联盟活动	迅翔公司各部门/项目部	按公司党支部要求，具体负责"平安泵闸"党建联盟活动和品牌建设的组织实施
6	按工作计划开展党建联盟活动	党建联盟成员单位	按"平安泵闸"党建联盟工作计划，积极组织开展丰富多彩的党建联盟活动
		迅翔公司党支部	配合其他"平安泵闸"党建联盟成员单位开展党建联盟活动
7	召开交流会	党建联盟成员单位	定期召开"平安泵闸"党建联盟交流会，取长补短，相互促进
		迅翔公司党支部	参加交流会，做好工作交流；配合做好交流会会务工作
8	整理归档	迅翔公司党支部	做好"平安泵闸"党建联盟相关资料整理、归档工作

3. 运行养护项目部立功竞赛创建流程

迅翔公司运行养护项目部立功竞赛创建流程图见图 8.20，迅翔公司运行养护项目部立功竞赛创建流程说明见表 8.20。

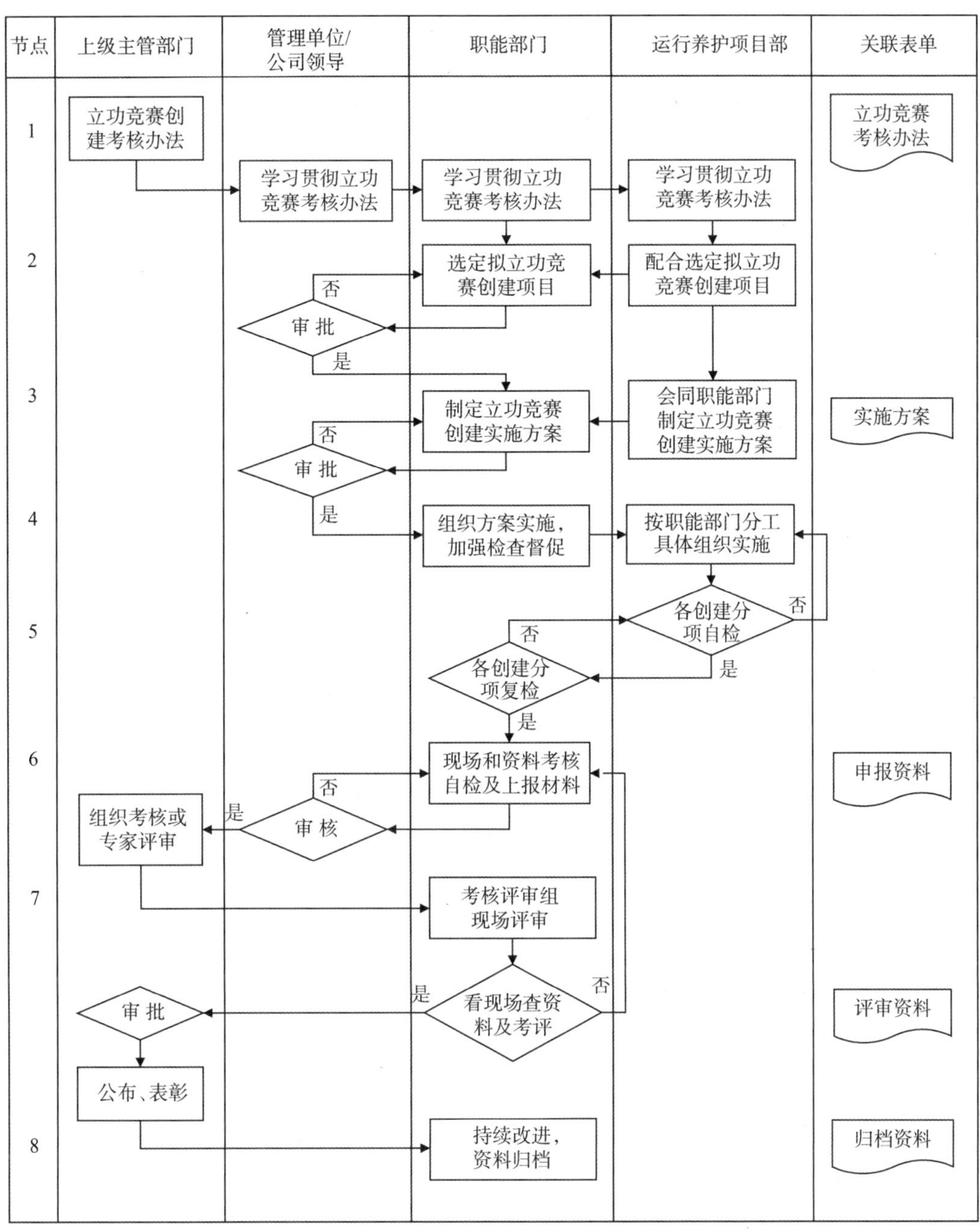

图 8.20　迅翔公司运行养护项目部立功竞赛创建流程图

表 8.20　迅翔公司运行养护项目部立功竞赛创建流程说明

序号	流程节点	责任人	工作要求
1	学习贯彻立功竞赛考核办法	上级主管部门	发布立功竞赛创建考核办法及考核标准、创建活动文件
		管理单位/公司领导	传达上级立功竞赛创建考核办法及考核标准、创建活动文件
		职能部门/运行养护项目部	学习贯彻上级立功竞赛创建考核办法及考核标准、创建活动文件
2	选定拟创建立功竞赛项目	职能部门	根据本部门实际，拟定立功竞赛创建项目
		运行养护项目部	配合职能部门，拟定立功竞赛创建项目
		管理单位/公司领导	审定立功竞赛创建项目
3	制定立功竞赛创建实施方案	职能部门	根据本部门实际，拟定立功竞赛创建实施方案
		运行养护项目部	配合职能部门，拟定立功竞赛创建实施方案
		管理单位/公司领导	审定立功竞赛创建实施方案
4	组织方案实施加强检查督促	职能部门	根据立功竞赛创建实施方案组织实施，做好指导、检查、督促工作
		运行养护项目部	根据职责分工，具体组织实施
5	各创建分项自检与复检	运行养护项目部	做好立功竞赛各创建分项自检工作，发现不足之处，立即整改
		上级主管部门	做好立功竞赛各创建分项复检工作，发现不足之处，立即督促整改
6	现场和资料考核自检及上报材料	职能部门	根据现场情况和内业资料情况，在复检的基础上进一步加强考核自检，形成自检报告并上报
		管理单位/公司领导	审核职能部门提交的考核自检报告并上报
		上级主管部门	组织检查考核，或委托专家组进行考核评价
7	考核评价	上级主管部门/考核评价专家组	在项目现场，根据考核办法规定的流程，进行现场和资料查看，听取汇报，业务质询，做出结论性考核评价意见，对不足之处，提出整改建议
		上级主管部门	审定考核评价意见，形成考核评价结果并公布
8	持续改进，资料归档	职能部门/运行养护项目部	根据考核评价结果，持续改进，并将资料归档

8.6　档案管理

8.6.1　评价标准

档案管理制度健全，配备档案管理人员；档案设施完好，各类档案分类清楚，存放有序，管理规范；档案管理信息化程度高。

8.6.2 赋分原则(30 分)

(1) 档案管理制度不健全,管理不规范,设施不足,扣 10 分。

(2) 档案管理人员不明确,扣 5 分。

(3) 档案内容不完整、资料缺失,扣 10 分。

(4) 档案管理信息化程度低,扣 5 分。

8.6.3 管理和技术标准及相关规范性要求

《泵站技术管理规程》(GB/T 30948—2021);

《建设工程文件归档规范》[GB/T 50328—2014(2019 年局部修订)];

《科学技术档案案卷构成的一般要求》(GB/T 11822—2008);

《电子文件归档与电子档案管理规范》(GB/T 18894—2016);

《照片档案管理规范》(GB/T 11821—2002);

《归档文件整理规则》(DA/T 22—2015);

《水闸技术管理规程》(SL 75—2014);

《技术制图　复制图的折叠方法》(GB/T 10609.3—2009);

《CAD 电子文件光盘存储、归档与档案管理要求　第一部分:电子文件归档与档案管理》(GB/T 17678.1—1999);

《上海市水闸维修养护技术规程》(SSH/Z 10013—2017);

《上海市水利泵站维修养护技术规程》(SSH/Z 10012—2017);

《水利档案工作规定》(水办〔2020〕195 号);

泵闸工程技术管理细则。

8.6.4 管理流程

1. 概述

(1) 泵闸工程运行维护技术档案是指经过鉴定、整理、归档后的工程技术文件,产生于整个水利工程建设及建成后的管理运行的全过程。泵闸工程运行维护技术档案包括工程建设、管理运用全过程所形成的应归档的文字、图纸、图表、声像材料等以纸质、胶片、磁介、光介等为载体的各种历史记录,是工程管理的重要依据之一。

(2) 泵闸工程运行维护技术档案的收集、整理、归档应与工程建设和管理同步进行。运行养护项目部应明确专人负责档案的收集、整理、归档工作,以确保档案的完整、准确、系统、真实、安全。

(3) 泵闸工程运行维护技术档案的管理应符合国家档案管理的规范要求,应按规范要求进行档案的整理、排序、装订、编目、编号、归档,确定保管期限;应按档案管理制度规定进行档案的借阅管理和鉴定销毁工作;应努力提高档案的利用率。

(4) 运行养护项目部应设立专门的档案(资料)室,由综合管理员负责管理档案,应按档案保存要求采取防霉、防虫、防小动物、防火、避光等措施,并按规定每年组织泵闸工程运行维护技术档案验收和移交。

(5) 运行养护项目部应加强泵闸工程运行维护电子文件的归档与管理，按《电子文件归档与电子档案管理规范》(GB/T 18894—2016)、《CAD电子文件光盘存储、归档与档案管理要求　第一部分：电子文件归档与档案管理》(GB/T 17678.1—1999)的要求执行。

(6) 应加强档案信息化建设，实现档案目录电子检索，重要科技档案、图纸等资料应实施电子化。

(7) 涉及档案管理的相关材料包括档案管理制度和流程、档案管理组织网络、工程档案分布图、档案管理人员持证及培训情况、档案管理分类方案、工程档案全引目录、工程档案日常管理资料、档案利用效果登记表等。

(8) 泵闸工程运行维护技术档案管理相关流程包括技术档案管理总流程、技术档案汇总归档流程、电子档案归档流程、统计工作及信息报送流程、档案保管流程、档案借阅流程、档案利用流程、数字档案工作流程、档案销毁流程、档案室维护工作流程等。

本节以迅翔公司泵闸工程运行维护技术档案汇总归档流程和泵闸工程运行维护统计工作及信息报送流程为例进行阐述。

2. 泵闸工程运行维护技术档案汇总归档流程

迅翔公司泵闸工程运行维护技术档案汇总归档流程图见图8.21，迅翔公司泵闸工程运行维护技术档案汇总归档流程说明见表8.21。

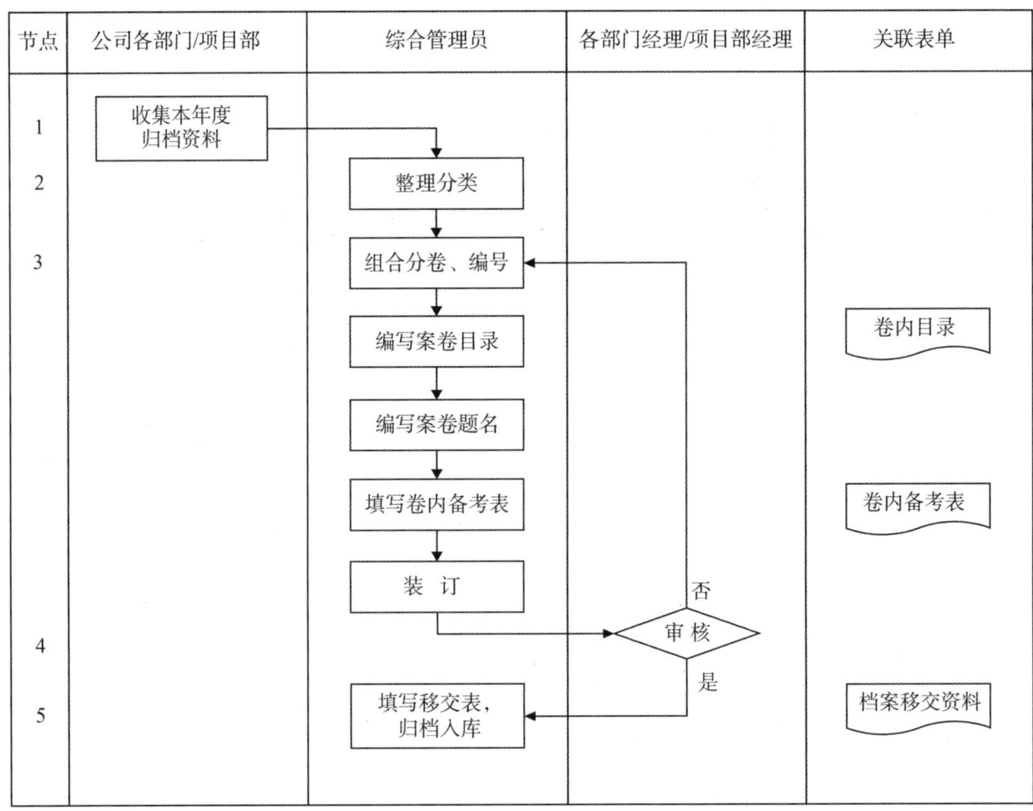

图8.21　迅翔公司泵闸工程运行维护技术档案汇总归档流程图

表 8.21　迅翔公司泵闸工程运行维护技术档案汇总归档流程说明

序号	流程节点	责任人	工作要求
1	收集归档资料	公司各部门/项目部	1. 每年1月,公司各部门、各项目部根据归档范围收集本部门上年度可归档文件资料。 2. 公司技术档案分为行政管理业务档案、经营管理业务档案、生产技术管理业务档案、科研档案、基建档案、设备档案、会计档案、声像档案、实物档案等类别。 3. 科研档案按课题为单位整体归档,科研档案应包括:科研准备阶段材料、研究实验阶段材料、科研总结鉴定阶段材料及科研成果奖励申报阶段材料等全过程的文件材料;公司自有资金开展课题研究而形成的档案由综合事务部归口管理;源于工程项目资金开展课题研究而形成的档案则归入项目中。 4. 设备档案应包括设备的购置、安装、调试、使用、维修改造、更新、报废及制造厂提供的技术检验文件、随机图样、合格证、技术说明书、装箱单、设备安装验收移交书等全部材料;公司自有资金采购而增添(更新)设备的档案由综合事务部归口管理,源于工程项目资金采购而增添(更新)设备的档案则归入项目中。 5. 会计档案包括会计凭证、会计报告、会计账簿、会计其他4个二级类目编制档号;会计档案归档参照《会计档案管理办法》(中华人民共和国财政部、国家档案局令第79号)执行。 6. 声像档案的载体包括照片、录音、录像、光盘等,包括本单位召开的各类重要会议、开展的重要活动、上级领导到本单位调研和检查工作、重要工程建设、重要科研成果、重要科技发明、重要事件处理等,以及其他具有保存价值的声像材料;声像材料形成后应及时归档,并附有简明扼要的文字说明,归档的声像材料应是原版、原件,应按不同载体、形成时间等分类编制案卷目录。 7. 实物档案主要包括本单位荣获上级机关授予的奖杯、奖状、锦旗、证书、领导题词及其他有珍藏价值的纪念品等,以及企业印章档案管理;综合事务部应接收本单位荣获各种荣誉的实物档案,并分类编制案卷目录。 8. 交接时应确认材料收集齐全,无遗漏,方可办理档案移交手续
2	整理分类	综合管理员	1. 根据文件分类方案对文件资料进行整理分类,档案整理应按以下步骤操作: (1) 区分全宗; (2) 全宗内档案的分类; (3) 初步立卷; (4) 卷内文件整理编目; (5) 类内案卷初步排列; (6) 案卷加工整理; (7) 案卷调整与编号; (8) 编制案卷目录。 2. 归档整理工作应遵循文件形成的特点和规律,保持文件之间的相互联系,符合有关标准、规范要求;归档的文件材料应为原件,因故无原件的可归入具有凭证作用的文件材料;卷内文件应按正本在前、底稿在后,批复在前、请示在后,转发件在前、原件在后,正文在前、附件在后的原则规范组卷;案卷目录的编制应按照各类档案排列顺序而定,一个全宗内不得出现重复的档号

续表

序号	流程节点	责任人	工作要求
3	立卷	综合管理员	1. 参照公司档案管理办法对已分类的档案进行立卷，编制完成案卷目录和卷内目录； 2. 应结合本部门或本项目部档案具体情况，编制档案检索工具，主动为使用者提供方便
4	审核	各部门经理/项目部经理	各部门/项目部经理对立卷档案进行审核
5	归档入库	综合管理员	将已审核的档案入库

3. 泵闸工程运行维护统计工作及信息报送流程

迅翔公司泵闸工程运行维护统计工作及信息报送流程图见图 8.22，迅翔公司泵闸工程运行维护统计工作及信息报送流程说明见表 8.22。

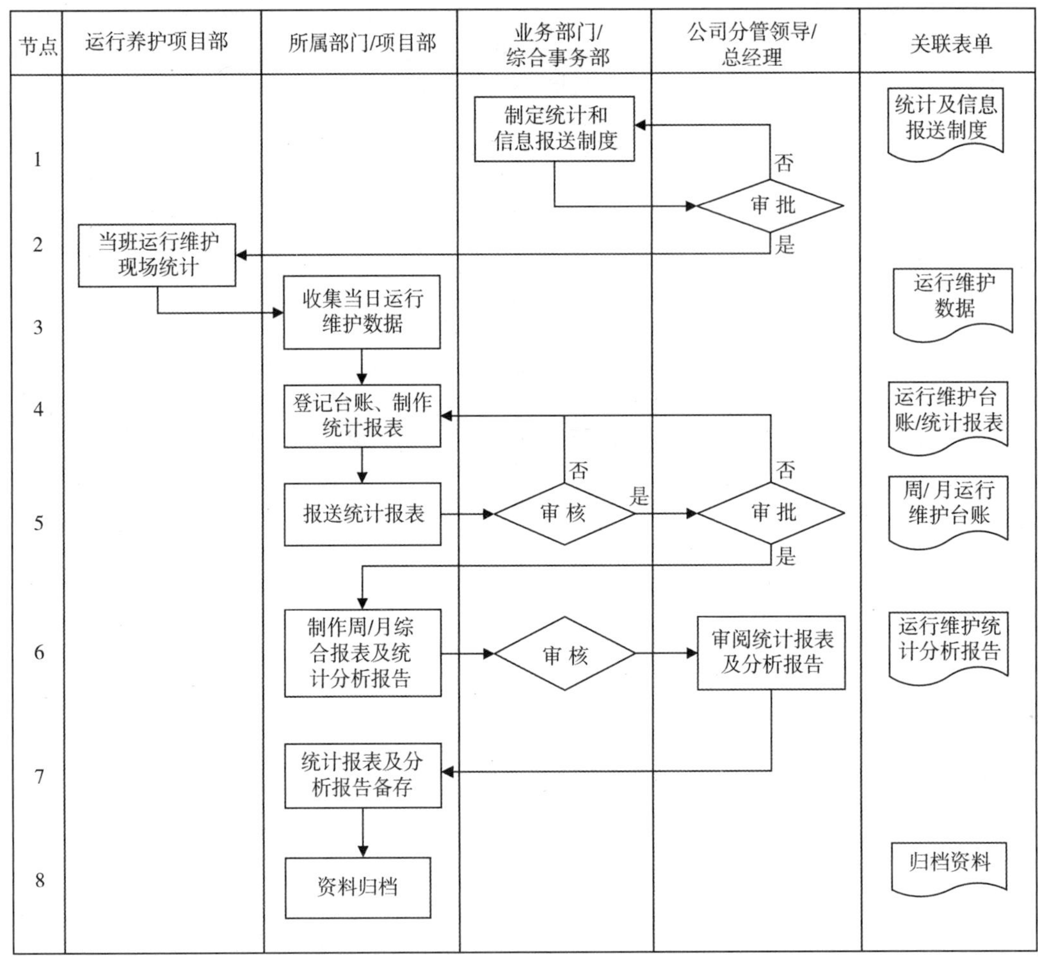

图 8.22　迅翔公司泵闸工程运行维护统计工作及信息报送流程图

表 8.22 迅翔公司泵闸工程运行维护统计工作及信息报送流程说明

序号	流程节点	责任人	工作要求
1	制定统计和信息报送制度	综合事务部	建立公司统计工作制度和信息报送制度，明确职能分工、岗位职责和统计(信息报送)事项。 1. 公司统计管理和信息报送工作，实行综合统计(信息报送)、专业统计(信息报送)与基层统计(信息报送)三级管理体制，由综合事务部归口管理。 2. 综合统计(信息报送)业务归口综合事务部，负责公司综合统计(信息报送)和统计(信息报送)业务管理。 3. 专业统计(信息报送)业务归口各相关管理部门，分别负责泵闸工程运行维护统计、安全质量统计、技术创新统计、经营合同统计、人事劳资统计、财务资产统计或信息报送等。 4. 基层统计(信息报送)业务归口各项目部，负责本项目部的运行、维护、管理、服务统计(信息报送)等。 5. 人员配置： (1) 各项目部设专(兼)职统计人员(信息员或资料员)； (2) 统计人员应保持相对稳定，确因工作需要而调换统计人员时，应经公司综合事务部同意后，方可予以调换； (3) 统计人员应熟悉本部门(项目部)的生产经营和业务管理情况，运用掌握的统计信息和统计方法，为提高内部管理水平和降低生产成本服务，应能熟练操作计算机。 6. 以泵闸工程运行维护为例，统计上报信息包括(不限于)： (1) 项目部总年度计划、总结、资金使用情况(每年1次)； (2) 泵闸工程维修养护年度计划、总结(每年1次)； (3) 泵闸工程上、下游水上和陆域保洁年度计划、总结(每年1次)； (4) 泵闸工程日常检查、定期检查年度计划、总结(每年1次)； (5) 泵闸工程检查信息上报(每天1次)； (6) 项目部年中计划、年中总结； (7) 泵闸工程维修养护年中计划、年中总结； (8) 泵闸工程上、下游水上和陆域保洁年中计划、年中总结； (9) 项目部管理月报(每月1次)； (10) 泵闸工程维修养护月报(每月1次)； (11) 泵闸工程日常检查保洁月报(每月1次)； (12) 安全生产月报(每月1次)； (13) 汛前检查报告(汛前)； (14) 汛后总结(汛后)； (15) 防汛防台预案及其他预案(每月1次)
2	当班运行维护现场统计	运行养护项目部管理人员	现场管理人员依照上级统计部门和公司规定，做好当班统计工作；配合统计(信息报送)人员按期填报各项统计报表，负责组织完成公司领导及上级部门布置的各项统计调查任务，对各类运行、养护、作业、安全、经济等方面的工作量进行记录、统计，负责各类原始记录、凭证、卡片、报表、台账等单据汇编工作
		所属部门/项目部	负责对班组原始统计数据进行检查、审核、上报，原始记录要求数据准确，填写内容齐全、清晰
3	收集当日运行维护数据	所属部门/项目部	收集当日运行维护、巡查、突发事件等数据

续表

序号	流程节点	责任人	工作要求
4	登记台账、制作统计报表	所属部门/项目部	填写运行维护台账，制作统计报表
5	报送统计报表	所属部门/项目部	按规定时间、要求报送报表，统计人员应当检查报表项目是否齐全，计量单位、保留小数等是否符合规定，统计数字的逻辑关系和准确性，检查无误后，报领导审核签字
		项目部经理/业务部门经理	1. 审核统计报表； 2. 公司内部统计报表格式及内容由各业务部门提出初步意见，由综合事务部根据标准化管理要求进行审核，报表格式及内容按审核意见确定，并经备案后实施
		综合事务部	负责公司综合统计台账、统计报表的归集与管理和审核工作
		公司分管领导/总经理	审批统计报表，向外报送的统计报表应经公司总经理审核签字后方可报出
6	制作周/月综合报表及统计分析报告	统计(信息报送)工作人员	1. 制作周/月综合报表及统计分析报告，文字说明与分析报告是统计报表的重要组成部分，编制统计报表要做到：月报有文字说明，同时有分析报告；文字说明应根据统计报表中各项指标反映的问题，说明产生的原因、影响及其后果，并对当月生产过程中发生的特殊事项进行单独说明。 2. 分析报告中应以报表为基础，以计划完成率和主要经济指标为分析重点，利用科学方法分析当月和当年累计指标完成情况，并能提出合理的改进意见。 3. 按照公司管理制度和程序要求进行统计(信息报送)工作，确保所提供的统计信息合法、真实、准确、完整。 4. 按照公司统计数据管理规定，如实提供统计资料，不得虚报、瞒报、迟报，并对所报送统计资料的真实性负责。 5. 严守公司的商业机密，除公司规定和部门领导同意外，不得私自向外界提供和泄露统计信息
		业务部门负责人	实时监控主要运行维护指标、安全质量指标，应用科学的统计方法，认真分析公司综合统计资料，总结成绩，对发现的问题，要及时提出改进措施，并向主管领导提供统计分析报告
		公司分管领导/总经理	审阅统计分析报告，提出指导性意见
7	统计报表及分析报告审核、备存	统计工作人员	1. 建立健全本专业的统计台账，对与本专业有关的统计资料，进行收集、汇总、整理并妥善保管，同时，严格执行安全和保密制度，统计资料不得随意堆放，严防毁损、散失和泄密； 2. 由于晋职、解聘、调动等原因，需调换统计人员时，办清工作交接手续后，原统计人员方可调离
8	资料归档	所属部门/项目部	做好资料归档工作

注：1. 涉及设备设施突发故障、安全生产事故、防汛防台应急响应的有关统计、信息报送，其内容、时间(频次)和要求，按防汛应急响应预案和流程、安全生产事故应急预案和流程、突发故障或事故应急处置方案和流程、管理单位和上级相关规定进行；

2. 公司宣传信息报送按公司宣传信息管理办法和流程执行。

第9章

泵闸工程信息化建设流程

水利部在《关于推进水利工程标准化管理的指导意见》(水运管〔2022〕130号)中针对水利工程信息化建设明确要求:建立工程管理信息化平台,工程基础信息、监测监控信息、管理信息等数据完整、更新及时,与各级平台实现信息融合共享、互联互通;整合接入雨水情、安全监测监控等工程信息,实现在线监管和自动化控制,应用智能巡查设备,提升险情自动识别、评估、预警能力;网络安全与数据保护制度健全,防护措施完善。

本章依据水利部《水利工程标准化管理评价办法》要求,参照"上海市市管水闸(泵站)工程标准化管理评价标准"(总分1 000分),以迅翔公司负责运行维护的上海市市管泵闸组合式工程实例,阐述泵闸工程信息化建设流程的设计和优化要点。

本章阐述的泵闸工程信息化建设流程是水利工程标准化管理评价强调的一项内容,共3项100分,包括信息化平台建设、自动化监测预警、网络安全管理。

9.1 信息化平台建设

9.1.1 评价标准

建立工程管理信息化平台,实现工程在线监管和自动化控制;工程信息及时动态更新,与水利部相关平台实现信息融合共享、上下贯通。

9.1.2 赋分原则(40分)

(1) 未应用工程信息化平台,此项不得分。

(2) 未建立工程管理信息化平台,扣10分。

(3) 未实现在线监管或自动化控制,扣10分。

(4) 工程信息不全面、准确,或未及时更新,扣10分。

(5) 工程信息未与水利部相关平台信息融合共享,扣10分。

9.1.3 管理和技术标准及相关规范性要求

《计算机场地通用规范》(GB/T 2887—2011);

《泵站技术管理规程》(GB/T 30948—2021);

《视频安防监控系统工程设计规范》(GB 50395—2007)；

《水电厂计算机监控系统运行及维护规程》(DL/T 1009—2016)；

《水利信息系统运行维护规范》(SL 715—2015)；

《水闸技术管理规程》(SL 75—2014)；

《水利系统通信业务技术导则》(SL/T 292—2020)；

《水利水电工程通信设计规范》(SL 517—2013)；

《信息技术　安全技术　信息安全事件管理　第1部分：事件管理原理》(GB/T 20985.1—2017)；

《水利工程标准化管理评价办法》(水运管〔2022〕130号)；

《上海市水利工程标准化管理评价细则》(沪水务〔2022〕450号)；

《“十四五”期间推进智慧水利建设实施方案》(水信息〔2021〕365号)。

9.1.4 管理流程

1. 概述

(1) 泵闸工程信息化平台建设涉及管理流程较多，包括泵闸工程信息化系统建设和管理流程、信息化系统调度运行流程、信息化系统维护流程、信息化系统运行中的突发故障处置流程、信息化系统运行和维护中的微信小程序开发流程等。

泵站工程微机监控系统建设流程包括主机组检测和控制系统、辅机及公用设备检测和控制系统、水力监测系统、泵站电气保护测控系统等建设流程。

泵闸工程信息化系统调度运行流程包括活水畅流调度、防汛防台调度、专项调度、联合调度、辅助调度等流程，操作运行流程包括调度指令执行流程、操作票编制流程、操作票执行流程等。在泵闸操作模式中，包括现地手动操作、自动控制运行和远程集中控制操作方式，应先后执行操作前的运行检查流程、主电源送电操作流程、备用电源送电操作流程、辅机操作流程、主机组主设备开启操作流程、运行值班流程、运行巡查流程、运行突发故障处置流程、停机(含紧急停机)操作流程、变配电设备操作控制流程、闸门控制流程、停机后的设施设备检查流程等，具体作业流程参见迅翔公司“泵闸工程调度运行作业指导书”。

泵闸工程“智慧运维”平台管理与工作流程包括泵闸工程“智慧运维”平台操作手册编制流程、泵闸工程“智慧运维”平台操作流程等。

泵闸工程信息化系统维护流程及标准包括中央控制系统维护流程及标准、计算机及打印设备维护流程及标准、PLC 维护流程及标准、视频监控系统维护流程及标准、信息化系统保护柜维护流程及标准、工控机维护流程及标准、软件项目管护及系统功能检测流程及标准、网络通信系统维护流程及标准等。

(2) 泵闸工程控制流程由高到低的优先级应满足下列顺序：

①主机组的控制流程优先级为：事故停机流程、终止流程、停机流程、开机流程；

②闸门的控制流程优先级为：终止流程、停止闸门流程、开闸门流程或关闸门流程。

(3) 泵闸工程控制流程引用的信号量应满足下列要求：

①当控制流程中引用主机组断路器、变配电系统主要断路器的合分状态等开关量输

入点作为判断条件时，宜采用双接点信号对该开关量输入点进行判断；

②当控制流程中引用模拟量作为判断条件时，应对模拟量输入通道的状态进行检查：

③当控制流程中引用通信量作为判断条件时，应对数据通信的状态进行检查；

④对于自动启动的控制流程，不应采用常闭形式的开关量输入点作为流程启动条件。

(4) 控制流程的实现可采用自动顺序执行和人机交互执行两种方式。

(5) 除主机组事故停机流程外，其他控制流程启动前应满足启动条件，启动后应按顺序检查流程执行条件，任何一个条件不满足时应报警并退出。

(6) 泵闸信息化系统维护流程中，必须明确信息化系统维护组织、周期与标准，其信息化系统的运行、维护应采取授权方式进行，被授权人可分为系统管理员、维护人员和运行人员。系统管理员负责信息化系统的账户、密码管理和网络、数据库、系统安全防护的管理，重要信息的书面备份应整理归档保存；维护人员负责信息化系统的维护和故障排除工作；运行人员负责信息化系统的日常巡视、检查、保养和设备操作。信息化系统维护周期和标准应按《水利信息系统运行维护规范》(SL 715—2015)中的相关规定执行。

(7) 信息化系统运行维护应建立完善的系统设备档案，包括设备技术资料、设备投运及检修履历、参数配置表、软件安装情况、变更情况、故障维修记录、质量检测报告及改造升级资料等。因此，信息化系统档案管理应建立相应的业务流程。

(8) 本节拟对泵闸工程监控系统组成及基本功能、泵闸工程设备健康状况智能监测评估系统组成及基本功能、泵闸工程"智慧运维"平台基本功能、泵闸工程"智慧运维"平台开发流程、泵闸工程信息化系统维护流程进行阐述。

2. 泵闸工程监控系统组成及基本功能

泵闸工程监控系统内各子系统和各功能化模块由不同配置的计算机设备和主控设备组成，通过网络、总线将微机保护、传感器设备、主控设备(如 PLC、人机界面 HMI)及配电设备等各子系统连接起来，构成一个分级分布式的系统。从功能上来说，泵闸工程监控系统由监测系统、控制系统、保护系统、通信系统、管理系统组成。

(1) 泵闸工程监测系统。泵闸工程监测系统的主要功能是对泵闸用变电所、主机组、辅助设备、水工建筑物的各种电量、非电量的运行数据及水情数据进行检测、采集和记录，按需自动生成图表，并支持查询打印、数据存储、模拟动态显示；对主要参数进行实时监测，根据这些参数的给定限值，对越限参数发出实时报警；对一些重要参数，系统实时监测并分析其变化趋势，可作为故障诊断依据。

泵闸工程监测系统具有事故追忆功能，事故发生时，自动显示与事故有关参数的历史值、事故期间的采样值及相关的事件顺序。

(2) 泵闸工程控制系统。泵闸工程控制系统的主要功能是根据现场设备当前的运行状态，按照给定的控制模型或者控制规律对变电所设备、主机组控制系统、泵站辅助设备、闸门启闭机等关键设备进行手动或自动控制，也可根据泵闸工程的运行需要实施远程调度和控制。

(3) 泵闸工程保护系统。泵闸工程保护系统的主要功能是对主变压器、所用变压器、站用变压器、主机组及母线进行自动保护。传统继电保护功能包括主机组保护、主变压器保护、站用变压器保护、联络线保护、其他保护。特殊的保护功能包括通信功能、远方整定功能、保护功能的远方投切、信号传输及复归功能。

(4) 泵闸工程通信系统。泵闸工程通信系统的主要功能是通过通信网络，将泵闸工程管理计算机系统与远程集中控制室连接在一起，实现远程获取现场运行数据。

(5) 泵闸工程管理系统。泵闸工程管理系统通过连接上级管理单位的计算机系统或者计算机网络、专用水情网络或者通过公共数据交换网络向上级管理部门提供数据或者查询服务。

3. 泵闸工程设备健康状况智能监测评估系统组成及基本功能

泵闸工程通过建立机泵等关键设备的在线健康状况监测与分析评价系统，实时监控设备振动、温度等参量状态，及时准确地通过报警，防止机泵等关键设备发生事故，同时采用先进的多信息融合技术，最大程度地评估机泵等关键设备运行状态，对其故障进行早期预警，从而实现预知维修，并通过智能诊断，精确诊断故障源，实现精密维修，缩短维修用时，为维修合理化提供及时准确的数据基础，从而有效地保证机泵设备长周期稳定运行。泵闸工程设备健康状况智能监测评估系统可实现下述功能：

(1) 建立故障诊断专家系统，实行故障诊断结果形象化、可视化展示。可根据采集设备的振动、温度、流量、压力、电气、润滑、点检等数据，对水泵机组的基础类故障、转子类故障、滚动/滑动轴承故障、电气类早期故障给出明确提醒，形象化表达诊断结果，并提示出相应的处理措施，增强故障履历的管理。

(2) 基于 PARK 矢量方法的异步电机故障监测方法，通过 PARK 矢量圆可对电动机常见的转子缺相、相不平衡、过载等故障做出明显判断，该法可显著提高电气诊断准确性，而且形象直观。

(3) 建立趋势预测模型，对未来数据进行预测分析，根据系统存储的机组历史数据，可建立机组的数据趋势预测模型，对机组未来某一段时间的数据状态进行预测预警，保障机组能够长时间稳定高效运行。

(4) 针对不同因素对机组总体状态具有不同影响程度的特点，采用不同权值来进行机组的总体评价，采用更加合理的评价准则，提高评价结果的合理性和真实性。

(5) 维修决策，可以实现在故障诊断的结果得到人工确认后，通过特定接口，向维修管理系统触发维修工单的自动生成或向用户发送结果信息，辅助用户进行维修决策。

(6) 手机 APP，支持 IOS 和安卓系统平台，设备的监控和管理可在手机上随时操作；也方便管理人员及时掌握机组运行状态。

4. 泵闸工程"智慧运维"平台基本功能

(1) 综合事务。综合事务可设置任务管理、教育培训、制度与标准、档案管理、绩效考核等功能项。

①任务管理功能项可将管理事项进行细化分解，落实到岗到人，并进行主动提醒，对完成情况跟踪监管，提高工作执行力。

②教育培训功能项可制定培训计划并上报，记录培训台账，对培训工作进行总结评价，也可为个人业绩考核提供参考。

③制度与标准功能项可录入查询规章制度、管护标准、工作手册、操作规程、作业指导书等，供学习和执行，也可反映管理制度与标准的修订、审批过程信息。

④档案管理功能项可按照档案管理分类，对系统形成的电子台账进行档案管理、查阅；按照科技档案分类，对系统形成的电子台账进行管理，提供查询功能。

⑤绩效考核功能项可进行单位（或项目部）效能考核和个人绩效考核，记录考核台账，可调取系统其他模块信息，为单位（或项目部）管理成效、个人工作业绩的考核评价提供参考。

（2）运行管理。运行管理可设置调度管理、操作记录、值班管理、“两票”管理、运行日志等功能项。

①调度管理功能项可实现泵闸工程调度指令下发、执行，能够记录、跟踪调度指令的流转和执行过程，并能够与监控系统的调令执行操作进行关联与数据共享。

②操作记录功能项可对泵闸工程调度指令下达、操作执行、结束反馈等全过程信息进行汇总、统计与查询；在监测监控系统中执行操作流程，在业务管理系统中调取监测监控系统操作记录和运行数据，并与调度指令执行记录一并进行汇总、查询。

③值班管理功能项可以自动进行班组排班，实现班组管理、生成排班表、值班记事填报、值班提醒、交接班管理等。

④“两票”管理功能项可实现工作票的自动开票和自动流转，用户可对工作票进行执行、作废、打印等操作，并自动对已执行和作废的工作票进行存根，便于统计分析。同时可对操作票链接查询。

⑤运行日志功能项可实现业务管理系统与监控系统主要运行参数、控制操作自动链接录入，将工程各类数据录入运行日志及相关运行报表，便于系统查询与相关功能模块的链接引用。

（3）检查观测。检查观测可设置日常检查、定期检查、专项检查、试验检测、工程观测等功能项。

①日常检查功能项按照日常巡查、经常检查的不同的工作侧重点，主要采用移动巡检的方式进行，预设检查线路、内容、时间，任务可自动或手动下达给检查人员，对执行情况进行统计查询，对发现问题提交相应处置模块。

②定期检查功能项可编制任务并下达至相应检查人员，检查人员按定期检查要求执行交办的检查任务，并将检查结果录入系统，形成报告，对存在的问题进行处理，如需检修可进行相应功能模块。

③专项检查功能项可根据泵闸工程所遭受灾害或事故的特点来确定检查内容，参照定期检查的要求进行检查，重点部位应进行专门检查、检测或专项安全鉴定，对发现的问题应进行分析，制定修复方案和计划并上报。

④试验检测功能项可录入查看泵闸工程年度预防性试验、日常绝缘检测、防雷检测、特种设备检测等试验检测的统计情况，并对历年数据进行统计分析，对试验发现的问题可提交处理并查询处理结果。

⑤工程观测功能项主要包括观测任务、仪器设备、观测成果和问题处置等，将垂直位移、河床断面、扬压力测量、伸缩缝测量等原始观测数据导入系统，由系统自动计算，生成各个观测项目的成果表、成果图，并能以可视化方式展示查询结果。

（4）设备设施。设备设施可进行管理单元划分和编码，以编码作为识别线索，进行设备全生命周期管理，并设置对应二维码进行扫描查询；可设置基础信息、设备管理、建筑物管理、缺陷管理、备品备件等功能项。

①基础信息功能项主要包括设备设施编码、技术参数、二维码和工程概况、设计指标等。编码作为设备设施管理的唯一身份代码，设备设施全生命周期管理信息都可通过编码或对应的二维码进行录入查询。

②设备管理功能项的重点是建立设备管理台账，记录和提供设备信息，反映设备维护的历史记录，为设备的日常维护和管理提供必要的信息，一般包括设备评级、设备检修历史、设备变化、备品备件、设备台账查询等内容。

③建筑物管理功能项是建立建筑物管理台账，记录和提供建筑物信息，反映建筑物检查观测、建筑物评级及维修养护历史记录，为其日常维护和管理提供必要信息。

④缺陷管理功能项可对泵闸工程发现的设施设备缺陷按流程进行规范处置，形成全过程台账资料。积累缺陷管理资料和信息，统计分析设施设备缺陷产生原因，有利于采取预防和控制对策。

⑤备品备件功能项主要适用于泵闸工程备品备件的采购、领用及存放管理，制定备品备件合理的安全库存，将备品备件和材料的申请、采购、领用进行流程化管理，可以实时查询调用备品备件的所有信息。

（5）安全管理。安全管理应遵循安全生产法规，结合安全生产标准化建设要求，从目标职责、现场管理、隐患排查治理、应急管理、事故管理、安全鉴定等方面设置功能项，部分内容可链接生产运行、检查观测、设备设施、教育培训等功能模块信息，形成全过程管理台账，对问题隐患进行统计查询、警示提醒和处置跟踪。

（6）项目管理。按照上海市泵闸工程维修养护项目管理相关规定，项目管理注重实施的计划性、规范性、及时性。针对计划申报、批复实施、项目采购、合同管理、施工管理、方案变更、中间验收、决算审核、档案专项验收、竣工验收、档案管理等方面的工作，项目管理可设置项目下达、实施方案、实施准备、项目实施、验收准备、项目验收等功能项，实现全过程全方位的管理监督，可实时了解工程形象进度、经费完成情况和工作动态信息，实现网络审批，查询历史记录，提高项目管理效率。

（7）移动客户端。便于信息的及时发布查询，开发手机 APP 移动客户端，推送泵闸工程运行信息、工作任务提醒、工作实时动态、异常情况预警等。

5. 泵闸工程“智慧运维”平台开发流程

迅翔公司泵闸工程“智慧运维”平台开发流程图见图 9.1，迅翔公司泵闸工程“智慧运维”平台开发流程说明见表 9.1。

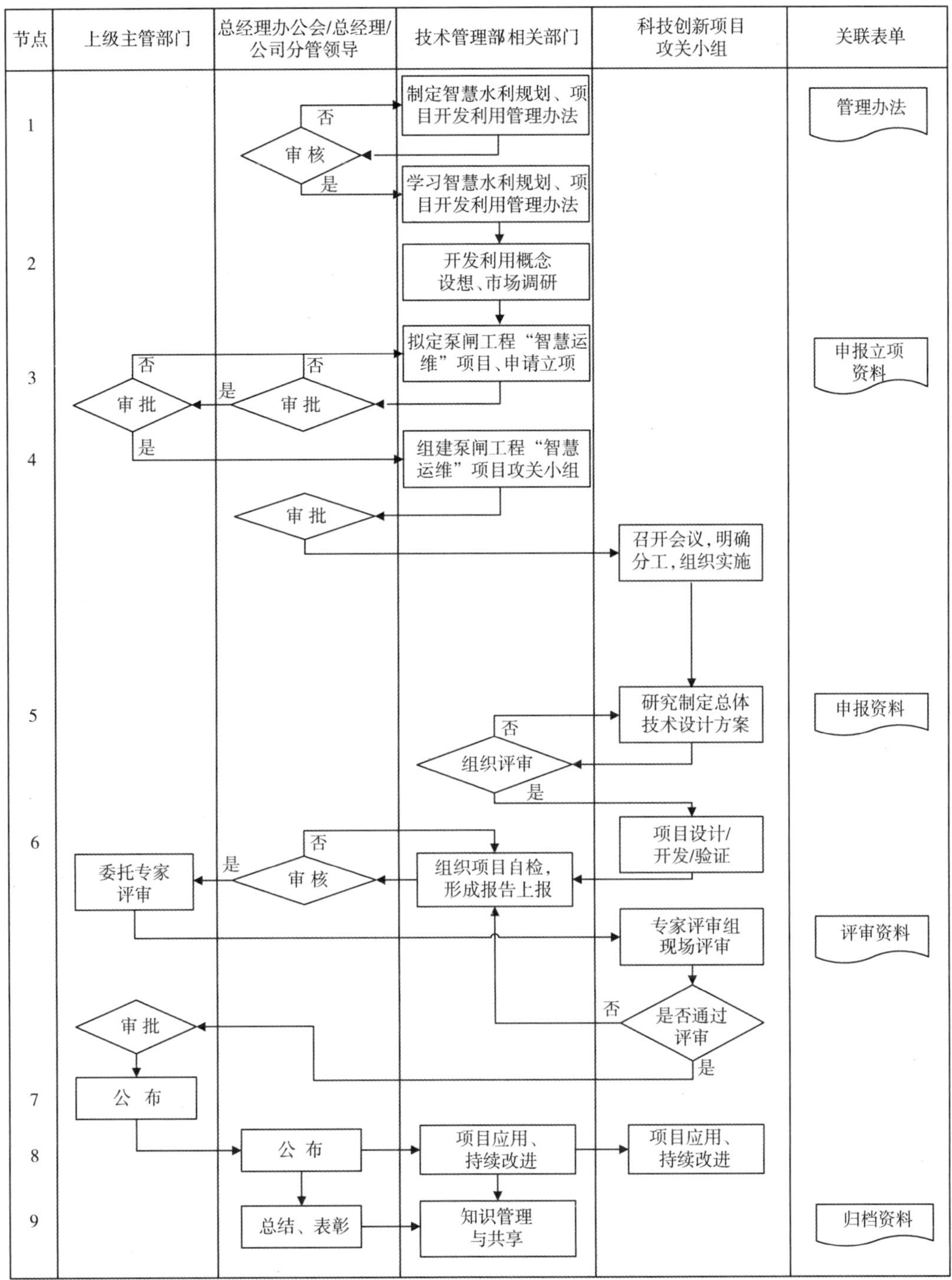

图 9.1 迅翔公司泵闸工程“智慧运维”平台开发流程图

表 9.1　迅翔公司泵闸工程“智慧运维”平台开发流程说明

序号	流程节点	责任人	工作要求
1	制定，审核智慧水利规划和项目开发利用管理办法	技术管理部	根据行业规定和上级要求，结合公司发展规划，在对现状充分调研评估的基础上，制定公司智慧水利发展规划和智慧水利项目开发利用管理办法
		公司分管领导	1. 审核公司智慧水利发展规划； 2. 审核公司智慧水利项目开发利用管理办法
		总经理办公会/总经理	1. 审定公司智慧水利发展规划； 2. 审定公司智慧水利项目开发利用管理办法
		技术管理部	采取多种形式宣传、学习贯彻公司智慧水利发展规划及其项目开发利用管理办法
2	开发利用概念设想、市场调研	技术管理部	开展泵闸工程“智慧运维”开发利用概念设想、市场调研
3	泵闸工程“智慧运维”平台开发项目申请立项	技术管理部	提出泵闸工程“智慧运维”平台开发项目，申请立项
		公司分管领导	审核泵闸工程“智慧运维”平台开发项目
		总经理办公会/总经理	审定泵闸工程“智慧运维”平台开发项目，提出专项申请，报上级主管部门审批
		技术管理部	负责泵闸工程“智慧运维”平台开发项目立项申报工作，填写泵闸工程“智慧运维”平台开发项目科研立项申报表
		上级主管部门	审定泵闸工程“智慧运维”平台开发项目的科研立项
4	组建泵闸工程“智慧运维”平台开发项目攻关小组	技术管理部	提出泵闸工程“智慧运维”平台开发项目各分项攻关小组人选
		公司分管领导	审核泵闸工程“智慧运维”平台开发项目各分项攻关小组人选
		总经理办公会/总经理	审定泵闸工程“智慧运维”平台开发项目各分项攻关小组人选
5	研究制定总体技术设计方案	泵闸工程“智慧运维”平台开发各项目攻关小组	1. 召开工作会议，根据本项目开发利用要求，明确分工，制订工作计划和项目实施流程； 2. 研究制定总体技术设计方案
		技术管理部	组织评审总体技术设计方案
6	开展泵闸工程“智慧运维”平台开发项目设计、开发、验证	泵闸工程“智慧运维”平台开发各项目攻关小组	开展项目设计、开发、验证
		技术管理部	会同泵闸工程“智慧运维”平台开发各项目攻关小组组织项目设计、开发、验证工作自检，形成成果(包括工作报告；研究报告；研究成果汇编；经济、社会效益分析报告及证明材料)，逐级上报
		公司分管领导/总经理	审核泵闸工程“智慧运维”平台开发项目成果报告
		上级主管部门	委托专业机构或组建专家组进行专项评审
		专家评审组	查看现场或实物，查阅资料，开展质询、评价，提出结论性意见
7	审批、公布	上级主管部门	根据专家评审组认定意见，审批并公布泵闸工程“智慧运维”平台开发项目成果

续表

序号	流程节点	责 任 人	工 作 要 求
8	项目应用、持续改进	总经理办公会	公布泵闸工程“智慧运维”平台开发项目成果，研究提出公司推广应用意见
		技术管理部/泵闸工程“智慧运维”平台开发项目攻关小组	落实总经理办公会提出的泵闸工程“智慧运维”平台开发项目应用意见，并对项目持续改进
9	总结、表彰	总经理办公会	按公司智慧水利项目开发利用管理办法，对相关部门和人员进行奖励
		技术管理部/泵闸工程“智慧运维”平台开发项目攻关小组	1. 做好总结工作； 2. 加强知识管理和共享； 3. 做好核心技术保密和资料归档工作

6. 泵闸工程信息化系统维护流程

（1）泵闸工程信息化系统维护的一般要求见表9.2。

表9.2 泵闸工程信息化系统维护一般要求

序号	项目分类	一 般 要 求
1	维护计划	运行维护企业应根据设备的运行状态、维护报告及需求变化、技术发展等情况，编制年度维修计划。其中，每年应对系统进行1次全面维护，对基本性能与重要功能进行测试
2	人员培训	1. 系统维护应采取授权方式进行，根据岗位职责分为运行人员、维护人员和管理人员，并分别规定其操作权限和范围； 2. 在维护人员进入工作现场后，根据人员情况对操作人员进行操作培训，培训内容涉及开机启动、权限登录、平台应用、信息安全、病毒防护、数据备份等计算机操作，以有效降低因操作原因造成的设备故障
3	备品备件	泵闸巡查应配备适量的备品备件，并对其规范管理： 1. 对厂家可能要停产的计算机、交换机、PLC、重要传感器的备品备件，至少应满足5～8年的使用需求； 2. 对于需原厂商提供的备品备件，其储备定额应达到10%； 3. 备品备件宜每半年进行1次通电测试，不合格时应及时处理
4	现场条件	控制柜、设备及各元器件名称齐全，由现场进入控制柜的各类电源线、信号线、控制线、通信线、接地线应连接正确、牢固；电缆牌号和接线号应齐全、清楚
5	防静电措施	对于有防静电要求的设备，维护时应落实防静电措施
6	软件备份	软件内容无修改的，1年备份1次；软件内容有修改的，内容修改前后各备份1次。对监控系统软件内容的修改，应制定相应的技术方案，并经技术管理部门审定后执行。内容修改后的软件应经过模拟测试和现场试验，合格后方可投入正式运行。若软件内容改进涉及多台设备，且不能一次完成时，应做好记录
7	测 试	系统维护后，应对系统功能进行测试，系统功能经验收后，方可投入运行
8	资料整理	系统经维护后，应做好其故障发生的时间、原因、处理方法、维护人员等记录，必要时修改、完善说明书、图纸等相关资料。技术资料包括系统档案记录、应急维修方案、定期检查记录、故障维修记录、应用软件修改记录、应用软件备份记录、历史数据转存记录等，其中系统档案记录应详细记录各工程信息化系统相关用户名、密码、设定值等内容

续表

序号	项目分类	一般要求
9	物理环境例行保养	1. 定期对机房进行巡检，查看并记录照明、空调、UPS、换气系统、除湿/加湿设备、消防、门禁等机房辅助设施的运行状况、参数变化及告警信息，空调、UPS等关键设施宜定期进行全面检查，保证其有效性； 2. 实时监测机房超温、超湿、漏水、火情、非法入侵等异常情况； 3. 定期对空调、UPS等机房辅助设施进行保养； 4. 按时修复故障设施； 5. 做好物理环境技术资料的收集、整理，定期提交物理环境设备清单，定期绘制、更新机房机柜布置图，做好运行维护工作过程文档的收集、存档
10	安全管理	1. 维护人员对系统进行维护时应执行工作票制度。 2. 制定应急预案，应急预案可纳入整体应急预案中；应定期进行预案演练。 3. 做好机房出入管理，人员进出应审批并做好登记存档。 4. 机房的消防设施，如火警探测器、灭火器等配置齐全，定期检验，并处于良好可用状态

(2) 迅翔公司泵闸工程信息化系统维护流程图见图9.2，迅翔公司泵闸工程信息化系统维护流程说明见表9.3。

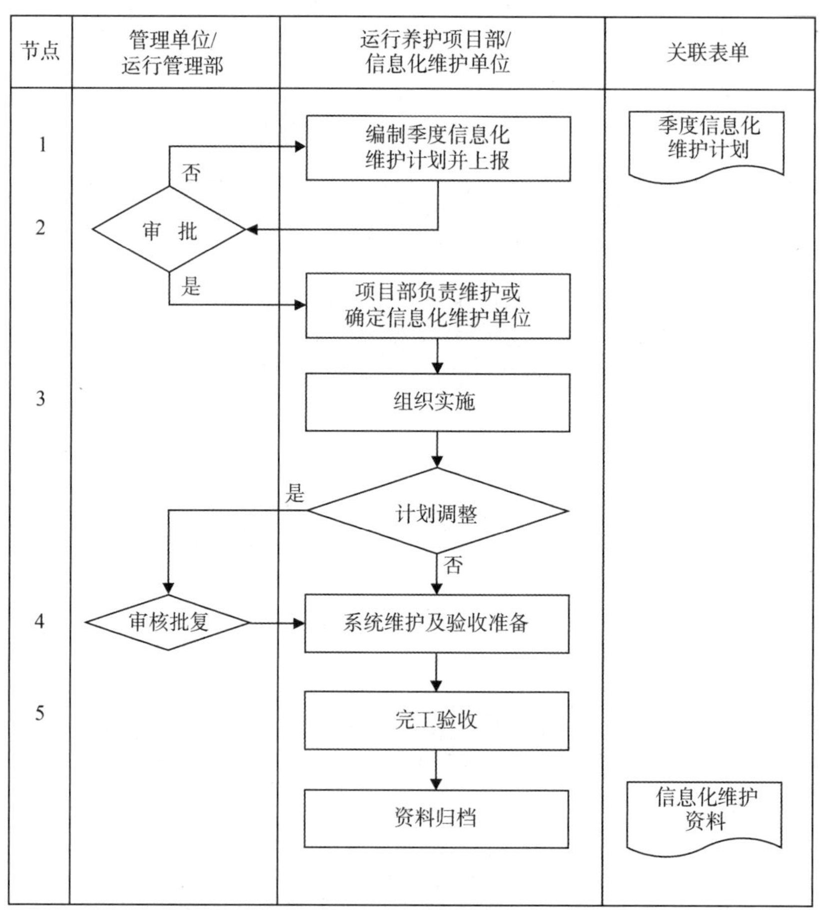

图9.2 迅翔公司泵闸工程信息化系统维护流程图

表 9.3 迅翔公司泵闸工程信息化系统维护流程说明

序号	流程节点	责任人	工作要求
1	编制季度信息化维护计划并上报	运行养护项目部	1. 运行养护项目部每季度最后 1 个月的 20 号之前，根据信息化系统设施设备状况和维护要求，编制完成并上报下一季度信息化系统维护计划； 2. 信息化维护费用应根据投标承诺足额使用； 3. 季度信息化维护计划经运行养护项目部经理审核后上报
2	维护计划审批	管理单位/运行管理部	管理单位/运行管理部应在 5 个工作日内完成信息化维护计划审批
3	组织实施	运行养护项目部/信息化系统维护单位	1. 运行养护项目部会同运行管理部、市场经营部参照维修项目进行采购比选，确定信息化维护单位，组织实施，或根据信息化维护项目实际情况，自行组织实施； 2. 运行养护项目部或信息化维护单位应对维护项目的进度、质量、安全、经费及资料档案进行管理； 3. 信息化系统维护完工后，应按公司相关维修养护项目验收流程和维修养护质量标准进行验收
4	维护计划调整	运行养护项目部	维护计划如需要调整，运行养护项目部应上报公司审核，并经管理单位批准后进行调整，如有必要重新申报维护计划
		管理单位/运行管理部	对调整后的信息化系统维护计划进行审核批复
5	完工验收及资料归档	运行养护项目部	1. 按工程建立信息化维护管理台账，记载维护日志，填写质量检查表格，并留下影像资料； 2. 季度信息化维护工作完成后，运行养护项目部组织完工验收并收集项目实施资料，整理归档

9.2 自动化监测预警

9.2.1 评价标准

雨水情、安全监测、视频监控等关键信息接入信息化平台，实现动态管理；监测监控数据异常时，能够自动识别险情，及时预报预警。

9.2.2 赋分原则(30 分)

(1) 雨水情、安全监测、视频监控等关键信息未接入信息化平台，扣 10 分。

(2) 数据异常时，无法自动识别险情，扣 10 分。

(3) 出现险情时，无法及时预警预报，扣 10 分。

9.2.3 管理和技术标准及相关规范性要求

《计算机场地通用规范》(GB/T 2887—2011)；

《泵站技术管理规程》(GB/T 30948—2021)；

《视频安防监控系统工程设计规范》(GB 50395—2007)；

《水电厂计算机监控系统运行及维护规程》(DL/T 1009—2016)；

《水利信息系统运行维护规范》(SL 715—2015)；

《水闸技术管理规程》(SL 75—2014)；

《水利系统通信业务技术导则》(SL/T 292—2020)；

《水利水电工程通信设计规范》(SL 517—2013)；

《信息技术　安全技术　信息安全事件管理　第 1 部分:事件管理原理》(GB/T 20985.1—2017)；

《水利工程标准化管理评价办法》(水运管〔2022〕130 号)；

《上海市水利工程标准化管理评价细则》(沪水务〔2022〕450 号)；

《“十四五”期间推进智慧水利建设实施方案》(水信息〔2021〕365 号)。

9.2.4　管理流程

1. 概述

(1) 信息管理应做到信息采集及时、准确；建立实时与历史数据库，完成系统相关数据记录存储，信息存储安全并每年进行 1 次备份，本机数据保存至少 3 年，及时转存重要数据；信息处理应定期进行；信息应用于泵闸，使之安全、经济运行，提高泵闸管理效率；信息储存环境应避开电磁场、电力噪声、腐蚀性气体或易燃物、湿气、灰尘等其他有害环境。

(2) 应掌握泵闸工程数据异常自动识别流程，数据异常自动识别流程中的数据包括：

①计算机监控数据(电量、水位、流量、压力、温度、振动与摆度、开度)。

②变压器、断路器、开关柜、互感器、交流电动机、绝缘子、电缆、避雷器、过电压保护器、母线、接地装置、继电保护装置及继电器、微机继电保护装置及继电器等电力设备预防性试验数据；电气指示仪表定期试验数据；电气工器具试验数据；油品检测数据。

③建筑物安全监测数据(建筑物的水位，垂直位移，水平位移，扬压力，绕渗，裂缝，伸缩缝，上、下游河道变形，水下检查数据)。

④视频监视信息(泵闸重点部位、工程险工险段的视频信息；泵闸重点部位，工程险工险段包括变电站，主副厂房，中央控制室，进出水池，闸门，拦污栅，高低压配电室，上、下游河道等；主要设备的操作包括主机组、变压器、断路器、隔离开关、闸门、启闭机等)。

⑤泵闸工程调度数据(调度日志、调度计划、辅助调度信息)。

⑥水雨情监测数据。

⑦设备和建筑物信息数据(设备和建筑物台账，各种维护检修记录和分析报告)。

(3) 应掌握泵闸出现险情时的预报预警流程。泵闸险情预报预警流程包括运行中必须紧急停机的险情、泵闸超标准运行的险情、泵闸工程运行中机电设备突发故障的险情、泵闸工程运行中水工建筑物出现突发事件的险情、泵闸工程运行中其他突发险情预报预警等流程。

(4) 本节拟以计算机监控系统信息接入信息化平台技术结构及管理流程、建筑物安全监测信息接入信息化平台技术结构及管理流程、视频监视系统信息接入信息化平台技术结构及管理流程、调度信息接入信息化平台管理流程、水雨情监测系统信息接入信息化平台技术结构及管理流程、泵闸设备和建筑物信息接入信息化平台技术结构及管理流程、泵闸工程运行中紧急停止运行流程、泵闸工程运行突发故障或事故预报预警事项及处置流程为例加以阐述。

2. 计算机监控系统信息接入信息化平台技术结构及管理流程编制要点

(1) 计算机监控系统的信息主要包括电力数据、泵闸前后水位、流量、压力、温度、闸门开度等监测信息以及泵闸设备的工况状态，通过现场传感器接入数据采集模块。

(2) 采集的数据经可编程逻辑控制器(PLC)进行必要的处理计算后，存入实时数据库及历史数据库，用于监控画面的信息监测、设备控制、记录检索、统计分析、管理指导等。当设备发生故障时，通过 PLC 编程，完成对特征数据的逻辑运算、超限检查，生成报警信息，并将信息传输给控制中心和信息化平台，完成对事件数据的记录与处理。管理人员可以通过信息化平台实时获取报警信息，提升应急响应效率。

(3) 系统选定泵闸工程运行中的关键设备，收集历史故障信息，对其运行参数统计分析，结合现场人工填报的台账数据，掌握设备的运行状况，通过对报警数据的分析诊断，建立设备故障库，及时发现或预测设备隐患，形成诊断方案，指导设备的运行、养护、维修及改造。

计算机监控信息系统采用分层分布式结构，其系统信息接入信息化平台技术结构图见图 9.3，系统信息接入信息化平台技术结构说明见表 9.4。

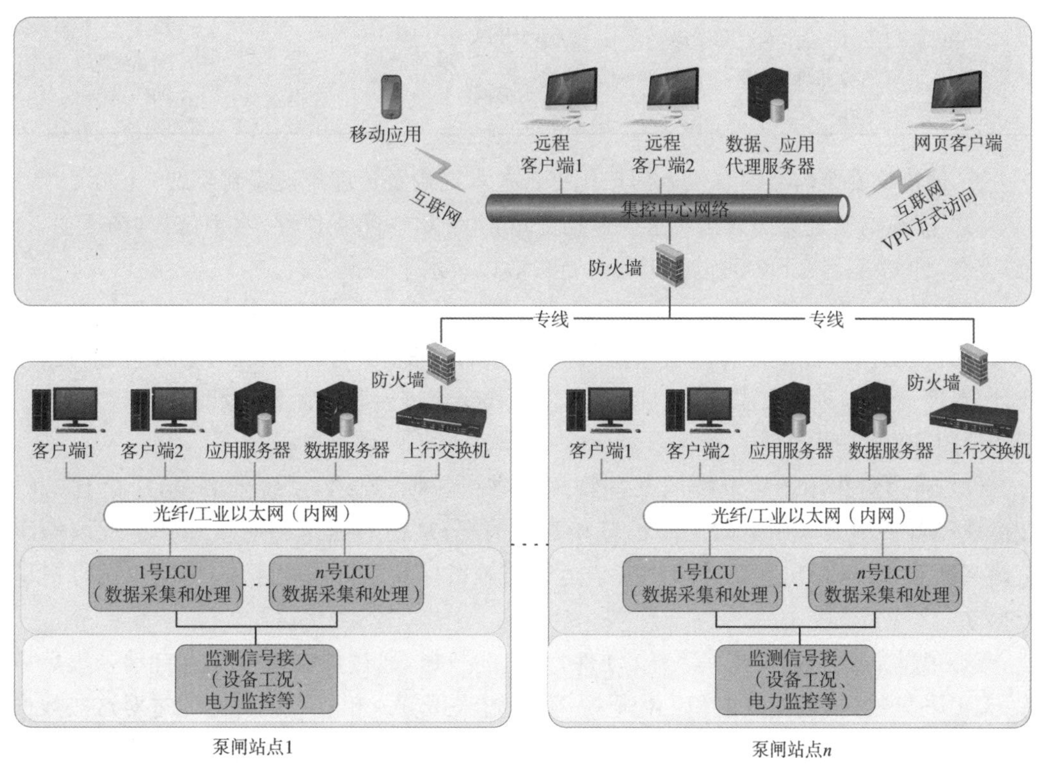

图 9.3 计算机监控系统信息接入信息化平台技术结构图

表 9.4　计算机监控系统信息接入信息化平台技术结构说明

层级名称	硬件构成	接入方式	数据接口	用户界面	功　能
调度中心（信息化平台）	远程客户端和数据、应用代理服务器、网络设备、防火墙、移动设备	专线、互联网	通过已建系统应用程序接口 API 或数据库获取数据源	网页浏览器、手机 APP	实现泵闸远程管理和智慧运行维护调度
中央控制层	监控计算机、应用/数据服务器、网络设备、防火墙、打印机、UPS	工业以太网、现场总线	以太网协议、现场总线协议	工控机组态界面	完成泵闸工程监控系统的总体调度，具有监测、控制、报警、存储和调度等功能
现地控制层	LCU 柜(含 PLC、触摸屏、中间继电器、交流接触器、网络设备等)	工业以太网、现场总线	以太网协议、现场总线协议	触摸屏组态界面	实时采集设备的运行参数和测量数据，通过 PLC 编程处理，作为远程监控、报警、控制、运算处理的基础和依据
数据接入层	闸位、水位、油温、油压等传感器和泵闸电动机等受控设备	模拟输入、数字输入、现场总线	电流信号、电压信号、现场总线协议		检测与控制、诊断监测以及辅助观测等

3. 建筑物安全监测信息接入信息化平台技术结构及管理流程编制要点

(1) 建筑物安全监测的信息主要包括建筑物的水位，垂直位移，水平位移，扬压力，绕渗，裂缝，伸缩缝，上、下游河道变形等运行参数以及水下探摸资料。

(2) 安全监测方式主要以仪器监(观)测，借助安装固定在建筑物相关位置的各种仪器(包括渗压计、渗流量计、垂线仪、倾斜仪、测缝计、多点位移计、锚杆应力计、钢筋计、应变计、温度计等)，对水工建筑物的运行状态及其变化进行观察测量，及时发现异常现象，分析原因，确保工程安全。

(3) 通过对作用于建筑物的某些物理量进行长期、连续、系统的测量，了解建筑物在荷载和各种因素作用下的工作状态和变化情况，从而对建筑物质量和安全程度做出正确判断和评价，提出主要建筑物安全运行监控指标及运行调度建议，为安全运行提供依据。

(4) 由监测数据自动采集系统(硬件)采集的数据，通过数据接口存入自动采集数据库；人工采集数据、检查数据和工程概况等，通过人工输入相应数据库。通过对这些数据进行综合分析，提供辅助决策。整编资料也能通过调用模型库的预测预报模型进行预测预报。辅助决策和预测预报成果可直接输出，指导工程安全运行或生成数据库，再以成果报告形式输出。

建筑物安全监测信息接入信息化平台技术结构图见图 9.4，建筑物安全监测信息接入信息化平台技术结构说明见表 9.5。

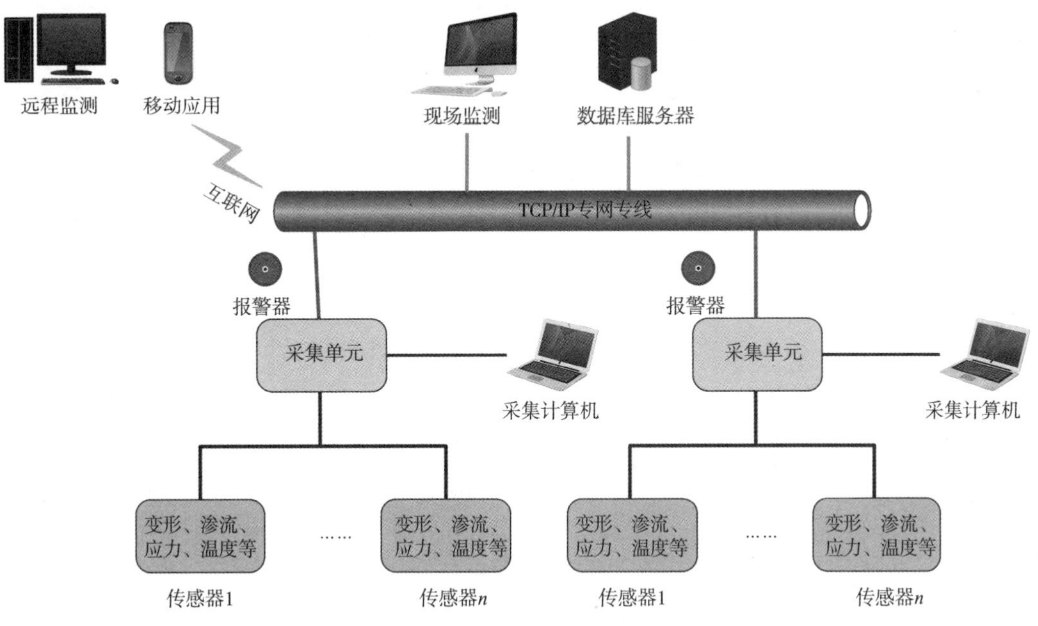

图 9.4　建筑物安全监测信息接入信息化平台技术结构图

表 9.5　建筑物安全监测信息接入信息化平台技术结构说明

层级名称	硬件构成	数据传输方式	用户界面	功　能
监测总站	远程监测计算机、移动设备	互联网	网页浏览器、手机 APP	除有监测分站的功能外，还具有图像显示、工程数据库及其数据管理功能，并备有齐全的数据分析处理软件以及再次验证分站数据，发现异常立即反馈到分站进行校核或现场检查
监测分站	现场监测计算机、数据库服务器	专线网络	监测系统画面	根据设定模式自动采集数据，并对数据进行存储、删除、插入、记录、显示、换算打印、查询，进行仪器位置参数工作状态显示，具备安全监控、预报及报警功能，能与采集站和监测站进行双向数据传输
采集站	数据采集器、采集计算机	RS232、RS485、GPRS	LCD 屏，采集计算机界面	将电模拟量转换为数学量的模拟数字，并有自检、自动诊断功能和人工观测接口；根据确定的记录条件，将观测结果及出错信息与指定分站或其他测控单元通信

续表

层级名称	硬件构成	数据传输方式	用户界面	功　能
传感器	渗压计、渗流量计、锚杆应力计、应变计、温度计等	模拟输入、数字输入、PT100 等		检测变形、渗流、应力、温度等各种物理量，通过现场总线或无线网络将信号传输至采集站

系统中的数据管理模块可按照相关规程要求对观测资料进行整编，同时该模块包括数据库的操作与维护。数据分析模块可以协助技术人员对泵闸工程安全监测数据进行数据分析、误差处理、资料整编、实时安全分析和辅助决策。同时，还可以与前期同等工况下的数据进行比较分析(如监控指标对比、安全评价、相关性分析、渗压系数分析、测值分布图绘制及分析)，观察有无异常。

数据经处理分析后若超出界限立即主动报警，并根据需要向应用终端发送报警信息，标明超限测定位置、实时数据、超限数值。如实测数值超过设定值或相同工况平均值，或与过去相同工况的数据相比有上升趋势，根据趋势分析将在未来的某个时期内出现超限情况时，需要做好预防措施，系统在各应用终端发出预警，包括将有关报警或预警信息由短信形式发送到手机，短信系统发送的信息需要回复确认。

系统可对长期(每隔 5 年)监测资料分析，评价建筑物的工作性态，提出主要建筑物安全运行监控指标及运行调度建议。可绘制建筑物安全运行预警指数曲线图，从而直观、动态地反映当前安全生产现状，警示运行管理过程中将面临的危险程度，以便有针对性地进行问题整改、预防和控制。建筑物预测预警管理流程如图 9.5 所示。

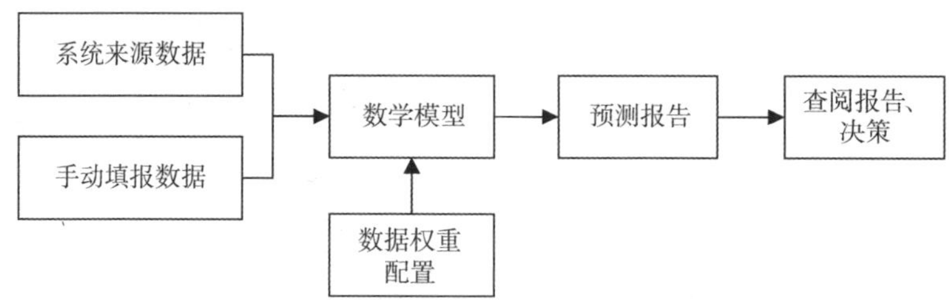

图 9.5　建筑物预测预警管理流程图

4. 视频监视系统信息接入信息化平台技术结构及管理流程编制要点

(1) 视频监视的信息主要包括泵闸重点部位、工程险工险段的视频信息。泵闸重点部位、工程险工险段包括变电站，中央控制室，进出水池，闸门，拦污栅，高低压配电室，上、下游河道等；主要设备的操作包括主机组、变压器、断路器、隔离开关、闸门、启闭机等。泵闸重点监控区域安装视频监控可实时掌握重点区域环境、人员、设备等安全状况和水质、水位等水情工况，对泵闸区域进行辅助监视。

(2) 针对关键位置，通过摄像机的动态检测、遮挡报警、闯入报警等功能的实时监测，一旦发现异常情况，远程客户端将立即弹出报警信息并加以智能化分析，提高事故处理响应速度。

(3) 系统能对图像进行完整的保存与再现,持续录像存储时间不应少于 30 天。事故发生后,管理人员可以通过视频监视录像进行辅助分析。

视频监视系统信息接入信息化平台技术结构图见图 9.6,视频监视系统信息接入信息化平台技术结构说明见表 9.6。

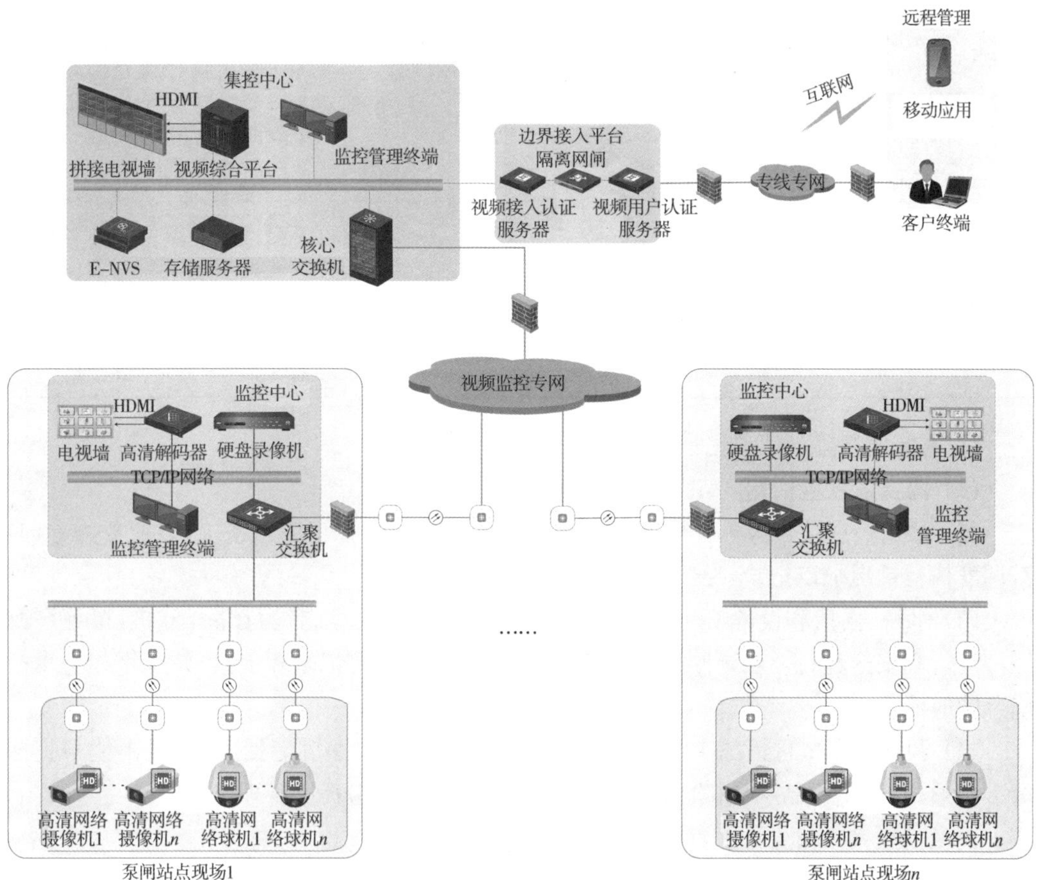

图 9.6　视频监视系统信息接入信息化平台技术结构图

表 9.6　视频监视系统信息接入信息化平台技术结构说明

层级名称	硬件构成	数据传输方式	用户界面	功　能
远程管理	网络设备、网络安全设备、客户端电脑	专线网络,互联网	远程客户端,移动手机	为管理人员实现远程管理提供方便,可在办公地通过专线实时监控现场画面,也可通过无线网络将画面通过手机端输出,随时随地获取信息
集控调度中心	网络设备、综合管理平台、客户终端、存储服务器、电视墙、网络安全设备等	专线网络,局域内网	管理平台客户端,电视墙	将多个站点的视频信号通过专线接入调度中心,方便调度中心人员对分散的站点区域实现集中监管,统一调度

续表

层级名称	硬件构成	数据传输方式	用户界面	功能
站点监控	视频交换机、硬盘录像机、解码器、操作键盘、监控管理终端、电视墙、防火墙等	局域内网，HDMI	监控客户端，电视墙	将摄像机、录像机、解码器、终端电脑等设备经网线接入交换机，通过客户端和电视墙输出画面，实现对各个点位的实时监控。操作人员可通过客户端或操作键盘调整监控画面，发生事故时系统立即发出报警提醒，并可对事故画面做回放查询
泵闸现场	高清网络摄像机（室内/室外/球机/枪机/云台/红外/报警/拾音），网络设备等	光纤以太网	视频监控测试仪	在重要区域和点位安装高清网络摄像机，通过光纤以太网将视频信号接入监控系统，实现对各种非法入侵、异常行为和设备状态实时巡检

5. 调度信息接入信息化平台管理流程编制要点

(1) 调度信息包括调度计划和调度日志等。

(2) 站点信息结合水务管理、防汛决策，实时系统结合管理信息系统，以业务为导向，对调度执行情况加以记录，形成调度日志。

(3) 水情、雨情和设备工况相结合，对调度计划和调度日志进行综合分析，指导泵闸经济运行和安全运行。当泵闸设备运行发生异常时，应及时记录和上报，并执行相关事故应急响应流程。

(4) 调度指令执行情况实时分析，通过“一屏观”提醒、手机端提醒、系统内拨号提醒等多种形式，对超控制水位、潮水倒灌等险情发出实时提醒，提高管理水平。

调度信息接入信息化平台管理流程图见图 9.7。

6. 水雨情监测系统信息接入信息化平台技术结构及管理流程编制要点

(1) 水雨情监测系统的信息包括水情、雨情等。

(2) 在监测点经由采集模块接入水位计、雨量计等监测信号，并通过北斗卫星、4G 网络、超短波通信网等无线通信方式，将被测信号传入远程信息平台，结合 GIS(地理信息系统)，在地图的泵闸区域显示实时水情、雨情、流量、警戒水位、保证水位等数据，结合现场抓拍图像或视频画面，提供直观、简洁的查询浏览方式。

(3) 通过及时分析水情、雨情，实现预警信息及时送达的要求，为防汛指挥调度提供决策支持，从而最大限度地减少人员和财产损失。

水雨情监测系统信息接入信息化平台技术结构图见图 9.8，水雨情监测系统信息接入信息化平台系统技术结构说明见表 9.7。

7. 泵闸设备和建筑物信息接入信息化平台总体架构及管理流程编制要点

(1) 泵闸设备和建筑物管理的信息包括设备基础信息（如设备名称、规格型号、注册编号、参数属性、安装位置等）和建筑物基础信息，以及各种维护检修记录和分析报告等。

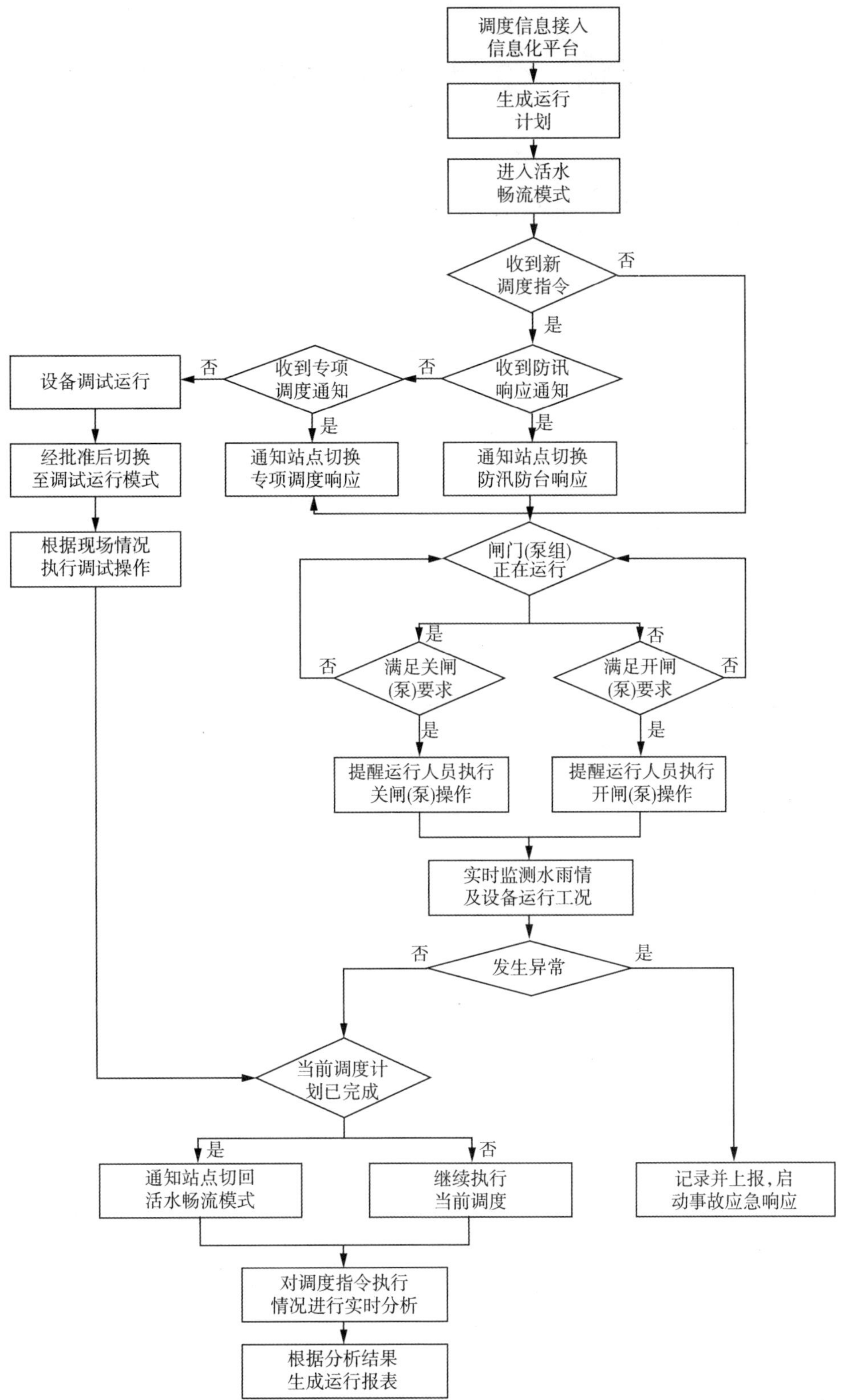

图 9.7 调度信息接入信息化平台管理流程图

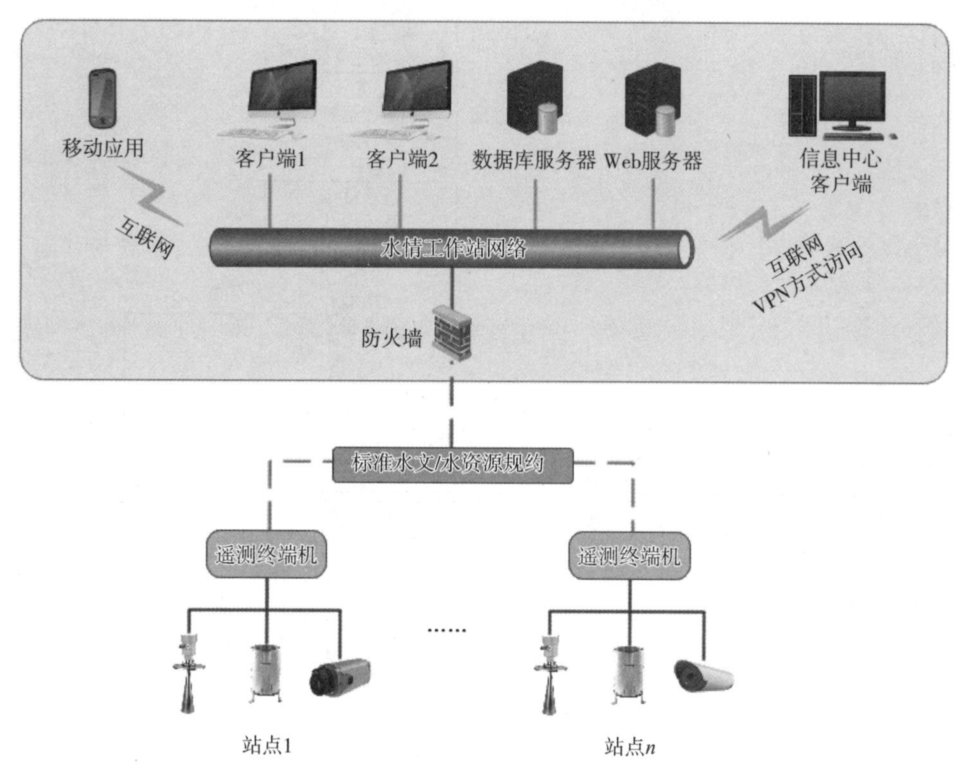

图 9.8　水雨情监测系统信息接入信息化平台技术结构图

表 9.7　水雨情监测系统信息接入信息化平台技术结构说明

层级名称	硬件构成	数据传输方式	用户界面	功　能
信息中心	远程客户端电脑,移动设备	互联网	网页浏览器、手机 APP	管理人员可随时通过网页或手机端获取水雨情数据,为远程管理提供方便
监测平台	管理平台客户端电脑、数据/Web 服务器	局域内网	监测管理平台界面	接收前端采集到的数据信号,通过对数据的整理分析和存储,实现分布式监控、集中控制和管理功能
传输层	遥测终端设备	4G/5G/NB-IoT/北斗卫星导航系统	设备自带 LED 屏或触摸屏	实时采集水位计、雨量筒等数据,按标准水文/水资源规约,通过网络自动定时上报至监测平台,同时也可实现图像、视频信号的接入和上传
感知层	水位计,雨量筒,照相机/摄像机(选配)	模拟输入,数字输入,以太网	仪表面板(可选)	探测水位、雨量信号,并接至终端设备,视频监控按需配置,可满足站点画面的查看需求

(2) 设备和建筑物信息通过 GIS,接入信息化平台,建立起完整的参数信息库,定期更新基础信息台账,掌握设备和建筑物更新动态。

(3) 数据库结合 BIM(建筑信息模型),存储建筑运行维护信息,并建立两者之间的关系，实现所需设备或构件信息的快速查询，分析数据库记录，优化设备和建筑物运行、维护和检修，减少欠维护和过维护的可能性。

（4）BIM 可实现可视化表达，清晰地将机电设备的内部结构展示出来，有助于加强现场人员对设备构造的理解，提高设备故障溯源及维修速度。

（5）闸室、泵房等建筑物的 BIM 可进行水平及竖直方向的分层分区，加快故障设备的快速检索，优化设备的巡检路线。

（6）设备、部件运行状态的检测，可对设备的运行状态和使用寿命进行统计，对异常设备和接近使用寿命的设备进行预警；通过智能分析设备运行数据，为设备维护管理人员提供维修对策方案，实现由经验性维修到预防性维修的转变。

（7）根据设备运行情况建立备品备件库，统计分析备品备件消耗规律，优化库存。

泵闸设备和建筑物信息接入信息化平台总体架构图见图 9.9。

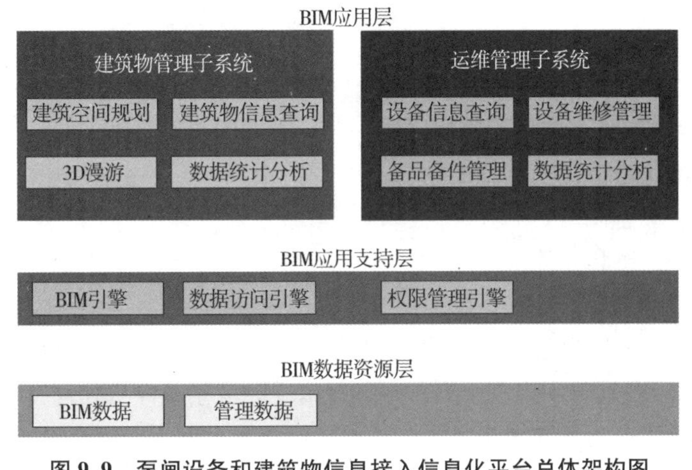

图 9.9　泵闸设备和建筑物信息接入信息化平台总体架构图

8. 泵闸工程运行中紧急停止运行流程

（1）泵闸工程紧急停止运行条件。

①主机组运行中有下列预报预警情况之一时应立即停止运行：

a. 异步电动机直接启动后，没有从启动状态转到运行状态；电动机降压启动或变频启动后，没有从启动状态转到运行状态；

b. 泵站上、下游水位和扬程超泵站设计工况时；

c. 主电动机三相电源电压不平衡超 5%，或一相电压超额定电压的 110%；

d. 主电动机电流三相不平衡程度满载时超 15%，轻载任何一相电流未超过额定数值时，不平衡超 10%；

e. 主机组启动后，出水口工作门异常；

f. 主电动机、电气设备发生火灾、人身或设备事故；

g. 主电动机声音、温升异常；

h. 主水泵内有清脆的金属撞击声；

i. 主机组发生强烈振动；

j. 水泵运行过程中节制闸闸门开启（泵站和节制闸组合式工程）、工作闸门关闭；

k. 辅机系统故障，短时间内无法修复或影响系统安全运行；

l. 发生危及主电动机安全运行故障，保护装置拒绝动作；

m. 直流电源消失，一时无法恢复；

n. 填料严重漏水无法有效封堵，危及机组安全运行；

o. 泵站上、下游河道发生安全事故或出现危及泵站安全运行的险情。

②变压器运行中有下列预报预警情况之一时应立即停止运行：

a. 声音异常增大或内部有爆裂声；

b. 严重渗漏油或发生喷油；

c. 套管有严重破损和放电现象；

d. 冒烟起火；

e. 发生危及变压器安全的故障，而变压器有关保护装置拒绝动作；

f. 附近设备着火、爆炸等，威胁变压器安全运行；

g. 负荷、冷却条件正常，温度指示可靠，但变压器温度异常上升；

h. 微机保护装置失灵或发生故障，短时间内不能排除。

③电力电容器有下列预报预警情况之一时应立即停止运行：

a. 电容器爆炸；

b. 电容器瓷套管闪络；

c. 电容器外壳鼓肚异常；

d. 电容器喷油、起火；

e. 电容器外壳温度超过 55℃或室温超过 40℃，采取降温措施无效。

④其他电气设备运行中出现下列预报预警情况时应紧急停机处理：

a. 直流电源消失，2 h 内无法恢复；

b. 当出现事故信号，保护装置拒动时；

c. 真空断路器真空破坏；

d. 高压断路器有异味或声音异常，绝缘瓷套管断裂、闪络异常。

⑤辅机设备及其他运行中出现下列预报预警情况时应停机处理：

a. 技术供水设备有故障，短时间内无法修复，设备温度明显上升，影响全站安全运行；

b. 压力油设备有故障，短时间内无法修复，影响全站安全运行；

c. 进出口闸门出现持续下滑，无法恢复；

d. 泵站上、下游河道发生人身事故或出现险情。

⑥ 闸门启闭过程中，当发现下列异常时应立即停止：

a. 闸门运行过程中开度变化率小于限值；

b. 卷扬式闸门开启过程中负荷超过限值；

c. 卷扬式闸门关闭过程中未到全关位时荷重小于限值；

d. 双缸液压闸门左右开度差值超出限值。

⑦ 其他事项

a. 当泵站出现事故停机预报预警条件时，开启停机流程，停机流程操作同正常停机流程；

b. 在停机过程中，操作人员应对停机流程和各项观察数据进行记录，并注明紧急停机的原因；

c. 操作完毕后，操作人员到现场观察技术供水泵、流量传感器、进出水闸门、拍门等辅助设备的运行情况，并确认全部停止或到位。

(2) 泵闸工程紧急停止运行流程。

这里以泵站远程控制停机流程为例说明，泵站远程控制停机原理如图 9.10 所示。

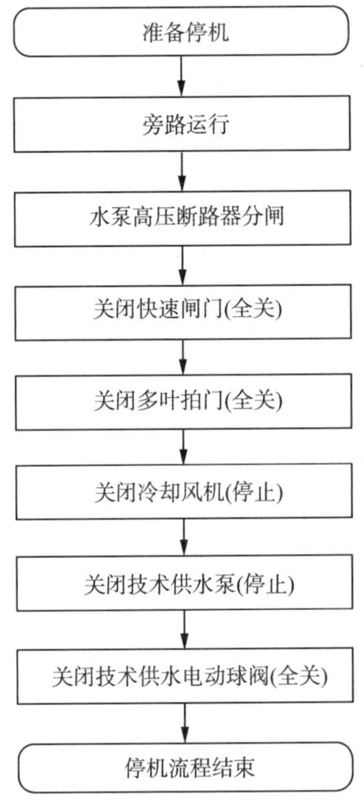

图 9.10　泵站远程控制停机流程图

9. 泵闸工程运行突发故障或事故预报预警事项及处置流程

(1) 泵闸工程运行中机电设备突发故障预报预警事项。

①水泵故障预报预警；

②减速器故障预报预警；

③泵闸三相异步电动机故障预报预警；

④泵闸液压缸动作失常、液压系统压力及流量失常、噪声过大故障预报预警；

⑤泵闸电动葫芦故障预报预警；

⑥泵闸清污机及皮带机故障预报预警；

⑦泵闸辅助设备故障预报预警；

⑧泵闸自控系统故障预报预警；

⑨泵闸电气设备故障预报预警；

⑩平面钢闸门故障预报预警等。

(2) 泵闸工程运行中建筑物工程突发事件预报预警事项。

①堤防背水坡管涌;

②泵闸工程上、下游堤防裂缝;

③建筑物下游连接处坍塌;

④消能防冲设施损坏;

⑤闸室(泵房)底板、门槽等水下结构损坏;

⑥水流折冲护坡;

⑦闸下水流流态异常;

⑧翼墙墙前冒水、冒砂,翼墙断裂或倾斜;

⑨泵闸建筑物异常下沉等。

(3) 泵闸工程运行故障或险情应急响应处置流程。

泵闸工程运行故障或险情应急响应处置流程及其说明参见第 4 章图 4.5 和表 4.3。

9.3 网络安全管理

9.3.1 评价标准

网络平台安全管理制度体系健全;网络安全防护措施完善。

9.3.2 赋分原则(30 分)

(1) 网络平台安全管理制度体系不健全,扣 10 分。

(2) 网络平台运行无经费保障,扣 5 分;管理人员不明确,扣 5 分。

(3) 网络安全防护措施存在漏洞,扣 10 分。

9.3.3 管理和技术标准及相关规范性要求

《中华人民共和国网络安全法》;

《中华人民共和国电子签名法》;

《中华人民共和国计算机信息系统安全保护条例》(国务院令第 147 号,2011 年 1 月修正);

《计算机软件保护条例》(国务院令第 339 号);

《中华人民共和国保守国家秘密法实施条例》(国务院令第 646 号);

《计算机病毒防治管理办法》(公安部令第 51 号);

《软件产品管理办法》(工业和信息化部令第 9 号);

《互联网信息服务管理办法(2011 年修订)》(国务院令第 588 号);

《信息技术　安全技术　信息安全事件管理　第 1 部分:事件管理原理》(GB/T 20985.1—2017);

《信息安全技术　信息系统安全管理要求》(GB/T 20269—2006);

《信息安全技术　信息系统安全等级保护基本模型》(GA/T 709—2007);

《信息安全技术　网络安全等级保护实施指南》(GB/T 25058—2019)；

《信息安全技术　网络安全等级保护基本要求》(GB/T 22239—2019)；

《水利信息系统运行维护规范》(SL 715—2015)；

《关于开展信息安全等级保护安全建设整改工作的指导意见》(公信安〔2009〕1429 号)。

9.3.4 管理流程

1. 概述

(1) 企业网络信息安全管理流程包括泵闸工程管理单位和运行维护企业网络信息安全管理总流程、网络信息安全管理办法制定和修订流程、文件开展管理流程、网络安全检查管理流程、人员安全管理流程、信息系统安全建设流程、机房安全管理流程、办公环境安全管理流程、信息资产安全管理流程、泵闸工程网络等级保护划定流程、介质安全管理流程、信息类设备安全管理流程、网络安全管理中的重大事项工作流程(包括网络系统、应用系统、数据库管理系统、重要服务器和设备等重要资源的访问工作流程,信息安全管理制度的制定和发布工作流程,信息安全人员的配备和培训流程,信息安全产品的采购流程,重要介质的流转和处置流程,第三方人员的访问和管理流程,与合作单位的合作项目工作流程,系统变更流程,便携式或移动式设备的系统接入流程,故障申报流程,维护申请流程,系统定级流程,系统安全方案设计流程,信息安全事件的处置与调查流程,其他需要授权审批事项的工作流程)以及网络信息安全事件应急处置流程等。

网络信息安全事件应急处置流程根据信息安全事件可能造成的影响范围及程度,将应急处置流程分为对外服务信息系统应急处置流程和内部应用信息系统应急处置流程两大类型。其中对外服务信息系统指企业负责运行维护的泵闸信息系统、有关对外网站平台和互联网对外提供服务的信息系统。内部应用信息系统指仅对各部门内部人员提供服务的信息系统。

同时,根据发生安全事件的信息系统所提供的服务范围,对外服务信息系统应急处置流程和内部应用信息系统应急处置流程进一步细分为网站、业务系统和办公系统 3 种业务类别的应急处置流程。

网站是指企业各部门和各项目部使用 HTML 等工具制作的用于发布企业信息、提供数据服务的相关网页的集合。业务系统指企业各部门和各项目部提交数据、提供服务、办理相关业务的信息系统。办公系统指企业各部门和各项目部处理日常办公事务的信息系统。

发生信息安全事件时,企业各部门和各项目部应按企业各类别信息安全事件处置流程执行。

本节分别对迅翔公司网络信息安全管理总流程、内部应用信息系统应急处置流程加以阐述。

2. 网络信息安全管理总流程

迅翔公司网络信息安全管理总流程图见图 9.11,迅翔公司网络信息安全管理总流程说明见表 9.8。

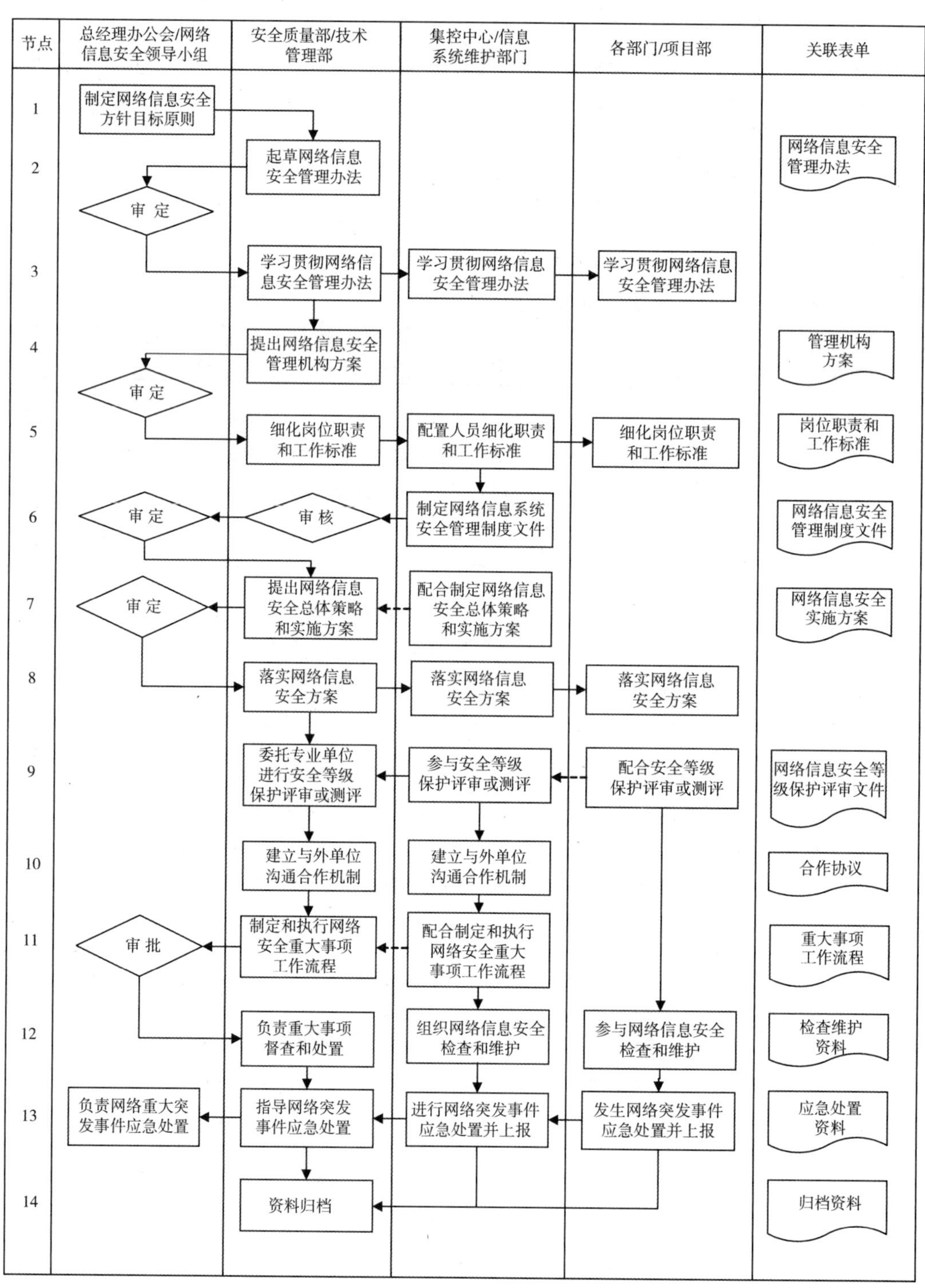

图 9.11　迅翔公司网络信息安全管理总流程图

表 9.8 迅翔公司网络信息安全管理总流程说明

序号	流程节点	责任人	工作要求
1	制定网络信息安全方针目标原则	公司总经理办公会/上级主管部门	根据国家和行业相关规程和规范性文件，制定公司网络信息安全方针、目标、原则。 1. 公司网络信息安全坚持“安全第一，预防为主，管理和技术并重，综合防范”的总体方针，实现网络信息安全可控、能控、在控；依照“分区、分级、分域”总体安全防护策略，执行网络安全等级保护制度。 2. 公司网络信息安全总体目标是确保网络信息系统持续、稳定、可靠运行和确保信息内容的机密性、完整性、可用性，防止因信息系统本身故障导致信息系统不能正常使用和系统崩溃，抵御黑客、病毒、恶意代码等对信息系统发起的各类攻击和破坏，防止信息内容及数据丢失和失密，防止有害信息在网上传播，防止对外服务中断和由此造成的系统运行事故。 3. 信息安全工作的总体原则包括基于安全需求原则、主要领导负责原则、全员参与原则、系统方法原则、持续改进原则、依法管理原则、分权和授权原则、选用成熟技术原则、分级保护原则、管理与技术并重原则、自保护和国家监管结合原则
2	起草、制定网络信息安全管理办法	安全质量部/技术管理部	起草公司网络信息安全管理办法。网络信息安全管理办法应以提高信息系统整体安全防护水平，实现信息安全的可控、能控、在控为目的，依据国家有关法律、法规要求进行编制，内容包括总则、管理方针、目标和原则、安全管理机构、总体安全策略、附则等
		总经理办公会/上级主管部门	公司总经理办公会负责审核公司“网络信息安全管理办法”，涉及所管泵闸工程的相关规定由管理单位和公司上级主管部门审定
3	学习贯彻网络信息安全管理办法	各业务部门/运行维护部门/各项目部	通过多种方式，组织学习、宣传和贯彻公司网络信息安全管理办法
4	提出网络信息安全管理机构方案	安全质量部/技术管理部	1. 公司网络安全管理机构应在公司安委会统一领导下，形成以信息安全领导小组为网络信息安全工作的领导和决策机构，以监控系统运行维护部门为网络信息安全工作的日常执行机构，相关部门、项目部为协作管理机构的信息安全组织体系。 2. 公司信息安全领导小组由公司分管副总经理、安全质量部经理、技术管理部经理、技术管理部信息化系统业务主管等成员组成，主要职责包括负责管理网络信息安全的全部工作，定期召开例会，负责组织内部机构之间的安全工作会议，负责审查并批准信息安全策略，负责聘请信息安全顾问，指导信息安全建设，参与安全规划和安全评审，在信息资产暴露于重大威胁时监督控制可能发生的重大变化，对安全管理的重大更改事项（如组织机构调整、关键人事变动和信息系统更改等）进行决策；指挥、协调、督促并审查重大安全事件的处理。

续表

序号	流程节点	责任人	工作要求
4	提出网络信息安全管理机构方案	安全质量部/技术管理部	3. 技术管理部作为网络信息安全业务主管部门，负责贯彻执行信息安全领导小组的决议；贯彻执行国家各主管部门信息安全要求；负责网络安全等级保护相关工作的具体落实；负责制定信息安全政策、年度规划和年度信息安全预算，负责组织信息安全工作制定和管理流程的细化与实施，负责各项安全管理制度的评审，并对其进行监督检查和审计评估工作；定期对信息安全工作进行检查并对信息安全状况进行评估，及时通报信息安全状况；负责落实信息安全的各项工作，对各部门信息安全工作进行监督、考核、指导和审批；负责信息安全管理与技术的培训和相关专业人员的培养工作；负责加强与外联单位（包括公安机关、电信公司、兄弟单位、供应商、业界专家、专业的安全公司和安全组织等）的沟通与合作，并制定"外联单位联系列表"。 4. 各部门、各项目部应建立网络信息安全管理小组，建立网络信息安全负责制，应指定1名人员作为网络信息安全负责人
		总经理办公会	审定网络信息安全管理机构方案
5	人员配置及明确职责	各业务部门/运行维护部门/各项目部	1. 落实信息主管人员、安全管理员、网络管理员、系统管理员、数据库管理员、应用系统管理员、资产管理员、资料管理员，明确其职责和工作标准； 2. 加强对管理人员的业务培训
6	制定网络信息系统安全管理制度文件	集控中心/信息系统维护部门	编制网络信息系统安全管理制度文件，包括（不限于）： 1. 网络信息安全工作管理办法； 2. 文件管理制度； 3. 网络安全检查管理制度； 4. 人员安全管理制度； 5. 信息系统安全建设制度； 6. 机房安全管理制度； 7. 办公环境安全管理制度； 8. 信息资产安全管理制度； 9. 泵闸工程网络等级保护划定制度； 10. 介质安全管理制度； 11. 信息类设备安全管理制度
		安全质量部/技术管理部	审核网络信息系统安全管理制度文件
		网络信息安全领导小组	审批网络信息系统安全管理制度文件
7	提出网络信息安全总体策略和实施方案	安全质量部/技术管理部	提出网络信息安全总体策略和实施方案，内容包括： 1. 物理安全策略和实施方案； 2. 网络安全策略和实施方案； 3. 主机安全策略和实施方案； 4. 应用安全策略和实施方案；

续表

序号	流程节点	责任人	工作要求
7	提出网络信息安全总体策略和实施方案	安全质量部/技术管理部	5. 数据安全策略和实施方案； 6. 人员安全管理策略和实施方案； 7. 系统建设管理策略和实施方案； 8. 系统运行维护管理策略和实施方案
		集控中心/信息系统维护部门	配合制定网络信息安全总体策略和实施方案
		网络信息安全领导小组	审定网络信息安全总体策略和实施方案
8	落实网络信息安全总体策略和实施方案	各业务部门/运行维护部门/各项目部	落实网络信息安全总体策略和实施方案
9	网络安全等级保护评审或测评	安全质量部/技术管理部/测评单位	1. 委托具有国家相关技术资质和安全资质的测评单位对公司管理的监控系统、项目部控制级、集控中心、视频监控等网络化业务应用系统等进行安全等级保护评审或测评。 2. 专业单位按等级划分标准确定网络信息系统的安全保护等级，实行分级保护；对多个子系统构成的大型信息系统，确定系统的基本安全保护等级，并根据实际安全需求，分别确定各子系统的安全保护等级，实行多级安全保护。 3. 安全保护等级三级以上的信息系统需每年开展1次等级测评，发现不符合相应等级保护标准要求的及时整改；在系统发生变更时及时对系统进行等级测评，发现级别发生变化的及时调整级别并进行安全改造，发现不符合相应等级保护标准要求的及时整改
		集控中心/信息系统维护部门	参与网络安全等级保护评审或测评
		各部门/项目部	配合网络安全等级保护评审或测评
10	建立与外单位沟通合作机制	技术管理部/集控中心/信息系统维护部门	建立与外单位的沟通合作机制，形成“外联单位联系表”，其他部门之间及内部各部门管理人员之间，采取沟通协调会议的形式，协调处理信息安全相关事务，对协调会议内容需形成会议纪要
11	制定和执行网络安全重大事项工作流程	安全质量部/技术管理部	对于涉及信息安全工作的重大事项，如信息系统投入运行、网络系统接入和重要资源的访问等关键活动的工作流程，包括需按不同活动分别建立审批程序，按照审批程序执行审批过程，同时分类填写各关键活动审批表，并由各信息系统责任部门负责存档，相关工作流程包括： 1. 网络系统、应用系统、数据库管理系统、重要服务器和设备等重要资源的访问工作流程； 2. 信息安全管理制度的制定和发布工作流程； 3. 信息安全人员的配备和培训流程；

续表

序号	流程节点	责任人	工作要求
11	制定和执行网络安全重大事项工作流程	安全质量部/技术管理部	4. 信息安全产品的采购流程； 5. 重要介质的流转和处置流程； 6. 第三方人员的访问和管理流程； 7. 与合作单位的合作项目工作流程； 8. 系统变更流程； 9. 便携式或移动式设备的系统接入流程； 10. 故障申报流程； 11. 维护申请流程； 12. 系统定级流程； 13. 系统安全方案设计流程； 14. 信息安全事件的处置与调查流程； 15. 其他需要授权审批事项的工作流程
		信息系统维护部门	配合安全质量部/技术管理部制定并执行网络安全重大事项工作流程
		网络信息安全领导小组	审批网络安全重大事项工作流程
12	网络安全检查与维护	信息系统维护部门/各部门/项目部	1. 负责定期安排安全管理员对系统日常运行、系统漏洞和数据备份等情况进行安全检查；由网络信息安全领导小组定期进行全面安全检查，检查内容包括现有安全技术措施的有效性、安全配置与安全策略的一致性、安全管理制度的执行情况等，形成记录，并由监控系统维护部门负责存档。 2. 加强网络系统维护，维护内容包括： (1) 制定和执行机房安全管理制度和流程； (2) 制定和执行办公环境安全管理制度和流程； (3) 制定和执行信息资产安全管理制度和流程； (4) 制定和执行介质安全管理制度和流程； (5) 制定和执行信息类设备安全管理制度和流程； (6) 充分利用好现有网络安全管理措施，实现包括设备监控、用户行为监测、防病毒、补丁管理、安全审计和统计分析等基本集中安全管理功能，并在此基础上逐步建立统一安全监控和管理平台，实现对设备状态、恶意代码、补丁升级、安全审计等安全相关事项的集中统一管理，提高信息系统运维管理水平； (7) 制定和执行网络安全管理制度和流程； (8) 制定和执行主机安全管理制度和流程； (9) 制定和执行恶意代码防范管理制度和流程； (10) 制定和执行密码使用管理制度和流程； (11) 制定和执行信息系统变更管理制度和流程； (12) 制定和执行数据备份与恢复管理制度和流程； (13) 制定和执行信息安全事件报告和处置管理制度和流程； (14) 制定和执行信息系统应急预案管理制度和流程
		安全质量部/技术管理部	负责网络信息安全中重大事项实施情况的督查，负责指导网络系统维护

续表

序号	流程节点	责任人	工作要求
13	网络突发事件应急处置	各部门/项目部/集控中心/信息系统维护部门	执行公司对外服务信息系统应急处置流程和内部应用信息系统应急处置流程，做好网络突发事件处置和上报工作
		网络信息安全领导小组	执行公司对外服务信息系统应急处置流程和内部应用信息系统应急处置流程，负责重大网络突发事件处置工作
14	资料归档	集控中心/信息系统维护部门/安全质量部/技术管理部	按公司"泵闸工程运行维护技术档案管理作业指导书"和相关网络信息安全档案管理制度，做好网络信息安全管理资料归档工作

3. 内部应用信息系统应急处置流程

(1) 迅翔公司内部网络病毒暴发应急处置流程：

①立即切断感染病毒的计算机与网络的连接；

②对该计算机的重要数据进行数据备份；

③将防病毒软件病毒库升级至最新版本，启用防病毒软件对该计算机进行杀毒处理；

④如果现行防病毒软件无法清除该病毒，应立即向本部门(项目部)信息安全负责人通报情况，并可向公司技术管理部和本市(区)公安局公共信息网络安全监察部门或专业信息安全服务机构求助解决；

⑤如果部门(项目部)内多台计算机同时被病毒感染，并在 4 h 内无法处理完毕，则应立即向公司技术管理部和本市(区)公安局公共信息网络安全监察部门报告；

⑥在有关部门的协助下，清除该病毒；

⑦恢复各计算机软件系统和数据；

⑧病毒暴发事件处理完毕，将计算机重新接入网络；

⑨更新全网防病毒软件病毒库，密切监视网络流量和病毒发作迹象，避免二次感染；

⑩总结事件处理情况，并提出防范病毒再度暴发的解决方案，实施必要的安全加固。

(2) 迅翔公司内部应用信息系统安全事件应急处置流程：

①网页非法篡改处置流程：各部门(项目部)内部应用信息系统一旦发现网页被非法篡改，应参照网页非法篡改处置流程执行应急处置；

②非法入侵处置流程：各部门(项目部)内部应用信息系统一旦发现被远程控制等非法入侵行为，应参照非法入侵处置流程执行应急处置。

(3) 迅翔公司网络信息突发事件处置流程：迅翔公司网络信息突发事件处置流程图见图 9.12。

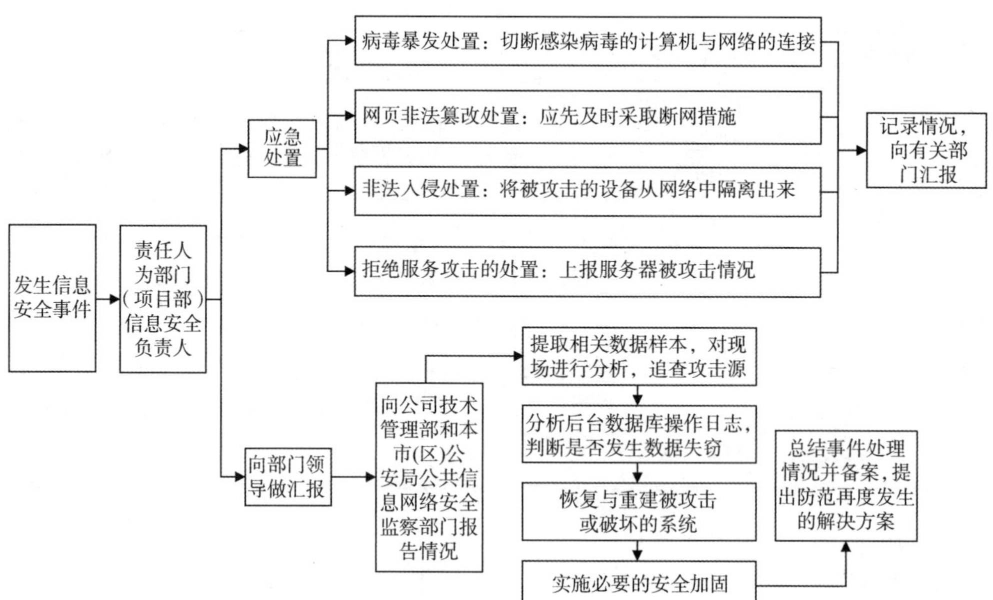

图 9.12　迅翔公司网络信息突发事件处置流程图

参考文献

1. 刘玉宝,黄力强. 流程管理体系[M]. 北京:中国水利水电出版社,2008.
2. 石真语. 管理就是走流程[M]. 北京:人民邮电出版社,2013.
3. 刘平,张海玉,金环,等. 企业战略管理——规划理论、流程、方法与实践[M]. 北京:清华大学出版社,2015.
4. 王玉荣,彭辉. 流程管理[M],北京:北京大学出版社,2011.
5. 弗布克 HR 实务中心. 管理与工作流程设计　实训　实战　实务[M]. 北京:人民邮电出版社,2015.
6. 许国才. 企业内部控制流程手册[M]. 北京:人民邮电出版社,2010.
7. 江苏省水利厅. 水利工程管理考核指导手册[M]. 镇江:江苏大学出版社,2019.
8. 文明德. 按流程执行[M]. 长春:吉林文史出版社,2019.
9. 唐荣桂,马中飞,赵林章,等. 水利工程运行系统安全[M]. 镇江:江苏大学出版社,2020.
10. 朱永庚,王立林,杨德龙,等. 后勤流程管理[M]. 天津:天津大学出版社,2009.
11. 金国华,谢林君. 图说流程管理[M]. 北京:北京大学出版社,2013.
12. 沈健,贺向东. 班组安全管理 流程与技巧[M]. 北京:中国石化出版社,2020.
13. 郭峰. 协调管理与制度设计[M]. 北京:科学出版社,2013.
14. 罗汉武,叶立刚. 变电站标准化工作手册:标准化体系研究与构建[M]. 北京:中国电力出版社,2019.
15. 国家电网有限公司交流建设分公司. 交流输变电工程建设管理流程手册[M]. 北京:中国电力出版社,2018.
16. 王远璋,詹必川. 变电设备维护与检修作业指导书[M]. 北京:中国电力出版社,2005.
17. 张加雪,钱福军. 泵站工程管理[M]. 北京:中国水利水电出版社,2016.
18. 余文公,于桓飞. 水闸标准化管理[M]. 北京:中国水利水电出版社,2018.
19. 李端明. 泵站运行工[M]. 郑州:黄河水利出版社,2014.
20. 王怀冲,单建军. 水利工程维修养护施工工艺[M]. 北京:中国水利水电出版社,2018.
21. 蔡丽琴. 泵站工程运行与维护[M]. 上海:上海大学出版社,2016.

22. 蒋宏光. 极简管理流程　流程管理越简单越好[M]. 北京:中国纺织出版社有限公司,2021.

23. 韩晋国. 泵站机电技术项目式教程[M]. 郑州:黄河水利出版社,2021.

24. 江苏省水利厅. 泵站精细化管理[M]. 南京:河海大学出版社,2020.